Elemente der Stereometrie

Von

Prof. Dr. Gustav Holzmüller

in Hagen i. W.

Dritter Teil

Die Untersuchung und Konstruktion schwierigerer Raumgebilde

Guldinsche Drehungskörper und Drehungsflächen mit ihren Verallgemeinerungen. Schraubenflächen, Röhrenflächen und ihre Verallgemeinerungen nebst ihren Inversionsverwandten. Krümmungslinien und isothermische Kurvenscharen auf diesen Flächen. Konforme Abbildungen.

Mit 126 Figuren

Leipzig

G. J. Göschensche Verlagshandlung

1902

Vorwort.

Band III der Elemente der Stereometrie behandelt zunächst die Guldinschen Regeln und ihre Verallgemeinerungen. Bei den letzteren waren einige Einschaltungen über Raumkurven nötig, die sich auf Schmiegungsebenen, Krümmungskreise, Krümmungsachsen, Hauptnormalen, Binormalen, Tangenten, rektifizierende Geraden und die von ihnen gebildeten Flächen beziehen. Die Schreibweise der höheren Analysis wurde dabei auf das strengste vermieden, so dafs es sich hier, wie in späteren Abschnitten, um Differentialgeometrie im eigentlichen Sinne handelt. Es zeigt sich, dafs man z. B. den Satz von Lancret, die Sätze über die rektifizierenden Ebenen, über die Schmiegungskugeln und dergl. ganz elementar behandeln kann.

Die Animosität, mit der einige Analytiker der Elementarisierung solcher Gebiete entgegentreten, kann ich nicht als gerechtfertigt anerkennen. „Geometrica geometrice" sage ich mit Schell, dessen vortreffliche „Allgemeine Theorie der Kurven doppelter Krümmung in rein geometrischer Darstellung" (2. Aufl. 1898, Leipzig bei Teubner) zwar die Differentialbezeichnungen benutzt, aber diese an allen Stellen entbehren könnte, ohne schleppend zu werden, ebenso, wie sie bei den Steinerschen Arbeiten vermieden sind.

An durchgeführten Beispielen für Inhalts- und Mantelberechnungen, für die Bestimmung der Schwerpunkte für Kurven und Flächen — die Körperschwerpunkte sollen erst im Schlufsbande berücksichtigt werden — bietet der erste Abschnitt mehr als jedes mir bekannt gewordene Elementarwerk.

Einige Einschaltungen aus der Geometrie der Ebene, die in den elementaren Lehrbüchern fehlen, mufsten hier hereingezogen werden, z. B. die Krümmungskreise der Kegelschnitte und gewisse komplexe Schreibweisen, die die bekannten Analogieen zwischen Kreis und gleichseitiger Hyperbel aufklären In einem späteren Abschnitt mufsten auch die Eigenschaften der logarithmischen Spiralen und Doppelspiralen abgeleitet werden.

Unter anderem gelang es, die Fläche des Drehungsparaboloids und die Schwerpunkte der Parabelbogen elementar zu bestimmen. Die Methode wird im Schlufsbande dahin verallgemeinert werden, dafs jeder ebenen Kurve sich zwei Flächen derart zuordnen lassen, dafs die Formeln für die Rektifikation der Kurve und für den Inhalt der Fläche identisch werden. Es handelt sich also um ein für die Ausdehnung der Elemente wichtiges und allgemeines Prinzip. Die Schwerpunktskoordinaten des Bogens stimmen mit je einer der Schwerpunktskoordinaten der beiden Flächen überein.

Auch die verschiedenen Anwendungen der Guldinschen Regeln auf Schraubengewinde sind von einigem Interesse. Im Anschlufs an diese geht der zweite Abschnitt zu Untersuchungen über Schraubenflächen über, wobei sich zeigt, dafs die Bourschen Sätze über die Möglichkeit der Abwickelung der Schraubenflächen auf bestimmte Drehungsflächen der elementaren Behandlung fähig sind. So werden z. B. die Schraubenregelflächen im allgemeinen auf das Drehungshyperboloid (mit einem Mantel) abgewickelt, die Minimalschraubenregelfläche als Ausnahme auf das Katenoid, die abwickelbare Schraubenregelfläche auf die doppelt bedeckte Ebene (aufserhalb eines Kreises) als Sonderfall des Hyperboloids. Dadurch ist zugleich die Möglichkeit der konformen Abbildung auf den Parallelstreif und die Ebene nachgewiesen, damit auch die Möglichkeit, die Geometrie der Ebene, namentlich die Geometrie der Lage, auf die genannten Flächen zu übertragen. An den Beispielen des Katenoids und der Minimalschraubenröhrenfläche wird diese Art der Übertragung ausführlich durchgeführt, damit der Leser einen Einblick in diese schönen Gebiete erhalte, die in Elementarwerken in der Regel auf den Cylinder, den Kegel und die Kugel beschränkt werden. Der Koordinatenzusammenhang wird auf Tabellen übersichtlich zusammengestellt. Die Dupinschen Cykliden werden schon im ersten Bande in „Quadrate“ eingeteilt und damit auf das Rechteck abgebildet. Also auch hier zeigt sich die Möglichkeit einer Differentialgeometrie, die ganz unabhängig von der Sprache der höheren Analysis ausgebaut werden kann. Die Lehre von den Isothermenscharen, von den Strom- und Niveaulinien stationärer elektrischer Strömungen auf den genannten Oberflächen läfst sich also ebenfalls elementar behandeln. Das Gebiet meiner Potentialtheorie in elementarer Darstellung (Leipzig, bei Teubner) ist daher einer grofsen Ausdehnung fähig.

Die Schraubenflächen spielen zwar in der darstellenden Geometrie eine bedeutungsvolle Rolle, die wichtigeren auf ihnen verlaufenden Kurven werden aber in den Lehrbüchern nur selten dargestellt. Gerade die beiden Scharen von Krümmungslinien und die Scharen von Schraubenlinien und deren Orthogonalkurven nebst den Diagonalscharen geben die dankbarsten Übungen und lassen die Flächen in geradezu überraschender Weise plastisch erscheinen. Man vergleiche dazu die Zeichnungen der abwickelbaren Schraubenregelfläche und vor allem der Schraubenröhrenfläche. Bei den Schraubenröhrenflächen spielen die vom Verfasser eingeführten Krümmungscykliden eine wichtige Rolle. Sie ermöglichen eine einfache Untersuchung der Krümmungslinien und des Gaufsschen Krümmungsmafses.

Der dritte Abschnitt behandelt kurz die Inversionsverwandten der Schraubenflächen und der auf ihnen verlaufenden Kurvenscharen. Die Krümmungscykliden gehen dabei in Dupinsche über. Dabei ergeben sich zahlreiche Übungsaufgaben für die darstellende Geometrie, die zur Kräftigung des räumlichen Vorstellungsvermögens dienen mögen. Am Schlufs werden einige Bemerkungen über Transformationsgruppen im Sinne von Lie gemacht.

Da bei der Inversion die einbeschriebenen Kugeln der Schraubenröhrenfläche zwar Kugeln bleiben, aber ihre Gröfse verändern, so ist es jetzt am Platze, die Röhrenflächen zu verallgemeinern, d. h. solche mit gesetzmäfsig veränderlicher Kugel zu untersuchen. Als schönstes Beispiel drängt sich von selbst die Gruppe der logarithmischen Spiralröhrenflächen und ihrer Inversionsverwandten auf, denn die auf den ersteren verlaufenden Kegelloxodromen geben bei der Projektion auf die Symmetrie-Ebene logarithmische Spiralen einer Schar, die sich bei der Inversion von einem Punkte der Ebene aus in Bicirkularspiralen (logarithmische Doppelspiralen) verwandeln. Die Kreisschnitte und die einbeschriebenen Kugeln bleiben solche und definieren die neuen Flächen, deren Krümmungslinien nun leicht zu behandeln sind, während die Kugelloxodromen in Loxodromen gewisser Cykliden oder in Loxodromen der Bilder gewisser Cylinder mit spiralischer Grunfläche übergehen. Die Inversion von beliebigen Punkten der Ebene aus giebt drei Haupttypen solcher Flächen, die sich bequem durch Modelle veranschaulichen lassen. Macht man aber einen beliebigen Raumpunkt zum Inversionscentrum, so verwandeln sich die Doppelspiralen in gewöhnliche oder verallgemeinerte Kegelloxodromen, und an die Stelle der Symmetrie gegen die Ebene tritt Inversion gegen die aus ihr entstehende Kugel. Die Kreisschnitte als solche bleiben erhalten. Damit entstehen die allgemeinsten Formen dieser transscendenten Flächen, über die ich vor Jahren im Journal für reine und angewandte Mathematik berichtete. Die Krümmungscykliden (Dupinscher Art) sind auch bei ihnen ein wichtiges Hilfsmittel der Konstruktion und Untersuchung. Die Figuren 120, 122, 123, 124, 125 deuten einige der Formen an, die für die darstellende Geometrie geradezu prachtvolle Übungsaufgaben darbieten. Beiläufig sei als Ergänzung folgende Aufgabe empfohlen. Man biege die Hälfte der Figur 122 zu einem Kegel mit dem Sektorwinkel *180°* um, so, dafs der Schnittpunkt der beiden Geraden zur Spitze wird. Dabei schliefsen sich die Kurven so einander an, dafs die Kegelfläche in ein System von Quadraten eingeteilt wird, nicht nur durch die umgebogene Doppelschar von Kreisen, sondern auch durch die beiden Systeme von Doppelspiralen. Durch die ganz elementar zu behandelnden konformen Abbildungen $Z = \sqrt{z}$, $Z = \sqrt[3]{z}$, $Z = \sqrt[n]{z}$ kann man statt des Sektorwinkels *180°* einen beliebigen anderen erhalten, also ein ganz allgemeines System von Isothermen auf den Kegelflächen herstellen. Der Kegel ist leicht durch Inversion in Cykliden besonderer Art zu verwandeln. Damit ist eine neue Gruppe interessanter Übungsaufgaben für die darstellende Geometrie und die mathematische Physik geschaffen. Schneidet man ferner die Figur längs einer Geraden bis zur Mitte ein und klebt man eine Figur derselben Art in geeigneter Weise an, mit der ebenso zu verfahren ist, so erhält man zunächst eine Riemannsche Windungsfläche mit quadratischer Einteilung. Schneidet man aber einen Mittelpunktskreis, z. B. den durch die beiden „Pole“ gehenden aus, so entstehen durch geeignete Biegung z. B. abwickelbare Schrauben-Regelflächen mit quadratischer Einteilung durch die gezeichneten Kurvensysteme und damit ein Modell von sehr instruktiver Art, welches noch mit Hilfe der obigen Abbildungen, oder auch der Abbildungen $Z = z^2$, z^3, z^n verallgemeinert und schliefslich durch Inversion umgestaltet werden kann. Auch die isothermische Spiegelung gegen jedes Individuum der behandelten Isothermenscharen ist elementar durchführbar.

Auch an diesen Beispielen erkennt man den unerschöpflichen Reichtum an lohnenden Aufgaben und interessanten Raumgebilden, der ohne jede Benutzung der höheren Analysis dem Leser zugänglich gemacht wird.

Mit einigen Bemerkungen über sonstige Röhrenflächen und einige Gebilde anderer Art schliefst der Band ab.

Wenn nun behauptet werden sollte, die höhere Analysis würde dies alles kürzer abmachen können, so ist zu entgegnen, dafs auch die hier angewandten Betrachtungen erheblich abgekürzt werden können. Der rein pädagogische Charakter des Werkes aber verlangte eine gewisse Ausführlichkeit der Darstellung und ein näheres Eingehen auf manche Einzelheiten. Es handelt sich eben nur um ein Elementarwerk, allerdings um ein solches, welches erheblich weiter geht, als die bisher erschienenen.

Von einer Erschöpfung des Gegenstandes kann schon aus Raumgründen keine Rede sein. Als instruktive Übung könnte die elementare Untersuchung der hier behandelten Flächengruppen hinsichtlich der geodätischen Linien und der geodätischen Abbildung empfohlen werden.

Dafs zur Unterstützung der räumlichen Anschauung gerade für das elementare Gebiet eine grofse Anzahl von Figuren nötig war, ist selbstverständlich. Der Verlagsbuchhandlung sage ich für die Bereitwilligkeit, mit der sie auf alle meine Wünsche einging, den verbindlichsten Dank.

Dafs die Figuren mit Sorgfalt hergestellt sind, werden auch die Gegner von Elementarwerken anerkennen.

Das Buch enthält, wie jedes Lehrbuch, viel Altes, aber auch mancherlei Neues. Manchen der eingeschlagenen elementaren Wege darf ich als mein geistiges Eigentum bezeichnen. Die logarithmischen Spiralen und Doppelspiralen behandelte ich schon im Jahre 1871. Vergl. Band 16 der Schlömilchschen „Zeitschrift für Mathematik und Physik". Über die logarithmische Spiralröhrenfläche und ihre Inversionsverwandten machte ich schon dort Andeutungen, die ich in Band 94 des Journals für reine und angewandte Mathematik fortsetzte. Dort deutete ich auch die Benutzung der Dupinschen Cykliden als Krümmungscykliden an. In Band 44 der. „Zeitschrift für Mathematik und Physik" (Mehmke) 1899 findet man auf Seite 194 bis 213 die Fortsetzung dieser Untersuchungen. Die Spiralröhrenflächen und ihre Inversionsverwandten sind meines Wissens vor diesen Abhandlungen noch nirgends behandelt worden. In der in der Ausarbeitung befindlichen zweiten Auflage meiner Einführung in die isogonalen Verwandtschaften und konformen Abbildungen, die zuerst im Jahre 1882 bei Teubner in Leipzig erschien, werde ich den Gegenstand auf analytischem Wege weiter verfolgen. — Wo ich schon bekanntes behandle, ist in den geschichtlichen Bemerkungen das Nötige über die Verfasser gesagt. Sollte mir ein Vorarbeiter unbekannt geblieben sein, so wäre ich nur dankbar für jede entsprechende Mitteilung.

Möge auch dieser dritte Band zeigen, in wie fruchtbarer Weise die Elemente nach verschiedenen Richtungen hin erweitert werden können. Der schon im Druck befindliche Schlufsband wird ein anderes Gebiet in entsprechender Weise behandeln.

Hagen i. W., im Mai 1902.

Dr. G. Holzmüller.

Inhaltsverzeichnis.

Erster Abschnitt.

Die Guldinschen Regeln für Drehungskörper, Drehungsflächen und allgemeine Raumgebilde.

§§ 1 bis 98.

Zweiter Abschnitt.

Die Schraubenflächen, ihre Abwickelbarkeit auf Drehungsflächen, ihr Zusammenhang mit der Guldinschen Flächenformel und ihre konforme Abbildung auf die Ebene und auf andere Flächen.

§§ 99 bis 186.

Dritter Abschnitt.

Die Inversionsverwandten der Schraubenlinien und Schraubenflächen. Bemerkungen über Verwandtschaften und Transformationsgruppen.

§§ 187 bis 202.

Vierter Abschnitt.

Verallgemeinerte Röhrenflächen und ihre Inversionsverwandten. §§ 203 bis 270.

Übersicht über die Anwendungen auf verschiedene Gebiete.

Mechanik. Schwerpunktsberechnung für ebene Flächen und Kurven mit Hilfe der Guldinschen Regeln; vgl. den ganzen Abschnitt I. Berechnung des Gewichtes, des spezifischen Gewichtes, Tiefe des Eintauchens, Berechnung von Massen; vergl. §§ 52, 54, 65. Berechnung von Centrifugalkräften und statischen Momenten, § 65. Kettenlinie und Katenoid, § 122. Plateausche Versuche für Katenoid und Minimalschraubenfläche, von § 115 ab.

Maschinenbau. Schraubenlinien und Schraubengewinde, §§ 36 bis 38. Flaches, scharfes, trapezisches Gewinde, Hohlkehlen, §§ 94 bis 98. Schraubengewinde veränderlichen Steigungswinkels, § 41. Profilformen für technische Drehungskörper, Schwungräder, Seilscheiben, Säulen, § 64. Schraubenregelflächen, §§ 99 bis 112. Minimal-Schraubenregelfläche und Katenoid, §§ 121 bis 163. Abwickelbare Schraubenregelfläche, §§ 162 bis 168. Schraubenröhrenfläche, §§ 169 bis 186.

Bautechnik. Säulen, Kapitäle, Hohlkehlen, Tunnel- und Kanalisationsquerschnitte. Gewisse Schraubengewinde, § 64. Gewundene Säulen § 98. Ornamentik der quadratischen Einteilungen.

Kunstgewerbe. Schraubengewinde konstanter und veränderlicher Steigung, § 41. Gefäfsformen, § 64. Oberflächen im Kunstgewerbe, § 65, 98. Die Spiralröhrenfläche als Füllhorn, Fig. 120. Ornamentik der quadratischen Einteilungen der Ebene (Fig. 122), und krummer Oberflächen. Die ganze griechische Ornamentik der Mäander, Wasserwellenbänder, Münzschnuren (Geldrollenornamente),

Eierstäbe, Flechtbänder, Perlschnuren, auch von gotischen Mafswerken, läfst sich mit Hilfe der quadratischen Einteilungen streng in neue Formen übertragen. Dies gilt von allen sogen. Quadratfüllungen. Die durch Kreisbüschel und Kreisscharen, im besonderen Falle konzentrische Kreise mit den Radien, die durch logarithmische Spiralen und Doppelspiralen, die durch konfokale Ellipsen und Hyperbeln, durch konfokale Lemniskaten und das Hyperbelbüschel gebildeten Quadrate sind Beispiele für die Ebene. Die quadratischen Einteilungen der Drehungsflächen durch Meridiane und Parallelkreise oder durch ihre Loxodromen gebildeten (Cylinder, Kegel, Kugel, Drehungscykliden, Fig. 23, Katenoid) sind Beispiele dafür, ebenso die der Schraubenflächen, der Spiralröhrenflächen und ihrer Inversionsverwandten. Gebilde, wie das in Fig. 123 dargestellte, sind als Reliefschmuck brauchbar. Dasselbe gilt von allen orthogonalen Doppelscharen, von Isothermen auf gekrümmten Oberflächen. Vergl. Vorwort.

Physik. Vergl. Mechanik, besonders das über Plateausche Versuche und Minimalflächen Gesagte, § 115. Strom- und Niveaulinien für stationäre elektrische Strömungen auf der Ebene und allen bisher besprochenen Oberflächen. (Bezieht sich auf alle behandelten Isothermenscharen und auf gewisse Rechtecksteilungen des Raumes.)

Darstellende Geometrie. Fast sämtliche Zeichnungen und viele Stellen des Textes sind Beispiele zu dieser Wissenschaft, besonders die Figuren 14 bis 18, 23, 91, 96 bis 104, 108 bis 111, 118 bis 126; andere, wie Fig. 35 bis 47 geben Anlafs zu entsprechenden Übungen. Im Texte handelt es sich um Affinitäts- und Kollineationsbemerkungen, §§ 66 bis 73, um die Abwickelbarkeit aller Schraubenflächen auf Drehungsflächen, z. B. der Schraubenregelflächen auf das einmantelige Hyperboloid, auf das Katenoid und auf die Ebene, um die korrekte Konstruktion der Schraubenflächen in Grund- und Aufrifs und die Zeichnung der Spiralröhrenflächen und ihrer Inversionsverwandten.

Geschichtliche Nachweise.

Euler und Baltzer über krumme Cylinder, § 7. Über Raumkurven, § 30. Über die Guldinschen Regeln und ihre Erweiterungen, § 51. Bemerkungen von Poncelet und Steiner über den Wert der Transformationen, § 256. Ausführliche Nachweise über Raumgeometrie, besonders Kettenlinie, Katenoid, Minimalschraubenregelfläche, Minimalflächen im allgemeinen, pseudosphärische Schraubenflächen, Röhrenflächen, Krümmungsmafs, geodätische Linien, Krümmungslinien, Schraubenbewegungen im Raume, Transformationsgruppen u. dergl., §§ 261 bis 270.

Erster Abschnitt.

Die Guldinschen Regeln für Drehungskörper, Drehungsflächen und allgemeine Raumgebilde.

α) Inhaltsberechnung für Guldinsche Drehungskörper.

§ 1) Der konzentrische Hohlcylinder. Ein Rechteck ABB_1A_1 (Fig. 1) drehe sich um eine in seiner Ebene liegende Gerade PQ, die einer seiner Seiten, z. B. $AB = b$, parallel ist und ganz außerhalb des Rechtecks liegt. Bei voller Umdrehung entsteht dann ein konzentrischer Hohlcylinder, bei unvollendeter Umdrehung ein Sektor dieses Körpers. Der Inhalt des Hohlcylinders ist

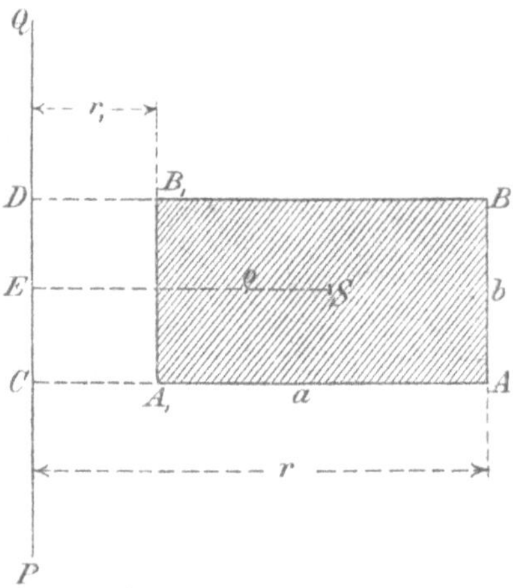

Fig. 1.

$$J = Gh = \pi (r^2 - r_1^2)\, b$$
$$= \pi (r + r_1)(r - r_1)\, b$$
$$= \pi (r + r_1)\, ab$$
$$= 2\pi \frac{r + r_1}{2} F,$$

wo $a = A_1A$, F die Rechtecksfläche, $r = CA$, $r_1 = CA_1$ ist.

Nun ist $\frac{r+r_1}{2}$ gleich dem Schwerpunktsabstand $ES=\varrho$.

Also kann man auch schreiben

$$J=2\pi\varrho F=wF,$$

wo w den Schwerpunktsweg bedeutet. Man hat also für diesen Fall den Satz:

Der Körperinhalt ist gleich dem Produkte aus Schwerpunktsweg und Fläche,

oder in abgekürzter Redeweise:

Inhalt gleich Schwerpunktsweg mal Fläche.

Ist die Umdrehung nur der n^{te} Teil einer vollständigen, so wird der Körperinhalt nur der n^{te} Teil des Hohlcylinders. Da aber auch der Schwerpunktsweg nur der n^{te} Teil des vollen Weges ist, so bleibt der Satz auch für unvollständige Umdrehung bestehen.

§ 2) Ausdehnung des Satzes auf mehrere Rechtecke. In Figur 2 sind mehrere Rechtecke solcher Art gezeichnet. Sind F_1, F_2, F_3, ..., F_n ihre Flächen und ϱ_1, ϱ_2, ϱ_3, ..., ϱ_n ihre Schwerpunktsabstände von der Drehungsachse PQ, so ist der Inhalt des entstehenden Drehungskörpers

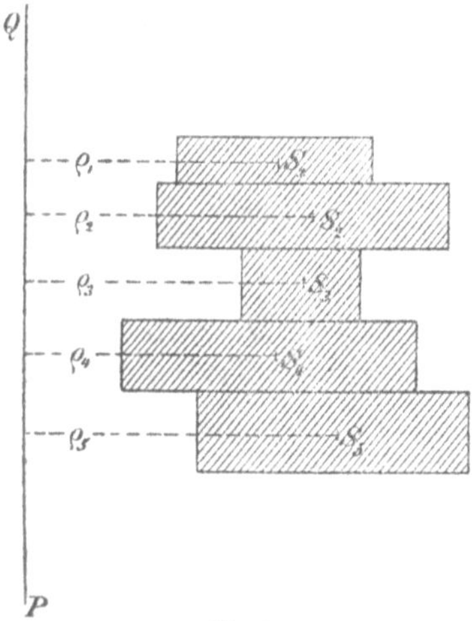

Fig. 2.

$$J=2\pi\varrho_1F_1+2\pi\varrho_2F_2+\ldots+2\pi\varrho_nF_n$$

oder

$$J=2\pi[\varrho_1F_1+\varrho_2F_2+\ldots+\varrho_nF_n]=2\pi m,$$

wo m die Summe der Produkte aus jedem Rechteck und seinem Schwerpunktsabstande bedeutet. (Vergl. Band 2, Abschn. II über abgeschrägte Prismen und Cylinder.) Dieser Ausdruck ist das geometrisch gedeutete statische Moment der sämtlichen Flächen in Bezug auf die Schwerpunktsachse und als solches gleich der Summe der einzelnen statischen

Momente.*) Man kann also für m den Ausdruck $\varrho F = \varrho_1 F_1 + \varrho_2 F_2 + \dots + \varrho_n F_n$ setzen, wo F die Gesamtfläche, ϱ ihren Schwerpunktsabstand von der Achse PQ bedeutet. Demnach ist auch hier

$$J = 2\pi\varrho F = wF,$$

d. h. **Inhalt gleich Schwerpunktsweg mal Fläche.**

§ 3) **Ausdehnung des Satzes auf ebene Flächen von beliebiger Gestalt.** Ist die ebene Fläche F von beliebiger Gestalt, so läfst sie sich mit Rechtecken von der Lage der früher betrachteten ausfüllen. In die am Rande übrig bleibenden kleinen „Dreiecke" bringe man kleinere und kleinere Rechtecke dieser Art, so dafs der nicht ausgefüllte Rest schliefslich unendlich klein gegen die Gesamtfigur wird. [Jedes der kleinen rechtwinkligen „Dreiecke" hat den Inhalt $F_n = \frac{1}{2} gh$, wo g und h unendlich klein werden, die Fläche also unendlich klein zweiter Ordnung wird. Die Anzahl dieser Randdreiecke ist aber unendlich klein erster

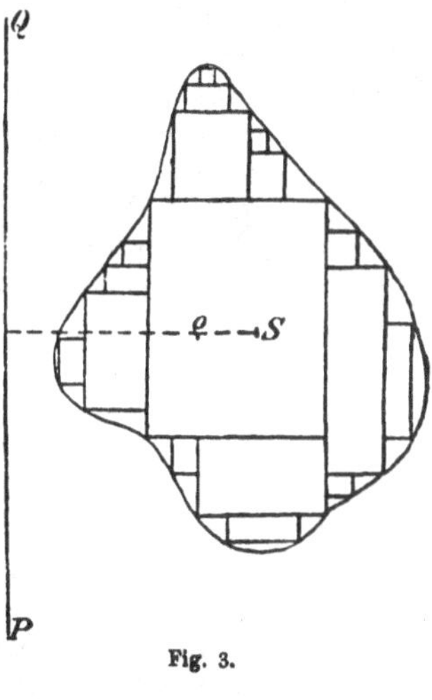

Fig. 3.

*) Denkt man sich in den Flächen F_1 und F_2 sehr zahlreiche homogen verteilte Punkte, in der einen in der Anzahl μF_1, in der andern in der Anzahl μF_2, so dafs die Zahlen sich wie die Flächen verhalten, so ist der mittlere Abstand ϱ_1 für die Punkte von F_1 (nach Bd. I § 49) zu berechnen aus $\mu F_1 \varrho_1 = r_1 + r_2 + r_3 + \dots + r_{\mu F_1}$, für die andere ϱ_2 aus $\mu F_2 \varrho_2 = r_1' + r_2' + \dots + r'_{\mu F_2}$. Für die Gesamtfläche folgt der mittlere Abstand ϱ aus $\varrho(\mu F_1 + \mu F_2) = (r_1 + r_2 + \dots + r_{\mu F_1}) + (r_1' + r_2' + \dots + r'_{\mu F_2})$. Hier ist die rechte Seite gleich der Summe der rechten Seiten der vorigen Gleichungen. Folglich ist auch für die linken Seiten $\varrho(\mu F_1 + \mu F_2) = \varrho_1 \mu F_1 + \varrho_2 \mu F_2$, oder $\varrho(F_1 + F_2) = \varrho_1 F_1 + \varrho_2 F_2$. Ebenso ist für n Flächen derselben Ebene $\varrho(F_1 + F_2 + \dots + F_n) = \varrho_1 F_1 + \varrho_2 F_2 + \dots + \varrho_n F_n$, d. h. **das gesamte statische Moment ist gleich der Summe der einzelnen statischen Momente.** Dafs aber der Punkt mittleren Abstandes der Schwerpunkt ist, folgt aus Bd. I § 49.

Ordnung, also wird die Summe der kleinen Inhalte unendlich klein erster Ordnung. Symbolisch geschrieben $\frac{1}{\infty^2}\cdot\infty=\frac{1}{\infty}$.] Man kann also den Einfluſs der Randfiguren schlieſslich vernachlässigen. Da es sich aber jetzt nur noch um Rechtecke handelt, so bleibt der Satz auch hier bestehen.

Die nach Guldin benannte aber schon dem Pappus bekannte „Regel" läſst sich also folgendermaſsen ausdrücken:

Dreht sich eine beliebig gestaltete ebene Fläche um eine in ihrer Ebene gelegene Achse, die die Fläche nicht schneidet, so ist der Inhalt des entstehenden Drehungskörpers gleich dem Produkte aus Flächeninhalt und Schwerpunktsweg. Dies gilt sowohl von vollständiger, als auch von unvollständiger Umdrehung. Die Guldinsche Inhaltsformel für volle Umdrehung ist daher

1) $$J=2\pi\varrho F=wF.$$

Bemerkungen. a) Bedenkt man, daſs der Schwerpunkt der Punkt mittleren Abstandes ist, so erscheint es als selbstverständlich, daſs er der Punkt mittleren Weges wird. Jedes der Rechtecke, die jetzt als unendlich klein zweiter Ordnung und als gleich groſs angesehen werden sollen, giebt bei unendlich kleiner Bewegung, die als geradlinig angesehen werden darf, einen abgeschrägten Cylinder, der unendlich klein dritter Ordnung ist. Die Summe der Cylinderinhalte ist gleich der gesamten Grundfläche multipliziert mit der mittleren Höhe. (Vgl. Bd. II, von Seite 73 ab, wo die abgeschrägten Cylinder behandelt werden.)

b) Aus $J=2\pi\varrho F$ folgen die Gleichungen

2) $$\varrho=\frac{J}{2\pi F}$$

und

3) $$F=\frac{J}{2\pi\varrho}=\frac{J}{w}.$$

Beide kann man als Umkehrungen der Guldinschen Regel auffassen. Kennt man den Inhalt des Drehungskörpers und den der gedrehten Fläche, so kann man nach 2) den Schwerpunktsabstand ϱ bestimmen. So kennt man z. B. den Inhalt der Kugel und den der Halbkreisfläche, aus der sie durch Drehung um den Durchmesser entsteht, also mufs der Schwerpunkt der Halbkreisfläche, wie in den Beispielen gezeigt werden soll, vom Mittelpunkte den Abstand $\varrho = \frac{4r}{3\pi}$ haben. Die Formel 2) findet häufig, die Formel 3) seltener Anwendung.

§ 4) Ausdehnung des Satzes auf den Fall, dafs die Fläche von der Drehungsachse geschnitten wird. In diesem Falle sind die Abstände teils positiv, teils negativ aufzufassen. Der Ausdruck $\varrho_1 F_1 + \varrho_2 F_2$ geht also, wenn die ϱ und die F positive Gröfsen sein sollen, in $\varrho_1 F_1 - \varrho_2 F_2$ über, was ganz dem Verhalten der statischen Momente in der Mechanik entspricht. Der Ausdruck für den Inhalt wird also

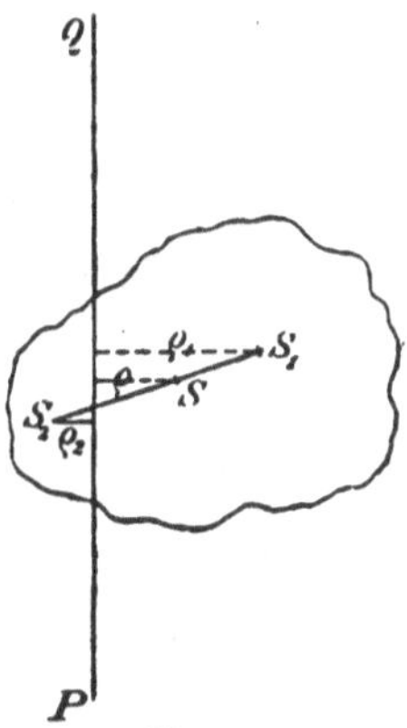

Fig. 4.

$$4)\quad J = 2\pi\varrho F = 2\pi(\varrho_1 F_1 - \varrho_2 F_2) = 2\pi m,$$

wobei m das statische Moment der Fläche in Bezug auf die Drehungsachse bedeutet.

Geht demnach die Drehungsachse durch den Schwerpunkt selbst, wobei der mittlere Abstand $\varrho = 0$ wird, wird für diesen Fall der Inhalt des Drehungskörpers gleich Null.

Die Betrachtung dieser neuen Fälle ist wichtig wegen des nachstehenden Satzes, der im Hinblick auf seine Bedeutung volle Allgemeinheit erhalten soll.

§ 5) Vergröfsert man den Abstand der Drehungsachse vom Schwerpunkte der Fläche F um $\pm e$, so nimmt der Inhalt des Drehungskörpers um $\pm 2\pi e F$ zu. Der Inhalt geht nämlich von $2\pi\varrho F$ über in $2\pi(\varrho \pm e)F$, die Zunahme ist also gleich der Differenz $\pm 2\pi e F$. Man hat daher die Gleichung

$$5)\quad J_1 = J \pm 2\pi e F.$$

Wichtig ist dabei, dafs man die Zunahme berechnen kann, ohne die Lage des Schwerpunktes, d. h. ohne die Gröfse des Abstandes ϱ zu kennen. Man erhält vielmehr durch den Satz ein neues Mittel, diesen Abstand zu bestimmen, sobald man J und F kennt.

Setzt man nämlich $J_1 = 0$, so geht die neue Achse durch den Flächenschwerpunkt, und die nötige Verschiebung e berechnet sich aus

6) $$J - 2\pi e F = 0$$

als

$$e = \frac{J}{2\pi F},$$

was in der That mit Gleichung 2) übereinstimmt.

Soll z. B. ein Halbkreis um eine Achse rotieren, die seinem Durchmesser parallel ist und von diesem den Abstand $\pm e$ hat, so kann man den Inhalt des entstehenden Drehungskörpers nach Gleichung 5) sofort als

$$J_1 = \frac{4\pi}{3} r^3 \pm 2\pi e \frac{\pi r^2}{2} = \frac{4\pi}{3} r^3 \pm \pi^2 e r^2$$

oder auch als

$$J_1 = \pi r^2 \left[\frac{4}{3} r \pm \pi e\right]$$

hinschreiben, ohne den Schwerpunktsabstand ϱ zu kennen. Denn $J = \frac{4\pi}{3} r^3$ ist bekannt als Inhalt der durch Drehung der Halbkreisfläche um den Durchmesser entstehenden Kugel, $F = \frac{\pi r^2}{2}$ als Fläche des Halbkreises. Will man aber den Abstand des Schwerpunktes der Halbkreisfläche haben, so setze man (für den Fall mit $-e$) $J_1 = 0$, d. h. $\pi r^2 \left[\frac{4}{3} r - \pi e\right] = 0$ oder $\frac{4}{3} r - \pi e = 0$, was $e = \frac{4r}{3\pi}$ als den gesuchten Abstand giebt.

Die Kenntnis des Satzes 5) erspart in zahlreichen Fällen viel Rechnung.

β) Die einfachsten Verallgemeinerungen der Guldinschen Inhaltsformel.

§ 6) Ausdehnung der Guldinschen Inhaltsformel auf den Fall, dafs die Fläche F während der Achsendrehung in ihrer Ebene Drehungen um den Schwerpunkt macht. Jeder der angedeuteten Lagen der Fläche F würde (ohne solche Schwerpunktsdrehungen) bei Achsendrehung um dieselbe Gerade ein besonderer Drehungskörper entsprechen. Jeder hat bei voller Umdrehung denselben Inhalt $J = 2\pi\varrho F$, bei unvollkommener ist $J = 2\varrho\widehat{\alpha}F$. Nun habe ein Körper folgende Entstehung: Für die Anfangslage von F bilde man den Drehungssektor für einen kleinen Bogen*) $\widehat{\alpha}_1$, so dafs sein Inhalt ist

1) $$J = \varrho\widehat{\alpha}_1 F = w_1 F.$$

Jetzt drehe sich die Fläche F in der ihrer Schlufslage entsprechenden Ebene um ihren Schwerpunkt, und zwar um einen beliebigen Winkel. Dann drehe sie sich um die erste Achse PQ weiter um einen Bogen $\widehat{\alpha}_2$. Der neue Sektor erhält den Inhalt:

$$J_2 = \varrho\widehat{\alpha}_2 F = w_2 F.$$

So fahre man fort bis

$$J_n = \varrho\widehat{\alpha}_n F = w_n F.$$

Der Gesamtkörper hat dann den Inhalt

$$J = J_1 + J_2 + \ldots + J_n = \varrho F(\widehat{\alpha}_1 + \widehat{\alpha}_2 + \ldots + \alpha_n)$$
$$= F(w_1 + w_2 + \ldots + w_n) = wF,$$

wenn w den Gesamtweg des Schwerpunkts bedeutet. Der Inhaltssatz bleibt also trotz der neuen Drehungen bestehen.

Sind nun die Bogen $\widehat{\alpha}_1, \widehat{\alpha}_2, \ldots, \widehat{\alpha}_n$ unendlich klein und auch die Drehungen von F in seiner Ebene unendlich klein, so erhält man neben der stetigen Drehung um PQ ein stetiges Drehen der Fläche F in der eigenen Ebene um den Schwerpunkt, oder um die (veränderliche) Schwerpunktsachse, die stets normal zur Ebene bleibt. Bei dieser Bezeichnungsweise erhält man folgenden Satz:

---

*) Es handelt sich um Bogen des Einheitskreises, die oft auch als Winkel bezeichnet werden, obgleich die Proportion $\widehat{a} : \pi = \alpha^0 : 180^0$ besteht, so dafs $\widehat{a} = \pi \frac{\alpha^0}{180^0}$ ist.

Die Guldinsche Inhaltsformel bleibt bestehen, wenn während der Drehung um die feste Achse die bewegte Fläche sich irgendwie um die zu ihr normale Schwerpunktsachse dreht.

Gehört z. B. zu jeder Drehung vom Betrage $\frac{2\pi}{n}$ um die Achse PQ eine Drehung vom Betrage $\frac{2\pi}{m}$ um jene Schwerpunktsachse, so dafs also jeder Punkt der Fläche eine Art von Schraubenbewegung um eine kreisförmige Spindel macht, so bleibt der Guldinsche Inhaltssatz bestehen. Dabei kann z. B. auch $m = n$ sein. Die Geltung der Regel wird dadurch ganz erheblich ausgedehnt.

§ 7) Ausdehnung des Guldinschen Inhaltssatzes auf den Fall, dafs der Schwerpunkt der Fläche sich stets senkrecht gegen deren Ebene und zwar in beliebiger ebener Kurve bewegt.*) Die Bewegung des Schwerpunktes S geschehe zunächst auf einzelnen Kreisbogen $w_1, w_2, w_3, w_4, \ldots$ von verschiedenen Radien nach $S_1, S_2, S_3, \ldots$ hin und stets in derselben Ebene. Die Mittelpunkte der einzelnen Bogen seien $\mu_1, \mu_2, \mu_3, \mu_4 \ldots$ Senkrecht zur Ebene hat man durch $\mu_1, \mu_2, \ldots$ gehende Gerade zu

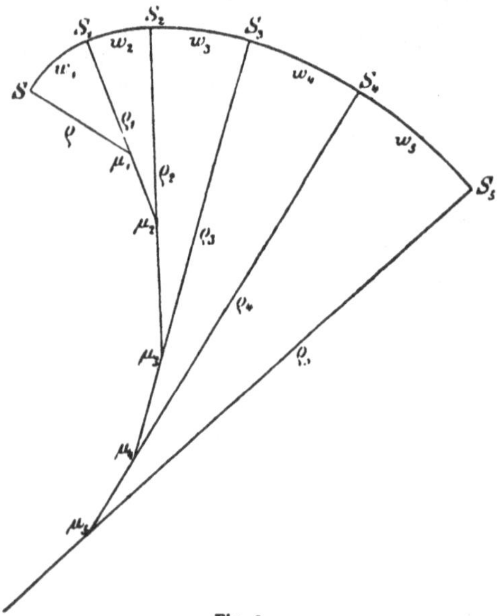

Fig. 5.

*) Die Paragraphen 7 bis 41 können überschlagen werden, wenn man sich nur auf Kreisbewegungen des Schwerpunkts beschränken will. Da aber viele Lehrbücher und Aufgabensammlungen irrige Behauptungen aufstellen, soll das Allgemeine gründlicher untersucht werden.

denken, welche die Drehungsachsen P_1Q_1, P_2Q_2, ... für die Bewegungen der Fläche F sind. Für jeden Sektor des entstehenden Körpers gilt die Inhaltsformel $J_1 = w_1 F$ bezw. $J_2 = w_2 F$, u. s. w. Der Inhalt des Gesamtkörpers wird also

$$J = J_1 + J_2 + \ldots = F(w_1 + w_2 + \ldots) = Fw,$$

wobei w den Gesamtweg bedeutet. Die Formel bleibt also bestehen.

Macht man nun die Bogen w unendlich klein, so erhält man als Schwerpunktsweg eine Kurve, die ihre Krümmung von Punkt zu Punkt wechselt. Auch die μ bilden eine Kurve, die sogenannte Evolute, während die Punkte S die sog. Evolvente bilden. Die Krümmungsradien $S\mu_1$, $S_1\mu_2$, $S_2\mu_3$ ... oder ϱ_1, ϱ_2, ϱ_3 ... sind Normalen der Evolvente und zugleich Tangenten der Evolute. Die auf der Ebene in den Berührungspunkten dieser Tangenten errichteten Lote heifsen die Krümmungsachsen für die stattfindende Bewegung der Fläche. Sie bilden den zur Evolute gehörigen Cylinder.

Da alle Punkte der Fläche F sich für jede Lage um dieselbe Krümmungsachse drehen, bewegen sie sich sämtlich senkrecht gegen die Ebene von F. Sie beschreiben also Parallelkurven. Der entstehende Körper wird von einer sog. Kanalfläche (oder Röhrenfläche) mit ebenem Schwerpunktswege begrenzt. Für solche Kanalflächen gilt also die Formel $J = wF$.

Aber sie gilt nach § 6 auch dann, wenn die Fläche während ihrer Drehungen um die Krümmungsachsen noch Drehungen in ihrer Ebene um den Schwerpunkt vollführt.*) Dabei hören jedoch die Wege der einzelnen Punkte auf, Parallelkurven zu sein. Die Grundfläche des entstehenden Körpers könnte dann als eine ver-

*) Baltzers Elemente der Math. Bd. II. 3. Aufl. schliessen auf Seite 268 diese Fälle aus, und zwar im Anschlufs an Eulers Abhandlung „über krumme Cylinder“, 1778, Nov. Act. Petrop. 12, Seite 91. Hier und im folgenden wird gezeigt, dafs dieses Ausschliefsen ungerechtfertigt ist, sobald es sich nur um die Bestimmung des körperlichen Inhalts handelt. Gerechtfertigt ist es, sobald die Oberfläche des Körpers berechnet werden soll.

allgemeinerte Kanalfläche ebenen Schwerpunktsweges bezeichnet werden.

Die untersuchten Flächen der ersten Art lassen sich durch die Parallelkurven und ihre Orthogonalen zwar in ein System von Rechtecken einteilen, aber nicht in ein solches von kleinen Quadraten, weil jedem ϱ eine besondere cyklidische Einteilung entspricht, so dafs die einfache Fortsetzung der Parallelkurven auf unähnliche Rechtecke führt.

γ) Einige Bemerkungen über Raumkurven.

§ 8) Um das Verständnis zu erleichtern, nehme man für die Zeichnung z. B. die cylindrische Schraubenlinie als Beispiel, die schon in Bd. I zur Behandlung gelangte.

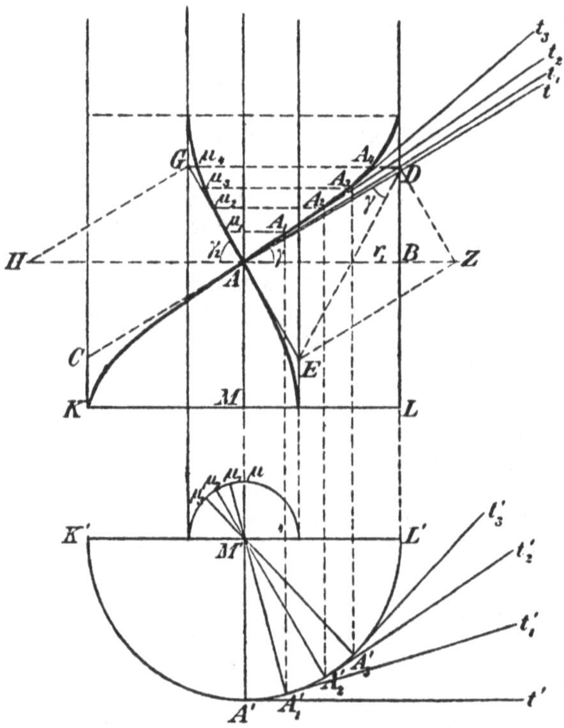

Fig. 6.

Ein sehr kleines Stück einer Raumkurve kann angenähert als eben betrachtet werden. Da eine Ebene durch drei (nicht in einer Geraden liegende) Punkte bestimmt wird, so genügen drei benachbarte Punkte der Kurve zur angenäherten Bestimmung dieser Ebene für das kleine Kurvenstück AA_1A_2. Je näher die Punkte aneinander rücken, um so genauer wird die Ebene bestimmt.

Dabei wird die gerade Verbindungslinie AA_1 schliefslich zur Tangente t im Punkte A. Durch diese und einen Nachbarpunkt des Berührungspunktes wird die Ebene ebenfalls bestimmt. Ebenso wird sie bestimmt durch die Tangenten t und t_1 für zwei aufeinander folgende Kurvenpunkte A und A_1.

Diese Ebene soll heifsen die Schmiegungsebene der Kurve für den Punkt A (obwohl A_1 gleichberechtigt ist. Dieses soll aber der geordneten Reihenfolge halber hier ausscheiden). Auch der Name Tangentenebene kann angewandt werden.

§ 9) Drei dicht aufeinander folgende Tangenten t, t_1, t_2 der Kurve bestimmen zwei aufeinander folgende Schmiegungsebenen. Da t_1 den beiden Ebenen angehört, ist es ihre Schnittlinie. Der Winkel σ, unter dem die Ebenen einander schneiden, soll der Schmiegungswinkel für das kleine Kurvenstück AA_1 heifsen. Errichtet man in irgend einem Punkte von t_1 auf beiden Ebenen Lote, so stellen auch diese den Schmiegungswinkel σ dar.

§ 10) In der Schmiegungsebene hat die Kurve, wie jede ebene Kurve, einen Krümmungsmittelpunkt μ. Er wird gefunden, indem man in der Schmiegungsebene in zwei sehr nahe aneinander liegenden Kurvenpunkten Normalen auf den zugehörigen Tangenten errichtet. Diese schneiden sich für den Grenzfall in μ. Dies bedarf aber noch der Präzisierung, da diese beiden Normalen für die Kurve von verschiedener Bedeutung sind, indem nur die eine eine sog. Hauptnormale ist.

Man denke sich zu diesem Zwecke in A auf der Tangente t eine Normalebene errichtet. Diese schneidet die zu A gehörige Schmiegungsebene in einer Geraden, die von den übrigen dortigen Loten der Kurve sich dadurch unterscheidet, dafs sie eben in der zu A gehörigen Schmiegungsebene liegt. Dieses Lot soll heifsen die Hauptnormale der Kurve für den Punkt A. Auf dieser mufs der Krümmungsmittelpunkt liegen. Bildet man ebenso für die Nachbarpunkte A_1 und A_2 Hauptnormalen, so zeigt sich, dafs diese einander bei einer eigentlichen Raumkurve nicht schneiden, sondern kreuzen. Würden nämlich zwei aufeinander folgende Hauptnormalen einander schneiden, so würden die aufeinander folgenden Schmiegungsebenen, in denen sie liegen, nicht nur die Tangente t_1 gemein haben, sondern auch noch jenen Schnittpunkt, d. h. die beiden Schmiegungsebenen müfsten ganz zusammenfallen, der Winkel σ würde gleich Null sein, das Kurvenstück AA_1 würde also nicht nur angenähert als eben, sondern als vollkommen eben zu betrachten sein. Also: Soll das kleine Kurvenstück AA_1 nicht absolut eben sein, so dürfen die beiden zugehörigen Hauptnormalen einander nicht schneiden.

Von den beiden einander schneidenden Geraden, durch die vorher μ angenähert bestimmt wurde, kann also höchstens die eine eine Hauptnormale sein.*)

§ 11) Um die aufeinander folgenden Krümmungsmittelpunkte zu bestimmen, soll daher folgendermafsen verfahren werden: Man bilde die Normalebenen der Kurve in A, A_1, A_2, ... Die beiden ersten schneiden einander in einer Geraden EG, die beiden folgenden in einer Geraden E_1G_1 u. s. w. Für den Grenzfall unendlich nahe aufeinander folgender Punkte heifsen diese Geraden die Krümmungsachsen der Kurve für ihre Punkte A, A_1, A_2, ... Auf diesen Achsen liegen die einzelnen Krümmungsmittelpunkte, und zwar da, wo die Achsen von den Hauptnormalen geschnitten werden. Also: Die zu A gehörige Hauptnormale und die Krümmungsachse schneiden einander in μ, die zu A_1 gehörigen in μ_1 u. s. w.

---

*) Vor einem naheliegenden Fehler sei gewarnt. Scheidet man Figur 5 aus und knickt man die einzelnen Sektoren um die sie trennenden Geraden, so dafs zwischen je zwei benachbarten dieser Linien Winkel α_1, α_2, α_3 ... entstehen, so erhält man an Stelle der ebenen Kurve (für den Grenzfall) eine Raumkurve, bei der scheinbar aufeinanderfolgende Krümmungsradien einander schneiden. Dies ist aber nach obigem unmöglich. Die Trennungslinien der Sektoren dürfen also nicht mehr als Hauptnormalen (Krümmungsradien) betrachtet werden. Die aus den Sektoren entstandene Fläche ist eine in die Ebene abwickelbare Regelfläche.

§ 12) [Man könnte vermuten, dafs der Krümmungsmittelpunkt in der Gegend zu suchen sei, wo die aufeinander folgenden Hauptnormalen einander kreuzen. Dies ist aber, wie schon bei der Schraubenlinie sich zeigt, durchaus nicht der Fall.

In Figur 6 sind die entsprechenden Verhältnisse für diese dargestellt. Die aufeinanderfolgenden Tangenten sind t, t_1, t_2, ..., EG ist die Krümmungsachse für A und stellt zugleich die Normalebene dar. $A\mu$, $A_1\mu_1$, $A_2\mu_2$, ... sind die hier horizontalen Krümmungsradien. Diese sind bei der gewöhnlichen Schraubenlinie sämtlich gleich grofs, denn Kurventeile von derselben Länge sind hier einander kongruent. Demnach liegen alle μ auf einem bestimmten Cylinder, auf dem sie eine zweite Schraubenlinie von derselben Ganghöhe bilden. In diesem Sonderfalle (nicht aber allgemein) sind die Geraden EG, E_1G_1, E_2G_2, ... die Tangenten dieser zweiten Schraubenlinie, derart, dafs die Steigungswinkel, wie EG und t zeigen, Komplementwinkel sind, Daraus folgt, dafs für die neue Schraubenlinie, wenn der neue Cylinderradius mit r_2 bezeichnet wird,

$$h = 2\pi r_2 \tan\gamma_2 = 2\pi r_2 \cot\gamma = 2\pi r_2 \frac{1}{\tan\gamma}$$

ist, während für die gegebene war

$$h = 2\pi r_1 \tan\gamma.$$

Aus beiden Gleichungen folgt $r_2 = r_1 \tan^2\gamma$.

Die Länge für jeden Krümmungsradius der ersten Schraubenlinie ist demnach

$$A_n\mu_m = r_1 + r_2 = r_1 + r_1 \tan^2\gamma = r_1 (1 + \tan^2\gamma) = \frac{r_1}{\cos^2\gamma} = \varrho.$$

§ 13) Ebenso grofs ist naturgemäfs der Krümmungsradius für den Punkt A der in Figur 6 durch die Gerade CD dargestellten Schnittellipse des ersten Cylinders, der also beiläufig gefunden sein würde, wenn er nicht aus der Planimetrie bekannt geworden ist. Ist diese Ellipse in Fig. 7 durch $C'A'D'$ dargestellt, ist also $M'A' = b = r_1$ und $C'M' = a = A'F$, wo F der Brennpunkt ist, so ist $\triangle M'A'F$ in Figur 7 kongruent dem $\triangle BAD$ in Figur 6. Errichtet man also auf $A'F'$ in F ein Lot, so bestimmt dieses auf der

Nebenachse $M'A'$ den Punkt μ' so, dafs $A'\mu'$ der Krümmungsradius r ist. Da nämlich infolge der Kongruenz $\measuredangle M'A'F = \gamma$ ist, so folgt $a = \frac{r_1}{\cos\gamma}$, also $A'\mu' = \frac{r_1}{\cos^2\gamma} = \varrho$.

Legt man in Figur 6 an $AD = a = \frac{r_1}{\cos\gamma}$ in D den Winkel $ADE = \gamma$ an, so wird $DE = \frac{r_1}{\cos^2\gamma} = \varrho$, so dafs man den konstanten Krümmungsradius r der gegebenen Schraubenlinie leicht konstruieren kann. Statt dessen kann man auf AD in D ein Lot errichten, welches auf AB das Stück $AZ = \varrho$ abschneidet.

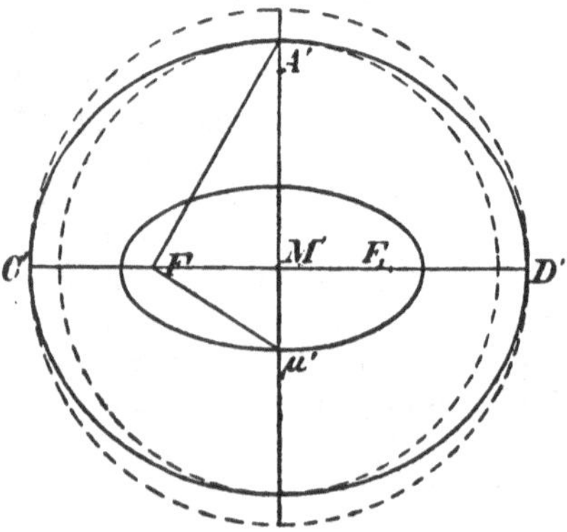

Fig. 7.

Für die zweite Schraubenlinie (die der μ) ist

$$\varrho_2 = \frac{r_2}{\cos^2\gamma_2} = \frac{r_1 \tan^2\gamma}{\sin^2\gamma} = \frac{r_1}{\cos^2\gamma} = \varrho,$$

so dafs **beide Schraubenlinien denselben Krümmungsradius haben.** Für beide Schraubenlinien findet also eine Art von Gegenseitigkeit statt. Die Ellipse für die zweite Schraubenlinie ist ebenfalls in Figur 7 dargestellt.]

§ 14) Die aufeinanderfolgenden Tangenten jeder Raumkurve bilden eine **Tangentenfläche**, die von den aufeinander folgenden Schmiegungsebenen umhüllt und von jeder längs einer Tangente berührt wird. Denkt man sich alle Tangenten in unendlicher Länge an der Kurve angebracht, so hat man die ganze Fläche, die nun gratähnlich von der Raumkurve begrenzt wird. Die letztere ist also die sogenannte **Gratlinie** (oder **Rückkehrkante***)) der Tangentenfläche. Die Fläche wird von lauter Geraden gebildet, ist also eine **Regel-**

*) Dieser Name kommt daher, dafs die Tangenten beim Berührungspunkte die Fläche nicht verlassen, sondern in sie zurückkehren.

fläche. Weil ferner die aufeinanderfolgenden Tangenten einander auf der Gratlinie schneiden, so dafs diese Tangenten „Sektoren" bilden, die für den Grenzfall als eben zu betrachten sind, so läfst sich die Fläche auf die Ebene abwickeln, ist also eine abwickelbare Regelfläche. Bei dieser Abwickelung geht die Raumkurve in eine ebene Kurve über.

[Bei der gewöhnlichen Schraubenlinie handelt es sich um die abwickelbare Schraubenregelfläche, die von den Tangenten der ersteren gebildet wird. Denkt man sich auf der Schraubenlinie Punkte markiert, die sie in gleiche und sogar kongruente Stücke einteilen, die sehr klein sein sollen, so erhalten die Sektoren lauter gleiche Winkel k (Kontingenzwinkel), und die Abwickelung mufs die Aufsenfläche eines regelmäfsigen Polygons, für die Grenze die eines Kreises geben. Denkt man sich also die Aufsenfläche eines Kreises z. B. längs einer Tangente aufgeschnitten, so läfst sich diese ebene Fläche in eine abwickelbare Schraubenfläche umbiegen. Eine so begrenzte Papierfläche z. B. läfst sich praktisch in die genannte Schraubenfläche umbiegen, wenn man die Kreistangenten z. B. durch aufgeklebte Holzstäbchen zwingt, geradlinig zu bleiben. Man hat nur den Kreis in die Gestalt irgend einer Schraubenlinie zu bringen.]

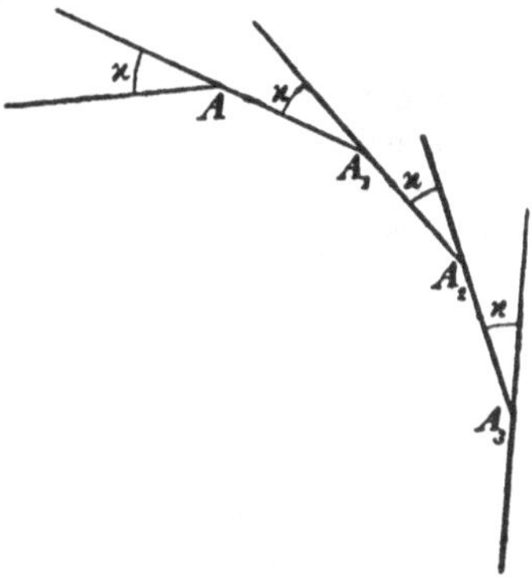

Fig. 8.

§ 15) Die Tangenten einer allgemeinen Raumkurve in den benachbarten Punkten A und A_1 bilden einen Winkel k, den schon genannten Kontigenzwinkel für das Kurvenstück AA_1. Er wird auch gebildet von den beiden zugehörigen Normalebenen, die sich in der entsprechenden Krümmungsachse EG unter diesem Winkel schneiden. Unter demselben Winkel kreuzen sich auch die beiden zugehörigen Hauptnormalen (Krümmungsradien). Setzt man das kleine

Kurvenstück gleich s, und mifst man k im Bogenmafs, d. h. am Kreise mit Radius 1, so ist $\varrho k = s$, also $\varrho = \frac{s}{k}$ und $\frac{1}{\varrho} = \frac{k}{s}$. Den letzteren Ausdruck bezeichnete man als die erste Krümmung der Kurve. Die zweite Krümmung ergiebt sich rein schematisch aus $r\sigma = s$ als $\frac{1}{r} = \frac{\sigma}{s}$, wo σ der Schmiegungswinkel ist. (Daher „Kurven doppelter Krümmung".) Über diese beiden Krümmungen und die geometrische Deutung von r soll unten eingehender gesprochen werden.

§ 16) Jeder der Krümmungsradien ϱ ist Schnittlinie der Normalebene und der Schmiegungsebene für den betreffenden Punkt A der Kurve. Er liegt also in einer der die Tangentenfläche berührenden Schmiegungsebene, aber nicht etwa in der Tangentenfläche, die nicht über die Gratlinie hinausreicht. Er ist senkrecht zu einer der Geraden der letzteren, d. h. zu einer Tangente der Raumkurve. Er trifft also die Fläche in einem Punkte der gegebenen Raumkurve. Die Krümmungsradien selbst bilden auch eine Regelfläche, die jedoch nicht abwickelbar ist, weil die aufeinander folgenden Krümmungsradien der Raumkurve einander nicht schneiden. Die nicht abwickelbare Fläche der Hauptnormalen und die abwickelbare Fläche der Tangenten schneiden einander in der gegebenen Raumkurve. Die nicht abwickelbaren Regelflächen werden auch als windschiefe bezeichnet.

§ 17 (Läfst man eine Gerade, welche die Cylinderachse unter gegebenem Winkel α schneidet, mit der Schraubenlinie um den Cylinder herumgehen, so entsteht eine nicht abwickelbare Schraubenregelfläche. Ist $\sphericalangle \alpha = 90^0$, so handelt es sich um die nicht abwickelbare Fläche der Hauptnormalen der Schraubenlinie. Da die Verbindungslinie zwischen der Cylinderachse und der Schraubenlinie in letzterem Falle stets eine kürzeste Linie ist, so hat die Fläche der Hauptnormalen stets den Charakter einer zwischen Schraubenlinie und Cylinderachse ausgespannten Minimalfläche, die aufserdem z. B. von zweien der Verbindungslinien begrenzt zu denken ist. Die Minimalfläche zwischen der Achse und der Schraubenlinie mufs nämlich aus Gründen der Kongruenz aller Teilchen eine Schraubenfläche von derselben Ganghöhe sein. Jede andere Schraubenfläche zwischen den beiden

Grenzlinien hat aber, weil die erzeugende Gerade oder Kurve nicht die kürzeste Verbindungslinie ist, „Schichten“ von gröfserem Flächeninhalt. Die Fläche behält den Charakter einer Minimalfläche auch dann, wenn man sie ohne Drehung umbiegt, wobei die Cylinderachse und die beiden begrenzenden Geraden krummlinig werden können, die Schraubenlinie aber irgend eine Raumkurve wird. Die Geraden der ursprünglichen Fläche gehen dann in kürzeste Linien der neuen Fläche (d. h. in geodätische Linien) über. (Vgl. z. B. § 356 in Bd. I.) Beiläufig sei bemerkt, dafs, wenn man die Cylinderachse und diese Schraubenlinie zu Kreisen umbiegt, die Drehungsfläche der Kettenlinie, das Katenoid, entsteht.]

§ 18) Die Normalebene jeder Raumkurve für irgend einen ihrer Punkte A und die zugehörige Schmiegungsebene schneiden sich nach obigem in der Hauptnormale. Errichtet man aufserdem auf der Schmiegungsebene ein Lot in A, so steht dieses senkrecht auf der Tangente und zugleich auf der Hauptnormale und heifst infolgedessen die Binormale. Die Hauptnormale ϱ, die Tangente t und die Binormale n bilden eine rechtwinklige Ecke, deren Flächen folgende sind: ϱ und t bilden die Schmiegungsebene, ϱ und n die Normalebene, t und n eine Ebene, die als die rektifizierende Ebene der Kurve für den Punkt A bezeichnet wird. Der Grund für diese Bezeichnung soll unten angegeben werden. [Für die Schraubenlinie ist die rektifizierende Ebene die entsprechende Tangentialebene des Cylinders.]

§ 19) Die aufeinander folgenden Schmiegungsebenen der Raumkurven umhüllen die abwickelbare Fläche der Tangenten. Auch die beiden anderen Gruppen von Ebenen umhüllen je eine abwickelbare Fläche. Wie nämlich jede Reihe aufeinander folgender Punkte eine Kurve giebt, für welche die Verbindungslinien je zweier benachbarter Punkte für den Grenzfall Tangenten sind, so mufs nach dem Gesetz der Dualität jede Aufeinanderfolge von Ebenen eine Kurve bestimmen, für welche für den Grenzfall die Schnittlinien je zweier aufeinander folgenden Ebenen Tangenten sind. Diese Tangenten bilden eine abwickelbare Regelfläche, und da jede Tangente ganz in je zwei Ebenen liegt, so wird diese Regelfäche von den aufeinander folgenden Ebenen längs je einer Tangente berührt. Die Tangenten umhüllen die Gratlinie der abwickelbaren Regelfläche.

§ 20) Je zwei aufeinander folgende rektifizierende Ebenen schneiden einander in einer Geraden, der sogenanten rektifizierenden Geraden. [Bei der Schraubenlinie handelt es sich um den Durchschnitt zweier aufeinander folgender Tangentialebenen des Cylinders, also für die Grenze um eine Gerade des Cylinders, die im allgemeinen keine Normale der Kurve ist. Die rektifizierende Gerade darf also nicht etwa mit der Binormale verwechselt werden.] Diese rektifizierenden Geraden bilden eine krumme Fläche und umhüllen eine auf dieser Fläche liegende Kurve, die Gratlinie der Fläche, über die die Fläche nicht hinausgeht. Diese Fläche heifst die Fläche der rektifizierenden Geraden der Kurve. [Für die Schraubenlinie handelt es sich um den Cylinder als Fläche der rektifizierenden Geraden. Wickelt man ihn auf eine der rektifizierenden Ebenen ab, so wird die Schraubenlinie eine Gerade, d. h. eben sie wird rektifiziert. Dafs Entsprechendes ganz allgemein stattfindet, wird unten erläutert.] Die Gratlinie kann sich, wie beim Kegel, auf einen Punkt beschränken, sie kann auch, wie beim Cylinder, ganz im Unendlichen liegen.

Die rektifizierenden Ebenen von A und A_1 geben eine rektifizierende Gerade als Durchschnitt. Die beiden entsprechenden Hauptnormalen stehen bezw. senkrecht auf diesen Ebenen, beide also kreuzen die rektifizierende Gerade senkrecht. Demnach ist die rektifizierende Gerade parallel zu dem gemeinschaftlichen Lote benachbarter Hauptnormalen. [Bei der Schraubenlinie ist die Cylinderachse dieses gemeinschaftliche Lot, die rektifizierende Gerade also parallel zu diesem.] Die aufeinander folgenden rektifizierenden Geraden bilden die Schmiegungsebene der entsprechenden Gratlinie.

§ 21) Je zwei aufeinander folgende Normalebenen der Raumkurve schneiden einander in der Krümmungsachse unter dem Kontigenzwinkel k. Sie umhüllen eine abwickelbare Regelfläche, die Fläche der Krümmungsachsen, und zwar geschieht die Berührung stets längs einer Krümmungsachse. Die Krümmungsachsen sind die Tangenten der Gratlinie dieser Fläche. Da die Krümmungsachsen durch die Krümmungsmittelpunkte μ gehen, liegen die Krümmungsmittelpunkte auf der Fläche der Krümmungsachsen, aber im allgemeinen nicht auf ihrer Gratlinie. (Bei der Schraubenlinie tritt letzteres als besonderer Fall ein.) Je zwei aufeinander folgende Krümmungsachsen bilden eine Schmiegungsebene der Gratlinie. [Diese Gratlinie wird sich später als Ort der Mittelpunkte der Schmiegungskugeln herausstellen.] Die Fläche der Krümmungsradien schneidet die der Krümmungsachsen in der Kurve der Krümmungsmittelpunkte, die also auf beiden Flächen liegt.

§ 22) Zwischen der gegebenen Raumkurve und der Gratlinie der Krümmungsachsen finden gewisse gegenseitige Beziehungen statt.

1) Die aufeinander folgenden Tangenten der Raumkurve schneiden einander unter dem zum Kurvenstücke AA_1 gehörigen Kontingenzwinkel $\varkappa$, ebenso die zugehörigen Normalebenen. Nun sind aber die aufeinanderfolgenden Normalebenen, weil sie aufeinander folgende Krümmungsachsen, also aufeinanderfolgende Tangenten der entsprechenden Gratlinien enthalten, Schmiegungsebenen dieser Gratlinie, und da diese Ebenen sich unter dem Winkel $\varkappa$ schneiden, ist dieser der Schmiegungswinkel für das entsprechende Stück der Gratlinie. Folglich: Der Schmiegungswinkel für eine kleine Strecke der Gratlinie der Krümmungsachsen ist gleich dem Kontingenzwinkel für eine entsprechende Strecke der gegebenen Raumkurve.

2) Aufeinder folgende Binormalen der Raumkurve schneiden einander unter dem Winkel σ, unter dem sich die auf ihnen senkrechten Schmiegungsebenen schneiden. Die Krümmungsachse ist aber stets parallel zur Binormale, denn sie liegt mit ihr in der Normalebene der Kurve und beide stehen senkrecht auf der Hauptnormale. Folglich schneiden sich auch aufeinanderfolgende Krümmungsachsen unter dem Winkel σ. Sie sind aber Tangenten ihre Gratlinie und geben also deren Kontingenzwinkel. Folglich:

Der Kontingenzwinkel für ein kleines Stück

der Gratlinie der Krümmungsachsen ist gleich dem Schmiegungswinkel für das entsprechende Stück der gegebenen Raumkurve.

3) Jede Schmiegungsebene der zweiten Kurve ist normal zur entsprechenden Schmiegungsebene der ersten. Jede Normalebene der zweiten ist parallel zu der entsprechenden Schmiegungsebene der ersten, weil sie senkrecht auf der Tangente steht, die parallel zur Binormale der ersten ist. Die Normalebenen der einen Kurve sind die Schmiegungsebenen der andern. Dieser Parallelismus ist also gegenseitig. Die entsprechenden Hauptnormalen beider sind parallel, denn die der ersten liegt zugleich in der Schmiegungsebene der andern und steht senkrecht auf deren zugehöriger Tangente, aber auch die Hauptnormale der zweiten liegt in dieser Schmiegungsebene und ist senkrecht zur Tangente. Jede Tangente der ersten Kurve ist parallel zur entsprechenden Binormale und der Krümmungsachse der zweiten; jede Tangente der zweiten ist parallel zur entsprechenden Binormale und identisch mit der Krümmungsachse der ersten. Also: Die besprochenen rechtwinkligen Dreikantecken der einen Kurve haben Kanten, die parallel sind zu denen der entsprechenden Dreikantecken der andern. Demnach sind parallel die einander entsprechenden rektifizierenden Ebenen beider Kurven, also auch die rektifizierenden Geraden beider. Die Schmiegungsebenen der einen sind parallel zu den entsprechenden Normalebenen der anderen. [An dem Beispiele der Schraubenlinie sind alle diese Verhältnisse leicht zu erkennen.]

§ 23) Man verfolge die Entstehung beider Kurven an Figur 9. Hier ist die zu A gehörige Schmiegungsebene $AA_1\mu$ mit den Tangenten t und t_1 horizontal gedacht, also die Binormale AB und die Krümmungsachse μK vertikal; μ ist der erste Krümmungsmittelpunkt, $A\mu = \varrho$ der erste Krümmungsradius, $AA_1 = \varrho\varkappa = s$ das erste Kurvenstück, $\frac{1}{\varrho} = \frac{\varkappa}{s}$ dessen Krümmung.

Wäre die Kurve eben, so würde irgendwo auf $A_1\mu$, z. B. in J der zweite Krümmungsmittelpunkt liegen. Es ist aber ein Schmiegungswinkel σ vorhanden, d. h. der nächste

Sektor $A_1 A_2 \mu_1$ ist um die Tangente t_1 gegen den ersten gedreht, und zwar um diesen Winkel $\sigma = DA_1E$. Die Ebene $A_1 \mu_1 J$ zeigt diesen Winkel σ an.

Während nun die Normalebene $A\mu KB$ um den $\sphericalangle \varkappa$ in die Lage $A_1 \mu KB'$ gedreht war, tritt jetzt an ihre Stelle die neue Normalebene $A_1 \mu_1 K_1 B_1$. Dabei ist die Binormale $A_1 B_1$ um σ gegen $A_1 B'$ gedreht, die Krümmungsachse $\mu_1 K_1$ um σ gegen μK. Diese beiden Winkel σ haben aber ihre Ebene

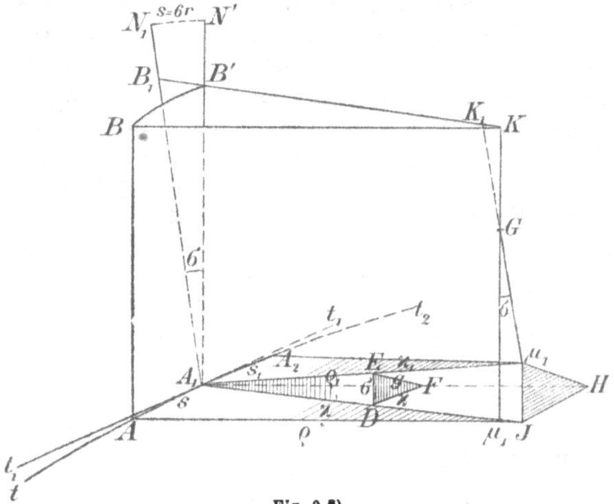

Fig. 9.*)

in der Erweiterung der senkrechten Ebene $A_1 J \mu_1$, also schneiden einander $\mu_1 K_1$ und μK in einem Punkte G, dem ersten Punkte der entstehenden Gratlinie der Krümmungsachsen. Die neue Normalebene $A_1 \mu_1 K_1 B_1$ ist um die neue Krümmungsachse $\mu_1 K_1$ zu drehen, was den zweiten Sektor mit dem Kontingenzwinkel $\varkappa_1$ giebt. Jetzt hat man fortzufahren, wie vorher. Sind im besonderen Falle die Krümmungsradien ϱ, ϱ_1 ... gleich grofs, so fallen die G mit den μ zusammen. (Vgl. Schraubenlinie.)

Oben wurde rein schematisch die zweite Krümmung als

$$\frac{1}{r} = \frac{\sigma}{s}$$

*) In Figur 9 ist an der untersten Linie ϱ zu lesen μ statt μ_1.

definiert. Geometrisch kann man sie veranschaulichen, indem man $A_1 B_1$ und $A_1 B'$ soweit verlängert, dafs der gleichschenklige Winkel $B_1 A_1 B'$ einen Bogen $N_1 N' = s$ spannt, denn dann ist

$$s = \sigma r \text{ und } A_1 N_1 = A_1 N' = r.$$

Einen eigentlichen Krümmungsmittelpunkt giebt es hier nicht, weil AB und $A_1 B_1$ einander kreuzen, nicht schneiden.

§ 24) Die einander kreuzenden Krümmungsradien ϱ und ϱ_1 haben irgendwo ihre Kreuzungslinie, d. h. ihr gemeinschaftliches Lot, und dieses ist parallel zur rektifizierenden Geraden für A_1. (Vgl. Schraubenlinie.)

Der Kreuzungswinkel von ϱ und ϱ_1 ergiebt sich folgendermafsen. Man ziehe (in der horizontalen Schmiegungsebene) $A_1 H \parallel \varrho$, dann ist der Winkel $H A_1 \mu_1$ gleich dem gesuchten Kreuzungswinkel. Denkt man sich um A_1 die Einheitskugel gelegt, so wird diese von $A_1 J$, $A_1 H$ und $A_1 \mu_1$ in Punkten D, F und E durchstofsen, welche ein sphärisches rechtwinkliges Dreieck DFE geben, welches den rechten Winkel bei D hat. Da jedoch die Seiten dieses Dreiecks sehr klein sind, kann man es als eben betrachten, so dafs $DE^2 + DF^2 = EF^2$ ist. Nun ist aber $DE = \sigma$, $DF = \varkappa$ (Wechselwinkel) und $EF = g$, wenn man unter g den am Einheitskreis gemessenen Kreuzungswinkel, gewissermafsen die ganze Drehung, versteht. Es ist also

$$1) \qquad g^2 = \varkappa^2 + \sigma^2 = \left(\frac{s}{\varrho}\right)^2 + \left(\frac{s}{r}\right)^2.$$

Setzt man ebenso schematisch, wie vorher, für die Gesamtkrümmung g den Radius gleich R, so hat man für den Kurvenbogen s die Gleichung

$$s = Rg$$

woraus folgt

$$R = \frac{s}{g}.$$

Dadurch geht Gleichung 1) über in $\frac{s^2}{R^2} = \frac{s^2}{\varrho^2} + \frac{s^2}{r^2}$ oder in

$$2) \qquad \frac{1}{R^2} = \frac{1}{\varrho^2} + \frac{1}{r^2}.$$

Gleichung 1) giebt den Lancretschen Satz: Das Quadrat der Gesamtdrehung für ein Kurvenstück ist gleich der Summe der Quadrate der beiden Einzeldrehungen. In zweiter Form lautet er: Das Quadrat der Gesamtkrümmung ist gleich der Summe der Quadrate der beiden Einzelkrümmungen.

Auch R läfst sich geometrisch veranschaulichen. Man hat nur die Schenkel des Winkels HA_1E so lang zu machen, dafs der gleichschenklige Winkel den Bogen $s = AA_1$ spannt.

§ 25) Die Radien ϱ, r und R stehen in einem einfachen geometrischen Zusammenhange: Bildet man ein rechtwinkliges Dreieck mit den Katheten ϱ und r, so ist die Höhe auf der Hypotenuse gleich R. Der doppelte Dreiecks-Inhalt ist nämlich $2J = \varrho r = hc$, wenn die Hypotenuse gleich c gesetzt wird, also ist

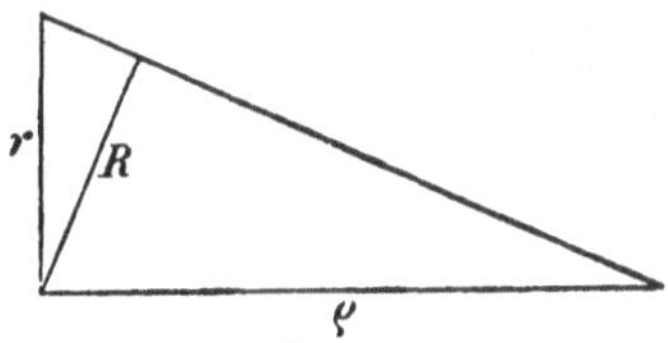

Fig. 10.

$$h = \frac{\varrho r}{c}, \text{ folglich } \frac{1}{h^2} = \frac{c^2}{\varrho^2 r^2} = \frac{\varrho^2 + r^2}{\varrho^2 r^2} = \frac{1}{r^2} + \frac{1}{\varrho^2} = \frac{1}{R^2},$$

wie behauptet war.

Kennt man demnach zwei dieser drei Krümmungsradien, so kennt man auch den dritten. Daraus lassen sich viele Folgerungen ziehen. So ist z. B. $\frac{1}{R^2}$ stets gröfser als jede der Gröfsen $\frac{1}{r^2}$ und $\frac{1}{\varrho^2}$, folglich ist R stets kleiner als jede der Gröfsen ϱ und r, was auch die Dreiecksfigur 10) sofort zeigt.

(Man versuche alle diese Sätze an der Schraubenlinie zu veranschaulichen.)

§ 26) In Figur 11 seien A, A_1 und A_2 drei aufeinander folgende Punkte einer Raumkurve, t, t_1 und t_2 die zugehörigen Tangentenrichtungen. Dabei liegen t und t_1 in der ersten Schmiegungsebene $CDEF$, t_1 und t_2 in der zweiten Schmiegungsebene GHA_2P_2, beide Ebenen schneiden einander unter dem Winkel σ, während t und t_1 sich unter dem Winkel $\varkappa$ schneiden. AB sei die rektifizierende Gerade, in der sich die zu A und A_1 gehörigen und durch t bezw. t_1 gehenden rektifizierenden Ebenen schneiden. Man fälle von einem Punkte M der Geraden AB aus ein Lot auf t und ein solches auf t_1, dann steht das eine senkrecht auf der ersten, das andere senkrecht auf der zweiten Schmiegungsebene. Dies giebt Dreiecke AMP und AMP_1, von denen das eine in der ersten, das andere in der anderen rektifizierenden Ebene liegt. Dabei ist Winkel $PMP_1 = \sigma$, das Dreieck PMP_1 aber kann, da PP_1 verschwindend klein ist, und es sich um Lote handelt, als gleichschenklig betrachtet werden. Demnach sind die rechtwinkligen Dreiecke PAM und P_1AM für den Grenzfall kongruent, folglich ist auch PP_1A ein gleichschenkliges Dreieck mit dem Winkel $\varkappa$ an der Spitze.

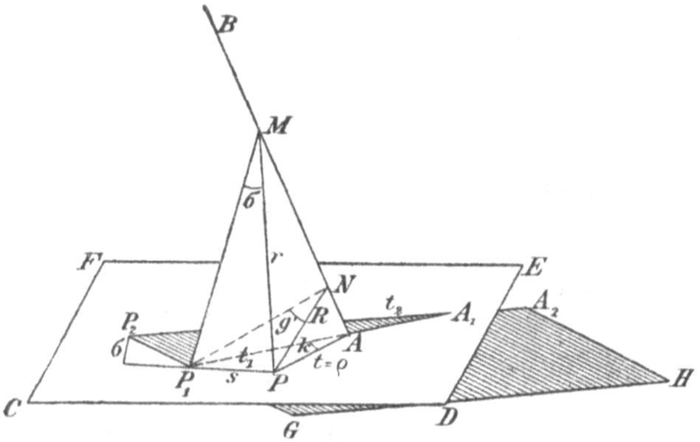

Fig. 11.

Man kann nun M auf AB so wählen, daſs $AP = \varrho = AP_1$ ist, dann ist der um A mit Radius ϱ gelegte Kreisbogen $PP_1 = \varrho k = s = AA_1$. Aber auch $PM \cdot \sigma$ ist gleich s, also

$$PM = \frac{s}{\sigma} = r,$$ d. h. gleich dem Radius der zweiten Krümmung.

Jetzt lege man durch PP_1 eine zur rektifizierenden Geraden AB normale Ebene, wodurch das gleichschenklige Dreieck PNP_1 entsteht. Dabei ist PN die zur Hypotenuse gehörige Höhe eines rechtwinkligen Dreiecks mit den Katheten r und ϱ, also nach obigem $PN = R$, d. h. gleich dem Radius der gesamten Krümmung der Kurve bei A. Setzt man also den im Bogenmaſs gemessenen Winkel $PNP_1 = g'$, so ist

$$R \cdot g' = PP_1 = s, \text{ also } g' = \frac{s}{R} = g,$$ d. h. gleich dem Winkel der gesamten Drehung oder gleich dem Kreuzungswinkel von ϱ und ϱ_1 für die Kurvenstrecke AA_1.

Jetzt sind alle drei Krümmungsradien und Krümmungswinkel zugleich geometrisch veranschaulicht, und man hat im ganzen das folgende:

Macht man eine Tangente einer gegebenen Raumkurve (vom Berührungspunkte aus gemessen) gleich dem Krümmungsradius ϱ für den Berührungspunkt A, und legt man durch den Endpunkt eine Normalebene zur Tangente, so erhält man einen Normalschnitt (PP_1) zur Tangentenfläche, dessen Krümmungsradius (PM) gleich dem Radius r der zweiten Krümmung der Kurve für A ist, und dessen Krümmungsmittelpunkt auf der rektifizierenden Geraden der Kurve für den Punkt A liegt. Legt man ferner durch das kleine Bogenstück PP_1 des Normalschnitts, welches der Kurvenstrecke AA_1 entspricht, eine Normalebene PP_1N zur rektifizierenden Geraden, so giebt PN den Radius R der gesamten Krümmung für den Punkt A der Raumkurve. Dabei zeigt sich, daſs der Winkel g, unter dem sich die beiden rektifizierenden Ebenen für ein kleines Kurvenstück AA_1 schneiden, gleich dem Kreuzungswinkel der zugehörigen Krümmungsradien ϱ und ϱ_1, also gleich dem Winkel der gesamten Krümmung ist.

§ 27. [Für die Schraubenlinie vom Steigungswinkel γ und vom Cylinderradius r_1 ergiebt sich (Figur 12) folgendes:

Man bilde das rechtwinklige Dreieck ADZ, dann ist $AZ = \varrho$ der erste Krümmungsradius der Schraubenlinie. Macht man $AP = AZ = \varrho$ und errichtet man auf AP in P ein Lot, so giebt dieses auf der Cylindergeraden MA einen Punkt M_1 derart, daſs $PM_1 = r$ der Radius der zweiten Krümmung für A ist. Das Lot PN giebt den Radius R der gesamten Krümmung für A an. Alle diese Radien sind für die Schraubenlinie konstant. Ist nun AA_1 ein kleiner Bogen s der letzteren, so hat man im Grundriſs in Winkel $A'M'A'_1$ den Kreuzungswinkel g der aufeinander folgenden Radien. Macht man also $M'Z' = PN$, so giebt

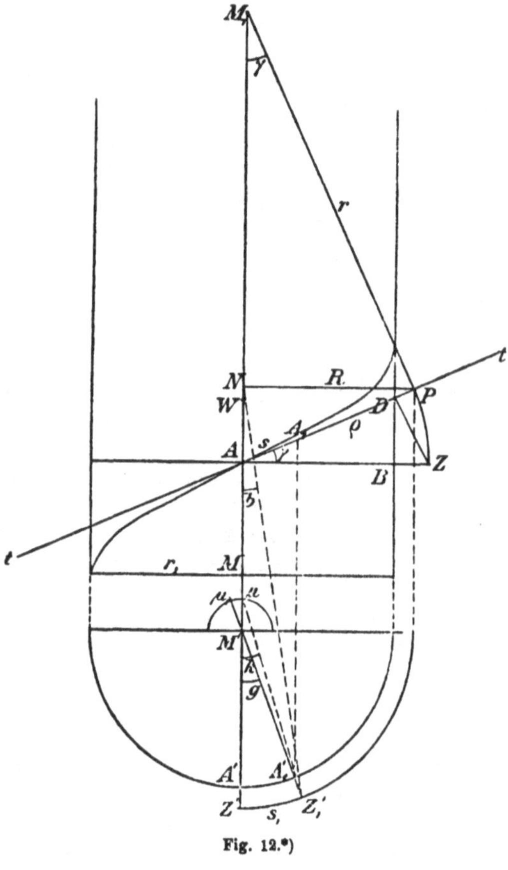

Fig. 12.*)

$\widehat{Z'Z'_1}$ den Aufriſsbogen $AA_1 = s$. Dagegen würde im Grundriſs $\measuredangle Z'\mu'Z'_1$ den Kontingenzwinkel $\varkappa$ geben, wenn man $Z'\mu' = \varrho$ macht, wobei μ' unterhalb μ fällt. Macht man endlich

*) In Figur 12 lese man $\varkappa$ statt k und σ statt b.

$Z'W = r$, so ist für den Grenzfall $\sphericalangle Z'WZ'_1 = \sigma$, d. h. gleich dem Schmiegungswinkel. Will man eine besondere Figur machen, so errichtet man besser über $Z'Z'_1$ gleichschenklige Dreiecke mit den Schenkeln ϱ, r und R. Dabei ist

$$\varrho = \frac{r_1}{\cos^2\gamma},\ r = \frac{\varrho}{\tan\gamma} = \frac{r_1}{\cos^2\gamma}\,\frac{1}{\tan\gamma} = \frac{r_1}{\cos\gamma\sin\gamma},$$

$$R = \varrho\cos\gamma = \frac{r_1}{\cos^2\gamma}\cos\gamma = \frac{r_1}{\cos\gamma}.$$

Daraus bestätigt sich die Gleichung $\frac{1}{R^2} = \frac{1}{\varrho^2} + \frac{1}{r^2}$ in der Form $\cos^2\gamma = \cos^4\gamma + \cos^2\gamma\sin^2\gamma$. Auch ist leicht zu zeigen, dafs für $s = \frac{u}{n}$, d. h. für den n^{ten} Teil des Umgangs, ist $g = \frac{s}{R} = \frac{2\pi}{n}$, $\varkappa = \frac{s}{\varrho} = \frac{2\pi}{n}\cos\gamma$, $\sigma = \frac{s}{r} = \frac{2\pi}{n}\sin\gamma$.]

Da für die Schraubenlinie $r = \frac{\varrho}{\tan\gamma}$, für die zugehörige Gratlinie $r' = \frac{\varrho}{\tan(90^0 - \gamma)} = \varrho\tan\gamma$, so folgt, dafs ϱ die mittlere Proportionale zwischen den Radien der zweiten Krümmung für die Schraubenlinie und die zugehörige Gratlinie der Krümmungsachsen ist.

§ 28) Aus obigem folgt: Soll eine Kurve überhaupt gekrümmt sein, so ist für das kleine Stück AA_1 zunächst ein Kontigenzwinkel $\varkappa$ nötig, der von Null verschieden ist. Soll noch eine zweite Krümmung vorhanden sein, so ist auch noch ein Schmiegungswinkel σ nötig. Die Gesamtkrümmung ist dann $g = \sqrt{\varkappa^2 + \sigma^2}$. Hebt man den Schmiegungswinkel σ auf, so kann dies dadurch geschehen, dafs man die Tangentenfläche auf eine der Schmiegungsebenen abwickelt. Dadurch wird die Kurve eben, behält aber denselben Kontingenzwinkel bei. Läfst man auch irgendwie den Kontingenzwinkel verschwinden, so erhält man eine Gerade von unveränderter Länge.

Aus der Gleichung $g^2 = \varkappa^2 + \sigma^2$ folgt, dafs, wenn man g verschwinden läfst, sowohl $\varkappa$ als auch σ verschwinden. Da nun je zwei aufeinander folgende rektifizierende Ebenen den Winkel g bilden, so werden g, $\varkappa$ und σ zugleich aufgehoben, wenn man die Fläche der rektifizierenden Geraden auf eine der rektifizierenden Ebenen abwickelt. Folglich gilt ganz allgemein der Satz:

Wickelt man bei einer Raumkurve die Fläche der rektifizierenden Geraden auf eine der rektifizierenden Ebenen ab, so wickelt man die Raumkurve so ab, dafs sie eine Gerade wird.

So zeigt sich ganz allgemein, dafs der Name der rektifizierenden Geraden, der rektifizierten Ebene und der Fläche der rektifizierenden Geraden sehr bezeichnend gewählt ist (Vgl. Schraubenlinie.)

§ 29) Der Vollständigkeit halber sei noch folgendes über die Schmiegungskugel beigefügt:

Der zu einem Punkte A einer Raumkurve gehörige (in der Schmiegungsebene liegende) Krümmungskreis ϱ mit dem Mittelpunkte μ berührt die Kurve inniger, als jeder andere der sie dort berührenden Kreise. Jeder der letzteren hat mit der Kurve nur zwei benachbarte Punkte A und A_1 gemein, ein berührender Nachbarkreis dagegen Punkte A_1 und A_2. Nun schneiden sich aber benachbarte in der Schmiegungsebene liegende Normalen in μ, der um μ gelegte Berührungskreis gehört also beiden Normalen an und hat mit der Kurve drei Punkte A, A_1 und A_2 gemein.

Durch den genannten Krümmungskreis lassen sich unendlich viele Kugeln legen. Die Krümmungsachse von A ist aber senkrecht auf der zugehörigen Schmiegungsebene und geht durch μ, auf der Krümmungsachse liegen also sämtliche Mittelpunkte dieser Kugeln. Jede dieser Kugeln geht durch die Punkte A, A_1, A_2 der Raumkurve und berührt sie demnach in drei Punkten.

Nun schneiden sich aber zwei benachbarte Krümmungsachsen in einem Punkte G der zugehörigen Gratlinie. Um G läfst sich also eine Kugel legen, welche die Kurve nicht nur in den Punkten $A A_1 A_2$ berührt, sondern, der benachbarten Krümmungsachse wegen, auch in $A_1 A_2 A_3$, so dafs sie im ganzen die vier Punkte A, A_1, A_2, A_3 mit der Raumkurve gemein hat. Diese Kugel berührt also die Raumkurve bei A inniger, als jede andere berührende Kugel. Sie heifst die Schmiegungskugel der Raumkurve für den Punkt A. Folglich:

Die Gratlinie der Fläche der Krümmungsachsen einer Raumkurve ist der Ort der Mittelpunkte für ihre Schmiegungskugeln.

[Bei der Schraubenlinie fallen, weil alle ϱ gleich lang sind, die G mit den μ zusammen, also sind bei ihr die Krümmungsmittelpunkte μ die Centra der Schmiegungskugeln. Dies gilt von allen Raumkurven vom konstanten Krümmungsradius ϱ.]

§ 30) Das Gegebene umfaſst das Minimum der Vorkenntnisse, die man nötig hat, um die Frage zu entscheiden, ob die Guldinschen Regeln, besonders die Flächenformel, sich irgendwie auf allgemeine Raumkurven ausdehnen lassen. (Eine ganze Reihe von Lehrbüchern und Abhandlungen spricht sich in dieser Hinsicht verhältnismäſsig kritiklos aus.) Unstetigkeiten wurden im obigen absichtlich ausgeschlossen. In litterarischer Hinsicht sei bemerkt, daſs Prof. Schell in seiner „allgemeinen Theorie der Kurven doppelter Krümmung", Leipzig bei Teubner, 2. Aufl. 1898, eine rein geometrische Darstellung der Raumkurven giebt, an die sich das obige mehrfach anschlieſst. Er bezeichnet dabei unendlich kleine Kurvenelemente nach der Methode der Differentialrechnung, was hier streng unterlassen ist. In Bd. II der analytischen Geometrie des Raumes von Salmon-Fiedler, Leipzig bei B. G. Teubner, wird der Gegenstand sehr ausführlich analytisch behandelt. Knapper geschieht dasselbe in Luigi Bianchis Differentialgeometrie, übersetzt von M. Lukat, Leipzig bei Teubner. In demselben Verlage erschienen entsprechende Werke von Knoblauch und v. Lilienthal über denselben Gegenstand. Monge und seine Schule sind zuerst grundlegend mit den Hilfsmitteln der darstellenden Geometrie und der Analysis an die betreffenden Fragen herangetreten.

§ 31) Zunächst soll die Guldinsche Inhaltsformel (nicht die Flächenformel) auf ihre Ausdehnbarkeit untersucht werden, d. h. hinsichtlich des Schwerpunktweges als beliebige Raumkurve. Unstetigkeiten der letzteren sollen von der Betrachtung ausgeschlossen bleiben, so z. B. plötzliche Änderungen der Richtung (Knicke, Rückkehrpunkte u. dergl.), plötzliche Änderungen der Gröſse und Lage des Krümmungsradius ϱ, der Winkel σ und $\varkappa$ für kleine Kurvenstücke von gleicher

Gröfse, Unterbrechungen im Verlaufe des Schwerpunktsweges. Einzelne Unstetigkeiten können bisweilen unschädlich sein. In der Regel sind sie es aber nicht, namentlich sind alle Fälle auszuschliefsen, bei denen die Anzahl der Unstetigkeiten auf endlicher Strecke unendlich grofs wird. Alle Arten von Unstetigkeit würden besondere Untersuchung erfordern, auf die hier verzichtet werden soll.

δ) Ausdehnung der Guldinschen Inhaltsformel auf den Fall, dafs der Schwerpunkt der bewegten ebenen Fläche sich stets senkrecht gegen die Fläche auf einer beliebigen Raumkurve bewegt.

§ 32) Die Raumkurve SS_1S_2 des Schwerpunktsweges entstehe auf die in Figur 9 dargestellte Weise. Dabei seien $SS_1\mu$, $S_1S_2\mu_1, \ldots$ die aufeinander folgenden Schmiegungsebenen. Die erste werde z. B. als horizontal angenommen, so dafs die Tangenten t und t_1 horizontal sind, während t_2 nicht mehr horizontal ist; μ und μ_1 sind die beiden ersten Krümmungsmittelpunkte, μK und μ_1K_1 sind die beiden ersten Krümmungsachsen, SB und S_1B_1 (parallel zu diesen) die beiden ersten Binormalen. Die beiden Krümmungs-

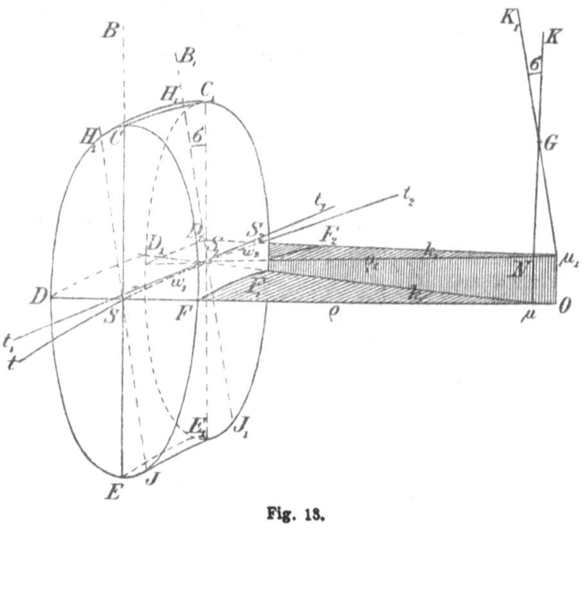

Fig. 13.

achsen, von denen die erste senkrecht zu denken ist, sehneiden sich in G, dem ersten Punkte der Gratlinie für die Fläche dieser Achsen. [Bei der Schraubenlinie ist $\varrho = \varrho_1$, daher fällt bei ihnen G mit μ_1 in N zusammen.] Die Hilfsebene $\mu S_1 \mu_1$ ist senkrecht zu denken. In ihr liegen μK und $\mu_1 K_1$.

In Figur 13 ist die Entstehung des Körpers aus der ebenen Fläche $CDEF$ dargestellt. Die letztere liegt in der ersten Normalebene $BS\mu K$ des Schwerpunktsweges und bleibt während der ganzen Drehung um die Achse μK stets in der bis in die Lage $C_1 S_1 \mu K$ sich drehenden senkrechten Ebene. Alle Punkte der Fläche bewegen sich bis dahin auf Parallelkurven, die horizontal liegende Kreise sind.

Die zweite Bewegung erfolgt um die Achse $\mu_1 K_1$, die beim Anfang in der Ebene von $C_1 D_1 E_1 F_1$ liegt und während der neuen Bewegung stets in der Ebene der Fläche F bleibt. Da aber $\mu_1 K_1$ schräg liegt, kann bei dieser Bewegung die Fläche F nicht mehr senkrecht bleiben. Die neue Bewegung des Schwerpunktes erfolgt zunächst in der Tangente t_1, geht aber, stets senhrecht zu F, allmählich in die Richtung von t_2 über, welches nicht mehr horizontal ist. Vor dem Eintritt in die zweite Bewegung könnte die Fläche noch Drehungen in ihrer Ebene um S_1 machen, von solchen soll aber zunächst abgesehen werden, was einen ersten Fall giebt.

§ 33) Erster Fall. Die Fläche macht vor dem Eintritt in die zweite Bewegung keine Drehung um den Schwerpunkt S_1. Dann sind die neuen Parallelkurven für die einzelnen Punkte (Kreisbogen, parallel zur zweiten Schmiegungsebene) die einfachen Fortsetzungen der vorhergegangenen. Alle Punkte bewegen sich also während der gesamten kleinen Einzelbewegungen in Parallelkurven zur Schwerpunktskurve.

Da die Guldinsche Inhaltsformel für alle einzelnen Teile gilt, bleibt sie auch für den gesamten Körper in Geltung.

Die Oberflächen von Körpern dieser Art sollen als Kanalflächen im engeren Sinne bezeichnet werden.

§ 34) Zweiter Fall. Das Bestehen der Guldinschen Inhaltsformel wird nicht aufgehoben, wenn die Fläche beim

Eintritt in jede neue Elementarbewegung eine Drehung in der augenblicklichen Ebene um den Schwerpunkt macht.*)

Denkt man sich diese Drehungen während der Bewegung kontinuierlich in sonst beliebiger Weise erfolgend, so werden auf der einen Seite der augenblicklichen Binormalen die Punkte erhöht, auf der andern erniedrigt und zwar so, daſs diese Erhöhungen und Erniedrigungen proportional der Entfernung vom Schwerpunkt S sind. Folglich bleiben die Bewegungskurven der einzelnen Punkte nicht mehr Parallelkurven der Schwerpunktskurven. Die entsprechenden Oberflächen können als Kanalflächen im weiteren Sinne gelten.

Die Oberfläche erhält im allgemeinen eine ganz neue Gestalt durch diese Drehungen, und, wie sich unten zeigen wird, auch einen anderen Flächeninhalt. [Nur der Fall ist ausgenommen, daſs die bewegte Fläche ein Kreis ist, dessen Drehungen um S_1 keinen Einfluſs haben. Dies giebt die sogenannten Röhrenflächen im engsten Sinne, welche z. B. als umhüllende Fläche einer Kugel auftreten, deren Mittelpunkt sich auf beliebiger Raumkurve bewegt, z. B. auf einer Schraubenlinie.]

§ 35) Ein Sonderfall des zweiten Falles. Es kann gefordert werden, daſs der Krümmungsradius mit der bewegten Kurve bezw. Fläche stets starr verbunden bleibt (daſs also die Fläche stets längs derselben Geraden DF mit ihm verbunden ist). Soll dies geschehen, so muſs am Ende jeder Elementarbewegung die Fläche in ihrer Ebene um den Schmiegungswinkel σ des Schwerpunktsweges gedreht werden. [Dies wird z. B. bei allen Schraubengewinden gefordert. Deshalb bewegen sich bei diesen die Punkte der Fläche F nicht auf Parallelkurven, sondern auf Schraubenlinien von verschiedenen Steigungswinkeln und verschiedenen σ.] Man könnte die entsprechenden Oberflächen als geschraubte Kanalflächen bezeichnen. Selbstverständlich gilt auch hier die Guldinsche Inhaltsformel.

Auf den stattfindenden Drehungen in der Ebene der Fläche beruht, wie sich zeigen wird, die Schwierigkeit der

*) Auch hier bedürfen die Bemerkungen in Baltzers Elementen (II, Seite 268) einer Korrektur.

Berechnung von Schraubenflächen. Über solche sei einiges eingeschaltet.

ε) Einiges über Schraubengewinde, was mit der Guldinschen Inhaltsformel zusammenhängt.

§ 36) In Figur 14 ist zunächst die Einteilung des in Parallelperspektive gezeichneten Kreiscylinders in kongruente Sektoren durchgeführt. Die regelmäfsige Einteilung des Halbkreises ist dabei auf den Durchmesser projiziert worden. Darauf ist jeder Sektor an der Cylinderachse abwärts geschoben, derart, dafs eine Art Wendeltreppe mit gleich hohen und gleich „breiten" Stufen entsteht, deren Aufsenecken also in Schraubenlinien liegen. Denkt man sich die Anzahl der Sektoren unendlich grofs, so erhält man einen Körper, der von zwei „Minimalschraubenflächen" und einem cylindrischen schrägen Parallelstreifen (der, auf die Ebene abgewickelt, einen geradlinig begrenzten Parallelstreifen giebt) begrenzt wird. Der Parallelstreif, der vorher (beim Cylinder) in die Ebene abgewickelt ein Rechteck gab, giebt jetzt ein Parallelogramm von demselben Flächeninhalt. Dagegen sind die früheren Normalschnitte des Cylinders in Schraubenflächen gröfseren Inhalts übergegangen, der später berechnet werden soll (wozu die Guldinsche Flächenformel untauglich ist).

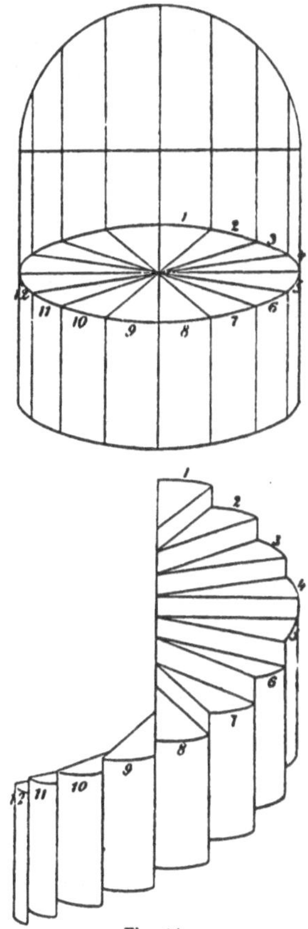

Fig. 14.

Der Inhalt der Körpersektoren hat sich durch die Verschiebung nicht geändert. Für den Cylinder war $J = 2\pi\varrho_1 F_1 = 2\pi\left(\frac{r_1}{2}\right) F_1 = \pi r_1 \,.\, (r_1 b) = \pi r_1^2 b$, wenn b

die Rechteckshöhe war. Dieselbe Guldinsche Formel $J = 2\pi\varrho_1 F_1$ gilt also auch für den Umgang des betrachteten Schraubengewindes, wie grofs auch die Ganghöhe der Schraube sei.

§ 37) In den Figuren 15 bis 18 sind einige andere Gewinde angedeutet. Figur 15 stellt das sogenannte flache Schraubengewinde dar, welches durch Schraubenbewegung eines rechteckigen Profils entsteht. Figur 16 ist

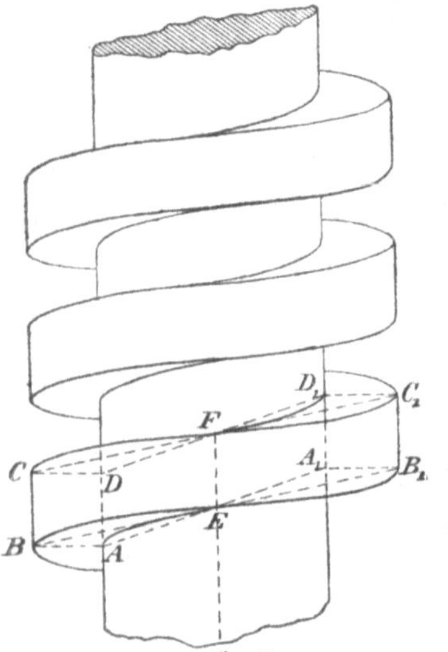

Fig. 15.

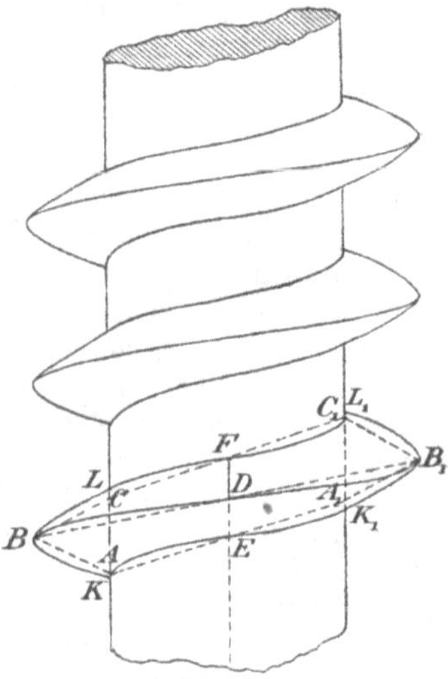

Fig. 16.

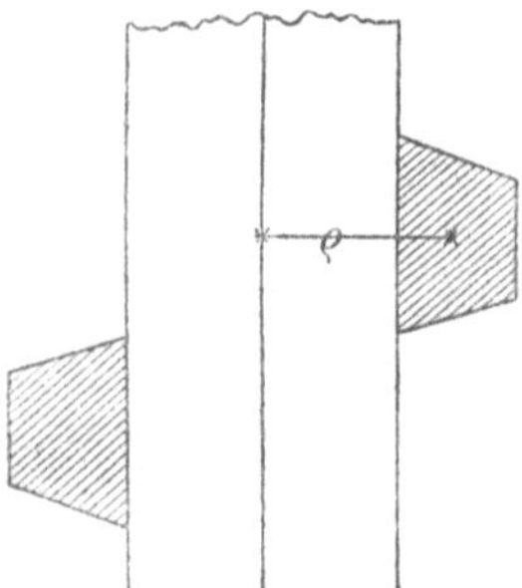

Fig. 17.

das sogenannte scharfe Gewinde, durch Schraubenbewegung eines gleichschenkligen Dreiecks entstehend. Man kann das Dreieck nach innen soweit fortsetzen, dafs die innere Schraubenlinie mit der Cylinderachse zusammenfällt. Figur 17 deutet die Entstehung des trapezischen Gewindes an, Figur 18 die eines gewissen aus dem Halbkreise hervorgehenden

Gewindes. Diesen Formen liefsen sich noch viele andere anschliefsen.

An jedem solchen Gewinde kann man dieselbe Sektorenbetrachtung vornehmen wie vorher. Jedesmal bleibt beim Übergange vom Drehungskörper zum Schraubengewinde der körperliche Inhalt derselbe. Da aber der erstere mit Hilfe der Guldinschen Regel berechnet wird, so gilt diese auch für den Inhalt des Schraubengewindes. Das Profil des Gewindes ist hier stets im Hauptschnitte (durch die Cylinderachse gelegt) zu denken, also schräg gegen die auftretenden Schraubenlinien, insbesondere der zum Flächenschwerpunkt gehörigen. Die Regel lautet also:

Der körperliche Inhalt eines Schraubengewindes für einen Umgang ist gleich dem des entsprechenden Drehungskörpers, also

$$J = 2\pi \varrho_1 F_1, \tag{1}$$

wo ϱ_1 den Schwerpunktsabstand des Profils von der Cylinderachse, F_1 die im Hauptschnitt liegende Profilfläche bedeutet.

So ist z. B. der Inhalt des in Figur 18 dargestellten Gewindes gleich dem der entsprechenden Kugel.

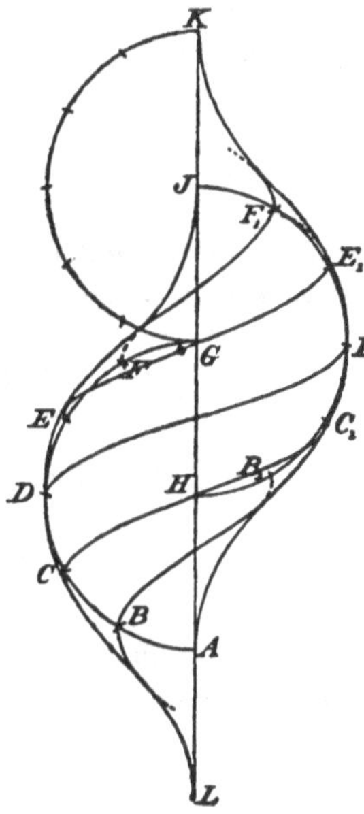

Fig. 18.

§ 38) Man denke sich durch das Gewinde einer Schraube irgendwo einen Normalschnitt zur Cylinderachse gelegt. Alle so entstehenden Schnittflächen sind kongruent, und um gewisse Winkel gegeneinander gedreht, wobei die Drehung um die Cylinderachse erfolgt. Man kann sich also das Gewinde auch so entstehend denken, dafs diese Schnittfläche F_2 sich an der Cylinderachse parallel zu sich selbst hinaufschiebt, dafs aber dabei die Fläche Drehungen um diese Achse macht, die proportional dem Aufsteigen vor sich gehen. Ist nun die Ganghöhe des Gewindes gleich h, so folgt als körperlicher Inhalt

$$2)\qquad J = hF_2,$$

denn nach Cavalieri bleibt der Inhalt gleich dem eines über jenem Normalschnitt stehenden Cylinders bezw. Prismas (bei dem nur die Verschiebung, nicht aber die Drehung stattfindet).

§ 39) Man denke sich jetzt das Gewinde folgendermafsen entstehend: Der Schwerpunkt einer ebenen Fläche F bewege sich stets senkrecht gegen diese, sein Weg aber sei eine Schraubenlinie. Damit nun alle Punkte Schraubenlinien derselben Ganghöhe geben, mufs die Fläche nicht nur die Drehungen k um die Krümmungsachsen des Schwerpunktweges mitmachen, sondern auch die Drehungen, die den sehr verschiedenen Torsionswinkeln σ der einzelnen Schraubenlinien entsprechen, in der eigenen Ebene zurücklegen, wie in § 35 gezeigt war.

Ist nun r_1 der Cylinderradius für die Schraubenlinie des Schwerpunktes der bewegten Fläche, und h die gemeinschaftliche Ganghöhe, also der Steigungswinkel durch $\tan\gamma = \frac{h}{2r_1\pi}$ bestimmt, so ist der Schwerpunktweg für einen Umgang $w = \frac{h}{\sin\gamma}$, der Krümmungsradius des Schwerpunktweges $\varrho = \frac{r_1}{\cos^2\gamma}$. Der Inhalt für einen Umgang wird dann nach der erweiterten Guldinschen Inhaltsformel

$$3)\qquad J = wF = \frac{h}{\sin\gamma}F = \frac{2\pi r_1}{\cos\gamma}F = 2\pi\varrho\cos\gamma F$$
$$= 2\pi\varrho F' = 2\pi a F.$$

Hier ist $F' = F\cos\gamma$ eine gewisse Projektion der bewegten Fläche und $2\pi\varrho$ gleich einer Kreisbahn vom Radius ϱ, womit wiederum ein Zusammenhang mit einem Drehungskörper gegeben ist; $a = \frac{r_1}{\cos\gamma}$ ist die gröfsere Halbachse der durch eine Schmiegungsebene aus dem Cylinder geschnittenen Ellipse, was auf einen dritten Drehungskörper führt.

§ 40) Im ganzen hat man bis jetzt für den Umgang des Gewindes drei Hauptformeln gefunden:

$$J = \frac{h}{\sin\gamma} F = 2\pi\varrho_1 F_1 = hF_2.$$

Daraus folgen zunächst die Gleichungen

$$4)\qquad F_1 = \frac{h}{\sin\gamma\, 2\pi\varrho_1} F = \frac{\cot\gamma_1}{\sin\gamma} F = \frac{2\pi r_1}{\cos\gamma\, 2\pi\varrho_1} F$$

$$= \frac{r_1}{\varrho_1 \cos\gamma} F = \frac{\varrho\cos\gamma}{\varrho_1} F = \frac{a}{\varrho_1} F.$$

$$5)\qquad F_2 = \frac{F}{\sin\gamma}.$$

$$6)\qquad F_2 = \frac{2\pi\varrho_1}{h} F_1 = \frac{F_1}{\tan\gamma_1},$$

wobei γ_1 der Steigungswinkel für die zu F_1 gehörige Schwerpunktsschraubenlinie ist.

Aus diesen Gleichungen läfst sich noch eine Reihe anderer ableiten, auf die jetzt nicht eingegangen werden soll.

§ 41) Man versuche noch den Fall zu erörtern, bei dem die Schraubenlinie dadurch in eine andere Kurve verwandelt wird, dafs der Steigungswinkel veränderlich gemacht wird. Die Profilformel $J = 2\pi\varrho_1 F_1$ und die Querschnittsformel $J = hF_2$ bleiben dabei bestehen. Die sogenannten Züge der Gewehrläufe und die der Kanonenrohre sind solche Kurven veränderlicher Steigung, die z. B. durch Abwickelung des Cylinders auf die Ebene einen Kreisbogen geben, also mit dessen Hilfe leicht herzustellen sind. Auch in der Industrie und im Kunstgewerbe kommen „Schraubenlinien mit veränderlicher Steigung“ vor.

ζ) Flächenberechnung für Guldinsche Drehungsgebilde.

§ 42) Der Kegelmantel. Dreht sich eine Gerade $A_1 A_2$ um eine mit ihr in derselben Ebene liegende Achse PQ, und haben dabei die Endpunkte A_1 und A_2 von der Achse die Entfernungen r_1 und r_2, so hat der entstehende Kegelmantel die Fläche

$$M = \pi s (r_1 + r_2)$$

$$= 2\pi s \frac{r_1 + r_2}{2} = 2\pi\varrho s = ws,$$

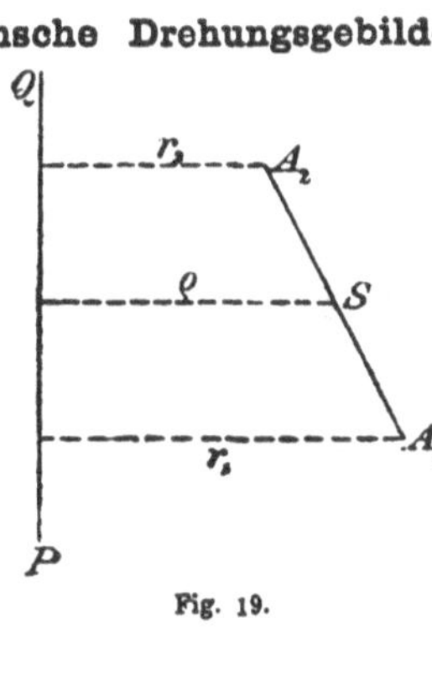

Fig. 19.

wobei s die Länge der Geraden, w der Weg ihres Schwerpunktes S ist. Für die so rotierende Gerade gilt also der Satz:

Mantelfläche gleich Länge der Geraden mal Schwerpunktsweg.

Er gilt auch dann, wenn der Drehungsweg nur den n^{ten} Teil der vollen Umdrehung ausmacht.

§ 43) Verallgemeinerung für jeden endlichen und ebenen gebrochenen Linienzug.

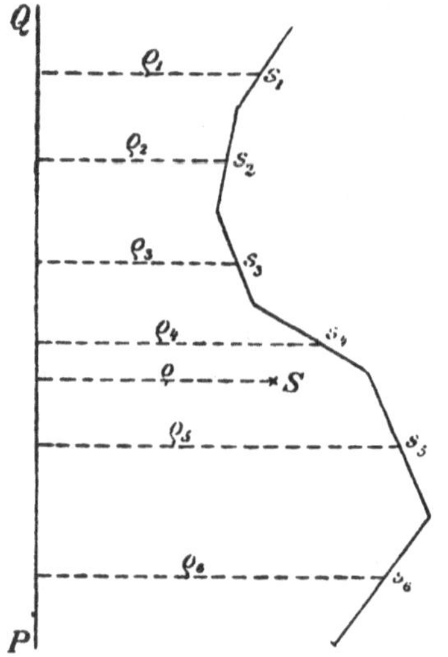

Fig. 20.

In einer durch die Drehungsachse PQ gelegten Ebene befinde sich eine Aufeinanderfolge von geraden Linien $s_1, s_2, s_3, s_4, \ldots$, deren Schwerpunkte von PQ die Entfernungen $\varrho_1, \varrho_2, \varrho_3, \varrho_4, \ldots$ haben. Dreht sich die Ebene um PQ, so beschreibt der Linienzug eine Mantelfläche, deren Inhalt nach obigem ist

$$M = 2\pi\varrho_1 s_1 + 2\pi\varrho_2 s_2 + 2\pi\varrho_3 s_3 + \ldots + 2\pi\varrho_n s_n = 2\pi[\varrho_1 s_1 + \varrho_2 s_2 + \varrho_3 s_3 + \ldots + \varrho_n s_n] = 2\pi\varrho s = ws.$$

Hier steht in der Klammer das Produkt aus jeder Geraden und ihrem Schwerpunktsabstande, gewissermafsen die Summe der statischen Momente in Bezug auf die Achse PQ, die gleich dem statischen Momente des gesamten Linienzugs $s = s_1 + s_2 + s_3 + \ldots + s_n$ ist, dessen Schwerpunkt von PQ die Entfernung ϱ habe, so dafs $w = 2\pi\varrho$ der Schwerpunktsweg des Gebildes ist. Die Mantelfläche ist also auch hier gleich dem Produkte aus der Länge des Linienzugs und dem Schwerpunktswege.

Dies gilt auch dann, wenn die Drehung nur den n^{ten} Teil einer vollen Umdrehung beträgt.

§ 44) Ausdehnung der Guldinschen Flächenformel auf den Fall der Umdrehung einer beliebigen ebenen Kurve um eine Achse, die in derselben Ebene liegt. Man denke sich die ebene Kurve in so kleine Stücke zerlegt, dafs jedes als gerade Linie betrachtet werden kann, dann hat man wiederum den Flächeninhalt

$$M = 2\pi [\varrho_1 s_1 + \varrho_2 s_2 + \varrho_3 s_3 + \ldots].$$

Man kann sich z. B. die Stücke s_1, s_2 ... gleich grofs denken, jedes gleich $\frac{s}{n}$, dann hat man

$$M = 2\pi \frac{s}{n} [\varrho_1 + \varrho_2 + \varrho_3 + \ldots].$$

Nun ist aber $\varrho = \frac{\varrho_1 + \varrho_2 + \varrho_3 + \cdots}{n}$ das mittlere ϱ, d. h. der mittlere Schwerpunktsabstand für alle gleich langen Stücke, also wird wiederum die Guldinsche Flächenformel

1) $$M = 2\pi \varrho s = w s,$$

d. h. Mantelfläche gleich Länge der Kurve mal Schwerpunktsweg.

Die Umkehrungen $\varrho = \frac{M}{2\pi s}$ und $s = \frac{M}{2\pi \varrho}$ können ebenfalls benutzt werden.

§ 45) Ausdehnung auf den Fall, dafs die Kurve von der Drehungsachse geschnitten wird. Wie bei der Körperformel erhalten die Abstände für jeden der beiden Kurventeile s_1 und s_2 entgegengesetzte Vorzeichen. Die Regel gilt also weiter in der Form

$$M = 2\pi \varrho s = 2\pi [\varrho_1 s_1 - \varrho_2 s_2],$$

so dafs es sich bei $\varrho s = \varrho_1 s_1 - \varrho_2 s_2$ um die Differenz der beiden statischen Momente handelt, was wieder das Gesamtmoment giebt.

Geht demnach die Drehungsachse z. B. durch den Schwerpunkt der Kurve, so wird bei dieser Auffassung die Mantelfläche gleich Null.

§ 46) Vergröfsert man den Schwerpunktsabstand der ebenen Kurve von der Drehungsachse um $\pm e$, so wächst die Mantelfläche bei voller Umdrehung um $\pm 2\pi e s$. Denn $2\pi\varrho s$ geht über in $2\pi s(\varrho \pm e)$, der Unterschied ist also $\pm 2\pi e s$.

Diese Formel ist unabhängig von dem Schwerpunktsabstande ϱ, sie kann also auch angewandt werden, wenn man die Lage des Schwerpunktes nicht kennt. Man findet sogar mit ihrer Hilfe den Schwerpunktsabstand wieder, indem man $M_1 = M - 2\pi e s = 0$ setzt, nämlich als $e = \frac{M}{2\pi s}$. Kennt man z. B. den Kugelmantel als $M = 4\pi r^2$, und für den Halbkreis $s = r\pi$, so findet man $e = \frac{4\pi r^2}{2\pi . r\pi} = \frac{2r}{\pi}$.

§ 47) Der Schwerpunkt in sich zurücklaufender ebener Kurven fällt im allgemeinen nicht mit dem der zugehörigen umschlossenen Fläche zusammen. Hat jedoch die geschlossene Kurve mehrere Symmetrieachsen, so fallen beide Schwerpunkte zusammen. Im allgemeinen also sind die Abstände beider Punkte von einer willkürlich gewählten Drehungsachse verschiedene. Dies war schon in Bd. II für den Dreiecksumfang und die Dreiecksfläche gezeigt, ebenso für die Halbkreisfläche und ihre Umrandung, es gilt ebenso für die Hälfte der Ellipsenfläche und ihre Umrandung. Dagegen fallen beim Rechteck, bei regelmäfsigen Vielecken, beim ganzen Kreis, bei der ganzen Ellipse u. s. w. die Schwerpunkte der Fläche und ihrer Umrandung zusammen. Hier können also beide Guldinsche Formeln zusammen angewandt werden, was jedoch im allgemeinen nicht gestattet ist.

§ 48) Für die Mantelfläche eines Guldinschen Drehungskörpers ist neben der rektifizierten Umrandung s nur die Entfernung ϱ des Schwerpunktes von der Drehungsachse mafsgebend, nicht aber die Richtung der letzteren; nur mufs die Achse in der Ebene der Umrandung liegen. Obwohl für verschiedene Richtungen die Drehungsflächen sehr verschieden geformt sind, gilt doch bei übereinstimmendem Schwerpunktsabstande ϱ für sämtliche Drehungsflächen desselben Profils dieselbe Mantelformel

$$M = 2\pi\varrho' s.$$

η) Bedingte Verallgemeinerung des Guldinschen Flächensatzes für die Schwerpunktsbewegung auf beliebigen ebenen Kurven oder auf Raumkurven.

§ 49) Bewegt sich der Schwerpunkt einer geschlossenen oder nicht geschlossenen ebenen Kurve auf **ebener** Bahn und wird die bewegte Kurve von der Ebene der Bahn stets in denselben Punkten geschnitten, so ist, wenn w der Schwerpunktsweg, s die gestreckte Bogenlänge der Kurve ist, die entstehende Mantelfläche $M = ws$.

Der Beweis ist ebenso zu führen, wie bei der Inhaltsformel. Jeder kleine Weg des Schwerpunktes ist nämlich als eine kleine Kreisbewegung um die jedesmalige Krümmungsachse zu betrachten, und da alle Krümmungsachsen parallel sind, so treten keine Schmiegungswinkel σ auf, welche störend einwirken könnten. Alle Punkte bewegen sich in den einzelnen Phasen der Bewegung auf Parallelkurven zur jedesmaligen Schwerpunktsbewegung.

Bemerkung. Wird die bewegte Kurve von der Ebene der Bahn nicht immer in denselben Punkten geschnitten, d. h. finden Drehungen der bewegten Kurve in der eigenen Ebene um den Schwerpunkt statt, so wird im allgemeinen der Inhalt der Mantelfläche ein ganz anderer.

Man stelle sich z. B. die Kurve als Ellipse vor und denke sich die Drehungen um den Schwerpunkt am Ende jeder Elementarbewegung erfolgend. Dann würden die einzelnen Mantelteile dieselben Inhalte erhalten, wie vorher, aber die gesamte Mantelfläche würde keine zusammenhängende sein, sondern seitliche Öffnungen haben. Das Schliefsen der letzteren durch die nötigen Seitenflächen würde die Oberfläche vergröfsern.

Ein entsprechendes Vergröfsern der Oberfläche findet auch dann statt, wenn die Drehung um den Schwerpunkt kontinuierlich nach irgend einem einfachen oder komplizierten Gesetze erfolgt. Es ist dann ähnlich wie bei der Ausdehnung der Prismenformel $J = Fh$ für den Fall, dafs die einzelnen Schichten gegeneinander gedreht werden. Die Inhaltsformel bleibt dabei bestehen, jedoch die Mantelfläche behält nicht die Formel $M = uh$. Diese Fläche wird aus demselben Grunde vergröfsert, wie die hier besprochene. Nur wenn der Querschnitt ein voller Kreis ist, sind die Drehungen um den Schwerpunkt ohne Einfluſs, denn der Cylinder bleibt dabei ein Cylinder, die Mantelfläche jeder Schicht wird nur in sich bewegt.

Genau ebenso sind bei der hier zu untersuchenden Bewegung der ebenen Kurve Drehungen, die in deren Ebene um den Schwerpunkt stattfinden, nur dann gestattet, wenn die Kurve ein vollständiger Kreis ist. Dies gilt z. B. von den entsprechenden Röhrenflächen. Die Formel $M = ws$ bleibt für so entstehende Flächen erhalten.

Auf der Fläche befinden sich in diesen Sonderfällen neben den eigentlichen Bewegungskurven der Punkte auch solche ebene Kurven, die der ersten Bewegung (ohne Drehungen um den Schwerpunkt) entsprechen.

§ 50) Ist der Schwerpunktsweg eine Kurve doppelter Krümmung, so hört die Geltung der Guldinschen Mantelformel im allgemeinen auf. Die Gründe ergeben sich folgendermaſsen:

Man kehre zu Figur 13 zurück und denke sich den Schwerpunktsweg w in gleich lange Teile $\frac{w}{n}$ zerlegt. Die erste Teilbewegung ist eine Drehung um die Achse μK. Für diese gilt die Formel $M_1 = \frac{w}{n} s$. Die zweite Teilbewegung um die Achse $\mu_1 K_1$ giebt dasselbe. Bei ihrem Beginne aber sind zwei Fälle möglich. Entweder verharrt die bewegte Kurve zunächst in der vorherigen Schluſslage, und die Bewegungskurven der einzelnen Punkte werden bei der Drehung um die Achse $K_1 \mu_1$ einfach Fortsetzungen der vorigen. Dann entstehen keine seitlichen Lücken, und die Formel $M_2 = \frac{w}{n} s$ gilt auch für den zweiten Teil der Bewegung u. s. w. Oder die bewegte Kurve macht erst eine Drehung in ihrer Ebene um den Schwerpunkt und dann erst beginnt die Drehung um $\mu_1 K_1$. Dann entstehen seitliche Lücken, zu deren Beseitigung Oberflächenteile zu nehmen sind, die eine Vergröſserung der Oberfläche bedingen. Eine solche findet naturgemäfs auch dann statt, wenn die in der Ebene der Kurve um den Schwerpunkt erfolgende Drehung während der Drehung um μK bezw. $\mu_1 K_1$ kontinuierlich erfolgt. Nur wenn die bewegte Kurve ein vollständiger Kreis ist, sind diese Drehungen um den Schwerpunkt nicht störend für das Fortbestehen der Guldinschen Mantelformel. So kann man z. B. die letztere auf die gewöhnliche Schraubenröhrenfläche anwenden, überhaupt gilt dies von den aus der Bewegung einer unveränderlichen Kugel hervorgehenden Röhrenflächen. (Auf der Fläche befinden sich dann wieder beide Arten von Kurven.)

Im allgemeinen hört also die Geltung der Formel auf, z. B. auch dann, wenn die bewegte Fläche die Drehungen σ der Krümmungsachse des Schwerpunktsweges (beim Übergange aus der Lage μK in die Lage $\mu_1 K_1$) mitmacht, wie es z. B. bei den Schraubenflächen geschieht, wo der Krümmungsradius μS bezw. $\mu_1 S_1$ die bewegte Kurve stets in denselben Punkten F, D (bezw. $F_1 D_1$, $F_2 D_2$) schneidet. (Die bewegte Kurve ist dabei nicht etwa mit der Profilkurve des Gewindes zu verwechseln, die ganz anders gestaltet ist.) Für Schraubenflächen gilt demnach der Guldinsche Flächensatz im allgemeinen nicht, und dies erschwert ihre Berechnung. Unten werden z. B. Berechnungen von Schraubenregelflächen durchgeführt. Für solche Flächen gilt durchaus nicht die Formel $F = w \cdot s$, wo s die Länge der Geraden, w die Länge ihres Mittelpunktsweges ist. Durch die betreffenden Drehungen um S hören eben die Bewegungskurven der Punkte auf, Parallelkurven des Schwerpunktsweges zu sein. Während vorher die Schmiegungsebenen der Bewegungskurven aller Punkte der bewegten Fläche für jede Lage parallel waren, ist dies hier nicht mehr der Fall, jeder Punkt erhält eine Schraubenlinie von besonderem Steigungswinkel, also hat diese auch für jeden Punkt ein besonderes σ.

Später soll über diese Schraubenflächen eingehender gesprochen werden. Dabei wird sich zeigen, dafs jede offene (z. B. aufgeschnittene) Schraubenfläche so verbogen werden kann, dafs jede ihrer Schraubenlinien sich in einen Kreis verwandelt, so zwar, dafs eine Drehungsfläche entsteht, dafs also die Schraubenlinien und ihre Orthogonalkurven ein isothermisches Kurvensystem geben, welches die konforme Abbildung auf die Ebene ermöglicht.

Am bequemsten erkennt man dies an jeder abwickelbaren Schraubenregelfläche, bei der schon oben gezeigt wurde, dafs die Abwickelung auf die Ebene die Schraubenlinien der Fläche, z. B. auch die beiden sie begrenzenden, von denen eine ihre Gratlinie ist, in ein System konzentrischer Kreise verwandelt.. (Vgl. Figur 21.)

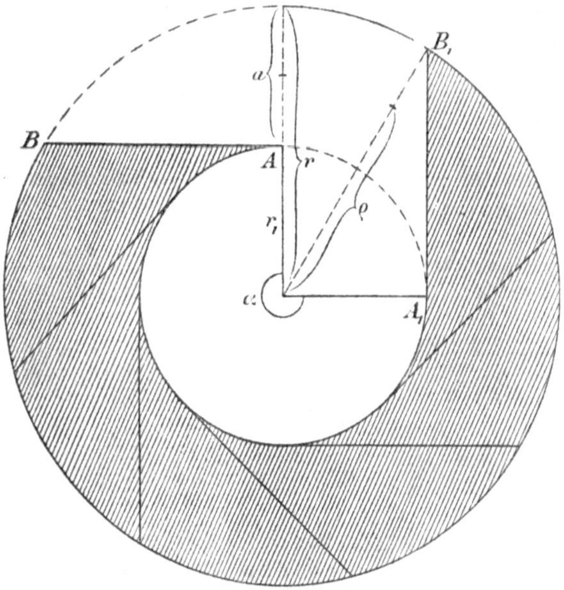

Fig. 21.

Dafs der so entstehende ebene Kreisring, der uendlichfach umlaufend zu denken ist, durch Radien und konzentrische Kreise in ein System von Quadraten eingeteilt, also auch auf einen unendlich langen Parallelstreifen der Ebene abgebildet werden kann, wurde schon in Bd. I und Bd. II (Seite 378) gelegentlich der Merkatorkarte auseinandergesetzt.

Als verallgemeinerte Guldinsche Flächen, für die sowohl die Inhalts- als auch die Mantel-

formel gilt, können also nur solche betrachtet werden, bei denen alle Punkte der bewegten ebenen Linie sich stets senkrecht gegen die augenblickliche Lage der ebenen Fläche bewegen. Die bewegte ebene Linie ist dabei stets Krümmungslinie der Fläche, denn die Normalen, die für eine bestimmte Lage in ihren Punkten auf der entstehenden Fläche errichtet werden, liegen in ihrer Ebene, schneiden sich also längs einer entsprechenden Gratlinie. Die Bewegungskurven der einzelnen Punkte geben die andere Schar von Krümmungslinien der entstehenden Fläche, weil sie senkrecht zu den vorigen stehen. Die bewegte ebene Kurve ist dabei geodätische Linie der Fläche, denn der Abstand von Bewegungskurve nach Bewegungskurve ist für sie überall kleiner, als bei jeder anderen Kurve auf der Fläche.

Mit Ausnahme der aus dem Kreis entstehenden Schraubenröhrenfläche, bei der jedoch neben den Krümmungslinien zweiter Art auch andere Kurven als Bewegungskurven betrachtet werden können, kann keine einzige Schraubenfläche als hierher gehörig betrachtet werden. Die erstere soll unten einer eingehenderen Behandlung unterworfen werden.

ϑ) Geschichtliches über die Guldinschen Regeln.

§ 51) Schon Pappus hat (um 300 oder 400 nach Chr.) den Satz ausgesprochen, dafs bei Drehungskörpern der Körperinhalt dem Schwerpunktswege der Fläche proportional sei. Man findet ihn gegen den Schlufs des Vorwortes zum 7. Buch der Collectanea (vergl. Ausgabe Hultsch Seite 682). Dort heifst es:

„Figurae perfecta rotatione genitae proportionem habent compositam et ex rotantibus et ex rectis similiter ad axes ductis a gravitatis centris, quae in rotantibus sunt.“ Das soll heifsen: „Die Figuren (Raumgebilde), die durch vollständige Umdrehung entstehen, haben ein Gröfsenverhältnis, welches zusammengesetzt ist sowohl aus den Gröfsen der rotierenden Gebilde, als auch aus den Geraden, welche in gleichmäfsiger Weise nach den Drehungsachsen gezogen sind von den Schwerpunkten aus, die in dem rotierenden Gebilde liegen.“ „Figurae imperfecta rotatione genitae proportionem habent compositam et ex rotantibus et ex arcubus, quos centra in his gravitatis descripserunt.“ Es handelt sich also erstens um die Gröfsen der rotierenden Gebilde, sodann um die von den Schwerpunkten beschriebenen Bogen. „Sed horum arcuum proportionem apparet compositam esse et ex ductis ad axes et ex angulis, quos harum extremitates continent, si ad axes figurarum rotatione genitarum sint.“ „Aber das Gröfsenverhältnis dieser Bogen ist offenbar zusammengesetzt sowohl aus den nach den Achsen gezogenen Linien, als auch aus den Winkeln, welche deren äufserste einschliefsen, wenn sie zu den Achsen der durch Umdrehung entstandenen Raumgröfsen gehören.“ Ein Beweis wird aber nicht gegeben.

Über Pappus wurde schon früher berichtet und auf Cantor I, 2. Auflage Seite 409 bis 427 verwiesen. Seine Schwerpunktsdefinition findet sich in der *συναγωγή* am Anfang des 8. Buches.

Auch bei Kepler findet man Ansätze zur Guldinschen Regel, und zwar in seiner stereometria doliorum (1615), theor. 18 u. s. w. Seine Begründung der Körperformel ist nur wenig von der Guldins unterschieden.

Barth. Souvey und Joh. Ant. Rocca haben gleichfalls schon vor Guldin die Regel benutzt.

Habakuk Guldin (1577 bis 1643) wurde als Kind protestantischer Eltern in St. Gallen geboren und erlernte das Handwerk der Goldschmiede. Im 20. Lebensjahre trat er in Freisingen zum Katholizismus über und wurde Mitglied des Jesuitenordens, wobei er seinen Vornamen in Paul umwandelte. Als man seine mathematische Begabung erkannte, schickten die Vorgesetzten ihn zur Ausbildung nach Rom. Er beschäftigte sich besonders mit Schwerpunktsbestimmungen. Im Jahre 1635 bezw. 1640 und 1641 liefs er die verschiedenen Teile seiner Centrobaryca erscheinen, die in Wien veröffentlicht wurden. Es handelt sich um vier Bücher, 1) De centri gravitatis inventione; 2) De usu centri gravitatis binarum specierum quantitatis continuae sive de compositione et resolutione potestatum rotundarum; 3) De fructu ex usu centri gravitatis collecto; 4) De gloria ab usu centri gravitatis parta. Im 8. Kapitel des zweiten Buches findet man die „Propositio III. Rotationem compisitionis ac mensurationis potestatum rotundarum exponere ejusque regulam universalem tradere.“ Dort heifst es: Regula generalis compositionis potestatum rotundarum cujuscunque gradus haec est: „Quantitas rotunda in viam rotationis ducta producit potestatem rotundam uno gradu altiorem potestate sive quantitate rotata.“ Er sagt von der Regel, sie sei brevis, universalis, simplex atque amplissimi usus, omni gradui potestatum deserviens. Weiteres findet man in der Programmabhandlung 1900 des Gymnasiums zu Eisenberg, verfafst von Dr. Fleck.

Guldin zitiert den Pappus oft, wahrscheinlich nach der Ausgabe von 1588, auffälligerweise aber nicht die oben angeführten Sätze des alten Alexandriners. Auch er gab keinen strengen allgemeinen Beweis der Regel, sondern eigentlich nur eine Sammlung wichtigerer Beispiele. Als er daher den Cavalieri hinsichtlich der Strenge der nach diesem genannten Methode angriff, hatte dieser Gelegenheit, gegen Guldin sich ähnlich auszusprechen. Vor allem aber warf er ihm vor, dafs er seine Methode den Mathematikern Kepler, Barth. Souvey und Joh. Ant. Rocca verdanke, ohne darüber etwas zu sagen. Eigentlich hätte aber auch Cavalieri vor allen anderen auf Pappus hinweisen müssen. Über diesen Streit vergleiche man Cantors Geschichtswerk II, 2. Auflage Seite 843.

Später als Guldin hat sich Antoine de Lalouvère (De la Loubère bezw. Lalovera, 1600 bis 1664) mit der Regel beschäftigt, ohne seine Vorgänger zu nennen.

Die Verallgemeinerung der Regel für beliebige Wege wurde von Leibnitz angebahnt und zwar in der Acta Erudit. 1695 Seite 493.

Darauf schrieb Euler im Jahre 1778 in den Nov. Acta Petropol. 12 Seite 91 eine Abhandlung „über krumme Cylinder“, in der er die Bedingungen festzustellen sucht, unter denen die Regel weiter gilt.

Seitdem wird die verallgemeinerte Regel vielfach in den Lehrbüchern der analytischen Mechanik ausgesprochen, jedoch bisweilen nicht mit den richtigen Bedingungen für die Weitergeltung. (Vergl. Poisson, Mécanique, Seite 84, auch Schlömilch, anal. Mechanik. I, Seite 152.)

In der Aufgabensammlung von Meier Hirsch befinden sich ebenfalls irrige Angaben, falsche Beispiele und fehlerhafte Beweise (Geom. Aufgaben II § 174 u. s. w.), worauf Steiner, Baltzer, Zehme und andere aufmerksam machen.

Zahlreiche Beispiele, besonders solche technischer Art, brachte Zehme in seiner „Geometrie der Körper" (Iserlohn bei Bädeker, 1859). An ihn lehnen sich die Aufgabensammlungen anderer an. Zehme hat namentlich die Sätze über die Verschiebung der Achse von $\pm e$ erfolgreich benutzt. Prof. Dr. Fleck giebt in der schon genannten Programmabhandlung wertvolle geschichtliche Bemerkungen, nimmt aber trotz Baltzers Warnung die von Meier Hirsch angeblich bewiesene Erweiterung an. Unter den zahlreichen Beweisen, die Fleck wiedergiebt, befindet sich nicht der oben vom Verfasser angewandte (den dieser seit 1872 im Unterrichte angewandt hat), obwohl er sich durch seine Einfachheit vor allen anderen auszeichnet.

In des Verfassers Ingenieur-Mathematik (Leipzig bei Teubner, 1897) findet man viele Beispiele zur Regel, besonders solche technischer Art.

Auf die Schwerpunkte der Guldinschen Drehungskörper, die für die Technik von besonderer Bedeutung sind, geht die Ingenieur-Mathematik des Verfassers ebenfalls ein. Dort werden die statischen Momente erster Ordnung mit denen der zweiten Ordnung in nutzbringender Weise kombiniert.

ι) Beispiele Guldinscher Berechnungen an Drehungsgebilden, die aus Kreisbogen und Geraden hervorgehen.

§ 52) Eine Kreisfläche vom Radius r werde um eine in ihrer Ebene liegende Achse gedreht, deren Entfernung ϱ vom Mittelpunkte größer ist, als r. Der entstehende Ringkörper soll für vollständige und unvollständige Umdrehung nach Oberfläche und Inhalt berechnet werden.

Auflösung: Die Mantelfläche wird bei ganzer Umdrehung

$$M = 2\pi\varrho \,.\, 2\pi r = 4\pi^2 r\varrho,$$

der körperliche Inhalt

$$J = 2\pi\varrho \,.\, \pi r^2 = 2\pi^2 r^2 \varrho.$$

Ist der unvollständige Drehungswinkel durch den Bogen $\hat{\alpha}$ am Einheitskreise gegeben, so ist der Schwerpunktsweg $w = \varrho\hat{\alpha}$, also wird

$$M = \varrho\hat{\alpha} \,.\, 2\pi r = 2\pi\hat{\alpha}r\varrho,$$
$$J = \varrho\hat{\alpha} \,.\, \pi r^2 = \pi\hat{\alpha}r^2\varrho.$$

Ist der Umdrehungswinkel durch Grade gegeben, also z. B. gleich α^0, so ist

$$\hat{\alpha} = \pi\,\frac{\alpha^0}{180^0},$$

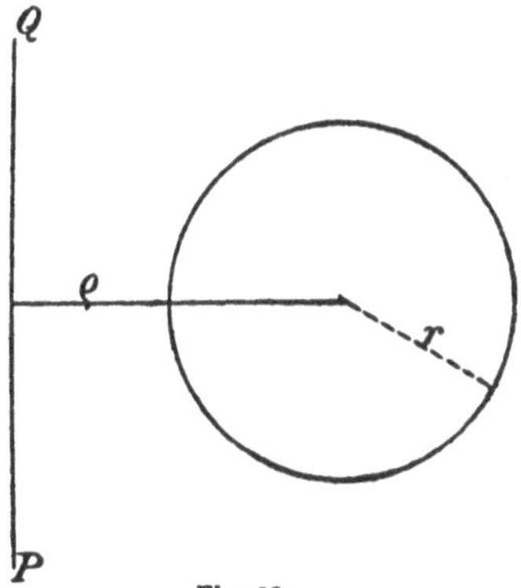

Fig. 22.

und es wird

$$M = 2\pi \,.\, \pi\,\frac{\alpha^0}{180^0} \cdot r\varrho = \pi^2 r\varrho\,\frac{\alpha^0}{90^0},$$

$$J = \pi \,.\, \pi\,\frac{\alpha^0}{180^0}\,r^2\varrho = \pi^2 r^2\varrho\,\frac{\alpha^0}{180^0}.$$

Bemerkungen. *a*) In Figur 23, die schon in Bd. I besprochen ist, hat man die Einteilung dieser Oberfläche durch zwei Scharen schräger Kreisschnitte in kleine ähnliche Rhomben. Der zwischen je zwei Kreisen der einen dieser Scharen befindliche Flächenstreif hat die Fläche

$$F_1 = \frac{M}{n} = \frac{4}{n}\pi^2 r\varrho,$$

wenn n die Anzahl dieser Streifen ist. Da die Kreisschnitte ebene Schnitte sind, läfst sich auch der körperliche Inhalt zwischen je zwei benachbarten

$$J_1 = \frac{J}{n} = \frac{2}{n}\pi^2 r^2\varrho$$

setzen. Da übrigens jeder dieser ebenen Schnitte eigentlich zwei einander schneidende Kreise giebt, lassen sich noch weitere Bemerkungen anknüpfen.

Entsprechende Betrachtungen lassen sich über beliebige ebene Schrägschnitte, die in kongruenter Weise aufeinander

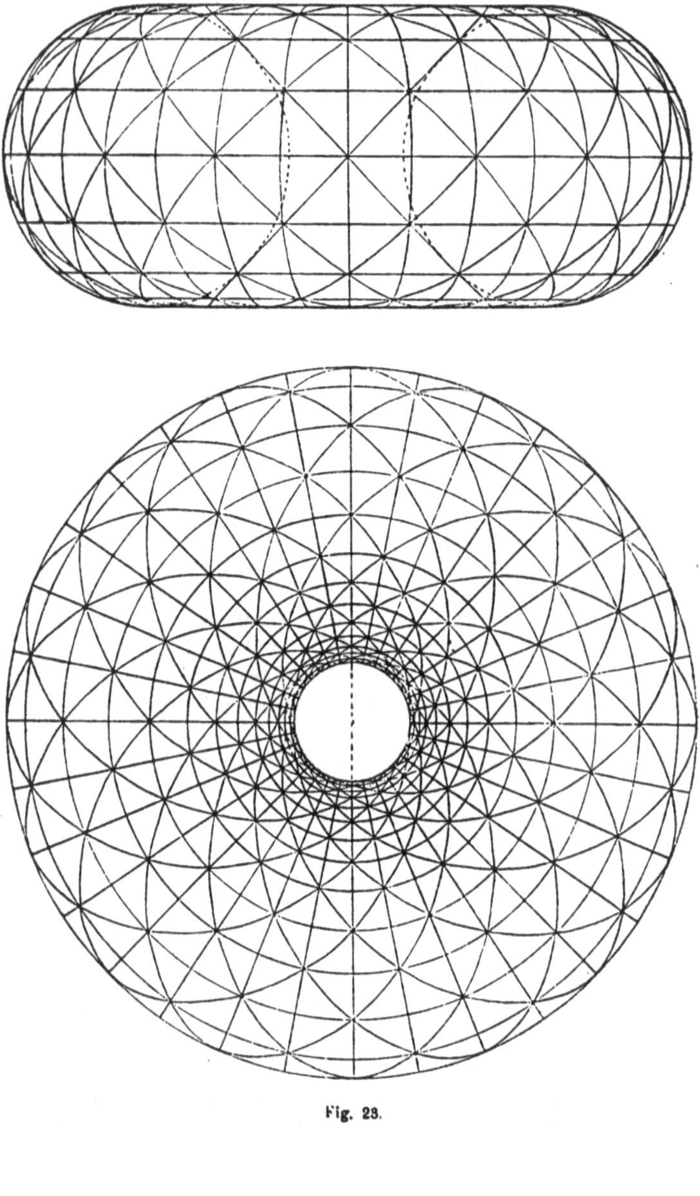

Fig. 23.

folgen, anstellen. Dasselbe gilt von loxodromischen Flächenstreifen, deren Grenzlinien nach einem oder zwei oder mehreren Umgängen in sich selbst zurücklaufen. Solche waren z. B. in Figur 227 des ersten Bandes dargestellt.

b) Will man das Gewicht des Ringkörpers (der auch als Drehungscyklide, oder als Wulst oder als Torus bezeichnet wird) erhalten, so hat man den Inhalt J mit dem spezifischen Gewichte p' zu multiplizieren.

Bei zahlreichen Aufgaben der Mechanik bedarf man auch der Massen des Körpers, d. h. der Anzahl der Masseneinheiten. Beim technischen Maſssystem erhält man diese durch die Gleichung $m = \frac{p}{g}$, wo g die Freifallbeschleunigung ist, also z. B. $g = 9{,}81$, wenn p in Tonnen gegeben ist, oder $g = 981$, wenn p in Grammen gegeben ist. (Beim absoluten Maſssystem ist es anders. Dabei giebt die Zahl p' die Anzahl der Masseneinheiten in der Raumeinheit, und das Gewicht wird durch Multiplikation mit dem betreffenden g gefunden.)

(Die wichtige Aufgabe, den Schwerpunkt der durch einen Hauptschnitt [durch die Umdrehungsachse gelegt] abgetrennten Ringhälfte zu finden, kann erst später gelöst werden. Die Schwerpunkte der Sektoren liegen nicht etwa auf der Schwerpunktsbahn des bewegten Querschnitts, sondern weiter nach auſsen, weil die Sektoren sich in dieser Richtung verbreitern. Durch diese vorläufige Bemerkung soll vor einem naheliegenden Fehler gewarnt werden. Sie bezieht sich auch auf die entsprechende Hälfte der Mantelfläche.)

§ 53) Statt des Kreises kann man auch regelmäſsige Dreiecke, Vierecke, Fünfecke, ..., n = Ecke um eine Achse ihrer Ebene rotieren lassen. Die Aufgaben können noch dadurch komplizierter gemacht werden, daſs man sich aus der zu bewegenden Fläche einen konzentrischen Kreis oder ein konzentrisches regelmäſsiges Vieleck aufgeschnitten denkt, wodurch weder der Schwerpunkt der Fläche, noch der der Umrandung geändert wird. Dabei wird der Inhalt des Drehungskörpers mit Hilfe der Formel $J = J_1 - J_2 = 2\pi\varrho (F_1 - F_2)$ gefunden, die gesamte Mantelfläche aber mit Hilfe der Gleichung $M = M_1 + M_2 = 2\pi\varrho(u_1 + u_2)$, wo die u den Umfang der Kreise, bezw. der Polygone bedeuten.

§ 54) Ein Kreissegment sei durch eine Gerade AB vom Kreise mit Radius r abgeschnitten und drehe sich um eine Achse PQ, die parallel zur Symetrielinie $CD = h$ ist und in der Entfernung ϱ von dieser in der Ebene des Kreises liegt. Der Inhalt des entstehenden Drehungskörpers soll berechnet werden.

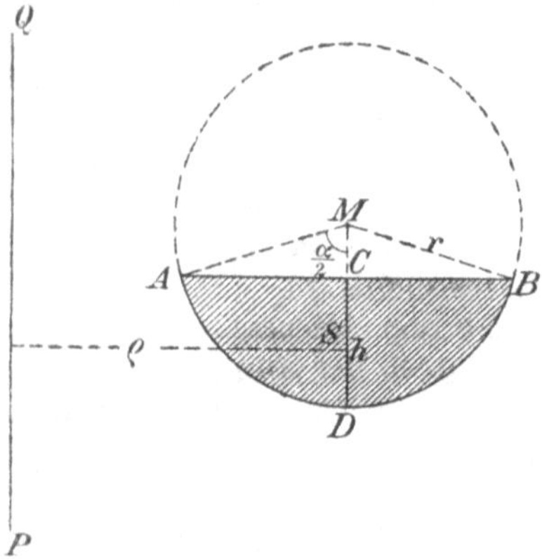

Fig. 24.

Auflösung. Die Fläche F des Segmentes ist der Unterschied zwischen dem Sektor $F_1 = MADB$ und dem Dreieck $F_2 = MAB$, also, wenn der Centriwinkel des Sektors durch den Bogen $\hat{\alpha}$ des Einheitskreises gegeben ist,

$$F = F_1 - F_2 = \frac{r^2\hat{\alpha}}{2} - \frac{r^2}{2}\sin\hat{\alpha} = \frac{r^2}{2}(\hat{\alpha} - \sin\hat{\alpha}).$$

Demnach wird

$$J = 2\pi\varrho \cdot \frac{r^2}{2}(\hat{\alpha} - \sin\hat{\alpha}) = \pi\varrho r^2(\hat{\alpha} - \sin\hat{\alpha}).$$

Dabei bestimmt sich $\hat{\alpha}$ aus $\cos\frac{\hat{\alpha}}{2} = \frac{CM}{AM} = \frac{r-h}{r}$.

(Gegebenen Falls wird erst α^0 und dann $\hat{\alpha}$ bestimmt.) Ist $h > r$, so handelt es sich um $F = F + F_2 =$ Sektor $+$ Dreieck.

Bemerkungen. a) Man kann auch die Wölbungsfläche des so entstehenden „Troges" berechnen. Sie wird, da der Bogen ADB die Länge $s = r\hat{\alpha}$ hat, $F_1 = 2\pi\varrho s = 2\pi\varrho r\hat{\alpha}$.

Die Gesamtoberfläche erhält man durch den Zusatz

$$F_2 = 2\pi\varrho \cdot AB = 2\pi\varrho \cdot 2r\sin\frac{\hat{\alpha}}{2} = 4\pi\varrho r\sin\frac{\alpha}{2}.$$

b) Der entstandene Körper ist ein Segment des vorher berechneten Wulstes. Ist dieser z. B. aus Holz angefertigt, und sinkt er bei derselben Stellung bis zur Tiefe h ins Wasser ein, so läfst sich das spezifische Gewicht des Körpers berechnen aus

$$p' = \frac{\text{Wasserraum}}{\text{Körperraum}} = \frac{W}{K} = \frac{\pi \varrho r^2 (\hat{\alpha} - \sin \hat{\alpha})}{2\pi^2 \varrho r^2} = \frac{\hat{\alpha} - \sin \hat{\alpha}}{2\pi},$$

wobei wiederum $\hat{\alpha}$ mit Hilfe von $\cos \frac{\hat{\alpha}}{2} = \frac{r - h}{r}$ zu bestimmen ist. Unter W ist natürlich der Raum des verdrängten Wassers verstanden. (Ist $h > r$, so handelt es sich wieder um Sektor + Dreieck.) Ist p' gegeben und h gesucht, so handelt es sich um die Auflösung der transscendenten Gleichung für p' nach $\hat{\alpha}$, die für numerische Beispiele mit beliebiger Annäherung gelöst werden kann.

§ 55) Dreht sich um PQ der konzentrische Kreisring mit den Radien r und r_1, so wird

$$J = 2\pi\varrho(\pi r^2 - \pi r_1^2)$$
$$= 2\pi^2\varrho(r^2 - r_1^2)$$
$$= 2\pi^2\varrho(r + r_1)(r - r_1).$$

Die Summe der beiden Oberflächen wird

$$O = 2\pi\varrho(2\pi r + 2\pi r_1)$$
$$= 4\pi^2\varrho(r + r_1).$$

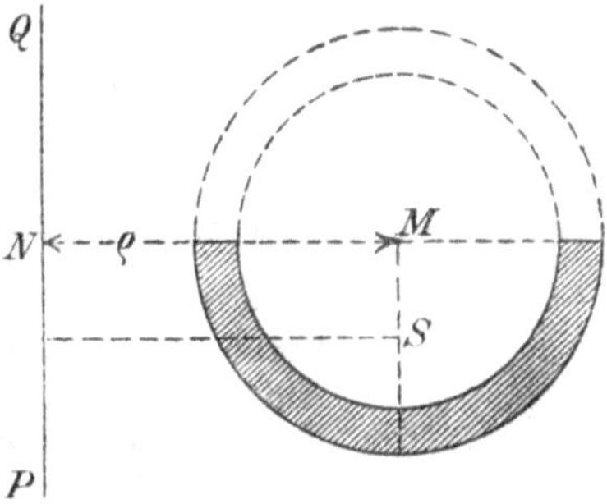

Fig. 25.

Bemerkung. Taucht dieser Körper bis zur Tiefe h ins Wasser ein, so wird für $h < r$ das spezifische Gewicht

$$p' = \frac{W}{K} = \frac{\pi\varrho r^2(\hat{\alpha} - \sin\hat{\alpha})}{2\pi^2\varrho(r^2 - r_1^2)} = \frac{r^2(\hat{\alpha} - \sin\hat{\alpha})}{2\pi(r^2 - r_1^2)}.$$

Man versuche dieselben Aufgaben für die untere Hälfte des Körpers oder für ein kleineres durch Horizontalschnitt entstandenes Segment zu lösen.

§ 56. **Den Schwerpunkt der Halbkreisfläche und des Halbkreisbogens mit Hilfe der Guldinschen Regeln zu bestimmen.**

Auflösung. a) Die Drehung um den begrenzenden Durchmesser verwandelt die Halbkreisfläche $F = \frac{\pi}{2} r^2$ in eine Kugel vom Inhalte $J = \frac{4}{3}\pi r^3$. Nach der Guldinschen Inhaltsformel ist $\varrho = \frac{J}{2\pi F}$, also wird hier

$$1) \qquad \varrho = \frac{\frac{4}{3}\pi r^3}{2\pi \cdot \frac{\pi}{2} r^2} = \frac{4r}{3\pi}.$$

Der Schwerpunkt der Fläche liegt also auf der Symmetrielinie im Abstande $\frac{4r}{3\pi}$ vom Mittelpunkte des Kreises.

b) Dieselbe Drehung verwandelt den Halbkreisbogen $s = \pi r$ in die Oberfläche $M = 4\pi r^2$ einer Kugel. Nach der Guldinschen Flächenformel ist aber $\varrho = \frac{M}{2\pi s}$, also wird hier

$$2) \qquad \varrho_1 = \frac{4\pi r^2}{2\pi . \pi r} = \frac{2r}{\pi}.$$

Folgerungen. Für die Fläche des Viertelkreises folgt $\varrho = \frac{4r}{3\pi}\sqrt{2}$, für den Bogen des Viertelkreises $\varrho = \frac{2r}{\pi}\sqrt{2}$.

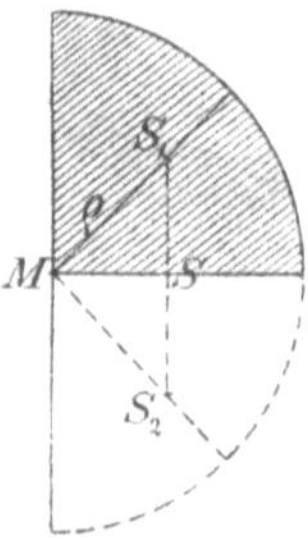

Fig. 26.

Ergänzt man nämlich die Fläche des in Figur 26 dargestellten Viertelkreises zur Halbkreisfläche, so liegen die Schwerpunkte S_1 und S_2 der Einzelflächen mit dem der Halbkreisfläche S auf einer Geraden, nämlich auf $S_1 S_2$. Nach der Figur ist dabei $MS = S S_1$, also

$$\varrho = M S_1 = MS\sqrt{2} = \frac{4r}{3\pi}\sqrt{2}.$$

Ebenso ist der Bogen des Viertelkreises zum Halbkreisbogen zu ergänzen, worauf derselbe Gang auf $M S'_1 = \varrho_1 = \frac{2r}{\pi}\sqrt{2}$ führt.

In ähnlicher Weise kann man die Schwerpunkte für die Fläche des Achtelkreises und den Bogen des Achtelkreises bestimmen, indem man die Ergänzung zum Viertelkreise vornimmt. Mit den Halbierungen könnte man so weiter fortfahren, es ist aber vorzuziehen, die Aufgabe sofort für jeden beliebigen Kreissektor oder Bogen zu bestimmen.

§ 57. Den Schwerpunkt der Fläche des Kreissektors zu bestimmen.

Auflösung. Durch Umdrehung des Kreissektors um den zu seiner Sehne AB parallelen Durchmesser PQ entsteht eine Zonenpyramide, deren gewölbte Grundfläche den Inhalt $F_1 = 2r\pi h$ hat, wo r den Kreisradius, h die Sehne AB bedeutet. Der Inhalt des Körpers ist also*)

$$J = F_1 \cdot \frac{r}{3} = 2r\pi h \frac{r}{3} = \frac{2}{3} r^2 \pi h.$$

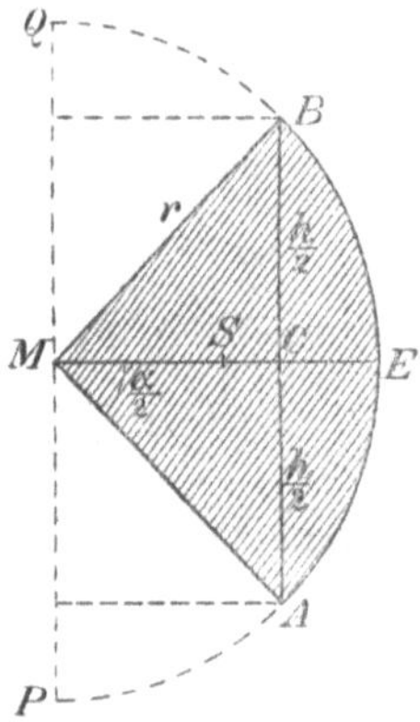

Fig. 27.

Der Kreissektor hat die Fläche $F = \frac{r^2 \hat{\alpha}}{2}$, wo $\hat{\alpha}$ den zum Winkel AMB gehörigen Bogen des Einheitskreises bedeutet. Die Umkehrung der Guldinschen Inhaltsformel giebt den Schwerpunktsabstand $MS = \frac{J}{2\pi F}$, oder

$$\varrho = \frac{\frac{2}{3}\pi r^2 h}{2\pi \frac{r^2 \hat{\alpha}}{2}} = \frac{2h}{3\alpha} = \frac{2rh}{3r\hat{\alpha}} = \frac{2rh}{3b},$$

wo b den Bogen AEB bedeutet. Dabei ist h mit Hilfe von $\frac{h}{2} = r \sin \frac{\hat{\alpha}}{2}$ zu bestimmen, oder, wenn h gegeben ist

*) Die Übereinstimmung mit der Formel für den Kugelsektor braucht nicht zu überraschen. Da nämlich alle Kugelzonen von der Höhe h dieselbe Fläche $2\pi r h$ haben, so haben alle zugehörigen Zonenpyramiden den Inhalt $\frac{2}{3}\pi r^2 h$. Man kann also die Kugel leicht in n inhaltsgleiche Zonenpyramiden zerlegen, ebenso leicht das Ellipsoid. Bei letzteren kann man Parallelschnitte zu einer beliebigen Tangentialebene legen, die den zugehörigen Durchmesser in n gleiche Teile zerlegen.

$\hat{\alpha}$ mit Hilfe der Gleichung $\sin\frac{\alpha}{2}=\frac{h}{2r}$. Sollte der Sektor durch r und $CE=\frac{r}{n}$ bestimmt sein, so hat man bequem

$$\cos\frac{\alpha}{2}=\frac{MC}{r}=\frac{r-\frac{r}{n}}{r}=1-\frac{1}{n}=\frac{n-1}{n},$$

woraus auch $\frac{h}{2}=r\sin\frac{\hat{\alpha}}{2}$ oder

$$\frac{h}{2}=r\sqrt{1-\cos^2\frac{\alpha}{2}}=r\sqrt{1-\left(\frac{n-1}{n}\right)^2}$$
$$=\frac{r}{n}\sqrt{n^2-(n-1)^2}=\frac{r}{n}\sqrt{2n-1}$$

bequem zu bestimmen ist. Also

$$\varrho=\frac{2h}{3\hat{\alpha}}=\frac{\frac{4r}{n}\sqrt{2n-1}}{3\hat{\alpha}}=\frac{4r\sqrt{2n-1}}{3n\hat{\alpha}}.$$

§ 58. **Den Schwerpunkt eines beliebigen Kreisbogens $s=r\hat{\alpha}$ zu bestimmen.**

Auflösung. Die Mantelfläche ist die des vorigen Beispiels, also $M=2r\pi h$, der Bogen $s=r\hat{\alpha}$, nach der Umkehrung der Flächenformel ist also der Abstand ϱ_1 von M zu berechnen aus

$$\varrho_1=\frac{M}{2\pi s}=\frac{2\pi rh}{2\pi s}=\frac{rh}{s}=\frac{rh}{r\hat{\alpha}}=\frac{h}{\hat{\alpha}}.$$

Dabei ist h zu bestimmen aus $\frac{h}{2}=r\sin\frac{\hat{\alpha}}{2}$, so daſs man auch schreiben kann

$$\varrho_1=\frac{2r\sin\frac{\hat{\alpha}}{2}}{\hat{\alpha}}.$$

Ist $\hat{\alpha}=\frac{2\pi}{n}$, so hat man bequem $\varrho_1=\frac{h}{\frac{2\pi}{n}}=\frac{n}{2}\frac{h}{\pi}$.

§ 59) **Den Schwerpunkt für die Fläche des Kreissegmentes zu bestimmen.**

Auflösung: Man benutze die vorige Figur (27). In dieser ist die Segmentfläche ABE nach obigem $F = \frac{r^2}{2}(\alpha - \sin\hat{\alpha})$, worin für $CE > r$ zu setzen ist $\frac{r^2}{2}(\hat{\alpha} + \sin\hat{\alpha})$ und $\sin\frac{\alpha}{2} = \frac{h}{2r}$ ist. Der Inhalt J des Drehungskörpers ist gleich Schicht — Cylinder $= \frac{\pi h}{6}(3a^2 + 3a^2 + h^2) - \pi a^2 h = \frac{\pi h^3}{6}$. Demnach wird der Abstand des Schwerpunktes vom Kreiszentrum

$$\varrho = \frac{J}{2\pi F} = \frac{\frac{\pi h^3}{6}}{2\pi \frac{r^2}{2}(\hat{\alpha} - \sin\hat{\alpha})} = \frac{h^3}{6r^2(\hat{\alpha} - \sin\hat{\alpha})}$$

Dafür kann man auch schreiben $\varrho = \frac{\frac{6J}{\pi}}{12F} = \frac{h^3}{12F}$.

§ 60) **Den Schwerpunkt der konzentrischen Halbkreisfläche zu bestimmen.** (Figur 28.)

Auflösung. $J = \frac{4}{3}\pi(r^3 - r_1^3)$, $F = \frac{\pi}{2}(r^2 - r_1^2)$, folglich

$$MS = \varrho = \frac{J}{2\pi F} = \frac{\frac{4}{3}\pi(r^3 - r_1^3)}{2\pi \cdot \frac{\pi}{2}(r^2 - r_1^2)},$$

oder

$$\varrho = \frac{4(r^3 - r_1^3)}{3\pi(r^2 - r_1^2)}.$$

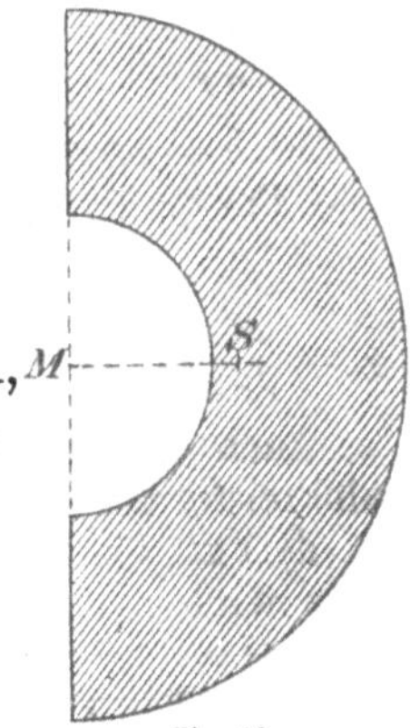

Fig. 28.

Zähler und Nenner lassen sich noch durch $r - r_1$ dividieren, was auf

$$\varrho = \frac{4(r^2 + rr_1 + r_1^2)}{3\pi(r + r_1)}$$

führt. Letzteres ist nur insofern von Interesse, als man für $r_1 = r_2$ die Probe für die Berechnung des Schwerpunktes vom Halbkreisbogen erhält. Er ergiebt sich nämlich

$$\varrho = \frac{4 \cdot 3r^2}{3\pi \cdot 2r} = \frac{2r}{\pi}.$$

Bemerkungen. Man versuche auch allgemeine Sektoren und Segmente der von zwei konzentrischen Kreisen begrenzten Fläche so zu behandeln. Diese Ringsektoren sind von Bedeutung für die Zonenpyramide, besonders wie sie der quadratischen Einteilung entsprechen. Vergl. Figur 137 von Bd. II und Randbemerkung bei § 57.

§ 61) Den Schwerpunkt für einige Umrandungen zu bestimmen.

a) Ganzer Umfang der Halbkreisfläche. Der Abstand von M wird

$$\varrho_2 = \frac{M}{2\pi s} = \frac{4r^2\pi + o}{2\pi(r\pi + 2r)} = \frac{2r}{\pi + 2}.$$

b) Ganzer Umfang des Segments. Der Abstand von M wird

$$\varrho_2 = \frac{M}{2\pi s} = \frac{2\pi rh + 2\pi r \cos\frac{\hat{\alpha}}{2} h}{2\pi \cdot (r\hat{\alpha} + h)} = \frac{hr\left(1 + \cos\frac{\hat{\alpha}}{2}\right)}{r\hat{\alpha} + h}.$$

Für $h = 2r$ und $\alpha = \pi$ bestätigt sich die vorige Formel.

c) Für die Umrandung des Sektors wird der Abstand von M

$$\varrho_2 = \frac{M}{2\pi s} = \frac{2\pi rh + 2\pi\left(\frac{r}{2}\cos\frac{\alpha}{2}\right)2r}{2\pi[r\hat{\alpha} + 2r]} = \frac{h + r\cos\frac{\alpha}{2}}{\hat{\alpha} + 2}.$$

Auch hier bestätigt sich für $h = 2r$ und $\hat{\alpha} = \pi$ die Halbkreisformel.

d) Für die Umrandung der konzentrischen Halbkreisfläche wird

$$\varrho_2 = \frac{M}{2\pi s} = \frac{4\pi(r^2 - r_1^2) + 0}{2\pi[\pi(r + r_1) + 2(r - r_1)]} = \frac{2(r^2 - r_1^2)}{\pi(r + r_1) + 2(r - r_1)}.$$

§ 62) Eine Halbkreisfläche von beliebiger Lage drehe sich um eine senkrechte Achse (derselben Ebene). Die Guldinschen Berechnungen sollen durchgeführt werden.

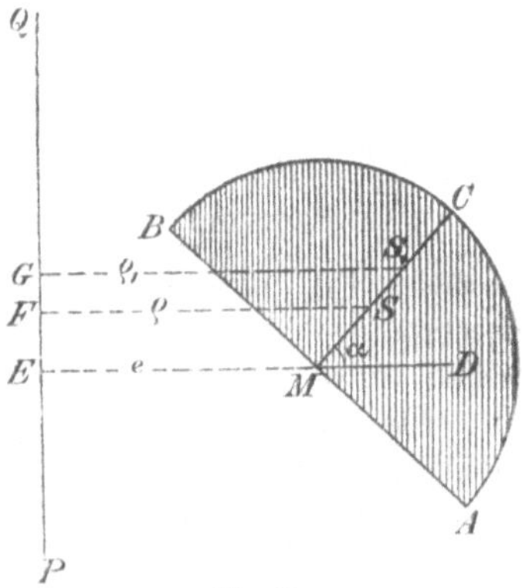

Fig. 29.

Auflösung. Man setze $ME = e$, $SF = \varrho$, $S_1G = \varrho_1$, $\measuredangle CMD = \alpha$, $MA = r$. Dann ergiebt sich im Anschlufs an das Obige, wenn e, α und r als gegeben betrachtet werden

$$\varrho = e + \frac{4r}{3\pi}\cos\alpha = \frac{3\pi e + 4r\cos\alpha}{3\pi},$$

$$\varrho_1 = e + \frac{2r}{\pi}\cos\alpha = \frac{\pi e + 2r\cos\alpha}{\pi}.$$

Daraus folgt nach Guldin als Inhalt

$$J = 2\pi\varrho F = 2\pi\cdot\frac{3\pi e + 4r\cos\alpha}{3\pi}\cdot\frac{\pi r^2}{2}$$

$$= \frac{\pi r^2}{3}(3\pi e + 4r\cos\alpha),$$

als die aus dem Kreisbogen entstehende Fläche

$$M = 2\pi\varrho_1 s = 2\pi\frac{\pi e + 2r\cos\alpha}{\pi}\cdot\pi r = 2\pi r(\pi e + 2r\cos\alpha),$$

als gesamte Oberfläche

$$O = M + 2\pi e\,.\,2r = 2\pi r(\pi e + 2r\cos\alpha + 2e),$$

als Schwerpunktsabstand für die gesamte Umrandung

$$\varrho_2 = \frac{O}{2\pi(\pi r + 2r)} = \frac{2\pi r(\pi e + 2r\cos\alpha + 2e)}{2\pi r(\pi + 2)}$$

$$= \frac{e(\pi + 2) + 2r\cos\alpha}{\pi + 2}$$

oder

$$\varrho_2 = e + \frac{2r\cos\alpha}{\pi + 2}.$$

Bemerkungen. Die besonderen Fälle $\alpha = 0$, $\alpha = \pm 90^0$, $\alpha = 180^0$ lösen mehrere der früher gestellten Aufgaben und außerdem eine neue, bei der der Kreisbogen der Achse zugekehrt ist. Gerade die letztere ist eine für die Bau- und Maschinentechnik wichtige, da sie auf die sogenannten Hohlkehlen führt.

Man versuche diese allgemeinere Aufgabe auch für beliebige Ab- und Ausschnitte der Kreisfläche zu lösen, besonders auch für den Viertelkreis, der für gewisse Hohlkehlen von Wichtigkeit ist.

§ 63) Bemerkungen über Kreissegmente, besonders über solche von derselben Sehne h.

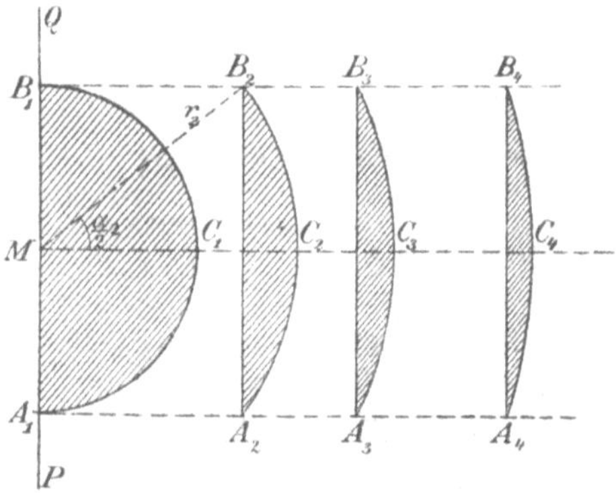

Fig. 30.

a) Alle in Figur 30 dargestellten Kreissegmente geben, um PQ rotierend, Drehungskörper von demselben Inhalte

$$J = \frac{\pi h^3}{6},$$

der mit dem einer Kugel vom Durchmesser h übereinstimmt. Aus

$$2\pi\varrho_1 F_1 = 2\pi\varrho_2 F_2 = 2\pi\varrho_3 F_3 = \dots$$

folgt

$$\varrho_1 F_1 = \varrho_2 F_2 = \varrho_3 F_3 = \dots,$$

d. h. die statischen Momente der Segmentflächen in Bezug auf PQ stimmen miteinander überein.

Oder: Je zwei dieser Flächen sind umgekehrt proportional den Schwerpunktsabständen von der Achse PQ.

b) Die so entstehenden äufseren Mantelflächen sind

$$M_1 = 2\pi r_1 h,\ M_2 = 2\pi r_2 h,\ M_3 = 2\pi r_3 h,\ \ldots,$$

folglich: Diese Zonenflächen sind proportional den Radien der Segmentkreise.

Bezeichnet man die Kugelfläche des ersten Segmentes mit O, so ist z. B. $M_n = O\frac{r_2}{r_1} = O\frac{2r_2}{h}$.

c) Aus

$$M_1 = 2\pi \varrho_1' s_1 = 2\pi r_1 h,\ M_2 = 2\pi \varrho_2' s_2 = 2\pi r_2 h$$

folgt

$$\varrho_1' s_1 = r_1 h,\ \varrho_2' s_2 = r_2 h,\ \ldots$$

Also: Die statischen Momente der Sementbogen in Bezug auf PQ verhalten sich wie die Radien der Segmente.

d) Statt der letzten Gruppe von Gleichungen kann man schreiben

$$\varrho_1' r_1 \hat{\alpha}_1 = r_1 h,\ \varrho_2' r_2 \hat{\alpha}_2 = r_2 h,\ \ldots$$

oder

$$\varrho_1' \hat{\alpha}_1 = \varrho_2' \hat{\alpha}_2 = \varrho_3' \hat{\alpha}_3 = \ldots = h.$$

Also: Die Produkte aus den Abständen der Schwerpunkte (von PQ) und den zugehörigen Centriwinkeln der Segmente sind konstanten Wertes.

Oder: Schlägt man um M mit den Schwerpunktsabständen der Bogen Kreisbogen, die den Centriwinkeln der Segmente entsprechen, so sind alle diese Bogen von derselben Länge h.

e) Dreht man eins von diesen Segmenten (vor der Achsendrehung um PQ) in seiner Ebene beliebig um den Schwerpunkt seiner Fläche, ohne dafs es dabei von PQ geschnitten wird, so bleibt sein Inhalt gleich dem einer Kugel vom Durchmesser h.

f) Dreht sich ein Kreissegment vom Radius r und der Sehne h um diese Sehne, so entsteht ein spindelförmiger Körper. Im Hinblick auf die Verschiebung der Achse um die Strecke $r\cos\frac{\alpha}{2}$ wird der körperliche Inhalt der Spindel

$$J_1 = J - 2\pi r \cos\frac{\alpha}{2} F = 2\pi F\left(\varrho - r\cos\frac{\alpha}{2}\right),$$

wobei α sich aus $\sin\frac{\alpha}{2} = \frac{h}{2r}$ bestimmt, $F = \frac{r^2}{2}(\alpha - \sin\alpha)$,

$\varrho = \frac{h^3}{12F}$, $J = \frac{\pi h^3}{6}$ ist. $J_1 = \frac{\pi}{6}\left[h^3 - 6r^3\cos\frac{\alpha}{2}(\hat{\alpha} - \sin\alpha)\right]$.

Der Mantel wird

$$M_1 = M - 2\pi r\cos\frac{\alpha}{2} s = 2\pi s\left(\varrho_1 - r\cos\frac{\alpha}{2}\right)$$

$$= 2\pi r\hat{\alpha}\left(\varrho_1 - r\cos\frac{\alpha}{2}\right)$$

oder auch

$$M_1 = 2\pi r h - 2\pi r\cos\frac{\alpha}{2} s = 2\pi r\left(h - s\cos\frac{\alpha}{2}\right).$$

Dabei ist $\varrho_1 = \frac{rh}{s} = \frac{h}{\hat{\alpha}}$.

Man versuche J_1 und M_1 entweder durch h und r, oder durch h und α, oder durch r und α allein auszudrücken.

§ 64) Weiteres über die Kreissegmente. a) Die Pfeilhöhe p des Segmentes ist $p = r\left(1 - \cos\frac{\alpha}{2}\right)$. Nach bekanntem Sehnensatze ist auch $p(2r - p) = \frac{h^2}{4}$, woraus $p = r \pm \sqrt{r^2 - \frac{h^2}{4}}$ folgt. Dabei gilt für die Figur 30 das negative Zeichen. Das positive gilt für den Fall, dafs das zweite Segment desselben Kreises gewählt wird.

Der Schwerpunktsabstand von der Sehne ist für die Segmentfläche $e = \varrho - r\cos\frac{\alpha}{2}$, für den Bogen des Segments $e_1 = \varrho_1 - r\cos\frac{\alpha}{2}$. Die entsprechenden Abstände vom Scheitel sind $g = r - \varrho$ und $g_1 = r - \varrho_1$.

b) Dreht sich also das Segment um die Scheiteltangente, so wird der Inhalt des entstehenden Körpers

$$J_2 = 2\pi g F = 2\pi(r - \varrho)F.$$

Die dem Bogen entsprechende Mantelfläche wird

$$M_2 = 2\pi g_1 s = 2\pi(r - \varrho_1)s.$$

Zieht man den Inhalt J_2 von dem des zugehörigen Cylinders mit p als Radius ab, so hat man einen neuen Drehungskörper von demselben M_2 und vom Inhalte

$$J_3 = \pi p^2 h - J_2$$
$$= \pi p^2 h - 2\pi g F$$
$$= \pi h r^2\left(1 - \cos\frac{\alpha}{2}\right)^2$$
$$- 2\pi(r - \varrho)F.$$

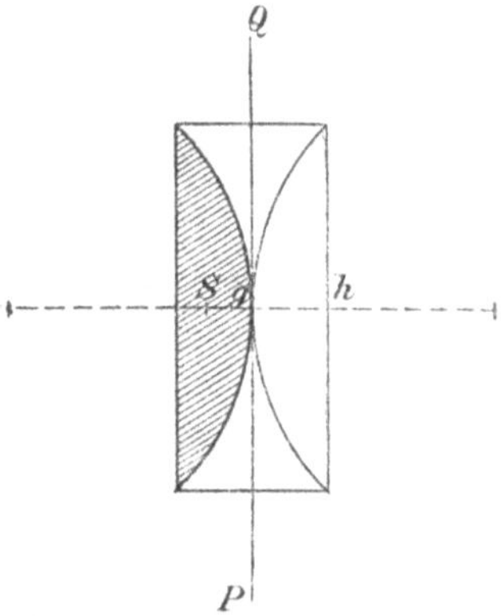

Fig. 31.

c) Ist die Pfeilhöhe p eines Segmentes $p = \frac{r}{n}$, und dreht es sich um die Mittelpunktsachse PQ, so wird

$$\cos\frac{\alpha}{2} = \frac{r - \frac{r}{n}}{r} = \frac{n-1}{n},\ \sin\frac{\alpha}{2} = \sqrt{1 - \left(\frac{n-1}{n}\right)^2}$$

$$= \frac{1}{n}\sqrt{2n-1},\ \sin\alpha = 2\sin\frac{\alpha}{2}\cos\frac{\alpha}{2} = \frac{2(n-1)}{n^2}\sqrt{2n-1},$$

$$h = 2r\sin\frac{\alpha}{2} = \frac{2r}{n}\sqrt{2n-1}.$$

Der Abstand $MS = \varrho$ wird

$$\varrho = \frac{h^3}{6r^2(\alpha - \sin\alpha)} = \frac{\frac{8r^3}{n^3}\left(2n-1\right)^{\frac{3}{2}}}{6r^2(\hat{\alpha} - \sin\alpha)} = \frac{4r}{3n^3}\,\frac{(2n-1)^{\frac{3}{2}}}{\hat{\alpha} - \sin\alpha},$$

$$\text{wo } \hat{\alpha} = \pi\,\frac{\alpha^0}{180^0} \text{ ist.}$$

[Da $\hat{\alpha} = 2\,\frac{\hat{\alpha}}{2} = 2\,arc\cos\frac{n-1}{n}$ ist, kann man auch schreiben

$$\varrho = \frac{4r}{3n^3}\,\frac{(2n-1)^{\frac{3}{2}}}{2\,arc\cos\frac{n-1}{n} - \frac{2(n-1)}{n^2}\sqrt{2n-1}}$$

$$= \frac{2r}{3n}\,\frac{(2n-1)^{\frac{3}{2}}}{n^2\,arc\cos\frac{n-1}{n} - (n-1)\sqrt{2n-1}}$$

Diese Berechnung ist praktisch für den Fall, dafs man zu Ellipsensegmenten übergehen will. Diese lassen sich mit Hilfe von

$$F = \frac{r^2}{2}\,[\hat{\alpha} - \sin\alpha] = \frac{r^2}{2}\left[2\,arc\cos\frac{n-1}{n} - \frac{2(n-1)}{n^2}\sqrt{2n-1}\right]$$

$$= r^2\left[arc\cos\frac{n-1}{n} - \frac{n-1}{n}\sqrt{2n-1}\right]$$

leicht berechnen].

Weniger wichtig ist die Berechnung von ϱ_1 aus r und n. Man erhält

$$\varrho_1 = \frac{h}{\hat{\alpha}} = \frac{\frac{2r}{n}\sqrt{2n-1}}{2\,arc\cos\frac{n-1}{n}} = \frac{r}{n}\,\frac{\sqrt{2n-1}}{arc\cos\frac{n-1}{n}}.$$

Auch damit läfst sich Figur 31 behandeln. (Abschnitt b.)

d) Sind in einem Kreise zwei senkrechte Sehnen gegeben (Figur 32), so handelt es sich bei der Berechnung der von beiden begrenzten Fläche F um die Differenz $F_1 - F_2$ zweier Segmente. Will man zur Berechnung des Schwerpunktes S die Guldinsche Regel benutzen, so bilde man den Unterschied $J = J_1 - J_2$ der beiden durch Drehung um CD entstehenden Körper, und dann

$$MS = \varrho = \frac{J}{2\pi F} = \frac{(J_1 - J_2)}{2\pi(F_1 - F_2)}.$$

Will man den Schwerpunkt der oberen Hälfte $G_1 G_2 F_2 F_1$ haben, so bilde man durch Drehung um MB die Kugelschicht von der Höhe $h = G_1 G_2$ und vom Inhalte

$$J_3 = \frac{\pi h}{6}(3a_1^2 + 3a_2^2 + h^2).$$

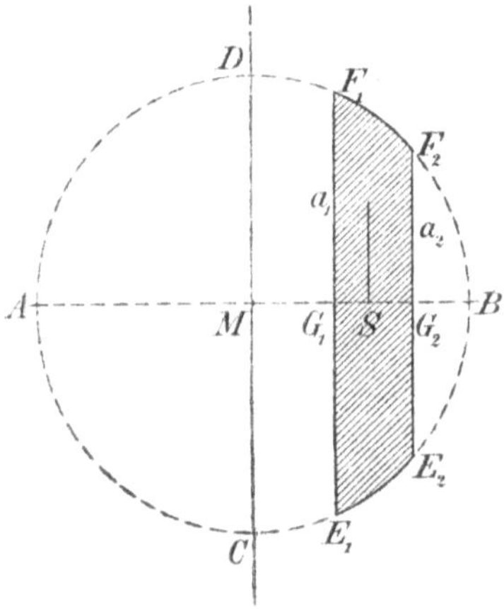

Fig. 32.

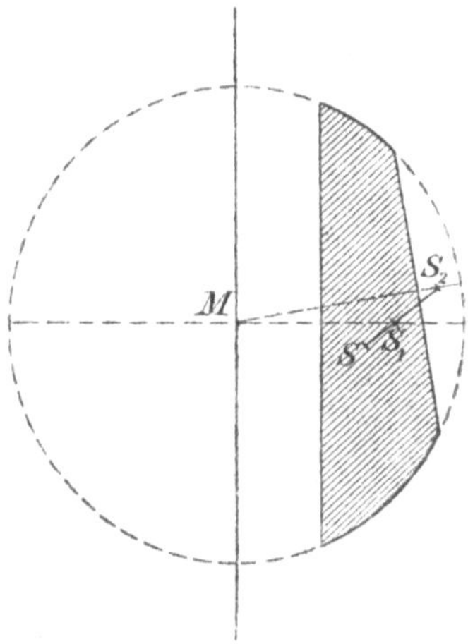

Fig. 33.

Dann hat man $SS_1 = \varrho_3 = \dfrac{J_3}{2\pi \dfrac{F}{2}} = \dfrac{J_3}{\pi F}.$

e) Sind die Sehnen nicht parallel (Figur 33), so findet man den Schwerpunkt S auf $S_2 S_1$. Diese Linie ist so über

S_1 hinaus zu verlängern, dafs $\overline{SS_1} \cdot F = \overline{S_1 S_2} \cdot F_2$, oder $\overline{SS_1}(F_1 - F_2) = S_1 S_2 \cdot F_2$ ist. Es wird also

$$\overline{SS_1} = \frac{\overline{S_1 S_2} \cdot F_2}{F_1 - F_2}.$$

Nun können entsprechende Guldinsche Rotationskörper berechnet werden.

f) Auch der Schwerpunkt einer von zwei einander schneidenden Kreisen bestimmten Fläche läfst sich mit Hilfe der Einzelsegmente berechnen. Figur 34.

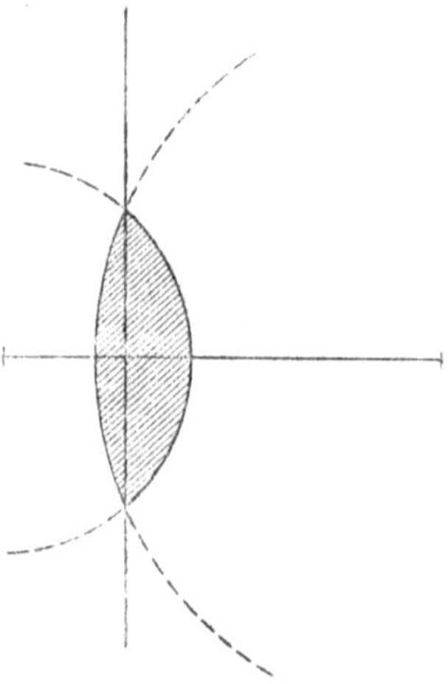

Fig. 34.

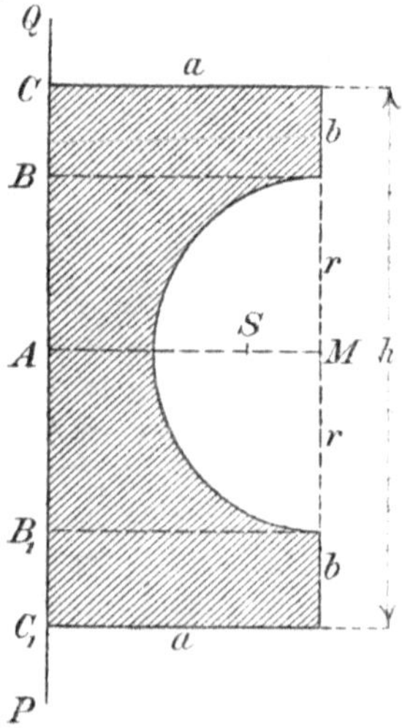

Fig. 35.

§ 64) Praktische Anwendungen.

a) Figur 35 stellt ein Rechteck dar, aus dem ein Halbkreis ausgeschnitten ist. Dreht sich die schraffierte Fläche um PQ, so entsteht ein Cylinder, aus dem eine Hohlkehle mit Halbkreisprofil ausgeschnitten ist. Dabei ist für die Hohlkehle $AS = a - \frac{4r}{3\pi}$, $AS_1 = a - \frac{2r}{\pi}$. Es ist also leicht, Cylinder, Hohlkehle und den Unterschied beider Körper zu berechnen. Auch die aus dem Halbkreis hervorgehende Fläche ist leicht zu berechnen. Will man den Schwerpunkt der schraffierten Fläche haben, so kann man nach der Formel $\varrho' = \frac{J}{2\pi F}$, oder nach der Methode der statischen Momente verfahren. Solche Profile kommen vor an den Walzen gewisser Walzwerke, in denen es sich z. B. um das Walzen von Rundstäben, Draht u. s. w. handelt, wobei dieselbe Walze mehrere Hohlkehlen solcher Art hat; ferner bei gewissen Schraubengewinden, in der Architektur bei Säulen und dergl., auch bei Gefäſsen.

b) Wird der Halbkreis an das Rechteck angesetzt, so erhält man durch Drehung um PQ einen Cylinder mit Wulst. Dabei wird $AS = a + \frac{4r}{3\pi}$, $AS_1 = a + \frac{2r}{\pi}$. Der Gesamtkörper, auch die Wölbung des Wulstes ist leicht zu berechnen, eben so leicht der Schwerpunkt der Gesamtfläche. Figur 36.

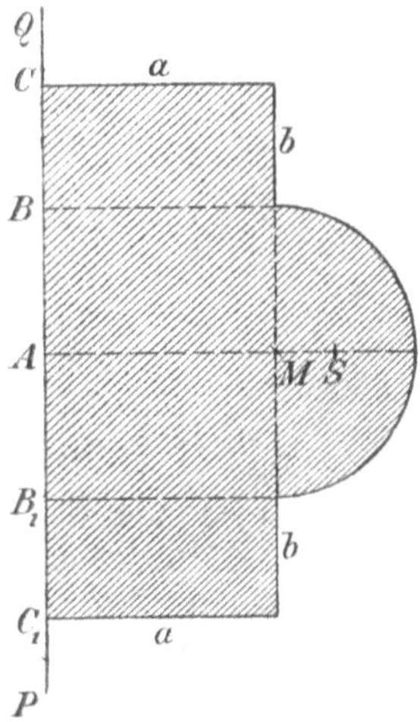

Fig. 36.

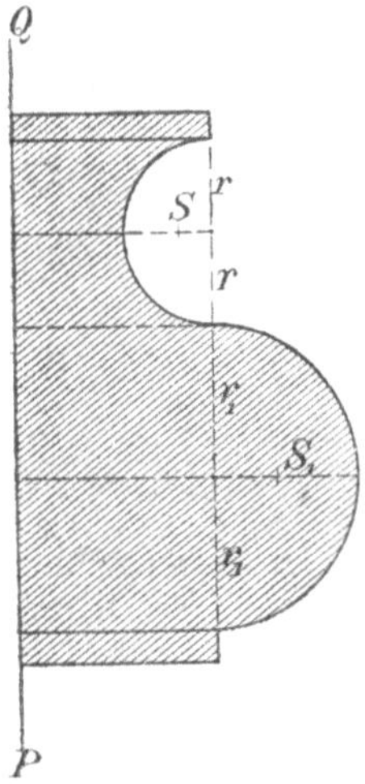

Fig. 37.

An Säulen kommen solche Wulste häufig vor, auch an Gefäſsen. Das Profil erscheint auch an gewissen Schraubengewinden.

c) An dem in Figur 37 dargestellten Gefäſsprofil kommt zugleich Hohlkehle und Wulst vor. (Der innere Hohlraum beansprucht ein besonderes Profil.) Inhalt und Wölbungsflächen sind leicht zu berechnen.

d) Für die an Figur 38 dargestellte Hohlkehle mit Viertelkreis-Profil, ist AS und AS_1, wie bei a) zu berechnen, also

$$AS = a - \frac{4r}{3\pi}, \quad AS_1 = a - \frac{2r}{\pi}.$$

Diese Art von Hohlkehlen kommt häufig bei gufseisernen Säulen vor, wobei eine Art von Kapitell entsteht.

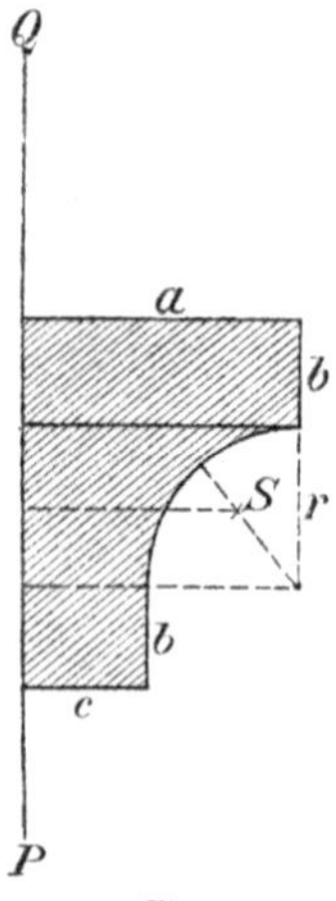

Fig. 38.

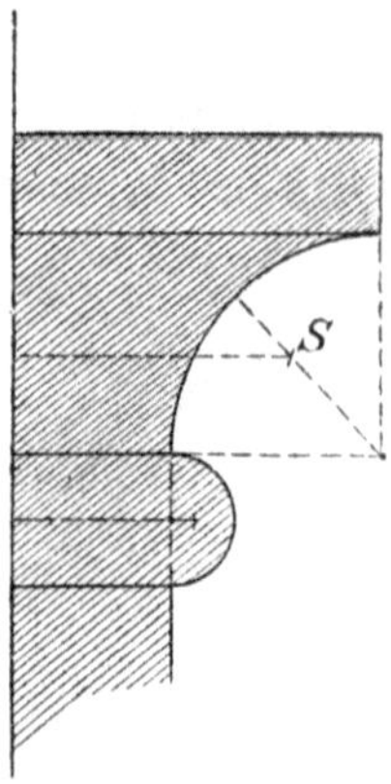

Fig. 39.

e) An nebenstehender Säule befinden sich Wulst und Hohlkehle mit Viertelkreisprofil zugleich. Massive und hohle Säulen solcher Art sind demnach leicht zu berechnen. Figur 39.

f) In Figur 40 ist der Querschnitt einer Schale dargestellt, an der sich innen und aufsen Viertelkreise befinden, von denen die einen Hohlkehlen, die anderen Wulste geben. Der Gesamtinhalt ist leicht zu berechnen, ebenso der innere Inhalt. Der Unterschied beider giebt den Rauminhalt für das verwandte Material.

g) Figur 41 stellt das Profil eines gufseisernen Schwungrings dar, der Mittelpunkt in der Pfeilrichtung liegt. Inhalt und Gewicht p (z. B. $p' = 7,5$) sind leicht zu berechnen.

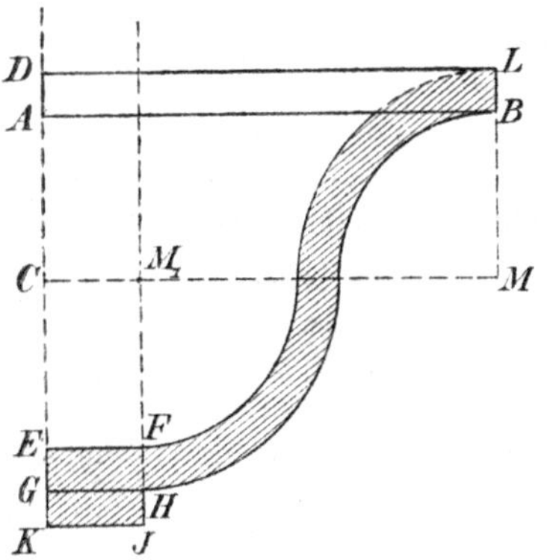

Fig. 40.

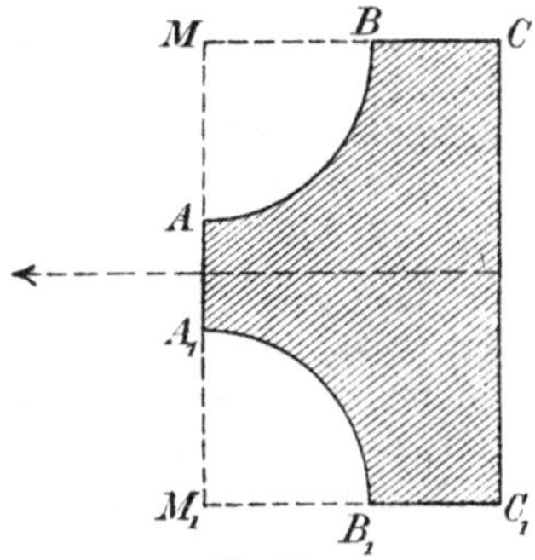

Fig. 41.

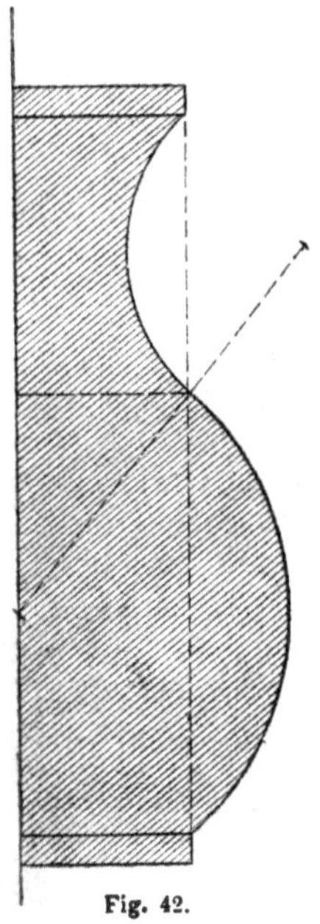

Fig. 42.

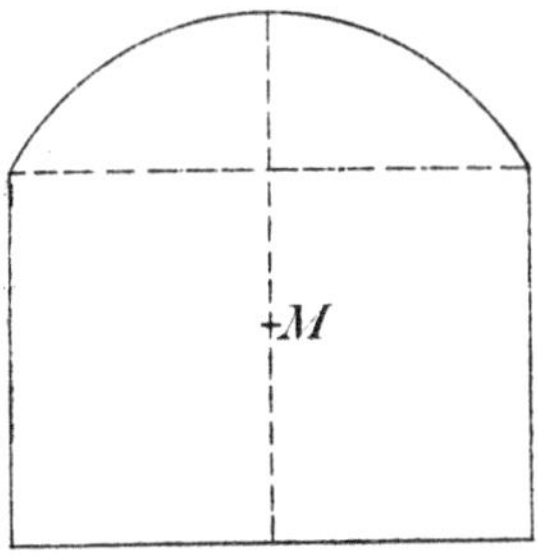

Fig. 43.

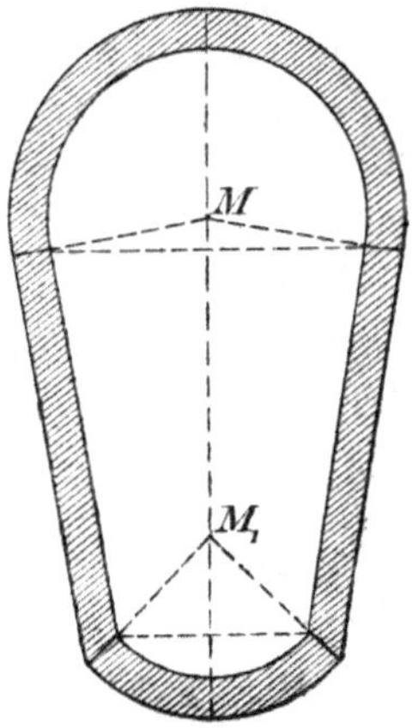

Fig. 44.

h) Bei dem in Figur 42 dargestellten Querschnitte sollen die beiden Bogen Kreisbogen sein, so dafs bei der Umdrehung Hohlkehle und Wulst entstehen, die aus Kreissegmenten hervorgehen. Solche Formen kommen nicht nur als Aufsenform von Gefäfsen und Vasen, sondern, bei geringeren Horizontaldimensionen, auch als Ziersäulen vor.

i) Figur 43 stellt einen Tunnelquerschnitt vor, Figur 44 einen Kanalisationsquerschnitt. Angenommen, diese Schnitte bewegen sich so, dafs sie sich stets um eine feste senkrechte Achse drehen,*) so läfst sich, da die Symmetrieachse ebenfalls senkrecht bleibt und den Schwerpunkt des Schnittes enthält, sowohl der Hohlraum, als auch der körperliche Inhalt des nötigen Mauerwerks nach der Guldinschen Regel berechnen.

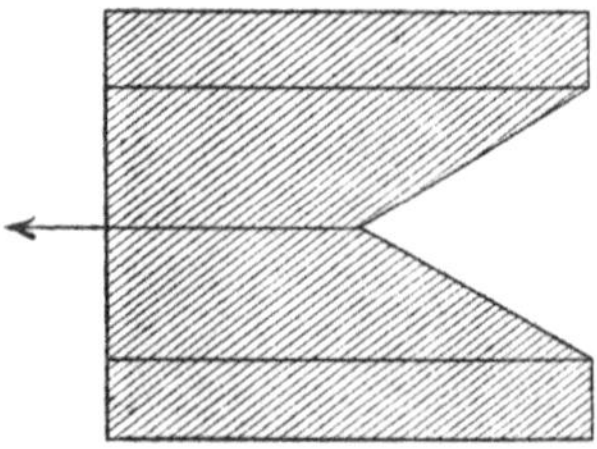

Fig. 45.

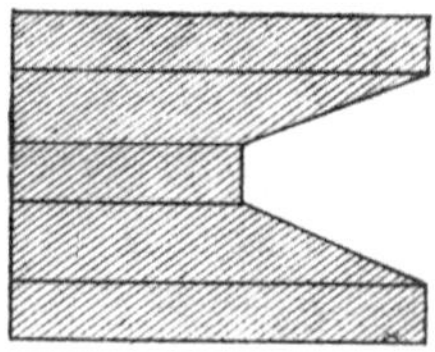

Fig. 46.

k) Dreieckige und trapezische Profile kommen vor als Einschnitte bei Walzen und bei den später zu behandelnden Schraubengewinden. Bisweilen, besonders bei Schnurläufen und den Seilscheiben von Drahtseilbetrieben, ist der ursprünglich trapezisch gedachte Einschnitt im Innern oder innen und aufsen mit Kreisbogen kombiniert, wie es die Figur 47 andeutet. Die Schnurläufe entstehen durch Drehung um Achsen, die, wie bei den Schwungrädern, in gröfserer Entfernung vom Querschnitt liegen und zu PQ parallel sind. Die Berechnung der Querschnittsschwer-

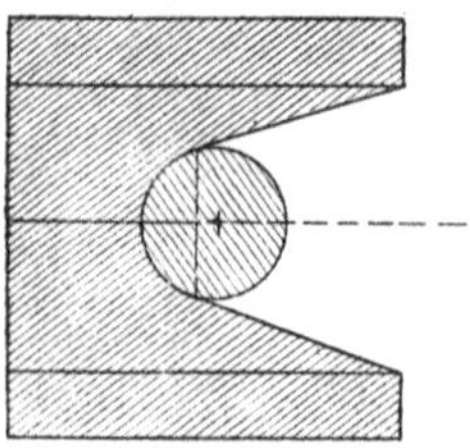

Fig. 47.

*) Gefälle würde die Sache ändern.

punkte geschieht mit Hilfsmitteln der Planimetrie in der üblichen Weise, oder im Anschlufs an die obigen Betrachtungen.

l) Hierher gehört auch die Berechnung konischer Schornsteine aus Mauerwerk, deren Hauptschnitt man kennt, ferner die Berechnung von Ketten als Rundeisen, wenn die Mittellinie jedes Gliedes als aus zwei Halbkreisbogen und zwei parallelen Geraden bestehend gedacht wird.

§ 65. Unter den einfacheren Aufgaben der Mechanik, die hierher gehören, seien folgende genannt:

1) Gewichtsberechnungen mit Hilfe der Formel $p = Jp'$, wo p' das spezifische Gewicht bedeutet. Umkehrungsaufgaben: $J = \frac{p}{p'}$, $p' = \frac{p}{J}$.

2) Eintauchaufgaben, besonders für den Fall der aufrecht stehenden Drehungsachse. Dabei ist für Wasser mafsgebend die Formel $W = p'K$, wobei W den Raum des verdrängten Wassers, K den Körperraum bedeutet. Umkehrungsformeln: $p' = \frac{W}{K}$, $K = \frac{w}{p'}$. Hierbei mufs $p' < 1$ sein. Handelt es sich nicht um Wasser, sondern um andere Flüssigkeiten, so wird die Formel $Vp' = Kp''$ mafsgebend, wo V den Verdrängungsraum der Flüssigkeit bedeutet. Sinkt der Körper ganz unter, so kommen die in den physikalischen Lehrbüchern für diesen Fall für das Archimedische Prinzip angegebenen Formeln zur Geltung. Wie dick mufs z. B. die Wand eines entsprechenden Metallgefäfses genommen werden, damit es gerade noch schwimme, und wie grofs ist bei gegeringerer Dicke seine Tragfähigkeit. (Belastung von Schiffen.)

3) Bestimmung der Anzahl der technischen (oder der absoluten) Masseneinheiten für Rotationskörper. Dabei ist $p = mg$, wobei p das Gewicht, m die Masse, g die Freifallbeschleunigung ist.

4) Berechnung der Centrifugalkraft bei Umdrehung um Achsen, die der Drehungsachse PQ (für die erzeugende Fläche) parallel sind. Die mafsgebende Formel ist dabei $k = mr\vartheta^2$, wo m die Masse, r die Entfernung der geometrischen von der mechanischen Drehungsachse, ϑ die

Winkelgeschwindigkeit (gemessen am Einheitskreise) bedeutet. Die Kenntnis des Körperschwerpunkts ist hierbei nicht nötig. — (Fällt die mechanische Drehungsachse mit der geometrischen zusammen, so ist die Resultante der Centrifugalkräfte gleich Null.)

5) Die Berechnung statischer Momente der behandelten Körper und Flächen in Bezug auf Achsen, welche die geometrische Drehungsachse senkrecht kreuzen, oder in Bezug auf Normalebenen, bei letzteren für den Fall, dafs der Körperschwerpunkt z. B. aus Symmetriegründen bekannt ist. (Daraus ergeben sich dann die Stabilitätsmomente.)

Dagegen können Dinge, die mit Trägheitsmomenten zusammenhängen, vorläufig im allgemeinen noch nicht behandelt werden.

Die Berechnungen des körperlichen Inhalts und die Schwerpunktsberechnungen sind für die Praxis im allgemeinen das wichtigste. Oberflächenberechnungen könnten etwa für das Kunstgewerbe von Wichtigkeit sein, z. B. dann, wenn Vergoldung, Versilberung u. dergl. nach der betreffenden Fläche bezahlt wird.

$\varkappa$) Einschaltung über gewisse Affinitäts- und Kollineationsbeziehungen und über Krümmungskreise.

§ 66) Cavalierische Verkürzung und Verlängerung bei ebenen Flächen. Dieser Gegenstand kam schon in Bd. I zur Sprache. Einiges Planimetrische mufs jedoch eingeschaltet werden, um die Erweiterung der Anwendungen zu ermöglichen.

Fällt man von allen Punkten einer z. B. in sich zurücklaufenden Kurve auf eine Achse KL Lote,*) und verlängert oder verkürzt man diese mit Hilfe eines konstanten Faktors n, so wird die Fläche nach den früheren Darlegungen in die n-fache Fläche verwandelt. Wird sie von KL geschnitten, so bleiben die Punkte von KL bei dieser Transformation in ihrer Lage. Die Operation soll als die Cavalierische Erweiterung bezeichnet werden, wobei der Fall der Verkürzung mit eingeschlossen ist, n ist der Faktor der Er-

*) Man denke sich die untere Figur so auf die obere gelegt, dafs die Tangenten KL einander decken.

weiterung, KL die Achse der Operation. [Es handelt sich um einen Sonderfall der Parallelprojektion und der Affinität, so dafs KL die Affinitätsachse ist.] Da der Inhalt jedes Streifens zwischen benachbarten Loten auf den n-fachen Inhalt gebracht wird, so wird der neue Flächeninhalt

1) $F_1 = nF.$

(So geht z. B. der Kreisinhalt πaa über in $\pi a \, . \, na$, oder, wenn $na = b$ gesetzt wird in πab, womit die Ellipsenfläche berechnet ist. Die Bogenberechnung aber wird dabei nicht erleichtert, denn die einzelnen Bogenelemente werden so verschiedenartig verkürzt oder verlängert, dafs eine homogene Punktverteilung auf der gegebenen Kurve in eine nicht homogene übergeht.)

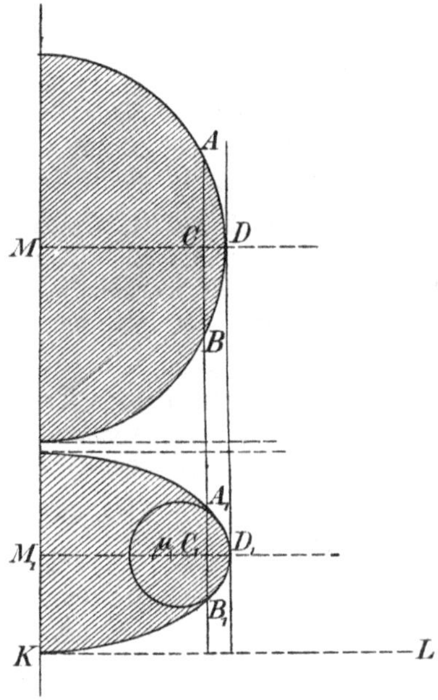

Fig. 48.

Der Punkt mittleren Abstandes geht, da jeder Abstand mit demselben Faktor n multipliziert wird, für jede Fläche F in den Punkt mittleren Abstandes für F_1 über, also:

Der Schwerpunkt S jeder Fläche F geht über in den Schwerpunkt S_1 der Fläche F_1.

Gerade hierin beruht die Möglichkeit der elementaren Anwendbarkeit der Guldinschen Inhaltsformel auf die neuen Flächen.

(Für die Bogen und ihre Schwerpunkte gilt dies nach obiger Bemerkung nicht. Die Guldinsche Flächenformel also wird nur in Sonderfällen zu elementarer Anwendbarkeit geführt, dann nämlich, wenn der Kurvenschwerpunkt aus Symmetriegründen mit dem Flächenschwerpunkt zusammenfällt.)

Nach den Betrachtungen des Bandes 1 geht bei dieser Transformation jede Parallelschar von Sehnen in eine neue Parallelschar über, jede Tangente in eine Tangente, jeder Kreis in eine Ellipse, jede Parabel in eine Parabel, jede gleichseitige Hyperbel in eine allgemeine Hyperbel, allgemein jeder Kegelschnitt in einen Kegelschnitt derselben Art.

§ 67) Wichtiges läfst sich dabei über gewisse Krümmungskreise aussagen. In Figur 48 ist ein Kreis in eine Ellipse verwandelt worden. Es fragt sich, wie grofs der Krümmungskreis der letzteren für den Punkt D ist.

Ist ϱ der Radius des gegebenen Kreises und AB ein dem Punkte D benachbartes der Lote, setzt man ferner auf dem Halbmesser MD die Strecke $CD = h$ und $AC = CB = l$, so hat man nach bekanntem Satze

$$h(2\varrho - h) = l^2.$$

Auch durch die entsprechenden Punkte A_1, B_1, D_1 der Ellipse lege man einen Kreis, dessen Radius gleich ϱ_1 sei, dann hat man für diesen, da $A_1C_1 = B_1C_1 = nl$ ist,

$$h(2\varrho_1 - h) = n^2 l^2.$$

Ist nun h unendlich klein, so geht der Kreis mit ϱ_1 in den Krümmungskreis über, und da man dann in den beiden Gleichungen h^2 als unendlich klein zweiter Ordnung gegen $2\varrho h$ bezw. gegen $2\varrho_1 h$ vernachlässigen kann, erhält man für beide

$$2\varrho h = l^2, \quad 2\varrho_1 h = n^2 l^2,$$

und aus diesen durch Division

$$\frac{\varrho_1}{\varrho} = n^2,$$

oder

2) $$\varrho_1 = n^2 \varrho.$$

Für die Ellipse pflegt man $\varrho = a$ zu setzen und $na = b$ (oder auch $\varrho = b$ und $nb = a$). Dann geht die letzte Gleichung über in

$$\varrho_1 = \frac{b^2}{a^2} a$$

oder

$$3)\qquad \varrho_1 = \frac{b^2}{a}$$

$\left(\text{im Falle der Klammer in } \varrho_1 = \frac{a^2}{b}\right)$. Dies sind die bekannten Krümmungsradien der Ellipse für die beiden Scheitelpunkte. Der Ausdruck 3) ist leicht zu konstruieren ($a : b = b : \varrho_1$).

Wichtiger aber ist es, den ersten Kreis der Figur 48 als Krümmungskreis einer beliebigen Kurve für den Punkt D zu betrachten. Dann folgt:

Wendet man auf eine Kurve die Cavalierische Erweiterung mit dem Faktor n in der Richtung der Tangente in einem beliebigen Punkte D an, und ist ϱ der Krümmungsradius der Kurve für diesen Punkt, so wird der Krümmungsradius für die neue Kurve im entsprechenden Punkte D

$$\varrho_1 = n^2 \varrho.$$

Für die gleichseitige Hyperbel mit der Halbachse $MD = a$ (Figur 49)*) gilt z. B. die Gleichung $x^2 - y^2 = a^2$ oder

$$1)\qquad y^2 = x^2 - a^2.$$

Für den durch ihre Punkte A, B und D gelegten Kreis ist, wie oben $AC \,.\, CB = h\,(2\varrho - h)$, wenn $DC = h$ gesetzt wird. Nun ist aber

$$CB = y,$$

also hat man

$$2)\qquad y^2 = h\,(2\varrho - h).$$

Aus beiden Gleichungen folgt, da $MC = x = a + h$ ist,

$$h(2\varrho - h) = x^2 - a^2$$
$$= (a + h)^2 - a^2$$
$$= 2ah + h^2.$$

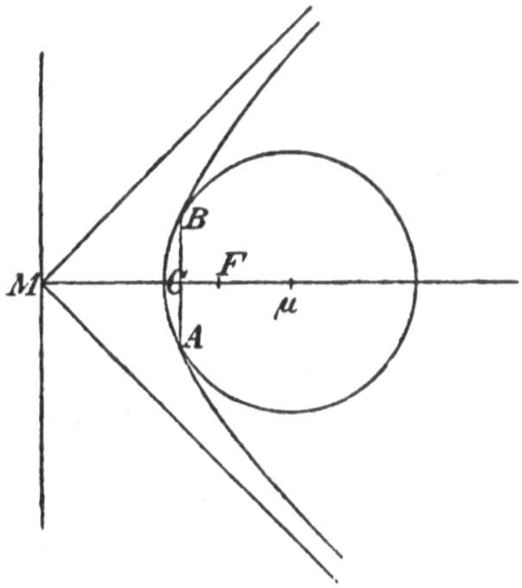

Fig. 49.

*) In Figur 49 ist D der links von C liegende Schnittpunkt.

Macht man h unendlich klein, und vernachlässigt man links und rechts h^2, so folgt $2\varrho h = 2ah$ und

3) $$\varrho = a.$$

Dies ist der Krümmungsradius für die gleichseitige Hyperbel im Schnittpunkte. Er ist ebensogrofs, wie beim Kreise $-y^2 = x^2 - a^2$.

§ 69) Die allgemeine Hyperbel entsteht aus dieser z. B. durch Cavalierische Erweiterung mit dem Faktor n in senkrechter Richtung, wobei die Halbachse $b = na$ wird, für diese ist also der Krümmungsradius im Scheitelpunkte $\varrho_1 = n^2 a = \frac{b^2}{a^2} a$ oder

4) $$\varrho_1 = \frac{b^2}{a},$$

was mit der Formel für die Ellipse übereinstimmt.

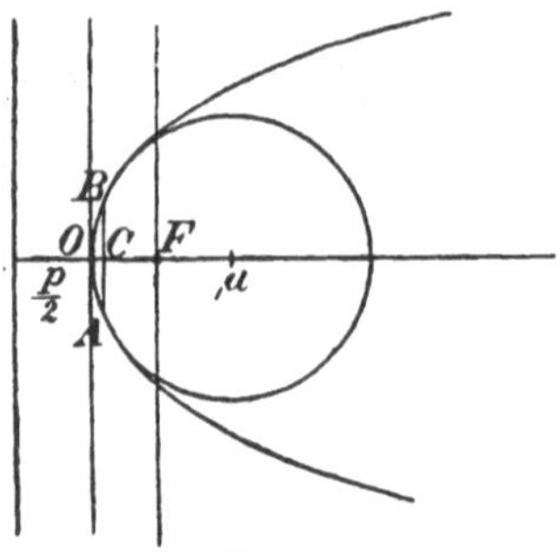

Fig. 50.

§ 70) Für die Parabel $y^2 = 2px$ giebt dieselbe Methode durch Vergleich mit $y^2 = h(2\varrho - h)$ für die Grenze $2ph = 2\varrho h$, so dafs $\varrho = p$ wird. Nun ist dort $OF = \frac{p}{2}$, also wird $O\mu$ das Doppelte von OF.

Parabeln aber bleiben Parabeln, sobald man die Erweiterung in senkrechter Richtung gegen die Achse vornimmt. Bei Erweiterung mit Faktor n geht $y = \sqrt{2px}$ über in $y = n\sqrt{2px}$ also wird die neue Gleichung $y^2 = 2(pn^2)x$, der neue Krümmungsradius wird $\varrho_1 = n^2 p$. Also wird sowohl der Parameter p_1 als auch der untersuchte Krümmungsradius das n^2fache des vorigen.

§ 71) Die Cavalierische Verschiebung. In Figur 51 ist ein Kreis dadurch in eine Ellipse transformiert worden, dafs jedes Lot zur Geraden KL um einen Winkel α gedreht worden ist, jeder Punkt des Lotes aber parallel zu KL in die neue Lage auf der gedrehten Geraden gelangt ist.

Ist also der Abstand des Punktes von $KL = e$, so bleibt der Abstand unverändert, der Verschiebungsweg aber hat die Länge $w = e \tan \alpha$. Alle Punkte desselben Abstandes haben also denselben Verschiebungsweg, jede Parallele zu KL wird also in unveränderter Länge in die neue Lage verschoben. So ist z. B. D nach D_1 und die Gerade ACB in die Lage $A_1C_1B_1$ verschoben worden. Der Kreis geht dabei nach den in Bd. I gegebenen Bemerkungen in eine Ellipse über, diese aber hat, weil beide Flächen für gleiche Höhen gleiche Querschnittslinien haben, denselben Inhalt, wie der Kreis.

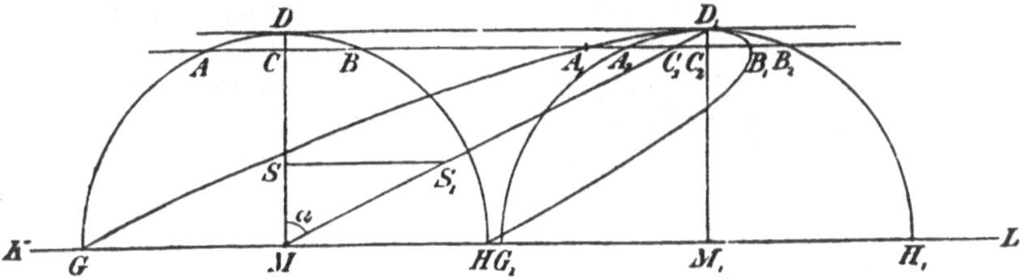

Fig. 51.

Diese Methode läfst sich auf jede Kurve bezw. Fläche anwenden. Sie soll als Cavalierische Verschiebung bezeichnet werden. Die Punkte von KL bleiben unverändert, daher soll KL die Achse der Verschiebung heifsen, α heifst der Winkel der Verschiebung. (Wieder handelt es sich um einen Sonderfall der Parallelprojektion und der Affinität.) Die Punkte unterhalb KL wandern dabei in entgegengesetzter Richtung, wie die oberhalb liegenden. (Figur 52).

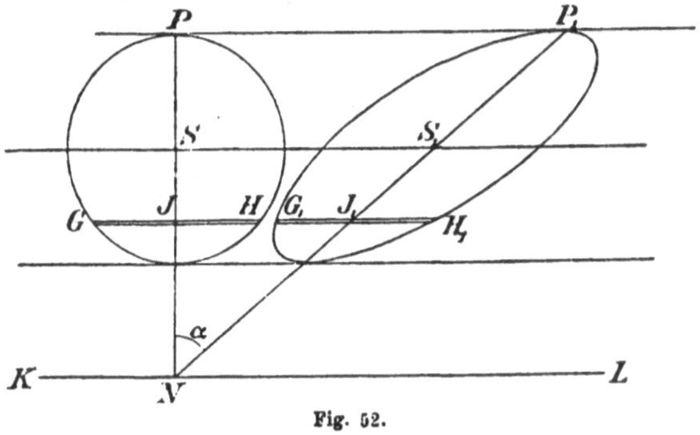

Fig. 52.

Bei dieser Transformation bleiben die Flächeninhalte unverändert.

Weil kein Punkt seinen Abstand von KL ändert, behält auch der Punkt mittleren Abstandes seinen Abstand e_s unverändert bei, d. h. der Schwerpunkt verschiebt sich parallel zu KL nach dem neuen Schwerpunkte. Dieser liegt auf NP. Jedes Flächenteilchen f, welches in Bezug auf NP das Moment ef hatte, hat in der neuen Lage in Bezug auf NP_1 das Moment $e \cos \alpha \,.\, f$. Aus $\Sigma ef = 0$ in Bezug auf e wird also $\Sigma e \cos \alpha f = \cos \alpha \, \Sigma ef = 0$ in Bezug auf NP_1. Diese Linie ist also Schwerpunktsachse. Folglich:

Bei der Cavalierischen Verschiebung bleiben die Schwerpunkte der Flächen erhalten.

Für die Bogenlängen und ihre Schwerpunkte lassen sich jedoch keine Schlüsse ziehen, da die homogene Punktverteilung wiederum nicht erhalten bleibt. Wichtig aber ist folgendes:

Der Krümmungsradius im Berührungspunkte einer Tangente, die parallel zur Verschiebungsachse ist, ändert sich bei der Verschiebung nicht.

Zieht man nämlich in Figur 51 in kleinem Abstand h von der Tangente im ursprünglichen Krümmungskreise eine Sehne AB parallel zur Tangente, und halbiert man diese in C, so hat man, wie oben, $AC = CB = l$ und $h(2\varrho - h) = l^2$. Ist nun h unendlich klein, so darf man erstens AB als Sehne der Kurve ansehen, zweitens h^2 vernachlässigen, so dafs $2\varrho h = l^2$ wird. Durch die Verschiebung wird $A_1B_1 = AB = 2l$ Sehne der neuen Kurve und zugleich ihres Krümmungskreises, für diesen gilt also ebenso die Gleichung $2\varrho_1 h = l^2$, demnach ist $\varrho_1 = \varrho$.

Soll man also für einen beliebigen Punkt D_1 einer Ellipse (Figur 53) den Krümmungsradius konstruieren, so kann man sie

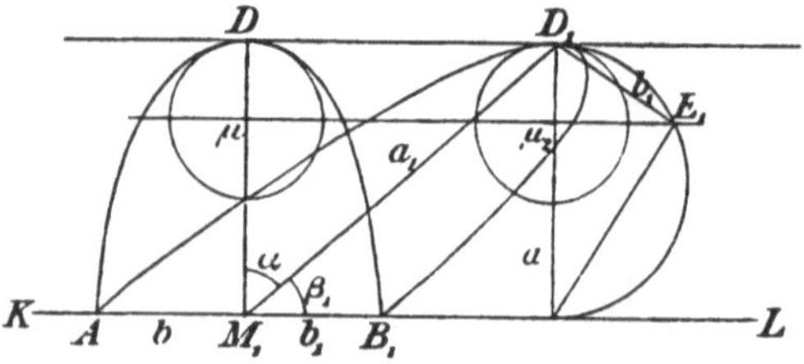

Fig. 53.

sich mit Hilfe des zu $D_1 M_1 = a$ gehörigen konjugierten Radius b_1 und der Tangente in D_1, indem man $M_1 D$ senkrecht zu dieser stellt, in eine gegen $M_1 D$ symmetrische Ellipse verwandelt denken, deren Achsen $a = a_1 \sin\beta$ und $b = b_1$ sind. Für diese ist $\varrho = \frac{b^2}{a}$, ebenso grofs ist ϱ_1 für die andere Ellipse d. h. man hat $\varrho_1 = \frac{b_1^2}{a_1 \sin\beta_1}$, wo β_1 der von den konjugierten Achsen eingeschlossene Winkel ist.

Die Konstruktion geschieht nun einfacher. Man ziehe $D_1 M_1$ und den konjugierten Radius $M_1 B_1 = b_1$, fälle auf diesen das Lot $D_1 N_1$ und zeichne einen Halbkreis mit diesem Lote als Durchmesser. In diesen lege man b_1 von D_1 aus als Sehne $D_1 E_1$ ein und fälle von E_1 aus auf $D_1 N_1$ das Lot $E_1 \mu_1$, dann ist (nach Pythagoras) μ_1 der gesuchte Krümmungsmittelpunkt, denn $D_1 E_1^2 = C_1 \mu_1 \,.\, D_1 N_1$, d. h. $b_1^2 = \varrho_1 \,.\, a_1 \sin\beta$.

Das Entsprechende für Parabel und Hyperbel ist leicht auszuführen. Allgemein hat man den Satz: **Stehen über einer Sehne Kurvenbogen, die durch Cavalierische Verschiebung sich in einander überführen lassen, so sind die Krümmungsradien für die Berührungspunkte der allen Kurven gemeinschaftlichen Tangente von derselben Gröfse.**

Dies gilt, abgesehen von den Kegelschnitten z. B. für **Sinuskurven, Cykloiden, Epi-, Hypo-, Pericykloiden, Evolventen** und andere elementar zu behandelnde Kurven

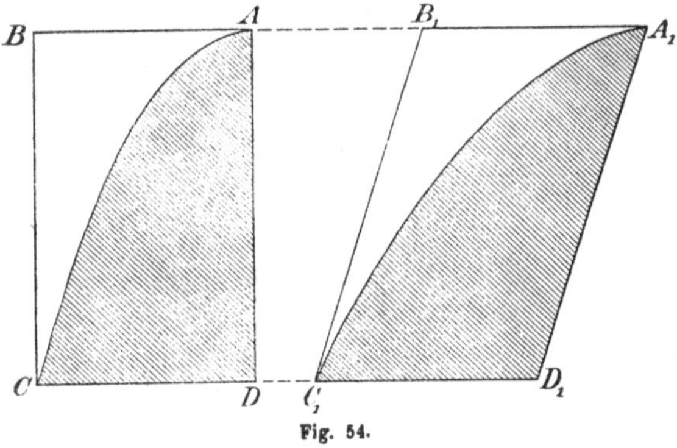

Fig. 54.

und die aus ihnen durch Cavalierische Verschiebung abzuleitenden.

Über die Flächen der Kegelschnitte sei folgendes gesagt:

a) Parabel. Nach Bd. II Seite 311 ist hier in Figur 54 die eingezeichnete Parabelfläche mit A als Scheitel und AD als Achse der dritte Teil des Rechtecks. Ebenso ist die Parabelfläche $A_1C_1D_1$ zwei Drittel vom Parallelogramme $A_1B_1C_1D_1$, denn die Flächen sind aus den vorigen durch die Cavalierische Verschiebung entstanden.

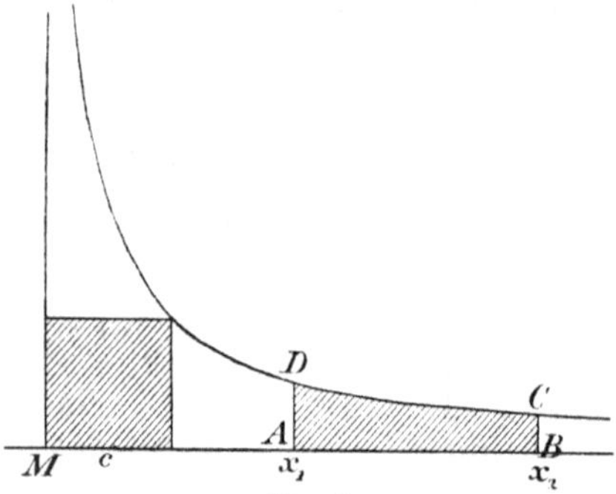

Fig. 55.

Nach Bd. III des methodischen Lehrbuchs der Elementarmathematik des Verfassers (Leipzig bei Teubner) läfst sich für die Hyperbel

$$x \cdot y = c^2$$

elementar zeigen, dafs die von x_1 bis x_2 gerechnete Fläche $ABCD$ (Figur 55) folgenden Inhalt hat:

$$\overset{x_2}{\underset{x_1}{F}} = c^2 \, {}^e lg \frac{x_2}{x_1},$$

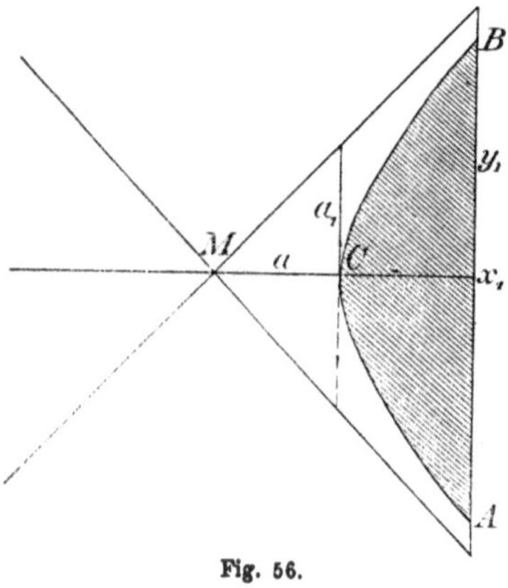

Fig. 56.

Auf Seite 47 desselben Buches wird daraus elementar abgeleitet, dafs das in Figur 56 dargestellte Segment der gleichseitigen Hyperbel

$$x^2 - y^2 = a^2$$

folgenden Inhalt hat:

$$\overset{x_1}{\underset{a}{F}} = x_1 \sqrt{x_1^2 - a^2} - a^2 \, {}^e lg \frac{x_1 + \sqrt{x_1^2 - a^2}}{a}$$

(was sich auch kürzer als

$$x_1 y_1 - a_2{}^e lg \frac{x_1 + y_1}{a}$$

schreiben läfst).

Für die allgemeine Hyperbel $\frac{x^2}{a^2} - \frac{y^2}{b^2} = 1$ folgt daraus durch Cavalierische Erweiterung mit dem Faktor n in senkrechter Richtung, wobei $n a_1 = b$ wird, dafs die entsprechende Segmentfläche wird

$$\overset{x_1}{\underset{a}{F}} = \frac{b}{a}\left[x_1\sqrt{x_1^2 - a^2} - a^2\,{}^e lg \frac{x_1 + \sqrt{x_1^2 - a^2}}{a}\right].$$

Dafür kann man auch schreiben, da $\frac{b}{a}\sqrt{x_1^2 - a^2} = y_1$ ist

$$\overset{x_1}{\underset{a}{F}} = x_1 y_1 - ab\,{}^e lg\left(\frac{x_1}{a} + \frac{y_1}{b}\right).$$

Unterwirft man dies der Cavalierischen Verschiebung, so bleibt der Inhalt unverändert.

Verbindet man A und B mit M, so entsteht eine Fläche $AMBC$, die von den beiden Geraden und der Hyperbel eingeschlossen ist. Sie heifst **hyperbolischer Sektor** und hat, wie sich ebenso leicht zeigen läfst, die Fläche

$$F = a^2 lg \frac{x_1 + y_1}{a} \text{ für die gleichseitige Hyperbel,}$$

$$F = ab\, lg\left(\frac{x_1}{a} + \frac{y_1}{b}\right) \text{ für die allgemeine Hyperbel.}$$

Diese Flächenformeln sollen Beispiele für den Guldinschen Inhaltssatz ermöglichen.

§ 73) **Bemerkung über Kollineation. Kennt man für eine Kurve den zu einem ihrer Punkte gehörigen Krümmungsradius, so kennt man auch den entsprechenden Krümmungsradius für jede aus ihr durch Kollineation (z. B. Centralprojektion) entstehende Kurve.** Transformiert man nämlich den Kreis mit, so geht er über in einen Kegelschnitt, der mit der neuen Kurve drei Punkte gemein hat. Für den Kegelschnitt aber kann man nach obigem den Krümmungskreis konstruieren, der zur gegebenen Stelle gehört. Dieser aber ist zugleich der der neuen Kurve, weil er mit dieser dieselben drei Punkte gemein hat.

Dasselbe gilt von Raumkurven bei räumlicher Kollineation. Die räumliche Affinität ist von dieser nur ein Sonderfall, bei dem der Kegelschnitt eine Ellipse wird.

λ) Beispiele zur Guldinschen Inhaltsformel für Drehungsgebilde, die aus Kegelschnitten und sonstigen ebenen Kurven hervorgehen.

§ 74) Eine symmetrische oder unsymmetrische Halbellipse drehe sich um eine in ihrer Achse liegende Ebene. Wie lautet die Guldinsche Inhaltsformel für den entstehenden Körper? (Figur 57).

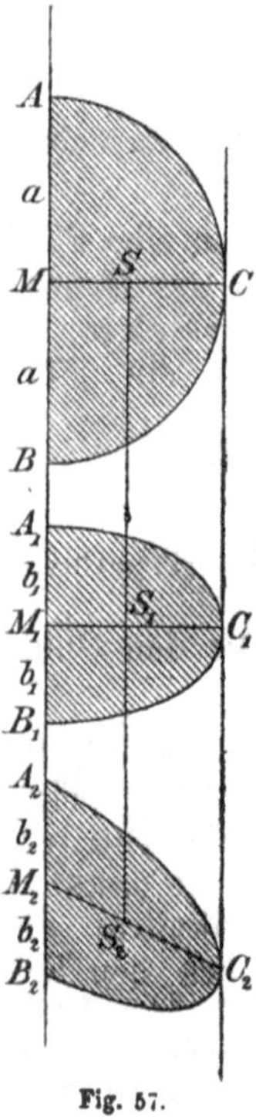

Fig. 57.

Auflösungen. a) Fall der Symmetrie. Sind a_1 und b_1 die Halbachsen, so ist $F_1 = \frac{\pi a_1 b_1}{2}$, $M_1 S_1 = \varrho_1$ ergiebt sich durch Vergleich mit dem Halbkreise vom Radius a als $\varrho_1 = \frac{4 a_1}{3\pi}$. Ist das so bestimmte S_1 von der Drehungsachse um e entfernt, so ist $J = 2\pi e F_1$.

b) Fall der Nichtsymmetrie. Ist $M_2 C_2 = a_2$ und $MB_2 = b_2$ die konjugierte Halbachse, so ist, wie der Vergleich mit dem vorigen Falle zeigt, $\varrho_2 = \frac{4 a_2 \sin \gamma_2}{3\pi}$ der Abstand des Punktes S_2 vom konjugierten Durchmesser, $\varrho_2 = \frac{4 a_2}{3\pi}$ der vom Punkte M_2. Dabei ist

$$F_2 = \frac{\pi a_1 b_1}{2} = \frac{1}{2} \pi a_2 b_2 \sin \gamma_2 .$$

Hier ist γ_2 der Winkel zwischen den konjugierten Halbmessern. Ist das so bestimmte S_2 um e von der beliebig liegenden

Drehungsachse entfernt, so sind die Werte einzusetzen in $J = 2\pi e F_2$.

§ 75) Dieselbe Aufgabe für Ellipsensegmente, bei denen durch die Sehne der n^{te} Teil des konjugierten Halbmessers abgeschnitten ist.

Auflösung. Für den Kreis der Figur 58 ist das Segment von der Fläche

$$F = \frac{a^2}{2}(\hat{\beta} - \sin\beta),$$

wo sich β aus $\cos\frac{\beta}{2} = \frac{n-1}{n}$ und $\hat{\beta}$ aus $\hat{\beta} = \pi\frac{\beta^0}{180^0}$ bestimmt. Für die Ellipsen ist also ein Hilfswinkel β^0 und ein Hilfsbogen $\hat{\beta}$ nach diesen Formeln zu berechnen, und es werden beide Segmente

1) $$F_1 = \frac{a_1 b_1}{2}(\hat{\beta} - \sin\beta),$$

$$F_2 = \frac{a_2 b_2 \sin\gamma_2}{2}(\hat{\beta} - \sin\beta).$$

Für das Kreissegment ist

$$MS = \varrho = \frac{4a}{3n^3}\,\frac{(2n-1)^{\frac{3}{2}}}{\hat{\beta} - \sin\beta},$$

für die Ellipsensegmente ist $M_1 S_1 = N_2 S_2$ ebenso grofs, also

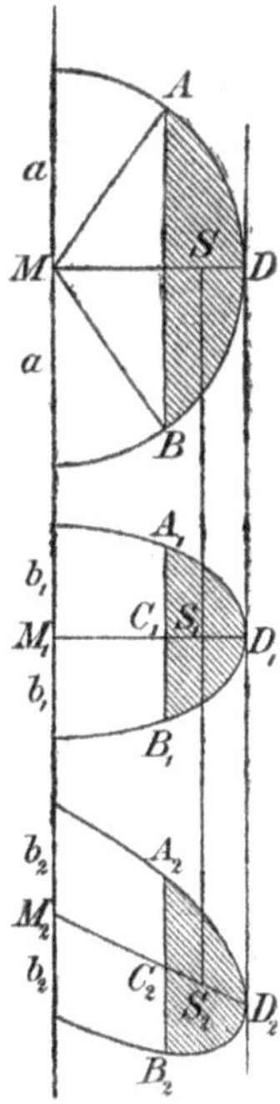

Fig. 58.

$$\varrho_1 = \frac{4a_1}{3n^3}\,\frac{(2n-1)^{\frac{3}{2}}}{\hat{\beta} - \sin\beta},\quad \varrho_2 = \frac{4a_2\sin\gamma_2}{3n^3}\,\frac{(2n-1)^{\frac{3}{2}}}{\hat{\beta} - \sin\beta}.$$

Die Inhaltsformel für den Fall, dafs der Abstand des Schwerpunktes S_1 bezw. S_2 von der sonst beliebig liegenden Drehungsachse gleich e ist, ist die obige.

Ohne dafs auf solche Beispiele besonderer Wert gelegt wird, sollen einige Übungsbeispiele ausgeführt werden.

§ 76) Der Mittelpunkt einer Ellipse mit den Halbachsen a und b habe von der Drehungs-

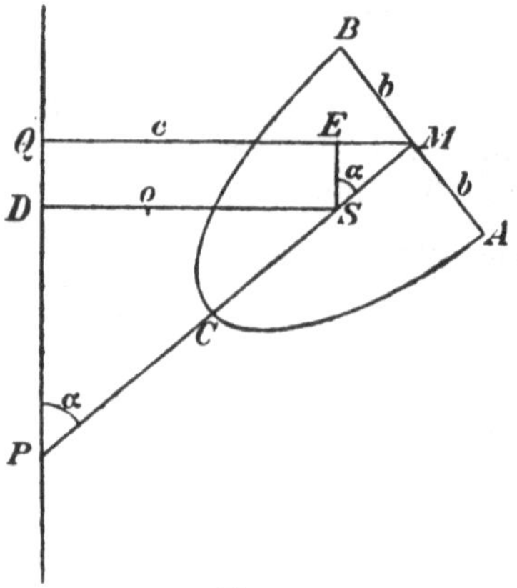

Fig. 59.

achse PQ die Entfernung c. Ihre Hauptachse MC bilde mit PQ einen Winkel α. Jede der beiden durch $AB = 2b$ bestimmten Halbellipsen giebt einen Guldinschen Körper, dessen Inhalt bestimmt werden soll.

Auflösung. $SM = \frac{4a}{3\pi}$,

also $EM = \frac{4a}{3\pi} \sin \alpha$,

demnach

1) $$\varrho = c - \frac{4a}{3\pi} \sin \alpha,$$

2) $$F = \frac{1}{2} \pi a b,$$

folglich

$$J = 2\pi \varrho F = 2\pi \cdot \frac{\pi a b}{2} \left(c - \frac{4a}{3\pi} \sin \alpha \right)$$

oder

3) $$J = \frac{\pi^2 a b}{3\pi} (3\pi c - 4a \sin \alpha) = \frac{\pi a b}{3} (3\pi c - 4a \sin \alpha).$$

Die andere Halbellipse giebt

3*) $$J = \frac{\pi a b}{3} (3\pi c + 4a \sin \alpha).$$

Die Fälle $\alpha = 0$ und $\alpha = 90^0$ sind die wichtigeren.

§ 77) Von derselben Ellipse werde ein symmetrisches Segment dadurch abgeschnitten, dafs man von C aus von der Achse CM den n^{ten} Teil abschneidet und durch den Teilpunkt die Sehne $A_1 B_1$ parallel zu AB zieht. MQ soll gleich c bleiben. Der Inhalt des zugehörigen Guldinschen Körpers soll berechnet werden.

Auflösung. Zunächst ist im Anschlufs an § 75 der Hilfswinkel β (für den Hilfskreis) mit Hilfe von

$$1)\qquad \cos\frac{\beta}{2}=\frac{n-1}{n}$$

und daraus der Bogen

$$2)\qquad \hat{\beta}=\pi\frac{\beta^0}{180^0}$$

zu bestimmen. Die Segmentfläche wird

$$3)\qquad F=\frac{ab}{2}[\hat{\beta}-\sin\beta].$$

Der Schwerpunktsabstand von AB wird

$$4)\qquad e=\frac{4a}{3n^3}\,\frac{(2n-1)^{\frac{3}{2}}}{\hat{\beta}-\sin\beta},$$

also der Schwerpunktsabstand von PQ

$$5)\qquad \varrho=c-e\sin\alpha=c-\frac{4a}{3n^3}\,\frac{(2n-1)^3}{\hat{\beta}-\sin\beta}\sin\alpha.$$

Der Inhalt ist dann

$$J=2\pi\varrho F.$$

§ 78) Segmente ähnlicher Ellipsen von derselben Sehne h. Durch Cavalierische Erweiterung gehen die Kreissegmente der Figur 60 in elliptische über, die ähnlichen Ellipsen angehören. Folglich: Segmente ähnlicher Ellipsen mit Sehnen von derselben Länge $h=2b$ geben, wenn sie um die gemeinschaftliche Achse $A_1M_1B_1$ rotieren, inhaltsgleiche Körper. Der gemeinschaftliche Inhalt ist

$$J=\frac{4\pi}{3}a^3\frac{b}{a}=\frac{4\pi}{3}a^2b.$$

Dasselbe gilt auch dann, wenn noch die Cavalierische Verschiebung stattfindet, durch welche die Segmente unsymmetrisch werden. Die entstehenden Körper sind jedoch dann nicht mehr von Ellipsoiden begrenzt.

Bemerkungen. a) Ebenso kann man von den Figuren 24, 25, 26, 27, 28, 29, 31, 32, 33, 34, 58 aus zu Teilen

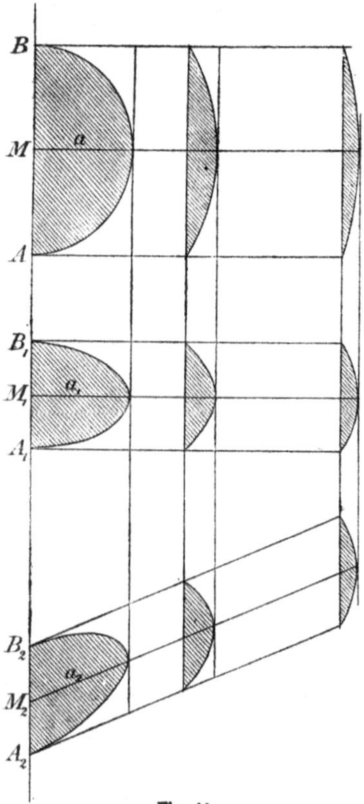

Fig. 60.

elliptischer Flächen übergehen, die von parallelen oder nicht parallelen Sehnen begrenzt werden.

b) Durch Cavalierische Erweiterung erhält man aus den Figuren 35, 36, 37, 38, 39, 40, 41, 42 elliptische Hohlkehlen und Wulste und Gefäfse von Querschnitten, die Ellipsensegmente enthalten, ebenso Walzenprofile für die Herstellung elliptischer Stäbe, Tunnelquerschnitte mit elliptischer Wölbung und dergl.

Handelt es sich um konzentrische Kreise und um Figuren, die von zwei Kreisen begrenzt werden, so gehen diese Kreise in ähnliche Ellipsen über. Man kann aber auch von Figuren ausgehen, die z. B. von einem Kreise und einer Ellipse begrenzt werden und so zu unähnlichen Ellipsen gelangen.

§ 79) **Berechnung elliptischer Sektoren.** Man ziehe in Figur 58 A_1M_1 und B_1M_1, A_2M_2 und B_2M_2. Wie vorher, hat der zugehörige Kreissektor einen Centriwinkel β, der, wenn $DC = \frac{1}{n} DM$ ist, sich aus

$$\cos\frac{\beta}{2} = \frac{n-1}{n}$$

bestimmt. Sein Radius ist $a = a_1 = a_2 \sin\gamma$. Der Inhalt des Kreissektors ist $F = \frac{a^2\hat{\beta}}{2}$, wo

$$\widehat{\beta} = \pi \frac{\beta^0}{180^0}$$

ist. Durch Cavalierische Verkürzung mit dem Faktor $\frac{b}{a}$ wird für beide Ellipsensektoren der Figur

$$F_1 = F_2 = \frac{a_1 b_1 \widehat{\beta}}{2} = \frac{a_2 b_2 \widehat{\beta} \sin\gamma}{2}.$$

Für den Kreissektor und für die Ellipsensektoren ist der Schwerpunktsabstand

$$\varrho = \varrho_1 = \varrho_2 = \frac{4 a_1 \sqrt{2n-1}}{3n\widehat{\beta}} = \frac{4 a_2 \sin\gamma \sqrt{2n-1}}{3n\widehat{\beta}}.$$

Damit sind die Grundlagen für die Guldinschen Berechnungen gefunden.

§ 80) Schwerpunktsbestimmung für die einfachsten Parabelflächen. In das Rechteck $ABCD$ mit den Seiten b und h sei eine Parabel einbeschrieben, die bei A ihren Scheitel und AD zur Achse hat. Nach Bd. II, S. 311 ist dann die Fläche $ADC = \frac{2}{3} bh$, $ABC = \frac{1}{3} bh$.

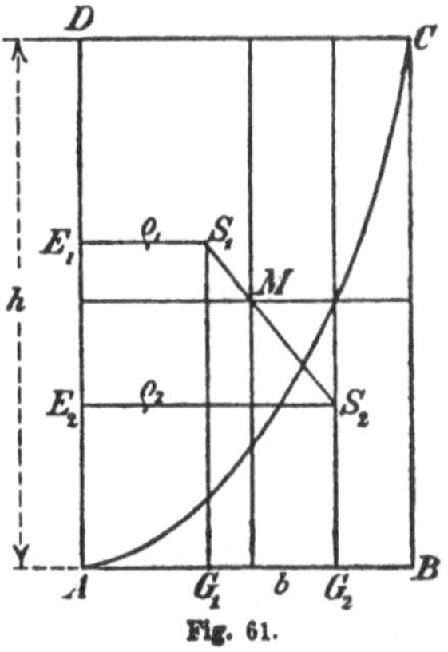

Fig. 61.

Die dort gezeichnete Pyramide hat ihren Schwerpunkt im Abstande $\frac{3}{4} h$ von der Spitze, dasselbe gilt nach Cavalieri von dem dort gezeichneten parabolischen Cylinder. Daher ist hier $E_2 S_2 = \frac{3}{4} b$. Dasselbe ergiebt sich mit Hilfe der Guldinschen Regel. Nach Bd. II, Seite 309 ist nämlich der Inhalt des Paraboloids, welches durch Drehung der Parabelfläche ACD um die Achse AD entsteht, gleich der Hälfte des zugehörigen Cylinders. Dasselbe gilt vom Aufsenkörper. Es ist also

$$2\pi\varrho_2 F_2 = \frac{1}{2} \pi b^2 h \text{ oder } 2\varrho_2 \cdot \frac{bh}{3} = \frac{1}{2} b^2 h, \text{ also } \varrho_2 = \frac{3}{4} b.$$

Ebenso findet man

$$2\pi\varrho_1 F_1 = \frac{1}{2}\pi b^2 h \text{ oder } 2\varrho_1 \cdot \frac{2}{3} bh = \frac{1}{2} b^2 h, \text{ also } \varrho_1 = \frac{3}{8} b.$$

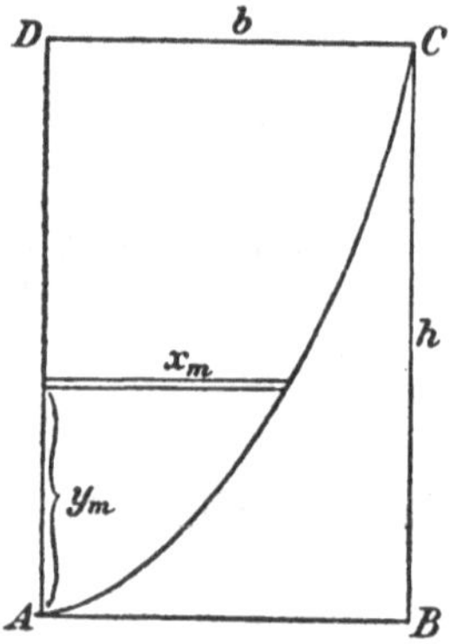

Fig. 62.

Etwas unbequemer sind die Schwerpunktshöhen y_1 und y_2 zu bestimmen. Man kann folgende Methode wählen. Man teile $AD = h$ in n gleiche Teile ein und lege durch die Teilpunkte horizontale Gerade. Dadurch entstehen Parallelstreifen von der Höhe $\frac{h}{n}$ und einer Breite, die sich für den Abstand $y_m = m\frac{h}{n}$ aus der Proportion

$$y_m : h = x_m^2 : b^2$$

als

$$x_m = b\sqrt{\frac{y_m}{h}} = b\sqrt{\frac{m\frac{h}{n}}{h}} = b\sqrt{\frac{m}{n}}$$

bestimmt. Der Inhalt des Streifens ist um so genauer gleich $\frac{h}{n} x_m = \frac{bh}{n}\sqrt{\frac{m}{n}}$, je gröſser n ist. Das statische Moment des Streifens in Bezug auf KL erhält man durch Multiplikation mit dem Abstande $\frac{mh}{n}$, es ist also gleich

$$\frac{mh}{n} \cdot \frac{bh}{n}\sqrt{\frac{m}{n}} = \frac{m^{\frac{3}{2}}}{n^{\frac{5}{2}}} bh^2.$$

Die Zahl m nehme nun der Reihe nach die Werte 1, 2, 3, ... n an, dann ist die Summe der Momente für $n = \infty$ gleich

$$bh^2 \frac{1^{\frac{3}{2}} + 2^{\frac{3}{2}} + 3^{\frac{3}{2}} + \ldots + n^{\frac{3}{2}}}{n^{\frac{3}{2}+1}} = bh^2 \frac{1}{\frac{3}{2}+1} = bh^2 \frac{2}{5}.$$

Das gesamte statische Moment der Fläche ist aber gleich $y_1 \cdot F_1 = y_1 \frac{2}{3} bh$. Also hat man die Gleichung

$$y_1 \frac{2}{3} bh = bh^2 \frac{2}{5} \text{ oder } y_1 = \frac{3}{5} h.$$

Weil ferner die Gerade $S_1 S_2$ durch M geht und dort im umgekehrten Verhältnis der Flächen geteilt ist (Satz der statischen Momente), so ist $S_2 M = 2 S_1 M$, also ist S_2 doppelt so weit von der horizontalen Mittellinie des Rechtecks entfernt, als S_1. Daraus folgt

$$y_2 = \frac{3}{10} h.$$

Damit sind die Schwerpunkte für beide Flächen bestimmt.

Als Beispiele für die Anwendung der Guldinschen Inhaltsformel behandle man die Körper, die durch Drehung beider Flächen um die anderen Rechtecksseiten entstehen.

§ 81) Durch Cavalierische Verschiebung geht die letzte Figur in ein Parallelogramm mit einbeschriebener Parabel über. Die Flächen bleiben dieselben, ebenso die Abstände $H'_1 S'_1$, $G'_1 S'_1$, $H'_2 S'_2$, $G'_2 S'_2$, während die Schrägabstände werden

$$E'_1 S'_1 = \frac{\varrho_1}{\sin\alpha}, \quad E'_2 S'_2 = \frac{\varrho_2}{\sin\alpha}.$$

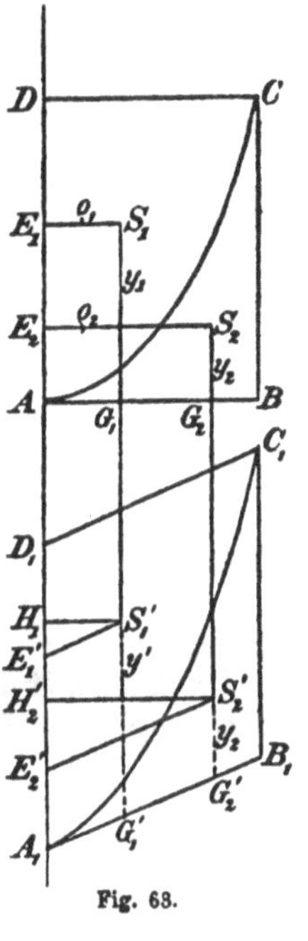

Fig. 63.

Beim vollen Parabelsegment liegt der Schwerpunkt auf der zur Achse parallelen „Mittellinie“ AD, die durch den Berührungspunkt A der zur Sehne parallelen Tangente geht, und dabei ist

$$AS = \frac{3}{5} h = \frac{3}{5} AD.$$

§ 82) **Parabolischer Parallelstreif.** Es handelt sich um parabolische Flächen, die durch zwei parallele Sehnen begrenzt werden. (Fig. 65.)

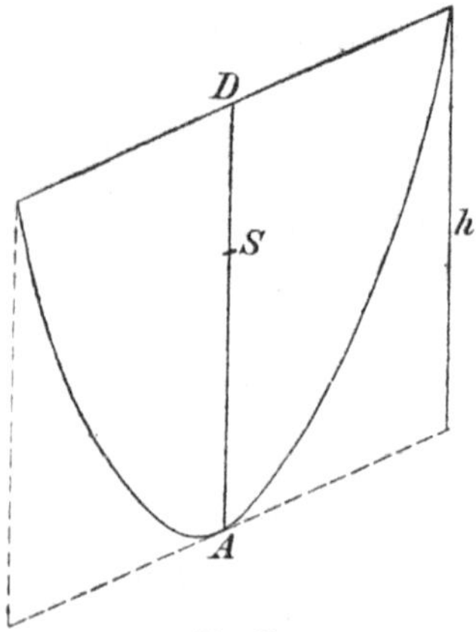

Fig. 64.

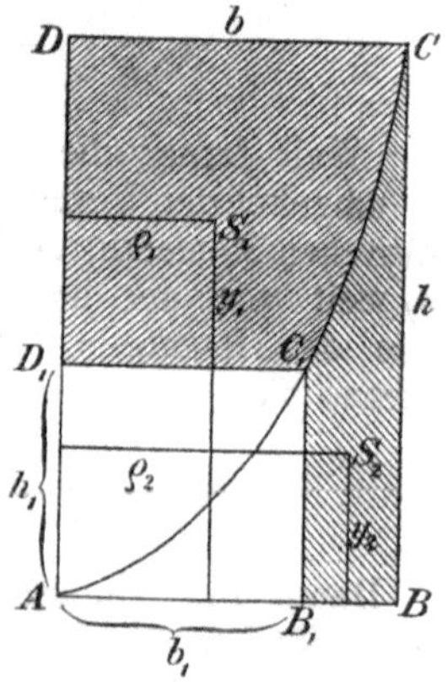

Fig. 65.

a) Für DCC_1D_1 wird nach Guldin

$$\varrho_1 = \frac{J_1}{2\pi F_1} = \frac{\frac{\pi}{2}(b^2h - b_1^2h_1)}{2\pi\left(\frac{2}{3}bh - \frac{2}{3}b_1h_1\right)} = \frac{3}{8}\,\frac{b^2h - b_1^2h_1}{bh - b_1h_1}.$$

Nach dem Momentensatze wird in Bezug auf AB, wenn AC_1D_1 mit F'_1, ACD mit F bezeichnet wird

$$\frac{3}{5}h_1 \,.\, F'_1 + y_1F_1 = \frac{3}{5}hF,$$

also

$$y_1 = \frac{3}{5}\,\frac{hF - h_1F'_1}{F_1} = \frac{3}{5}\,\frac{h\frac{2}{3}bh - h_1\frac{2}{3}b_1h_1}{\frac{2}{3}bh - \frac{2}{3}b_1h_1}$$

$$= \frac{3}{5}\,\frac{bh^2 - b_1h_1^2}{bh - b_1h_1}.$$

b) Für BCC_1B_1 wird nach Guldin

$$\varrho_2 = \frac{J_2}{2\pi F_2} = \frac{\frac{\pi}{2}(b^2h - b_1^2h_1)}{2\pi\left(\frac{1}{3}bh - \frac{1}{3}b_1h_1\right)} = \frac{3}{4}\,\frac{b^2h - b_1^2h_1}{bh - b_1h_1}.$$

Der Momentensatz giebt wie vorher

$$y_2 = \frac{3}{10}\,\frac{h\frac{1}{3}bh - h_1\frac{1}{3}b_1h_1}{\frac{1}{3}bh - \frac{1}{3}b_1h_1} = \frac{3}{10}\,\frac{bh^2 - b_1h_1^2}{bh - b_1h_1}.$$

c) Der Übergang zu schrägen Parallelstreifen geschieht durch Cavalierische Verschiebung und bietet nichts Neues. Aber auch für parallel begrenzte Streifen lassen sich die Rechnungen ohne Schwierigkeiten durchführen.

Bemerkung. Die Berechnung parabolischer Bogen ist elementar durchführbar (vergl. des Verfassers methodisches Lehrbuch, Bd. III Seite 224), da aber die Oberfläche des Drehungsparaboloids schwieriger zu behandeln ist, soll die Schwerpunktsberechnung des Bogens vorläufig unterbleiben.

§ 33) **Das symmetrische Segment der gleichseitigen Hyperbel und sein Schwerpunkt.** Figur 66 stellt ein symmetrisches Segment einer gleichseitigen Hyperbel von der Halbachse $MC = a$ dar, deren Asymptoten durch MG und MH angedeutet sind. Die Gleichung der Kurve ist

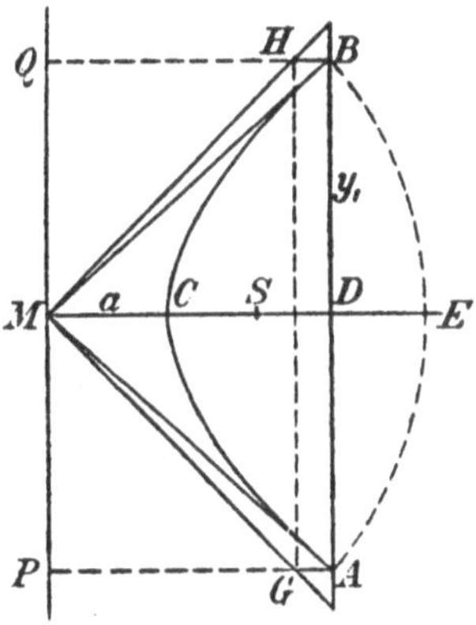

Fig. 66.

1) $$x^2 - y^2 = a^2.$$

Die Fläche ist

2) $$F = x_1\sqrt{x_1^2 - a^2} - a^2\,{}^e\!lg\, x_1 + \frac{\sqrt{x_1^2 - a^2}}{a}$$

$$= x_1y_1 - a^2\,{}^e\!lg\,\frac{x_1 + y_1}{a},$$

wo $MD = x_1$, $DB = y_1 = \frac{h}{2} = \sqrt{x_1^2 - a^2}$ ist. [Diese Formel läfst sich elementar ableiten, wie z. B. im methodischen Lehrbuch des Verfassers Bd. III Seite 47—49 gezeigt ist.]

Durch Drehung um PQ entsteht ein Cylinder mit Radius $MD = x_1$ und von der Höhe $AB = 2y_1$, ein gleichseitiges Drehungshyperboloid und der zugehörige Restkörper. Für die beiden ersten ist (nach Bd. II, Seite 297) die Inhaltsbestimmung nach der Simpsonschen Regel gestattet, folglich auch für den Restkörper. Dessen Inhalt wird also

$$2)\quad J = \frac{h}{6}\left[o + o + 4\pi\left(x_1^2 - a^2\right)\right] = \frac{2\pi h}{3}\left(x_1^2 - a^2\right)$$

$$= \frac{4\pi y_1}{3}\left(x_1^2 - a^2\right) = \frac{4\pi}{3} y_1^3.$$

Der Schwerpunktsabstand MS wird nach Guldin

$$3)\quad \varrho = \frac{J}{2\pi F} = \frac{\frac{4}{3}\pi y_1^3}{2\pi F} = \frac{2y_1^3}{3F} = \frac{2y_1^3}{3\left[x_1 y_1 - a^2\, {}^e lg \frac{x_1 + y_1}{a}\right]}$$

oder auch

$$3^*)\quad \varrho = \frac{2\left(x_1^2 - a^2\right)^{\frac{3}{2}}}{3\left[x_1\sqrt{x_1^2 - a^2} - a^2\, {}^e lg \frac{x_1 + \sqrt{x_1^2 - a^2}}{a}\right]}.$$

§ 84) Bemerkungen. Der Inhalt des Drehungskörpers mit Achse PQ ist nach Gleichung 2) gleich dem einer Kugel vom Radius y_1, wie grofs auch a gewählt werden mag. Alle konzentrischen und symmetrischen gleichseitigen Hyperbelsegmente von derselben Sehne geben also inhaltsgleiche Drehungskörper. Zu ihnen gehört das Asymptotendreieck MGH. Durch Vergleich mit Figur 30 folgt der bemerkenswerte Satz:

Drehen sich konzentrische Kreissegmente und konzentrische und symmetrische Segmente gleichseitiger Hyperbeln von derselben Sehne h um den zu diesen Sehnen parallelen Durchmesser, so sind alle entstehenden Drehungskörper von demselben Inhalte. (Fig. 67.)

Man kann den Satz auch dahin deuten, dafs sämtliche Segmente dieser Art in Bezug auf die Drehungsachse PQ dasselbe statische Moment haben, nämlich:

$$M = \varrho F = \frac{J}{2\pi} = \frac{4\pi}{3} y_1^3 \cdot \frac{1}{2\pi} = \frac{2}{3} y_1^3.$$

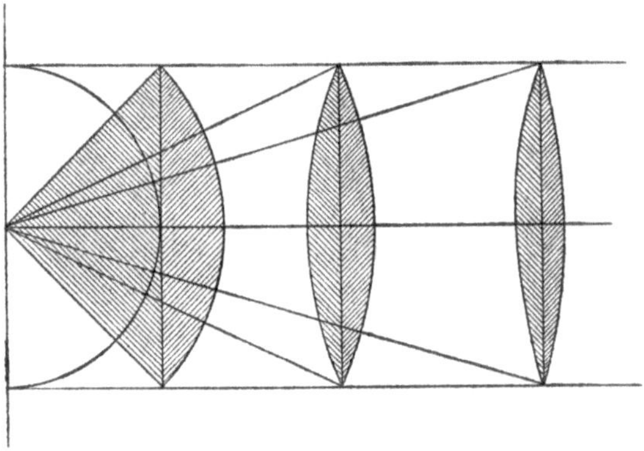

Fig. 67.

Man versuche die in § 63 gemachten Bemerkungen, abgesehen von den auf Bogen und Mantelflächen bezüglichen, soweit es möglich ist, hierher zu übertragen.

§ 85) Der Hyperbelsektor. In der Gleichung 2) bedeutet $x_1 y_1$ den Inhalt des Dreiecks MAB, folglich ist der zweite Teil

$$1) \qquad F = a^2 \, {}^e\!lg \frac{x_1 + \sqrt{x_1^2 - a^2}}{a} = a^2 \, {}^e\!lg \frac{x_1 + y_1}{a}$$

die Fläche des Sektors $ACBM$ der gleichseitigen Hyperbel. Da sowohl auf den aus dem Dreieck MAB entstehenden Drehungskörper, als auch auf den aus dem Segment entstehenden die Simpsonsche Regel anwendbar ist, so läfst sich auch der Inhalt des aus dem Sektor entstehenden Drehungskörpers nach dieser Regel berechnen, d. h. es wird

$$2) \quad J = \frac{h}{6}(o + o + 4\pi a^2) = \frac{2\pi}{3} a^2 h = \frac{4\pi}{3} a^2 y_1,$$

was mit der Formel für den Inhalt des entsprechenden aus dem Kreissektor entstehenden Körpers übereinstimmt, wenn a der Kreisradius ist.

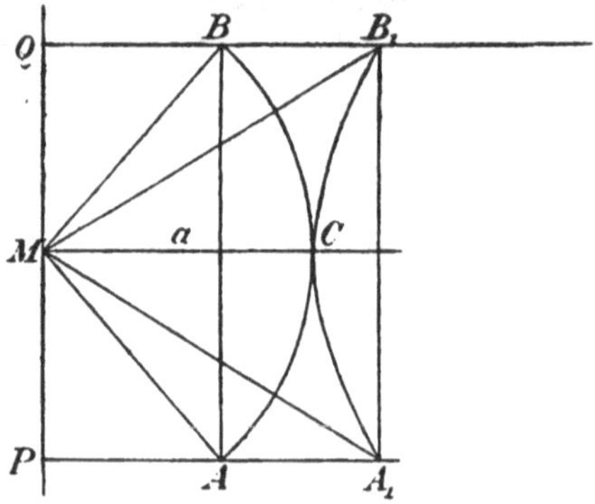

Fig. 68.

Nach Guldin wird der Abstand des Hyperbelsektors von M gegeben durch

$$3)\quad \varrho = \frac{J}{2\pi F} = \frac{\frac{4\pi}{3} a^2 y_1}{2\pi a^2 \, {}^e\!lg \frac{x_1 + y_1}{a}} = \frac{2}{3} \frac{y_1}{{}^e\!lg \frac{x_1 + y_1}{a}},$$

wofür auch geschrieben werden kann

$$3^*)\quad \varrho = \frac{2}{3} \frac{\sqrt{x_1^2 - a^2}}{{}^e\!lg \frac{x_1 + \sqrt{x_1^2 - a^2}}{a}}$$

Das statische Moment des Sektors in Bezug auf PQ ist

$$M = \varrho F = \frac{J}{2\pi} = \frac{\frac{4\pi}{3} a^2 y_1}{2\pi} = \frac{2}{3} a^2 y_1.$$

§ 86) Berühren einander der Kreisbogen ACB und der Bogen A_1CB_1 der gleichseitigen Hyperbel, die beide von derselben Höhe $PQ = 2y_1$ sind, so sind die aus der Drehung beider entstehenden Körper inhaltsgleich, folglich auch die statischen Momente der Flächen in Bezug auf PQ.

Berührt also der Hyperbelbogen das Asymptotendreieck MGH, so entsteht aus dem Sektor $MBCA$ ein Drehungskörper, dessen Inhalt gleich dem Kugelinhalte

$$\frac{4\pi}{3} y_1^3 = \frac{4\pi}{3} a_1^3$$

ist. —

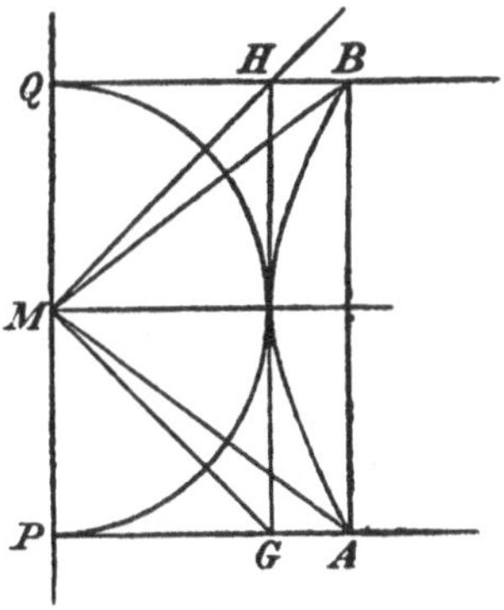

Fig. 69.

Haben Hyperbel- und Kreissektor dieselbe Höhe $2y$ und gehören sie zu derselben Sehne, so ist die Inhaltsdifferenz beider Drehungskörper (d. h. der Inhalt des durch Drehung der Linse $ACBC_1$ entstehenden Körpers)

$$D = \frac{4\pi}{3} r^2 y_1 - \frac{4\pi}{3} a^2 y_1 = \frac{4\pi}{3} (r^2 - a^2) y_1$$
$$= \frac{4\pi}{3} y_1 [x_1^2 + y_1^2 - (x_1^2 - y_1^2)] = \frac{8\pi}{3} y_1^3,$$

also gleich dem doppelten Inhalte einer Kugel vom Radius y_1. Die Inhaltssumme beider ist ebenso

$$S = \frac{4\pi}{3} y_1 [x_1^2 + y_1^2 + (x_1^2 - y_1^2)] = \frac{8\pi y_1}{3} x_1^2,$$

d. h. gleich dem doppelten Inhalte eines Ellipsoids von den Halbachsen x_1, x_1 und y_1, oder auch gleich dem doppelten Inhalte des zu dem gemeinschaftlichen Dreiecke MAB gehörigen Körpers. Der letztere Körper hat also als Inhalt das arithemtische Mittel der Inhalte der beiden anderen.

§ 87) Durch Cavalierische Verkürzung in senkrechter Richtung mit Hilfe des Faktors $\varrho = \frac{b}{a}$ erhält man aus Figur 67 Segmente und Sektoren ähnlicher Ellipsen und ähnlicher Hyperbeln, über die sich entsprechende Sätze aussprechen lassen. Die Flächeninhalte werden die $\frac{b}{a}$-fachen, die Körperinhalte ebenfalls, die Schwerpunktsabstände von M bleiben dieselben, wie oben, da $\varrho = \frac{J}{2\pi F}$ übergeht in

$$\varrho = \frac{\frac{b}{a} J}{2\pi \frac{b}{a} F} = \frac{J}{2\pi F},$$

so dafs keine Änderung eintritt. Es sei dem Leser überlassen, die neuen Sätze in Worte zu kleiden.

Entsprechendes entsteht durch Cavalierische Verschiebung in senkrechter Richtung, wodurch die Rechtecke in Parallelogramme verwandelt werden, die Schwerpunktsabstände von PQ sich nicht ändern und auch die Flächen- und die Körperinhalte dieselben bleiben.

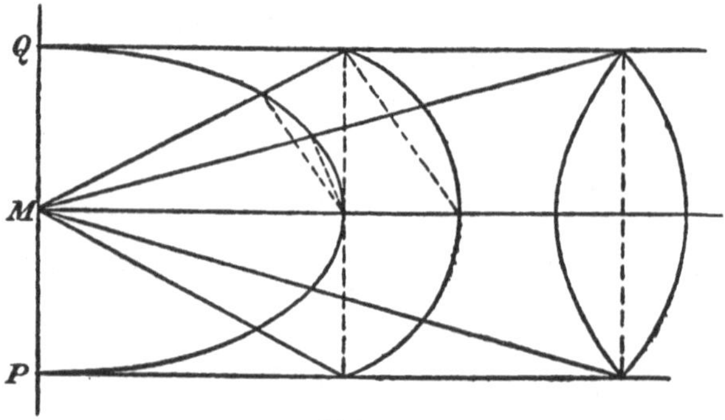

Fig. 70.

Für den Fall der Figur 70 wird jedes der Hyperbelsegmente für sein besonderes $a = MC$ nach der Formel

$$F = \frac{b}{a}\left[x_1\sqrt{x_1^2 - a^2} - a^2\,{}^e lg\frac{x_1 + \sqrt{x_1^2 - a^2}}{a}\right]$$
$$= x_1 y_1 - ab\,{}^e lg\left(\frac{x_1}{a} + \frac{y_1}{b}\right)$$

berechnet, denn es ist $\frac{b}{a}\sqrt{x_1^2 - a^2} = y_1$, jeder Hyperbelsektor nach der Formel

$$F = ab\,{}^e lg\left(\frac{x_1}{a} + \frac{y_1}{b}\right) = ab\,{}^e lg\,\frac{x_1 + \sqrt{x_1^2 - a^2}}{a}$$

§ 88) Schwerpunkt für die obere Hälfte des Hyperbelsegments. Bei der gleichseitigen Hperbel handelt es sich um die Fläche CDB der Figur 66, die durch

$$F_1 = \frac{F}{2} = \frac{1}{2}\left[x_1 y_1 - a^2\,{}^e lg\,\frac{x_1 + y_1}{a}\right]$$

$$= \frac{1}{2}\left[x_1\sqrt{x_1^2 - a^2} - a^2\,{}^e lg\,\frac{x_1 + \sqrt{x_1^2 - a^2}}{a}\right]$$

gegeben ist. Durch Drehung um die Achse MD entsteht ein Segment des gleichseitigen zweimanteligen Drehungshyperboloids, auf welches nach Band II wiederum die Simpsonsche Regel anwendbar ist. Dabei hat man $CD = x_1 - a$ als Höhe zu betrachten. Der Unterschnitt ist $M = 0$, der Oberschnitt $O = \pi y_1^2 = \pi(x_1^2 - a^2)$. Der Mittelschnitt wird πy_2^2, wo y_2^2 sich aus

$$y_2^2 = x_2^2 - a^2 = \left(\frac{x_1 + a}{2}\right)^2 - a^2$$

bestimmt. Die Simpsonsche Regel giebt also

$$J_1 = \frac{\pi(x_1 - a)}{6}[0^2 + y_1^2 + 4y_2^2]$$

$$= \frac{\pi(x_1 - a)}{6}\left[(x_1^2 - a^2) + 4\left\{\left(\frac{x_1 + a}{2}\right)^2 - a^2\right\}\right]$$

$$= \frac{\pi(x_1 - a)}{6}[(x_1^2 - a^2) + (x_1^2 + 2x_1 a + a^2 - 4a^2)]$$

oder

$$J_1 = \frac{2\pi(x_1 - a)}{6}[x_1^2 + ax_1 - 2a^2] = \frac{\pi}{3}[x_1^3 - 3a^2 x_1 + 2a^3].$$

Nach Guldins Regel wird der senkrechte Schwerpunktsabstand der oberen Hälfte des Segments von der Drehungsachse

$$\varrho_1 = \frac{J_1}{2\pi F_1} = \frac{J_1}{2\pi \frac{F}{2}} = \frac{\frac{\pi}{3}[x_1^3 - 3a^2x_1 + 2a^3]}{\pi\left[x_1 y_1 - a^{2\,e}lg \frac{x_1 + y}{a}\right]}$$

$$= \frac{x_1^3 - 3a^2x_1 + 2a^3}{3\left[x_1\sqrt{x_1^2 - a^2} - a^{2\,e}lg \frac{x_1 + \sqrt{x_1^2 - a^2}}{a}\right]}.$$

Der Horizontalabstand von PQ bleibt, wie vorher

$$\varrho = \frac{2(x_1^2 - a^2)^{\frac{3}{2}}}{3\left[x_1\sqrt{x_1^2 - a^2} - a^{2\,e}lg \frac{x_1 + \sqrt{x_1^2 - a^2}}{a}\right]}.$$

Die obige Verkürzung mit Hilfe des Faktors $\frac{b}{a}$ und die Cavalierische Verschiebung erweitern die Aufgabe in leichter Weise. Der durch die „verkürzte" Hyperbel entstehende Drehungskörper giebt

$$J_1' = \frac{\pi b^2}{3a^2}[x_1^3 - 3a^2x_1 + 2a^3].$$

Der durch Drehung der Fläche $MCBQ$ in Figur 66 um die x-Achse entstehende Körper wird für die allgemeine Hyperbel unter Benutzung der Hyperbelgleichung $\frac{x^2}{a^2} - \frac{y^2}{b^2} = 1$

$$J = \pi x_1 y_1^2 - \frac{\pi b^2}{3a^2}[x_1^3 - 3a^2x_1 + 2a^3]$$

$$= \frac{3\pi b^2}{3a^2}(x_1^3 - a^2x_1) - \frac{\pi b^2}{3a^2}(x_1^3 - 3a^2x_1 + 2a^3)$$

$$= \frac{2\pi b^2}{3a^2}(x_1^3 - a^3).$$

Ähnlich kann man die Hälften von Kreis- und Ellipsensegmenten, von Kreis-, Ellipsen- und Hyperbelsektoren behandeln.

§ 89) Bemerkungen zu den Analogien zwischen Kreis und gleichseitiger Hyperbel.

Die hier so häufig auftretenden Analogien haben einen tiefer liegenden analytischen Grund. Die Kreisgleichung $x^2+y^2=a^2$ läfst sich nämlich in der Form $x^2-(iy)^2=a^2$, wo $i=\sqrt{-1}$ ist, schreiben. Setzt man in letzterer Gleichung y an Stelle von iy, so hat man die Gleichung einer gleichseitigen Hyperbel, die schon früher (Bd. II Seite 294) als Fortsetzung des Kreises betrachtet wurde.

Kennt man die Eulersche Formel*)

$$arc\tan\frac{y}{x}=\frac{1}{2i}\,{}^{e}lg\,\frac{x+yi}{x-yi},$$

so geht z. B. die Formel für den **Kreissektor** $F=a^2\frac{\hat{\alpha}}{2}$ leicht in eine andere über. Man hat für den Kreis $x^2+y^2=a^2$ den Sektor

$$F=a^2\frac{\hat{\alpha}}{2}=a^2 arc\tan\frac{y_1}{x_1}=\frac{a^2}{2i}\,{}^{e}lg\,\frac{x_1+y_1 i}{x_1-y_1 i}$$

$$=\frac{a^2}{2i}\,{}^{e}lg\,\frac{\sqrt{a^2-y_1^2}+y_1 i}{\sqrt{a^2-y_1^2}-y_1 i}$$

---

*) Sie wird folgendermafsen gefunden. Jede komplexe Grösse $x\pm yi$ läfst sich in der Form $r(\cos\varphi\pm i\sin\varphi)=re^{\pm\varphi i}$ schreiben, wo $r=\sqrt{x^2+y^2}$, $\varphi=arc\tan\frac{y}{x}$ ist. Dabei wird

$$ {}^{e}lg\,(x+yi)={}^{e}lg\left(re^{\varphi i}\right)={}^{e}lg\,r+{}^{e}lg\,e^{\varphi i}$$
$$={}^{e}lg\,r+\varphi i={}^{e}lg\sqrt{x^2+y^2}+i\,arc\tan\frac{y}{x},$$

$$ {}^{e}lg\,(x-yi)={}^{e}lg\left(re^{-\varphi i}\right)={}^{e}lg\,r+{}^{e}lg\,e^{-\varphi i}$$
$$={}^{e}lg\,r-\varphi i={}^{e}lg\sqrt{x^2+y^2}-i\,arc\tan\frac{y}{x}.$$

Durch Subtraktion folgt

$$ {}^{e}lg\,(x+yi)-{}^{e}lg\,(x-yi)=2\,i\,arc\tan\frac{y}{x}$$

oder

$$ {}^{e}lg\,\frac{x+yi}{x-yi}=2i\,arc\tan\frac{y}{x}.$$

oder endlich

$$F = \frac{a^2}{2i}\,{}^e lg\,\frac{\sqrt{a^2+(y_1 i)^2}+y_1 i}{\sqrt{a^2+(y_1 i)^2}-y_1 i}.$$

Setzt man in der Gleichung

$$Fi = \frac{a^2}{2}\,{}^e lg\,\frac{\sqrt{a^2+(y_1 i)^2}+y_1 i}{\sqrt{a^2+(y_1 i)^2}-y_1 i},$$

die y_1 nur in Verbindung mit dem Faktor i enthält, überall y' statt $y_1 i$, und links F' statt Fi, so erhält man für die Hyperbel $x^2+(yi)^2=a^2$ oder $x^2-y^2=a^2$ den Sektor

$$F' = \frac{a^2}{2}\,{}^e lg\,\frac{\sqrt{a^2+y'^2}+y'}{\sqrt{a^2+y'^2}-y'} = \frac{a^2}{2}\,{}^e lg\,\frac{x'+y'}{x'-y'}$$

Dies formt sich um zu

$$F' = a^2\,{}^e lg\sqrt{\frac{x'+y'}{x'-y'}} = a^2\,{}^e lg\sqrt{\frac{x'+y'}{x'-y'}\cdot\frac{x'+y'}{x'+y'}}$$

$$= a^2\,{}^e lg\,\frac{x'+y'}{\sqrt{x'^2-y'^2}} = a^2\, lg\,\frac{x'+y'}{a}.$$

Und dies ist die in § 85 angegebene Form für den Hyperbelsektor. Die scheinbar so verschiedenen Formeln

$$F = a^2\frac{\hat{\alpha}}{2} = a^2 \operatorname{arc\,tan}\frac{y}{x} \text{ und } F' = a^2\, lg\,\frac{x'+y'}{a}$$

stehen also in einem einfachen analytischen Zusammenhange. Man beachte dabei, daſs es sich um den Fall handelt, bei dem die Bogen des Kreises und der Hyperbel einander berühren. (Vergl. Figur 68.)

Ebenso geht die Formel für das Kreissegment

$$F = a^2\frac{\hat{\alpha}}{2} - x_1 y_1 = a^2 \operatorname{arc\,tan}\frac{y_1}{x_1} - x_1 y_1 = \frac{a^2}{2i}\, lg\,\frac{x_1+y_1 i}{x_1-y_1 i} - \frac{x_1 y i}{i}$$

über in

$$Fi = \frac{a^2}{2}\, lg\,\frac{x_1+y_1 i}{x_1-y_1 i} - x_1 y_1 i.$$

Daraus wird, wie oben

$$F' = \frac{a^2}{2} lg \frac{x'+y'}{x'-y'} - x'y' = a^2 lg \sqrt{\frac{x'+y'}{x'-y'}} - x'y'$$

$$= a^2 lg \frac{x'+y'}{a} - x'y',$$

was abgesehen vom Vorzeichen die Formel für das Segment der gleichseitigen Hyperbel ist.

Entsprechendes versuche man für die Inhalte der Drehungskörper um die Schwerpunktsabstände zu zeigen.

μ) Berechnung der Fläche des Drehungsparaboloids.

§ 90) Rektifikation der Parabel. In der Figur 71a sei die Parabel $x = y^2$ dargestellt.*) Man denke sich die Höhe $AP = y_1$ in n gleiche Teile $\frac{y_1}{n} = \delta$ eingeteilt. Ist n sehr grofs, so gehört zu jedem $\delta = \frac{y_1}{n}$ ein Teilchen σ des Parabelbogens $OP = s$, so dafs $\sigma = \frac{\delta}{\cos\beta}$ ist, wo β den Winkel bedeutet, den die Tangente der Parabel an der betreffenden Stelle mit der Y-Achse bildet. Bekanntlich bildet aber die Tangente mit der X-Achse einen Winkel, der sich aus $\tan\alpha = \frac{y}{2x}$ bestimmt, demnach ist

$$\tan\beta = \frac{2x}{y} = \frac{2y^2}{y} = 2y,$$

also

$$\cos\beta = \frac{1}{\sqrt{1+\tan^2\beta}} = \frac{1}{\sqrt{1+4y^2}}.$$

Jedes σ also bestimmt sich als

$$\sigma = \delta\sqrt{1+4y^2}$$

und daher ist

$$\frac{\sigma}{\delta} = \sqrt{1+4y^2},$$

*) In Figur 71a lies oben bei P nicht β sondern β_1.

und der Parabelbogen

$$s = \sigma_1 + \sigma_2 + \sigma_3 + \ldots + \sigma_n = \delta \Sigma \sqrt{1 + 4y^2}.$$

Man setze nun die veränderliche Gröfse $\frac{\sigma}{\delta} = \xi$, so dafs man hat

$$\xi = \sqrt{1 + 4y^2}$$

oder

$$\frac{\xi^2}{1^2} - \frac{y^2}{\left(\frac{1}{2}\right)^2} = 1.$$

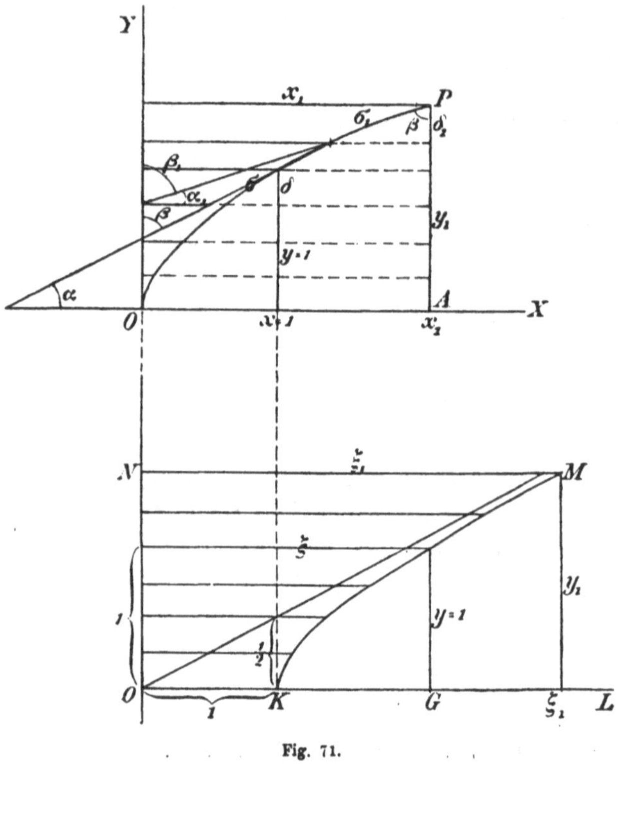

Fig. 71.

Dies ist die Gleichung einer Hyperbel mit den Halbachsen 1 und $\frac{1}{2}$. Diese Hyperbel entsteht dadurch, dafs man in jeder Höhe y das entsprechende ξ als Abscisse anträgt. Die Fläche zwischen dieser Hyperbel und der Y-Achse ist von 0 bis y_1 von der Gröfse

$$\Sigma\delta\xi = \delta\Sigma\xi = \delta\Sigma\sqrt{1+4y^2}.$$

Demnach wird diese Fläche durch dieselbe Zahl ausgedrückt, wie die Länge des zugehörigen Parabelbogens.

Die hyperbolische Fläche aber ist bekannt, denn bei der Hyperbel $\frac{\xi^2}{a^2} - \frac{y^2}{b^2} = 1$ ist das halbe Segment KLM gleich $\frac{1}{2}\left[\xi_1 y_1 - ab\,{}^e lg\left(\frac{\xi_1}{a} + \frac{y_1}{b}\right)\right]$, also die Fläche

$$OKMN = \xi_1 y_1 - \frac{1}{2}\left[\xi_1 y_1 - ab\,{}^e lg\left(\frac{\xi_1}{a} + \frac{y_1}{b}\right)\right]$$

$$= \frac{1}{2}\left[\xi_1 y_1 + ab\,{}^e lg\left(\frac{\xi_1}{a} + \frac{y_1}{b}\right)\right],$$

oder, da $\xi_1 = a\sqrt{1 + \frac{y_1^2}{b^2}}$ ist,

$$OKMN = \frac{1}{2}\left[y_1 a\sqrt{1+\frac{y_1^2}{b^2}} + ab\,{}^e lg\left(\sqrt{1+\frac{y_1^2}{b^2}} + \frac{y_1}{b}\right)\right].$$

Hier aber war $a = 1$, und $b = \frac{1}{2}$, also wird die Fläche in Wirklichkeit

$$F = \frac{1}{2}\left[y_1\sqrt{1+4y_1^2} + \frac{1}{2}{}^e lg\left(\sqrt{1+4y_1^2} + 2y_1\right)\right].$$

Ebenso grofs ist aber nach obigem die Länge der Parabel, also wird diese Länge von 0 bis y_1

$$\overset{y_1}{\underset{0}{s}} = \frac{1}{2}\left[y_1\sqrt{1+4y_1^2} + \frac{1}{2}{}^e lg\left(\sqrt{1+4y_1^2} + 2y_1\right)\right].$$

§ 91) **Fläche des Drehungsparaboloides.** Läfst man die erste der beiden Figuren sich um die X-Achse drehen, so giebt jedes σ eine Fläche $2\pi y\sigma = 2\pi y\delta\sqrt{1+4y^2}$. Bei der Drehung der zweiten Fläche entsteht aus jeder Schicht ein Ringkörper vom Inhalte $2\pi y\xi\delta = 2\pi y\delta\sqrt{1+4y^2}$. Der kleine Ringkörper hat also dieselbe Inhaltsformel, wie jene Fläche. Für die beiderseitigen Summen aller Elemente folgt also:

Die Fläche des ganzen Drehungsparaboloids (von $y=0$ bis $y=y_1$) wird durch dieselbe Zahl dargestellt, wie der Inhalt des Drehungskörpers der Fläche $OKMN$.

Dieser Drehungskörper hat aber nach § 88 für die Hyperbel $\frac{\xi^2}{a^2} - \frac{y^2}{b^2} = 1$ den Inhalt $\frac{2\pi b^2}{3a^2}(\xi^3 - a^3)$, also für $a=1$ und $b=\frac{1}{2}$ den Inhalt

$$\overset{y_1}{\underset{0}{J}} = \frac{\pi}{6}(\xi_1^3 - 1^3) = \frac{\pi}{6}\left[\sqrt{1+4y_1^2}^{\,3} - 1\right].$$

Demnach ist die Fläche des Drehungsparoboloids, welches aus der Parabel $x = y^2$ entsteht

$$\overset{y_1}{\underset{0}{F}} = \frac{\pi}{6}\left[\sqrt{1+4y_1^2}^{\,3} - 1\right]$$

oder

$$\overset{x_1}{\underset{0}{F}} = \frac{\pi}{6}\left[\sqrt{1+4x_1}^{\,3} - 1\right].$$

§ 92) Die Schwerpunktshöhe für die Fläche $OKLM$ ist nach Guldin

$$y_s = \frac{J}{2\pi F} = \frac{\frac{\pi}{6}\left[\sqrt{1+4y_1^2}^{\,3} - 1\right]}{2\pi\cdot\frac{1}{2}\left[y_1\sqrt{1+4y_1^2} + \frac{1}{2}\,{}^e lg\left(\sqrt{1+4y_1^2} + 2y_1\right)\right]}$$

oder

$$y_s = \frac{\sqrt{1+4y_1^2}^{\,3} - 1}{6\left[y_1\sqrt{1+4y_1^2} + \frac{1}{2}\,{}^e lg\left(\sqrt{1+4y_1^2} + 2y_1\right)\right]}.$$

Ebenso grofs ist die Schwerpunktshöhe y_s für den parabolischen Bogen OP.

Bemerkung. Dem Leser bleibe es überlassen, die Formeln für den allgemeinen Fall $y^2 = 2px$ oder auch für $x = ky^2$ aufzustellen, was nur ein einfaches Übungsbeispiel ist.

§ 93) Eine Folgerung, auf die ein späterer Abschnitt näher eingehen soll, sei schon hier angedeutet. Man teile in Figur 71a die X-Achse in gleiche Teile $\delta_1 = \frac{x_1}{n}$ und lege durch die Teilpunkte senkrechte Gerade, die auf der Kurve OP andere Teilchen σ geben, als vorher. Jetzt handelt es sich bei der Tangente um den Winkel $\tan\alpha = \frac{y}{2x}$. Die Kurve $y^2 = x$ ist jetzt in der Form $y = \sqrt{x}$ zu schreiben, so dafs jetzt $\tan\alpha = \frac{\sqrt{x}}{2x} = \frac{1}{2}\sqrt{\frac{1}{x}} = \frac{1}{2}x^{-\frac{1}{2}}$ ist, und so wird jetzt

$$\cos\alpha = \frac{\delta_1}{\sigma} = \frac{1}{\sqrt{1 + \left(\frac{1}{2}x^{-\frac{1}{2}}\right)^2}} = \frac{1}{\sqrt{1 + \frac{1}{4}x}}.$$

Jetzt denke man sich auf der X-Achse der neuen Zeichnung Lote

$$\eta = \sqrt{1 + \frac{1}{4x}}$$

errichtet, dann erhält man eine Kurve von dieser Gleichung, deren Fläche $\overset{x_1}{\underset{0}{F}}$ ebenfalls so grofs sein mufs, wie die Länge der Parabel von 0 bis x_1, nämlich

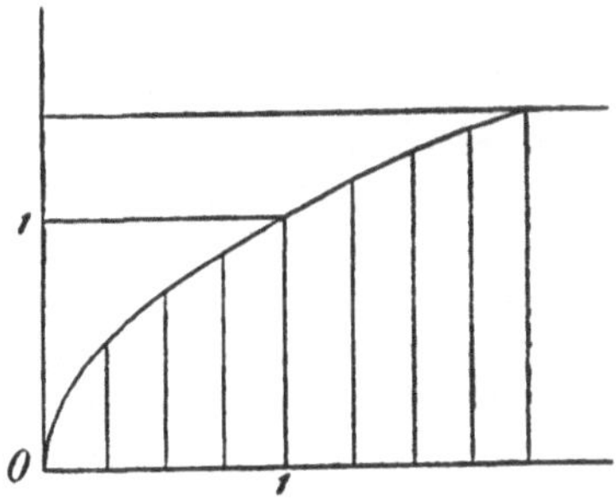

Fig. 72.

$$\overset{x_1}{\underset{0}{F}} = \overset{x_1}{\underset{0}{s}} \cdot 1 = \frac{1}{2}\left[\sqrt{x_1(1+4x_1)} + \frac{1}{2}\,{}^{e}lg\left(\sqrt{1+4x_1} + 2\sqrt{x_1}\right)\right].$$

Um von der neuen Kurve eine Vorstellung zu erhalten, schreibe man sie in der Form

$$\eta^2 = 1 + \frac{1}{4x}$$

oder

$$\frac{1}{x} = 4\eta^2 - 4.$$

Während nun die Kurve $x' = 4\eta^2 + 4$ eine leicht zu konstruierende Parabel vorstellte, stellt die hier gefundene Gleichung eine Kurve vor, die aus dieser Parabel mit Hilfe reciproker Abscissen zu konstruieren ist. (Diese ergeben sich mit Hilfe der Projektion $x : 1 - 1 : x'$). Die Fläche

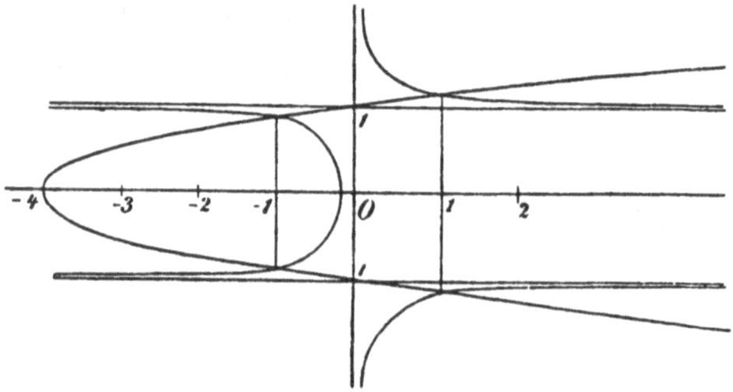

Fig. 73.

der Kurve von 0 bis x_1 ist also gleich dem Ausdrucke $\overset{x_1}{\underset{0}{F}}$. Dreht sich die neue Fläche um die Y-Achse, so erhält man einen Inhalt, der durch dieselbe Formel ausgedrückt wird, wie die Drehungsfläche, die durch die Drehung der Parabel um die Scheiteltangente entsteht.

So sind der parabolischen Kurve zwei Flächen zugeordnet worden, die zu ihr in einem einfachen Zusammenhange stehen, der später genauer untersucht werden soll.

ν) Anwendung der Guldinschen Inhaltsformel auf die einfachsten Schraubengewinde.

§ 94) Das flache Schraubengewinde (mit Rechtecksprofil). Es sei r der Radius des Kern-Cylinders,

a und b seien die Seiten des Rechtecks, dann ist der Schwerpunktsabstand von der Cylinderachse $\varrho = r + \frac{b}{2}$, der Inhalt für jeden Umgang also (unabhängig von der Steigung) nach § 36

$$J = 2\varrho\pi F = 2\left(r + \frac{b}{2}\right)\pi ab = \pi(2r + b)ab.$$

Für die Mutter gilt, wenn $a_1 = a$ ist, dieselbe Formel. Der Normalschnitt zu PQ hat den Flächeninhalt $\frac{J}{h}$, wenn h die Höhe für den Umgang ist. Dies gilt für alle Gewinde.

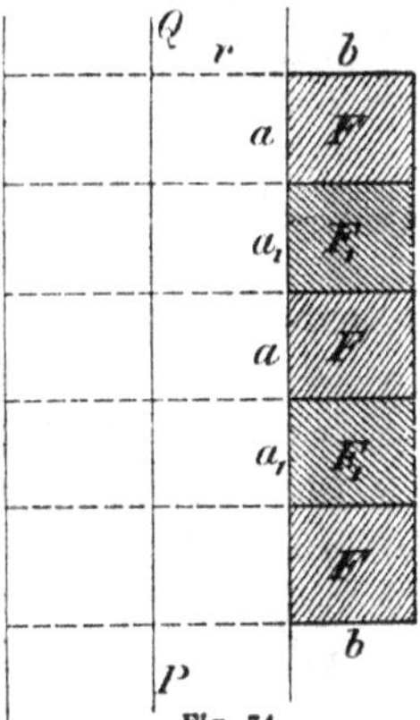

Fig. 74.

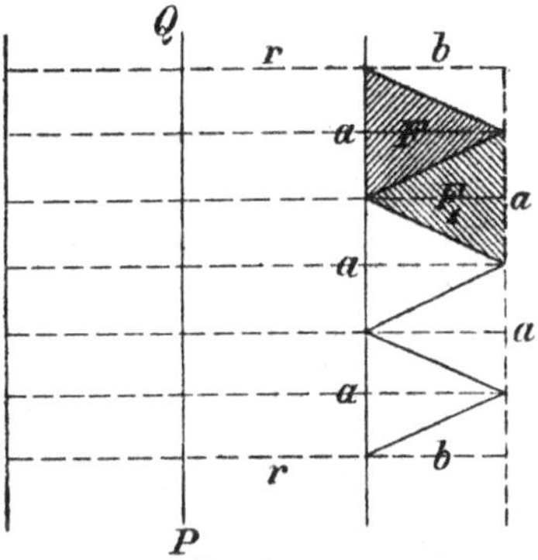

Fig. 75.

§ 95) **Das scharfe Schraubengewinde** hat theoretisch zum Profil ein gleichschenkliges Dreieck. Sind a und b Grundlinien und Höhe des letzteren, so ist $F = \frac{ab}{2}$, der Schwerpunktsabstand von PQ ist $\varrho = r + \frac{b}{3}$, also der Inhalt für den Umgang

$$J = 2\pi\left(r + \frac{b}{3}\right)\frac{ab}{2} = \pi\left(r + \frac{b}{3}\right)ab.$$

Für die Schraubenmutter ist theoretisch entsprechend

$$J_1 = 2\pi\left(r + \frac{2b}{3}\right)\frac{ab}{2} = \pi\left(r + \frac{2b}{3}\right)ab.$$

(Die Summe der beiden Inhalte ist

$$J + J_1 = 2\pi(r+b)\frac{ab}{2} = 2\pi\frac{r+b}{2}ab,$$

was dem Umgange eines Parallelogramms mit $F = ab$ (oder dem eines Rechtecks) entspricht. Der Unterschied ist

$$J_1 - J = \pi\frac{b}{3}ab = \frac{\pi ab^2}{3}.)$$

§ 96) Das trapezische Gewinde.

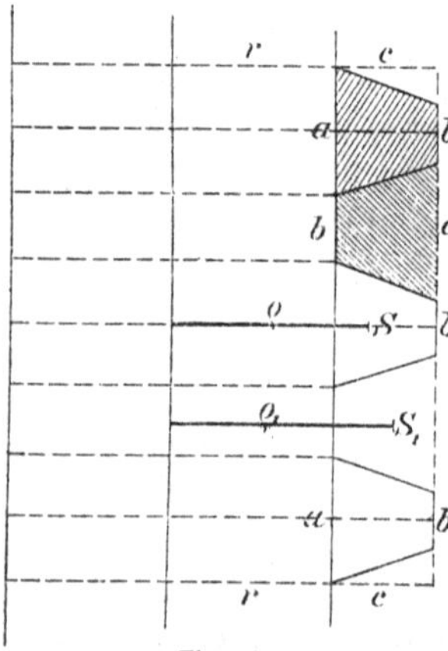

Fig. 76.

$$F = \frac{a+b}{2}c,$$

Schwerpunktsabstand

$$\varrho = r + \frac{a+2b}{a+b}\cdot\frac{c}{3},$$

also Inhalt für den Umgang

$$J = 2\pi\left[r + \frac{a+2b}{a+b}\cdot\frac{c}{3}\right]\frac{a+b}{2}c$$

$$= \frac{\pi c}{3}[r(a+b) + (a+2b)c].$$

Für das Gewinde der Mutter hat man durch Vertauschung von a und b

$$J_1 = 2\pi\left[r + \frac{b+2a}{b+a}\cdot\frac{c}{3}\right]\frac{b+a}{2}c$$

$$= \frac{\pi c}{3}[r(b+a) + (b+2a)c].$$

§ 97) Ein Halbkreis drehe sich um seinen Durchmesser und steige dabei (an letzterem als Spindel) so aufwärts, dafs seine Punkte Schraubenlinien zurücklegen. (Vgl. z. B. Figur 18.)

Der Inhalt des Gewindes für einen Umgang ist dann gleich dem der entsprechenden Kugel, also

$$J = \frac{4\pi}{3} r^3.$$

Für die entsprechende Mutter würde werden

$$J_1 = \frac{2\pi}{3} r^3.$$

Die Summe beider Inhalte ist gleich $2\pi r^3$, d. h. gleich dem Inhalte des den Kugel umbeschriebenen Cylinders. —

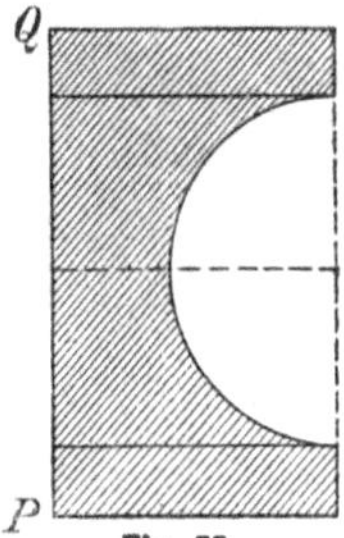

Fig. 77.

§ 98) Man konstruiere auch das zur Hohlkehle der Figur 77 gehörige Schraubengewinde für beliebige Steigung und führe dessen Inhaltsberechnung aus. Auch elliptische Hohlkehlen machen keine Schwierigkeit.

Das in Figur 78 dargestellte Profil soll von der als Sinoide bezeichneten Kurve begrenzt sein, die durch Cavalierische Erweiterung aus der Sinuslinie entsteht. Auch das entsprechende Schraubengewinde kann konstruiert und elementar berechnet werden. Dieses Profil kommt vielfach an Säulen mit Schraubengewinden vor, ebenso wie das an den Kerncylinder angesetzte Halbkreisgewinde Figur 79. Romanische, gotische, vlämische und Renaissance-Architektur benützen Schraubengewinde aller Art, die zu einer bestimmten Art von Ornamentik geführt haben, wobei Flechtwerk, Perlenschnüre und der-

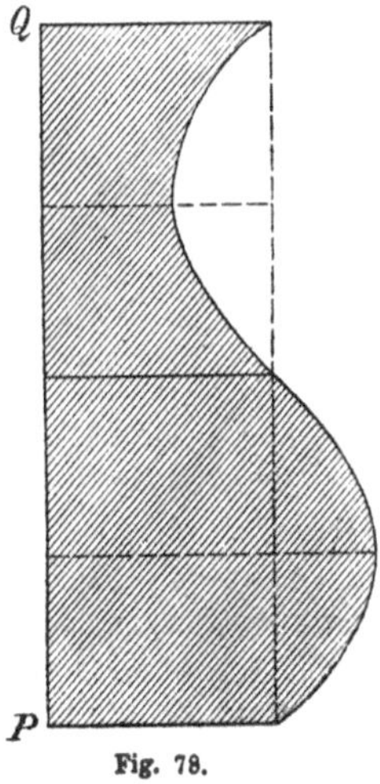

Fig. 78.

gleichen Rolle spielen. Solche Säulen finden sich in Rom in der Peterskirche, im Kreuzgang von St. Paolo, am Bischofsstuhl von St. Lorenzo, in Siena am Dom, in Syracus am Palazzo Montalto, in Freiberg an der goldenen Pforte des Doms, in Basel an der Gallus-pforte des Münsters, im Kreuzgang zu Königslutter u. s. w. Selbstverständlich ist für diese Ornamentik nur die strenge Konstruktion, nicht die Berechnung von Bedeutung. —

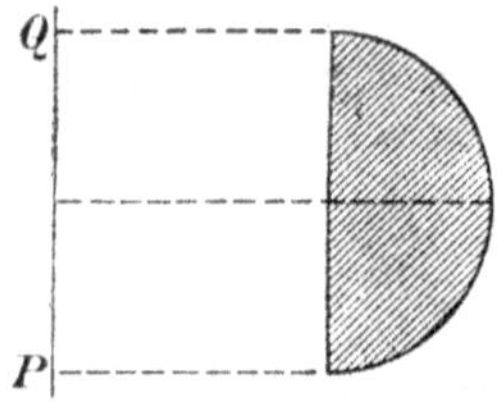

Fig. 79.

Zweiter Abschnitt.

Die Schraubenflächen, ihre Abwickelbarkeit auf Drehungsflächen, ihr Zusammenhang mit der Guldinschen Flächenformel und ihre konforme Abbildung auf die Ebene und auf andere Flächen.

α) Die gewöhnliche Schraubenregelfläche und ihre Abwickelbarkeit auf Drehungshyperboloide und auf allgemeinere Schraubenregelflächen.

§ 99) Man denke sich auf einem Cylinder vom Durchmesser r eine Schraubenlinie von der Ganghöhe h gezeichnet, deren Steigungswinkel γ also durch $\tan\gamma = \frac{h}{2\pi r}$ gegeben ist. Von jedem Punkte B_n der Schraubenlinie denke man sich an die Achse nach oben hin eine Gerade von gegebener Länge $B_n A_n = a$ gezeichnet. Alle diese Geraden schneiden die Achse unter konstantem Winkel α und bilden eine gewöhnliche Schraubenregelfläche, die, weil die a einander nicht schneiden, sondern kreuzen, nicht abwickelbar auf die Ebene ist. Sie schneiden auch die Schraubenlinie unter einem gewissen Winkel ξ, der leicht zu berechnen ist. Man denke sich in Figur 80 das Rechteck $A_1 G B_1 D_1$ vollendet und auf seiner Ebene in den Eckpunkten Lote von gleichen Längen errichtet, womit ein Rechteckskörper bestimmt ist.

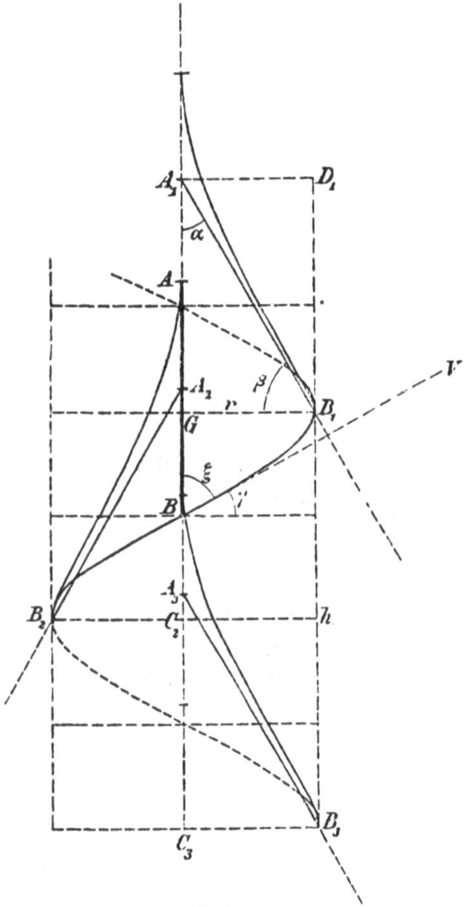

Fig. 80.

Auf dessen erstgenannter Fläche ist von B_1 aus die Gerade $B_1 A_1$ gezeichnet, die mit $B_1 G$ den Winkel β bildet. Auf einer der anstofsenden Flächen giebt die Tangente der Schraubenlinie in B_1 eine Gerade $B_1 X_1$, welche mit der entsprechenden Horizontalkante den Steigungswinkel γ bildet. Nach Band II Seite 13 § 28) bilden dann die Geraden $B_1 X_1$ und $B_1 A_1$ den gesuchten Winkel ξ, den auch BV und BA bilden, und der sich aus $\cos \xi = \sin \beta \sin \gamma$ oder auch aus

1) $$\cos \xi = \cos \alpha \sin \gamma$$

bestimmt. Sind also von der untersuchten Schraubenfläche a, α und die Ganghöhe h gegeben, so ist $r = a \sin \alpha$, die Kurvenlänge für einen Umgang $s = \sqrt{h^2 + 4\pi^2 r^2}$, also der Steigungswinkel durch

2) $$\sin \gamma = \frac{h}{s} = \frac{h}{\sqrt{h^2 + 4\pi^2 r^2}} = \frac{h}{\sqrt{h^2 + 4\pi^2 a^2 \sin^2 \alpha}}$$

gegeben, für den Winkel ξ aber folgt

$$3)\qquad \cos\xi = \cos\alpha\sin\gamma = \frac{h\cos\alpha}{s} = \frac{h\cos\alpha}{\sqrt{h^2+4\pi^2 r^2}}$$
$$= \frac{h\cos\alpha}{\sqrt{h^2+4\pi^2 a^2\sin^2\alpha}}.$$

Denkt man sich die Geraden a nach unten bis ins Unendliche verlängert, so erkennt man, dafs jede Schraubenlinie der Regelfläche ihre besondere Steigung γ hat und von den Geraden der Fläche unter einem besonderen Winkel ξ geschnitten wird. Für $a = 0$ z. B. ist $h = s$, d. h. die Schraubenlinie fällt mit der Cylinderachse zusammen, und dabei wird $\cos\xi_0 = \cos\alpha$, d. h. $\xi = \alpha$, wie auch die Verlängerung von B_1A_1 und C_1A_1 über A_1 hinaus zeigt. Für $a = \infty$ wird $\gamma = 0$ und $\xi = 90^0$, so dafs im Unendlichen rechtwinkliges Schneiden stattfindet und die Fläche dort den Charakter eines Kegels annimmt.

§ 100) Die Verlängerung der Geraden a über die A hinaus giebt eine Fortsetzung der Fläche, die der hier behandelten Hälfte kongruent ist, also keiner Untersuchung bedarf.

Beiläufig sei bemerkt, dafs, da alle Schraubenlinien dieselbe Ganghöhe haben $\left(\text{in Figur 81 ist } DG = \frac{h}{4}\right)$, mit abnehmender Länge von a also steiler und steiler werden, sie in der Aufrifszeichnung in verschiedenem Mafse über die erzeugende Gerade hinausgreifen und von einer Kurve umhüllt werden, die an einen Hyperbelarm erinnert und z. B. A_1B_1 zur Asympotete hat.

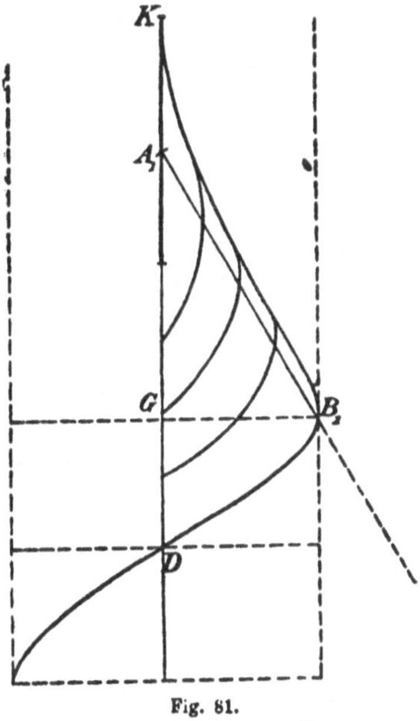

Fig. 81.

[Für $\alpha = 90^0$ handelt es sich um die Minimalschraubenregelfläche, die eine Ausnahmestellung einnimmt und einer besonderen Behandlung bedarf. Sie ist hier aus der Betrachtung auszuschliefsen. Dasselbe gilt vom Falle $\alpha = 0$, der den Cylinder giebt. Dieser ist auf die Ebene abwickelbar.]

§ 101) Man denke sich aus der Schraubenfläche einen Streifen ausgeschnitten, der von der Cylinderachse und einer der Schraubenlinien begrenzt ist, so dafs er lauter Gerade von der Länge a enthält. Von beliebigen zweien dieser Geraden a soll der Streifen in seiner Länge begrenzt sein. Hat dabei der abgeschnittene Teil der Achse die Länge l, so berechnet sich die Länge l_1 des abgeschnittenen Teils der begrenzenden Schraubenlinie aus $h : s = l : l_1$ als

$$4) \qquad l_1 = l \frac{s}{h} = l \frac{1}{\sin \gamma}.$$

Die Fläche soll jetzt so gebogen werden, dafs die Geraden a geradlinig bleiben (man denke sie sich z. B. durch aufgeklebte Holzstäbchen dazu gezwungen), und zwar soll die Achse l in einen Kreis gebogen werden, dessen Radius $\varrho = \frac{l}{2\pi}$ wird. Dann ordnen sich die Stäbchen a so an, dafs sie diesen Kreis sämtlich unter dem unveränderlichen Winkel α treffen und zwar aus Gründen der Kongruenz in ganz derselben Weise. Es mufs also eine Schicht einer Fläche entstehen, die durch Figur 272 des ersten Bandes dargestellt ist, d. h. eines einschaligen Drehungshyperboloids. Demnach wird die begrenzendeSchraubenlinie ganz von selbst in einen Kreis vom Radius $\varrho_1 = \frac{l_1}{2\pi} = \frac{1}{2\pi} \frac{l}{\sin \gamma} = \frac{\varrho}{\sin \gamma}$ umgebogen, der von den Geraden unter dem Winkel ξ geschnitten wird.

§ 102) [Man kann sich bequem ein Modell dieser hyperbolischen Fläche herstellen. Man nehme zwei kreisförmige Pappscheiben, deren Radien etwas gröfser als ϱ und ϱ_1 sind und bringe sie in solche Lage, dafs sie einen Kegelstumpf darstellen. An den Rändern bringe man zum Durchziehen von Fäden Löcher an, die auf Kreisen von den genauen Radien ϱ und ϱ_1 liegen und zwei regelmäfsige Polyogone von derselben Seitenzahl geben. Durch die Löcher ziehe man Fäden so, dafs sie den Seiten des Kegelstumpfes entsprechen und jeder die Länge a erhalte. Denkt man sich jetzt die obere Scheibe gegen die andere um die (sich dabei verkleinernde) Achse des Kegels gedreht, so entsteht ein Drehungshyperboloid, d. h. eine Schicht einer in Figur 272 des ersten Bandes veranschaulichten Fläche. Solcher Hyperboloide entstehen unendlich viele, je nach dem Grade der Drehung, und zwar sind alle von einander verschieden (vom Symmetriefalle abgesehen). Bewirkt man, dafs der kleinere Kreis von den Fäden unter dem obigen Winkel α getroffen wird, so hat man das Hyperboloid, auf welches sich der betrachtete Streif der Schraubenfläche vollständig auflegen (abwickeln) läfst, derart also, dafs die ganze Drehungsfläche bedeckt wird. Der kleinste Kreis des Hyperboloids kann aufserhalb der Kreisflächen oder zwischen ihnen liegen. Die Grenzlagen sind für jedes a durch den bezw. durch die beiden möglichen Kegel bestimmt, für die der „Striktionskreis" den Durchmesser Null hat. Je nach der Länge l des abgeschnittenen Teiles der Achse der Schraubenfläche wird der Striktionskreis seine Gröfse und Lage erhalten.]

§ 103) Man kann z. B. untersuchen, wie grofs l genommen werden mufs, damit der kleinere Kreis der kleinste eines entsprechenden Hyperboloids werde. Zu diesem Zwecke

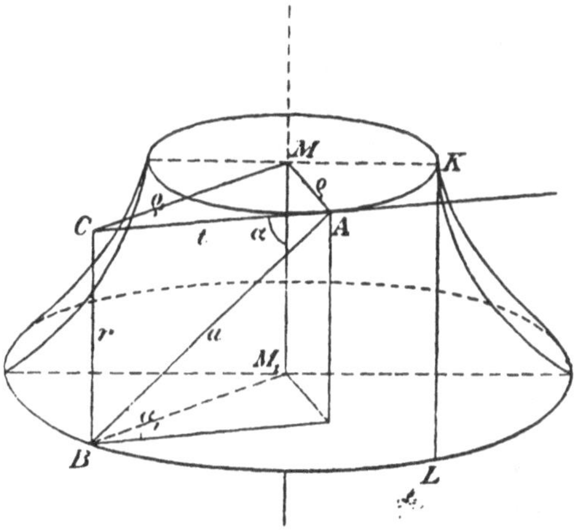

Fig. 82.

gehe man von einem Hyperboloid aus, dessen Striktionskreis einen vorläufig unbestimmten Radius ϱ habe. (Figur 82.) Die zugehörige Gerade a bilde mit der Tangente t überall den Winkel α, dessen Schenkel jetzt in derselben senkrechten Ebene liegen müssen, weil es z. B. bei KL der Fall ist. Man vollende das rechtwinklige Dreieck ABC, welches dem Dreieck ABG der Figur 81 entspricht, so daſs $BC = r = a \sin\alpha$ ist, während $t = a\cos\alpha$ wird. Da auch $t^2 = \varrho_1^2 - \varrho^2$ ist, so wird, wenn ϱ bekannt ist, ϱ_1 durch die Gleichung $\varrho_1^2 = t^2 + \varrho^2$ bestimmt.

Ist die Ganghöhe der zugehörigen Schraubenlinie $h = n\,2\varrho\pi$, wo n irgend ein reeller Faktor ist, so ist die Länge der Schraubenlinie für den vollen Umgang $s = n\,2\varrho_1\pi$, also der Steigungswinkel γ zu bestimmen aus

$$\sin\gamma = \frac{h}{s} = \frac{n\,2\varrho\pi}{n\,2\varrho_1\pi} = \frac{\varrho}{\varrho_1},$$

d. h. er stimmt überein mit dem von t und ϱ_1 gebildeten Winkel ACM, für den $\tan\gamma = \frac{\varrho}{t}$ ist. Die Ganghöhe der Schraube ist also

$$h = 2\pi r \tan\gamma = 2\pi r\,\frac{\varrho}{t} = 2\pi\varrho\,\frac{r}{t} = 2\pi\varrho\tan\alpha = l\tan\gamma.$$

Daraus folgt $l = \frac{h}{\tan\alpha}$.

Folglich: Soll der kleinere Kreis der Hyperboloidschicht der Striktionskreis des Hyperboloids werden, so muſs man von der Achse der Schraubenlinie das Stück

$$l = \frac{h}{\tan\alpha}$$

abschneiden, wobei h die Ganghöhe ist.

(Für $\alpha = 45^0$ z. B. muſs $l = h$ sein.)

Dabei handelt es sich um ein Hyperboloid, bei dem der Striktionskreis von den Geraden unter dem Winkel α geschnitten wird. Im allgemeinen Falle ist der Winkel ein anderer, weil ein anderer Kreis unter α geschnitten wird. Daher kommt die Unähnlichkeit der möglichen Hyperboloide.

Das Wichtigste ist der Satz:

Jede Schraubenregelfläche gewöhnlicher Art läfst sich auf gewisse Drehungshyperboloide abwickeln. Man kann es so einrichten, dafs die Achse zur Striktionslinie des entstehenden Hyberboloids wird.

§ 104) Man kann allgemein auch so verfahren, dafs man das abgeschnittene Stück der Achse als Schraubenlinie um einen Cylinder biegt und die Geraden dabei zwingt, Gerade zu bleiben. Dabei entsteht eine allgemeine Schraubenregelfläche, denn die Geraden liegen dann, ähnlich wie beim Hyperboloid, nicht mehr mit der Cylinderachse in derselben Ebene. Also:

Auch die allgemeinsten Schraubenregelflächen lassen sich auf gewisse Drehungshyperboloide abwickeln.

Auch die Umkehrung ist leicht auszusprechen.

§ 105) Von den Folgerungen dieses Satzes seien nur einige besonders wichtige angegeben.

1) Die allgemeinen Schraubenregelflächen, bei denen die erzeugenden Geraden die Cylinderachse kreuzen, sind nicht wesentlich von denen unterschieden, bei denen sie die Achse schneiden, denn sie können in solche durch Biegung übergeführt werden.

2) Bei der Abwickelung einer allgemeinen Schraubenregelfläche auf ein geeignetes Drehungshyperboloid gehen die Schraubenlinien in die Kreisschnitte des letzteren über, die Orthogonalkurven der Schraubenlinien in die Orthogonalkurven der Kreisschnitte, d. h. in die hyperbolischen Hauptschnitte.

3) Die Fläche einer Schicht des Drehungshyperboloids kann mit Hilfe des Guldinschen Flächensatzes berechnet werden, wenn man die Länge des Hyperbelbogens und seinen Schwerpunkt kennt. Folglich kann man unter der entsprechenden Bedingung auch die Fläche des Streifens einer Schraubenregelfäche berechnen. Dabei sind mafsgebend die Länge der entsprechen-

den Orthogonalkurven der Schraubenlinien und der Schwerpunktsabstand der auf obige Art zur Hyperbel gebogenen Orthogonalkurve.

4) Weil das Drehungshyperboloid durch die Kreisschnitte und deren hyperbolische Orthogonalkurven in kleine Quadrate eingeteilt werden kann, so kann man auch die allgemeine Schraubenregelfläche durch ihre Schraubenlinien und deren Orthogonalkurven in kleine Quadrate einteilen.

5) Die Loxodromen des Drehungshyperboloids gehen dabei in Kurven über, welche die Schraubenlinien der Schraubenregelfläche unter konstantem Winkel schneiden. Auch durch diese Loxodromen läſst sich die allgemeine Schraubenregelfläche in kleine Quadrate einteilen.

β) Abwickelbarkeit der allgemeinsten Schraubenflächen auf Drehungsflächen und der dadurch bedingte Zusammenhang mit Guldins Flächenformel.

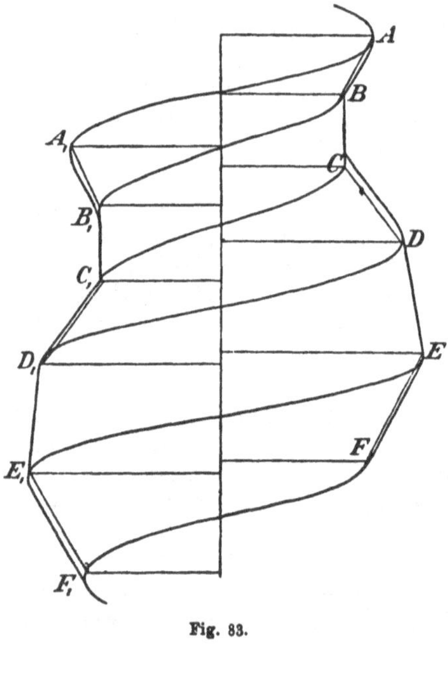

Fig. 83.

§ 106) Aus jedem ebenen oder nichtebenen Zuge $ABCDEF\ldots$ gerader Linien, aus einer beliebigen Achse PQ und einer gegebenen Ganghöhe U läſst sich ein durch entsprechende Schraubenlinien bestimmtes Gebilde konstruieren, dessen Seitenflächen Schraubenregelflächen sind. Jedes solche Gebilde ist abwickelbar auf ein Rotationsgebilde, bei dem die Geraden $AB, BC, DE \ldots$ im allgemeinen Gerade bleiben, während der Hauptschnitt aus Hyperbelbogen entsprechender Art besteht.

Horizontale Gerade sind dabei vorläufig noch auszuschliefsen. Da aber bei beliebigen Kurven etwaige horizontale Teilchen unendlich klein sind, so gilt für den Fall, dafs die obigen Geraden unendlich klein und unendlich zahlreich gedacht werden, der Satz:

§ 107) Jede Schraubenfläche beliebigen Profils ist auf eine bestimmte Drehungsfläche abwickelbar. (Ist das Profil eine geschlossene Kurve, so ist die Fläche z. B. längs einer der Schraubenlinien aufzuschneiden, damit die betreffende Umbiegung ermöglicht werde.)

Dieses Theorem ist von Bour aufgestellt worden und, wie man sieht, der elementaren Lösung zugänglich. Ohne weiteres folgt:

§ 108) Jede Schraubenfläche beliebigen Profils läfst sich durch ihre Schraubenlinien und deren Orthogonalkurven in kleine Quadrate einteilen, ebenso durch zwei Loxodromenscharen, welche die Schraubenlinien unter konstanten Winkeln α und $\beta = 90^0 + \alpha$ durchsetzen.

§ 109) Kennt man den Flächeninhalt der Drehungsfläche (z. B. mit Hilfe der Guldinschen Flächenformel), so kennt man auch den des entsprechenden Streifens der Drehungsfläche.

§ 110) Danach ist im Prinzip die Geometrie der Schraubenflächen auf die von Drehungsflächen zurückgeführt. Der körperliche Inhalt wurde schon vorher in bestimmte Beziehungen zur Guldinschen Inhaltsformel gesetzt, jetzt ist auch der Flächeninhalt zur Guldinschen Flächenformel in eine andere Art von Beziehungen gesetzt. Wichtig ist auch, dafs das Krümmungsmafs der allgemeinen Schraubenfläche (also der Gaufssche Ausdruck $\frac{1}{r\varrho}$) für jede Stelle dasselbe ist, wie bei der durch die Biegung entstandene Drehungsfläche, dafs auch den geodätischen Linien der einen geodätische Linien der anderen entsprechen. Da man z. B. für jede Stelle des Drehungshyperboloids nach den früheren Auseinandersetzungen die Krümmungsradien ϱ und r der Fläche kennt, so kennt man ihr Produkt auch für jede entsprechende Schraubenregelfläche.

§ 111) In physikalischer Hinsicht sei auch darauf aufmerksam gemacht, dafs die elektrischen stationären Strömungen auf beiden Arten von Flächen einander entsprechen.

Jede Kurve der einen Flächengruppe kann nämlich mit Hilfe quadratischer Einteilungen auf die andere konform übertragen werden. (Ähnlich, wie der Maler irgend ein Originalbild kopiert, indem er dieses in ein von Geraden gebildetes Quadratnetz einteilt und Quadrat für Quadrat nachbildet.)

§ 112) Bemerkungen. Bei solcher Wichtigkeit der Schraubenregelflächen ist eine eingehende Beschäftigung mit ihnen anzuempfehlen. Der Leser versuche z. B. nachzuweisen, dafs bei der gewöhnlichen Schraubenregelfläche die unter gleichen Achsenabständen aufeinander folgenden Geraden in der Projektion auf einen Normalschnitt zur Achse Radien geben, deren Längen in arithmetischer Reihe z. B. in der Reihe $o, p, 2p, 3p, \ldots$ aufeinander folgen, während ihre Richtungen unter gleichen Winkeln aufeinander folgen. Danach giebt der Normalschnitt zur Achse eine Archimedische Spirale. Diese Grundrifszeichnung erleichtert die Anschauung für weitergehende Untersuchungen. Die technische Bedeutung der Schraubenregelflächen trat schon bei den scharfen und den trapezischen Gewinden hervor. Das in diesem Abschnitt gesagte gilt aber auch von Gewinden allgemeinster Art. Ein einfacher Fall ist der des scharfen Gewindes, bei dem die Basis des Dreiecks die Loxodrome eines Cylinders wird, die Seiten des gleichschenkligen Dreiecks dagegen Gerade zweier Hyperboloide geben. Der Hauptschnitt des neuen Gebildes also giebt ein gleichschenkliges „Dreieck", bei dem die Basis eine Gerade, die Schenkel zwei Hyperbelbogen sind.

Im nachstehenden Abschnitt soll der hier noch ausgeschlossene Fall $\alpha = 90^0$, der auf die sog. Minimalschraubenregelfläche führt, einer eingehenden Behandlung unterworfen werden, die in gewisser Richtung als eine erschöpfende betrachtet werden darf, da es gelingt, die konforme Abbildung auf die Ebene durchzuführen und die gesamte Geometrie der Ebene auf diese Schraubenfläche zu übertragen. In ähnlicher Weise würden dann andere Schraubenregelflächen zu behandeln sein. Wie für die übrigen Schraubenregelflächen im allgemeinen das Drehungshyperboloid mafsgebend ist (welches für $\alpha = 0$ in den Cylinder ausartet, für den Fall aber, dafs die Geraden der Fläche Tangenten einer Schraubenlinie sind, zur Ebene wird), so ist für die Minimalfläche, wie sich zeigen wird, ausnahmsweise das Katenoid, d. h. die durch die Rotation einer Kettenlinie um ihre Diretrix entstehende Fläche mafsgebend, die sich dabei ebenfalls einer elementaren Behandlung zugänglich zeigt.

γ) Die Minimalschraubenregelfläche und ihre Abwickelbarkeit auf das Katenoid.

§ 113) Die Konstruktion dieser Fläche und ihr Charakter als Minimalfläche wurde schon früher besprochen. Es handelt sich um den Grenzfall der gewöhnlichen Schraubenregelfläche, bei dem $\alpha = 90^0$ ist. Angenommen, auch diese Minimalfläche wäre auf ein Hyperboloid abwickelbar, so könnte dieses, da die Geraden mit den Grenzkreisen einen Winkel von 90^0 bilden, nur ein Kegelstumpf sein. Dieser aber ist auf die Ebene abwickelbar, also müfste, auch diese Schraubenfläche eine abwickelbare Fläche sein. Da jedoch ihre Geraden einander nicht schneiden, sondern kreuzen, so ist sie nicht abwickelbar, folglich ist auch ihre Abwickelung auf den Kegel unmöglich. Da dieser ferner eine Spitze hat, also einen Striktionskreis von unendlicher Kleinheit besitzt, so liegt auch darin die Unmöglichkeit der fraglichen Abwickelung. Dafs die Achse in einen Kreis umgebogen werden kann, ist selbstverständlich. Würden die Geraden Gerade bleiben können, so würden sie aus Gründen der Kongruenz der einzelnen „Sektoren“ einen Kegelstumpf (gegebenfalls einen seiner Sonderfälle, Cylinder, Kreisring) geben. Da dies unmöglich ist, können die Geraden bei jener Drehung nicht Gerade bleiben. Es liegt also einer der Fälle vor, in denen die Geraden der Schraubenregelfläche zu krummen Linien werden.

§ 114) Die Frage, in welche Kurven sie sich biegen müssen, wenn die Achse in einen Kreis umgebogen wird, ist mit elementaren Hilfsmitteln nur auf Umwegen lösbar. Einen Einblick in das Problem erhält man aber auf folgendem Wege. Biegt man eine Fläche, so gehen die kürzesten Linien auf ihr wieder in kürzeste Linien über, denn keine Linie ändert dabei ihre Länge. Nun handelt es sich hier um eine Minimalfläche, bei der jeder Punkt der Schraubenlinie durch Gerade, also auf kürzestem Wege, mit der Achse verbunden ist. Diese Linien bleiben bei der Verbiegung kürzeste Linien, folglich mufs die durch Biegung entstehende Fläche eine Minimalfläche zwischen den neuen Grenzen bleiben. Aus Gründen der Kongruenz der Sektoren kann sie eine Drehungsfläche werden. Wie vorher, müssen dabei die Schraubenlinien in Kreise übergehen. Die Orthogonalkurven der ersteren, d. h. die Geraden werden Orthogonalkurven der Kreise. Das Bour'sche Theorem über die

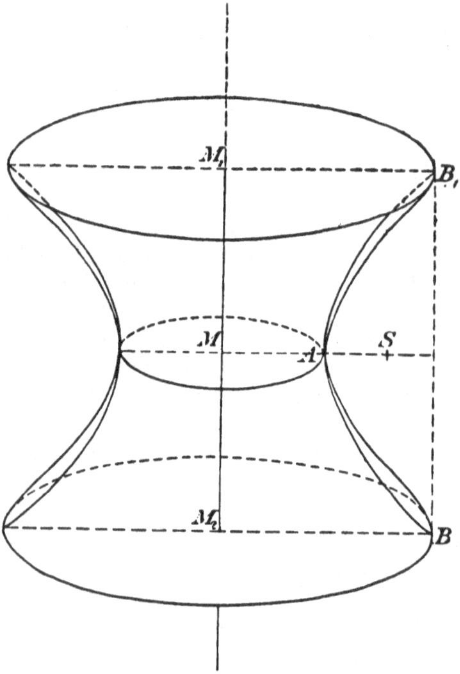

Fig. 84.

Möglichkeit der Abwickelung auf eine gewisse Drehungsfläche gilt also auch hier.

Nimmt man neben der in der Regel dargestellten Minimalschraubenfläche auch noch ihre Fortsetzung über die Achse hinaus so weit, dafs beide Teile gleichwertig sind und verbiegt man z. B. die Achsenlänge $l = h$ in einen Kreis, so mufs dieser der kleinste Kreis (Striktionskreis) der entsprechenden Drehungsfläche werden. (Dies gilt hier von jeder Länge l.) Aus Gründen der Kongruenz der Sektoren entsteht ein gegen die Ebene des Striktionskreises symmetrisches Gebilde. Diese Drehungsfläche mufs die Minimalfläche zwischen den beiden (gröfseren) Grenzkreisen sein.

Bis hierher reicht die reine Elementarmathematik aus.

§ 115) Für die nachstehenden vorläufigen Bemerkungen mögen mechanische Vorstellungsweisen zu Grunde gelegt werden.

Man nehme zwei gleich grosse Drahtkreise M_1 und M_2, die mit Griffen versehen sind. Man lege beide fest aufeinander und tauche sie in Glycerin-Seifenwasser ein. Dann versuche man beide von einander zu entfernen und in die in Figur 84 dargestellte Lage zu bringen. Es wird leicht gelingen, eine Seifenblase zwischen beiden entstehen zu lassen, die im Anfang der Figur 84 entspricht, da infolge des Kontraktionsbestrebens der Flüssigkeit die Fläche eine Minimalfläche werden mufs. (Bei grösserer Entfernung der Kreise reifst plötzlich die Fläche durch und es bleiben getrennte Seifenblasen in der Form zweier Kreisscheiben übrig, weil deren Flächen zusammen schliefslich kleiner werden, als jede zwischen den Drähten mögliche Drehungsfläche.)

§ 116) Eine andere Vorstellung ist folgende. Die Drehungsfläche mufs bei der obigen Biegung eine Minimalfläche werden. Die Länge b der Geraden, die in den Bogen B_1AB_2 übergegangen ist, ist unverändert geblieben. Soll nun die Fläche die obige Minimalfläche werden, so folgt aus der Guldin'schen Flächenformel $M = 2\pi\varrho b$, dafs der Schwerpunktsabstand ϱ des Bogens b ein Minimum werden mufs. Denkt man sich also $M_1 M_2$ horizontal, so fragt es sich, welche unter den Kurven von derselben Länge l die zwischen B_1 und B_2 angebracht werden können, den am tiefsten liegenden Schwerpunkt hat. Man denke sich also z. B. eine dünne Kette oder einen schweren, sehr biegsamen Faden von der Länge l zwischen B_1 und B_2 aufgehängt. Nach einem Schwerpunktsprinzip der Statik kann die Kette nur dann im Gleichgewicht sein, wenn der Schwerpunkt die überhaupt mögliche tiefste Lage hat.

Bezeichnet man die mit Hilfe jeder Uhrkette leicht zu veranschaulichende Linie als Kettenlinie, ohne sich vorläufig um ihre geometrischen Eigenschaften und ihre Gleichung zu kümmern, so erkennt man, dafs bei jener Biegung der Minimalschraubenfläche in eine Drehungsfläche eine bestimmte Drehungsfläche der Kettenlinie entstehen mufs, die als Katenoid bezeichnet werden soll, ohne dafs jetzt eine weitere geometrische Definition gegeben wird. Es handelt sich vorläufig nur darum, aus den obigen Darlegungen elementar abzuleiten, was aus ihnen gefolgert werden kann.

§ 117) Berechnung des Inhalts der Minimalschraubenfläche. ABB_1A_1 sei eine von zwei Geraden $AB = r$ und $A_1B_1 = r$ begrenztes Stück der betreffenden Schraubenfläche. Das Achsenstück AA_1 soll gleich $\frac{h}{n}$ sein, wo h die Ganghöhe bedeutet. Für die begrenzende Schraubenlinie LB_1B bestimmt sich der Steigungswinkel γ aus

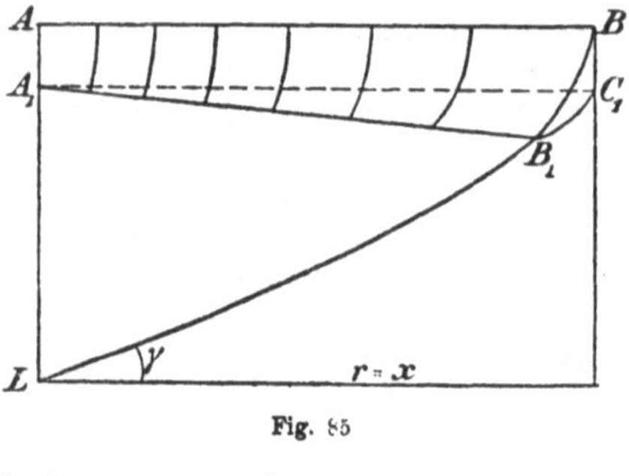

Fig. 85

$$1)\qquad \tan\gamma = \frac{h}{2\pi r},$$

die Länge für einen Umgang aus

$$2)\qquad s = \sqrt{h^2 + 4\pi r^2} = \frac{h}{\sin\gamma}.$$

Die Radien AB und A_1B_1 sind um den Winkel $\frac{2\pi}{n}$ gegeneinander gedreht, weil $AA_1 = \frac{h}{n}$ ist. Dieser Winkel ist auch durch den Horizontalschnitt $B_1A_1C_1$ dargestellt.

Ist n sehr grofs, so kann man das durch B_1C_1B dargestellte Stück der Cylinderfläche dieser Schraubenlinie als ein ebenes rechtwinkliges Dreieck betrachten, dessen Seiten folgende Längen haben:

$$BC_1 = \frac{h}{n},\ B_1C_1 = \frac{2\pi r}{n},\ B_1B = \frac{s}{n},\ \text{demnach ist}$$

$$\left(\frac{s}{n}\right)^2 = \left(\frac{h}{n}\right)^2 + \left(\frac{2\pi r}{n}\right)^2.$$

Setzt man $\frac{h}{n} = a$, $r = x$, $\frac{s}{n} = y$, so geht die Gleichung über in

$$y^2 = a^2 + \frac{4\pi^2 x^2}{n^2},$$

oder

3) $$\frac{y^2}{a^2} - \frac{x^2}{\left(\frac{n}{2\pi}\right)^2} = 1.$$

Dies ist die Gleichung einer Hyperbel. Das für jedes x zu brechnende y giebt die Länge des Stücks der entsprechenden Schraubenlinie der obigen Fläche an. Denkt man sich also sehr viele Schraubenlinien in die Fläche eingetragen, schneidet man die Fläche längs dieser Linien auf und läfst man die unendlich schmalen Streifen senkrecht an AB herabhängen, so bilden diese die Ordinatenstreifen einer Hyperbel. (Dagegen könnte eingewandt werden, die Fläche sei windschief, könnte als nicht auf eine ebene hyperbolisch begrenzte Fläche abgewickelt werden. Es leuchtet aber ein, dafs die Streifen bei unendlich grofser Anzahl und bei sehr kleinem $\frac{h}{n}$ die Gestalt ebener Rechtecke von sehr geringer Breite annehmen. Gerade durch das Einschneiden ist jeder Streif von dem Krümmungszwange befreit worden, der in der Verbindung mit den andern lag. Und gerade die entstehenden kleinen Treppenflächen, die unendlich klein zweiter Ordnung sind und schliefslich auf den Inhalt der entstehenden Fläche keinen Einflufs haben, zeigen die Verschiebungen der Punkte gegeneinander an.)

§ 118) Nach § 33 läſst sich elementar zeigen, daſs das Hyperbelsegment EB_1A_1 die Fläche

$$F_2 = \frac{1}{2} y_1 x_1 - \frac{1}{2} a \frac{h}{2\pi} {}^e lg \left[\frac{y_1}{a} + \frac{x_1}{\left(\frac{h}{2\pi}\right)} \right]$$

hat, denn $AA_1 = a = \frac{h}{n}$ und $b = \frac{h}{2\pi}$ sind nach Gleichung 3) ihre Halbachsen. Die der Schraubenfläche entsprechende Fläche AA_1B_1B hat demnach den Inhalt $F_1 = x_1 y_1 - F_2$ oder

$$F_1 = \frac{x_1 y_1}{2} + \frac{h^2}{4n\pi} {}^e lg \left[\frac{y_1}{\left(\frac{h}{n}\right)} + \frac{x_1}{\left(\frac{h}{2\pi}\right)} \right] = \frac{rs}{2n} + \frac{h^2}{4n\pi} {}^e lg \frac{s + 2\pi r}{h}.$$

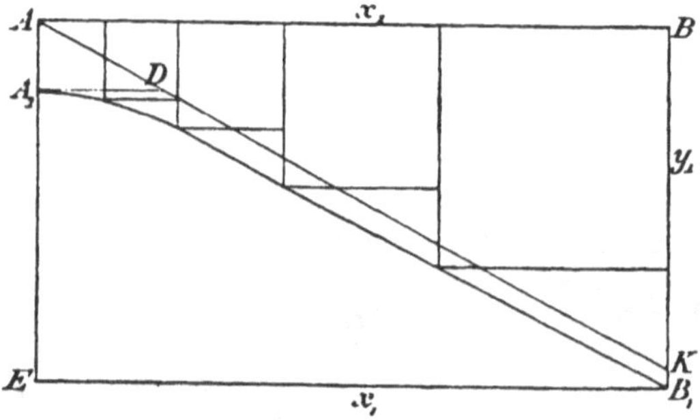

Fig. 86.

Für den vollen Umgang der Schraubenfläche erhält man das n-fache. Die Gesamtfläche F ist also, je nachdem zwei der Gröſsen h, r, γ für die begrenzte Schraubenlinie gegeben sind:

$$4) \begin{cases} F = \frac{r}{2}\sqrt{h^2 + 4\pi^2 r^2} + \frac{h^2}{4\pi} {}^e lg \frac{2\pi r + \sqrt{h^2 + 4\pi^2 r^2}}{h}, \\ F = \pi r^2 \left[\frac{1}{\cos\gamma} + \tan^2\gamma \, {}^e lg \frac{1 + \cos\gamma}{\sin\gamma} \right] = \pi r^2 \left[\frac{1}{\cos\gamma} + \frac{\tan^2\gamma}{2} {}^e lg \frac{1 + \cos\gamma}{1 - \cos\gamma} \right], \\ F = \frac{h^2}{2\pi} \left[\frac{1}{\tan\gamma \sin\gamma} + \frac{1}{2} {}^e lg \frac{1 + \cos\gamma}{\sin\gamma} \right] = \frac{h^2}{2\pi} \left[\frac{1}{\tan\gamma \sin\gamma} + \frac{1}{4} {}^e lg \frac{1 + \cos\gamma}{1 - \cos\gamma} \right] \end{cases}$$

Reicht der Streif der Schraubenfläche nicht von $r=0$ bis $r=x$, sondern von einem beliebigen r_1 bis zu einem beliebigen r_2, so bilde man aus 4) die Formeln für F_1 und F_2. Durch Subtraktion zusammengehöriger findet man dann $F=F_2-F_1$.

§ 110) **Berechnung der Fläche des zugehörigen Katenoids.** Man denke sich die Schraubenfläche über die Achse hinaus dadurch erweitert, dafs jedes r um sich selbst verlängert wird. Durch die obige Verbiegung entsteht dann ein Katenoid, dessen Kettenlinie DEF die Länge $l=2r$ hat. Die Achse PQ hat eine noch unbekannte Länge, aber der Striktionsradius ϱ ist durch

$$\varrho=\frac{h}{2\pi}=r\tan\gamma$$

gegeben, wenn die Ganghöhe h zum Kreise umgebogen wurde. Ebenso ist

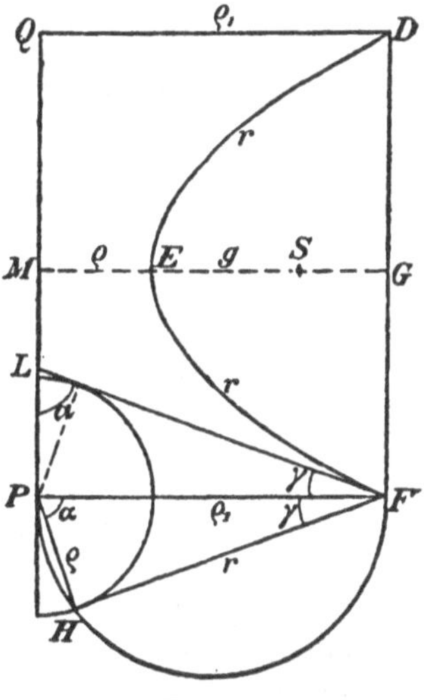

Fig. 87.

$$\varrho_1=\frac{s}{2\pi}=\frac{h}{2\pi\sin\gamma}=\frac{r}{\cos\gamma}.$$

Man beachte, dafs $\dfrac{\varrho}{\varrho_1}=\sin\gamma, \varrho_1^2-\varrho^2=r^2\left[\dfrac{1}{\cos^2\gamma}-\tan^2\gamma\right]$ $=r^2\dfrac{1-\sin^2\gamma}{\cos^2\gamma}=r^2$ ist. PQ werde als die Direktrix der Kettenlinie bezeichnet. Nach obigem ist, wenn z. B. die Länge r und eine der Gröfsen $\gamma, h, \varrho, \varrho_1, s$ gegeben ist, die Mantelfläche leicht aus einer der Formeln 4) abzuleiten, nur ist dabei $2F$ zu Grunde zu legen.

Statt dessen wird in der Regel anderes gegeben sein, z. B. die Länge $l=2r$ der symmetrischen Kettenlinie und die **Pfeilhöhe** $EG=g$. Dabei ist nach obigem

$$g = \varrho_1 - \varrho = r\left[\frac{1}{\cos\gamma} - \tan\gamma\right] = r\,\frac{1-\sin\gamma}{\cos\gamma}.$$

Die Auflösung dieser Gleichung nach $\sin\gamma$ kann z. B. folgendermafsen erfolgen. Man hat

$$g^2 = r^2\frac{(1-\sin\gamma)^2}{1-\sin^2\gamma} = r^2.\frac{(1-\sin\gamma)^2}{(1+\sin\gamma)(1-\sin\gamma)} = r^2.\frac{1-\sin\gamma}{1+\sin\gamma}.$$

Die Auflösung giebt

5) $$\sin\gamma = \frac{r^2-g^2}{r^2+g^2},$$

ferner

6) $$\cos\gamma = \sqrt{1-\sin^2\gamma} = \frac{2gr}{r^2+g^2}$$

7) $$\tan\gamma = \frac{r^2-g^2}{2gr}.$$

Man merke noch, dafs nach 7)

$$\varrho = r\tan\gamma = \frac{r^2-g^2}{2g},$$

also $r^2 = g(2\varrho+g) = (\varrho_1-\varrho)(\varrho_1+\varrho) = \varrho_1^2-\varrho^2$ ist.

Die entsprechenden Gröfsen sind in die Formeln 4) einzusetzen, z. B. in die nur r und γ enthaltende,

$$M = 2F = 2\pi r^2\left[\frac{1}{\cos\gamma} + \tan^2\gamma\,{}^{e}lg\,\frac{1+\cos\gamma}{\sin\gamma}\right].$$

Dies giebt die Mantelfläche

$$M = 2\pi r^2\left[\frac{r^2+g^2}{2gr} + \left(\frac{r^2-g^2}{2gr}\right)^2 {}^{e}lg\,\frac{1+\dfrac{2gr}{r^2+g^2}}{\dfrac{r^2-g^2}{r^2+g^2}}\right].$$

Da der zu logarithmierende Ausdruck sich in

$$\frac{(r+g)^2}{r^2-g^2} \text{ oder } \frac{(r+g)^2}{(r+g)(r-g)} = \frac{r+g}{r-g}$$

umwandelt, so folgt schliefslich

8) $$M = \frac{\pi r}{g}\left[r^2+g^2+\frac{(r^2-g^2)^2}{2gr}\,{}^{e}lg\,\frac{r+g}{r-g}\right].$$

Dies ist die Mantelfläche eines Katenoids, dessen symmetrische Kettenlinie von der Länge $l = 2r$ ist und die Pfeilhöhe g besitzt, während die Drehungsachse vom Scheitelpunkte die Entfernung $\varrho = \frac{r^2 - g^2}{2g}$ hat. In Kartesischen Koordinaten soll sie unten abgeleitet werden.

§ 120) Die Schwerpunktsentfernung e dieser Kettenlinie von der Achse PQ ergiebt sich nach der Guldinschen Mantelformel $M = 2\pi e_s s = 4\pi e_s r$ als

$$9) \quad e_s = \frac{M}{4\pi r} = \frac{1}{4g}\left[r^2 + g^2 + \frac{(r^2 - g^2)^2}{2gr}\,{}^e lg\,\frac{r+g}{r-g}\right].$$

Der Abstand e_1 des Schwerpunktes vom Scheitel ist

$$10) \quad e_1 = e_s - \varrho = e_s - \frac{r^2 - g^2}{2g} = e_s - \frac{2(r^2 - g^2)}{4g}$$

$$= \frac{1}{4g}\left[3g^2 - r^2 + \frac{(r^2 - g^2)^2}{2gr}\,{}^e lg\,\frac{r+g}{r-g}\right].$$

Zwischen D und F sind viele Kettenlinien möglich, aber für diese ist im allgemeinen PQ nicht die Direktrix, d. h. die Umdrehung um PQ giebt nicht die Minimalfläche zwischen den beiden Kreisen ϱ_1.

Kennt man von der Kettenlinie r und g, so findet man den Abstand der Direktrix durch $\varrho = \frac{r^2 - g^2}{2g}$, also konstruiert sie sich z. B. mittels der Proportion

$$\varrho : (r+g) = (r-g) : 2g \text{ oder } \varrho : \sqrt{r^2 - g^2} = \sqrt{r^2 - g^2} : 2g.$$

Sind dagegen ϱ und g, oder was dasselbe ist ϱ und ϱ_1 gegeben, so findet man die Länge $r = \sqrt{\varrho_1^2 - \varrho^2}$ der fraglichen Kettenlinie EF, welche jene Minimalfläche giebt, mit Hilfe des rechtwinkligen Dreiecks PFH. Aufserdem mufs aber der Abstand $MP = MQ$ berechnet werden, was unten geschehen soll, denn aus ϱ_0 und ϱ_1 allein lassen sich unendlich viele Kettenlinien (für die verschiedenen Abstände PM) bilden, für welche PM nicht die Direktrix ist

Ist jedoch die Kettenlinie **nebst ihrer Direktrix** gezeichnet, d. h. fertig gegeben, so ist ihre **Rektifikation** mit Hilfe des Dreiecks PFH leicht zu erledigen.

§ 121) Die Tangente für einen beliebigen Punkt F der Kettenlinie ist leicht zu konstruieren. Der Winkel $PFH = \gamma$, für den $\sin\gamma = \frac{\varrho}{\varrho_1}$ ist, der also gleich dem Steigungswinkel der begrenzenden Schraubenlinie der Minimalschraubenfläche war, ist nur nach der anderen Seite von PF anzulegen, um die Tangente $FL = t$ zu geben.

Der Beweis kann folgendermafsen geführt werden. Denkt man sich die Kettenlinie $\widehat{EF} = r$ in n gleiche Bogen $b = \frac{r}{n}$ eingeteilt, so läfst sich der Abstand jedes z. B. des m^{ten} Teilpunktes von PQ, mit Hilfe der Formel $\varrho_m = \frac{\sqrt{h^2 + 4\pi^2 (mb)^2}}{2\pi}$ (nach der betreffenden Schraubenlinienformel) leicht berechnen. Für den letzten Abstand PF, der jetzt ϱ_n heifsen soll, findet man also $\varrho_n = \frac{\sqrt{h^2 + 4\pi^2 (nb)^2}}{2\pi}$ für den vorletzten $\varrho_{n-1} = \frac{\sqrt{h^2 + 4\pi^2 (n-1)^2 b^2}}{2\pi}$, es wird also

$$\varrho_n^2 - \varrho_{n-1}^2 = \frac{h^2 + 4\pi^2 n^2 b^2}{4\pi^2} - \frac{h^2 + 4\pi^2 (n-1)^2 b^2}{4\pi^2} = (2n-1) b^2.$$

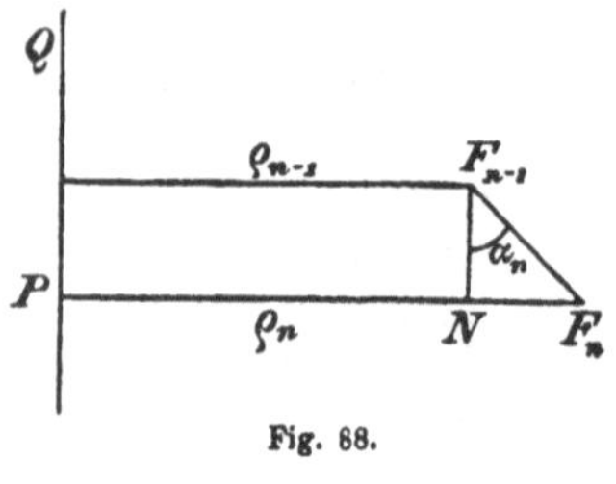

Fig. 68.

Für unendlich grofses n wird

$$b = \frac{r}{n}$$

geradlinig. Der Winkel α_n, den b mit $F_n N$ oder PQ bildet, bestimmt sich demnach mittels

$$\sin \alpha_n = \frac{NF_n}{F_n F_{n-1}}$$

oder

$$\sin \alpha_n = \frac{\varrho_n - \varrho_{n-1}}{b} = \frac{(\varrho_n - \varrho_{n-1})(\varrho_n + \varrho_{n-1})}{b(\varrho_n + \varrho_{n-1})} = \frac{\varrho_n^2 - \varrho_{n-1}^2}{b(\varrho_n - \varrho_{n-1})}$$

$$= \frac{(2n-1)b^2}{b(\varrho_n + \varrho_{n-1})} = \frac{(2n-1)b}{\varrho_n + \varrho_{n-1}} = \frac{(2n-1)\frac{r}{n}}{\varrho_n + \varrho_{n-1}} = \frac{2r - \frac{r}{n}}{\varrho_n + \varrho_{n-1}}.$$

Für $n = \infty$ wird aber $\frac{r}{n} = 0$ und $\varrho_{n-1} = \varrho_n$, also wird $\sin \alpha_n = \frac{2}{2}\frac{r}{\varrho_n} = \frac{r}{\varrho_n}$. Nun ist aber nach Dreieck FHP auch $\cos y = \frac{r}{\varrho_n}$, folglich ist $\alpha_n = 90^0 - \gamma$, in Figur 87 also die Tangente FL symmetrisch (gegen PF) zu FH, und aufserdem ist, wenn man $PH = ME$ jetzt mit ϱ_0 bezeichnet,

$$\tan \alpha_n = \frac{r}{\varrho_0} = \frac{\sqrt{\varrho_n^2 - \varrho_0^2}}{\varrho_0},$$

die Tangente also leicht zu konstruieren.

§ 122) **Übereinstimmung mit der Kettenlinie der Analysis.** Man nehme die Einheit gleich ϱ_0, so dafs $\tan \alpha_n = \sqrt{\varrho_n^2 - 1}$ wird. Ferner mache man im Sinne der analytischen Geometrie QP zur X-Achse, M zum Anfangspunkte der Koordinaten, MG zur Y-Achse, man denke sich also die Figur um 90^0 gedreht. Setzt man noch $\varrho_n = y$, so hat man die Gleichungen

$$1) \qquad \tan \alpha_n = \sqrt{y^2 - 1}, \quad \tan \gamma_n = \frac{1}{\sqrt{y^2 - 1}}.$$

Diese Gleichungen reichen hin, nachzuweisen, dafs die hier gefundene Kettenlinie identisch ist mit der in der analytischen Geometrie bezw. analytischen Mechanik durch eine der Gleichungen

$$2) \; y = \frac{e^x + e^{-x}}{2}, \quad x = {}^e lg(y + \sqrt{y^2 - 1}), \quad e^x = y + \sqrt{y^2 - 1}$$

definierten. (Die letztere kann nach der ersten dieser

Gleichungen dadurch konstruiert werden, dafs man zu den Ordinaten der beiden logarithmischen Linien $y = e^{x}$ und $y = e^{-x}$ das arithmetische Mittel sucht, d. h. an jeder Stelle D die Gerade $D_1 D_2$ halbiert.)

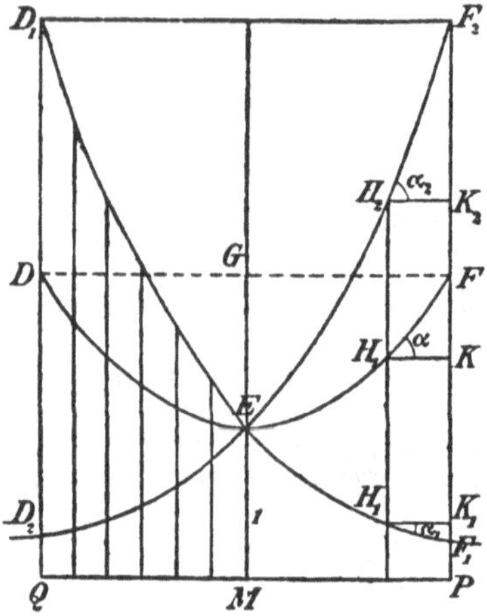

Fig. 89.

Für die Kurve $y = e^{x}$ läfst sich nämlich elementar nachweisen,*) dafs die Subtangente überall gleich 1 ist, die Tangente also mit der X-Achse einen Winkel α_1 einschliefst, der durch

$$\tan \alpha_1 = \frac{e^{x}}{1} = e^{x}$$

bestimmt wird. Bei der Kurve $y = e^{-x}$, die symmetrisch zu jener (gegen die X-Achse) ist, ergiebt sich ebenso

$$\tan \alpha_2 = -e^{-x}.$$

Vergleicht man in Figur 89 die kleinen Dreiecke HFK, $H_1 F_1 K_1$, $HF_2 K_2$, so ergiebt sich leicht, dafs, weil PK das arithmetische Mittel zu PK_1 und PK_2 ist,

$$FK = \frac{F_1 K_1 + F_2 K_2}{2}$$

ist, also dort

$$\text{3)} \qquad \tan \alpha = \frac{\tan \alpha_1 + \tan \alpha_2}{2} = \frac{e^{x} - e^{-x}}{2}$$

ist. Ersetzt man hier nach der letzten der Gleichungen 2) e^{x} durch $y + \sqrt{y^2 - 1}$, so wird hier

*) Vergl. z. B. die Ingenieur-Mathematik des Verfassers, Band I Seite 150.

$$\tan\alpha = \frac{1}{2}\left[y + \sqrt{y^2 - 1} - \frac{1}{y + \sqrt{y^2 - 1}}\right]$$

$$= \frac{1}{2}\left[y + \sqrt{y^2 - 1} - \frac{y - \sqrt{y^2 - 1}}{(y + \sqrt{y^2 - 1})(y - \sqrt{y^2 - 1})}\right],$$

oder, da der Nenner des Bruches in $y^2 - (\sqrt{y^2 - 1})^2 = 1$ übergeht,

$$\tan\alpha = \sqrt{y^2 - 1}. \tag{4}$$

Dies stimmt aber zur Gleichung 1), für gleiche y haben also beide Kurven gleichgerichtete Tangenten. Daraus folgt ohne weiteres, daſs, wenn zwei benachbarte Ordinaten y_n und y_{n-1} der einen Kurve mit solchen der anderen übereinstimmen, auch deren Abstände übereinstimmen müssen, denn die Dreiecke $F_n K_n F_{n-1}$ sind für beide Kurven kongruent, weil sie in allen Winkeln und in der Seite $K_n F_n$ übereinstimmen. Folglich decken sich beide Kurvenflächen Streifen für Streifen und damit ist die Kongruenz nachgewiesen. So fallen insbesondere die Geraden ME für beide aufeinander. Die Gleichungen 2) dürfen von jetzt ab für die weiteren Untersuchungen benutzt werden.*)

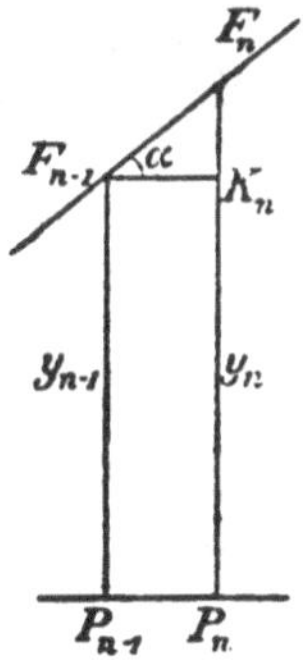

Fig. 90.

Um zur ursprünglichen Kurve zurückzukehren, setze man wiederum $EM = \varrho_0$, d. h. man miſst EM mit einer anderen Einheit, der $\frac{1}{\varrho_0}$-fachen, so daſs y sich als $y' = \varrho_0 y$, x als $x' = \varrho_0 x$ abmiſst. Die Gleichungen 2) gehen dadurch über in

---

*) Analytisch ist der Nachweis der Übereinstimmung natürlich kürzer zu führen. Aus Gleichung 1) folgt unmittelbar $\frac{dy}{dx} = \tan\alpha$ $= \sqrt{y^2 - 1}$, $dx = \frac{dy}{\sqrt{y^2 - 1}}$, durch Integration also $x = \int\limits_0^x \frac{dy}{\sqrt{y^2 - 1}}$ $= {}^e\lg\,(y + \sqrt{y^2 - 1})$, oder $e^x = y + \sqrt{y^2 - 1}$, also $y = \frac{e^x + e^{-x}}{2}$. Differentiale und Integrale sollen aber hier ausgeschlossen bleiben.

$$\frac{y'}{\varrho} = \frac{e^{\frac{x'}{\varrho_0}} + e^{-\frac{x'}{\varrho_0}}}{2},$$

$$\frac{x'}{\varrho_0} = lg\left(\frac{y'}{\varrho_0} + \sqrt{\left(\frac{y'}{\varrho_0}\right)^2 - 1}\right),\ e^{\frac{x'}{\varrho}} = \frac{y'}{\varrho_0} + \sqrt{\left(\frac{y'}{\varrho_0}\right)^2 - 1},$$

oder, wenn man die Marken an den y und x wegläfst, ebenso an ϱ, in

5) $$y = \varrho\, \frac{e^{\frac{x}{\varrho}} + e^{-\frac{x}{\varrho}}}{2},$$

$$x = \varrho\, lg\, \frac{y + \sqrt{y^2 - \varrho^2}}{\varrho},\ e^{\frac{x}{\varrho}} = \frac{y + \sqrt{y^2 - \varrho^2}}{\varrho}.$$

Jetzt ist also die Gröfse PF durch dieses y, die Gröfse MP durch dieses x gegeben, und mit letzterem der oben unberücksichtigt gebliebenen Abstand MP für das Katenoid als Minimalfläche bestimmt.

§ 123) Flächenbestimmung für die Kettenlinie. In der „Ingenieurmathematik" findet man an der angegebenen Stelle den elementaren Nachweis, dafs für die Kurve $y = e^x$ die zwischen M und $P\,(MP = x)$ liegende Fläche MPF_1E durch

$$\alpha)\ \overset{x}{\underset{0}{F}} = e^x - 1,$$

die von $x = -\infty$ bis M reichende durch $\overset{0}{\underset{-\infty}{F}} = 1$, also die von $-\infty$ bis x reichende durch $\overset{x}{\underset{\infty}{F}} = (e^x - 1) + 1 = e^x$ gegeben ist.

Daraus folgt $\overset{-x}{\underset{-\infty}{F}} = e^{-x}$, und demnach ist

$$\beta)\ \overset{0}{\underset{-x}{F}} = 1 - e^{-x}.$$

Für die symmetrische Kurve $y = e^{-x}$ ist die zur vorigen kongruente Fläche $\overset{x}{\underset{0}{F}}$ ebenfalls durch den Ausdruck $1 - e^x$ gegeben.

Da endlich die entsprechende Fläche der **Kettenlinie mit dem „Parameter"** $ME = 1$ nach der obigen Konstruktion das arithemetische Mittel zwischen den berechneten Flächen der beiden logarithmischen Linien ist, so folgt für sie

$$6) \qquad \overset{x}{\underset{o}{F}} = \frac{(e^{x} - 1) + (1 - e^{-x})}{2} = \frac{e^{x} - e^{-x}}{2}$$

$$= \frac{1}{2}\left[y + \sqrt{y^2 - 1} - \frac{1}{y + \sqrt{y^2 - 1}}\right] = \sqrt{y_2 - 1} = \tan \alpha_x,$$

wo unter α_x der zur Abscisse x gehörige Neigungswinkel der Tangente zu verstehen ist. (Die Umformung der eckigen Klammer war schon oben durchgeführt.)

Schreibt man, um auf die Kettenlinie mit dem Parameter $ME = \varrho$ zu kommen, in den obigen Gleichungen statt x und y überall $\frac{x}{\varrho}$ und $\frac{y}{\varrho}$ so giebt Gleichung 6) die $\frac{1}{\varrho^2}$-fache Fläche. Will man also die richtige erhalten, so hat man noch mit ϱ^2 zu multiplizieren. Dies giebt die Gleichung

$$7) \qquad \overset{x}{\underset{o}{F}} = \varrho^2 \frac{e^{\frac{x}{\varrho}} - e^{-\frac{x}{\varrho}}}{2} = \varrho^2 \sqrt{\frac{y^2}{\varrho^2} - 1} = \varrho\sqrt{y^2 - \varrho^2}$$

$$= \varrho r = \varrho^2 \tan^2 \alpha_x.$$

Demnach ist die Fläche $MEFP$ **der Kettenlinie doppelt so grofs, als die des Dreiecks** PFH, **oder gleich dem Rechteck aus** ϱ **und** r.

§ 124) **Inhalt des Katenoidkörpers.** Auf Seite 152 des ersten Bandes der „Ingenieurmathematik" ist auf elementarem Wege gezeigt, dafs das statische Moment der Fläche F_1 oder $\overset{x}{\underset{o}{F}}$ der logarithmischen Linie $y = e^{x}$ in Bezug auf die X-Achse von der Gröfse

$$\overset{x}{\underset{o}{M_1}} = \frac{1}{4}(e^{2x} - 1) = \frac{1}{4}(e^{x} + 1)(e^{x} - 1)$$

ist. Unabhängig von der Guldin'schen Regel ergab sich

daher der Schwerpunktsabstand dieser Fläche von der X-Achse als

$$y_{s_1} = \frac{M_1}{F_1} = \frac{\frac{1}{4}(e^x+1)(e^x-1)}{e^x-1} = \frac{1}{4}(e^x+1).$$

Für die Kurve $y = e^{-x}$ wird die entsprechende Fläche $F_2 = 1 - e^{-x}$, das entsprechende statische Moment wird $M_2 = \frac{1}{4}(1 - e^{-2x}) = \frac{1}{4}(1 - e^{-x})(1 + e^{-x})$, also der Schwerpunktsabstand

$$y_{s_2} = \frac{M_2}{F_2} = \frac{1}{4}\,\frac{(1+e^{-x})(1-e^{-x})}{1-e^{-x}} = \frac{1}{4}(1+e^{-x}).$$

Weil nun der Schwerpunktsabstand jedes Streifens der Fläche der Kettenlinie das arithmetische Mittel von den Schwerpunktsabständen für die entsprechenden Streifen der Flächen der beiden logarithmischen Linien ist, so ist auch der Schwerpunktsabstand der Fläche der Kettenlinie das arithmetishe Mittel von den Schwerpunktabständen der beiden anderen Kurvenflächen, d. h., es ist

$$1)\qquad y_s = \frac{y_{s_1} + y_{s_2}}{2} = \frac{\frac{1}{4}(1+e^x) + \frac{1}{4}(1+e^{-x})}{2}$$

$$= \frac{e^x + e^{-x} + 2}{8} = \frac{2y+2}{8} = \frac{y+1}{4}.$$

Das statische Moment ihrer Fläche

$$\overset{x}{\underset{0}{F}} = \frac{e^x - e^{-x}}{2} = \sqrt{y^2-1}$$

in Bezug auf die X Achse ist also

$$2)\quad M_x = y_s \overset{x}{\underset{0}{F}} = \frac{e^x + e^{-x} + 2}{8} \cdot \frac{e^x - e^{-x}}{2} = \frac{y+1}{4} \cdot \sqrt{y^2-1}.$$

Der körperliche Inhalt des Katenoids ist demnach:

$$3)\quad J=2\pi M=\frac{\pi}{8}(e^{x}+e^{-x}+2)(e^{x}-e^{-x})=\frac{\pi}{2}(y+1)\sqrt{y^2-1}.$$

Nimmt man die symmetrische Hälfte des Körpers dazu, so erhält man das Doppelte. Dies alles gilt für den Parameter $ME=1$.

Das statische Moment M_y der Fläche $\overset{x}{\underset{o}{F}}$ in Bezug auf die Y-Achse ergiebt sich in ähnlicher Weise. Für die Fläche der Kettenlinie $y=e^{x}$ handelt es sich um $M_y'=e^{x}(x-1)+1=xe^{x}-e^{x}+1$. (Elementare Entwickelung in Ingenieur-Mathematik, Band I, Seite 151.) Für $y=e^{-x}$ folgt nach derselben Methode $M_y''=-xe^{-x}-e^{-x}+1$, also wird das arithmetische Mittel für die Kettenlinie

$$M_y=\frac{(xe^{x}-e^{x}+1)+(-xe^{-x}-e^{-x}+1)}{2}$$

$$=\frac{x(e^{x}-e^{-x})-(e^{x}+e^{-x})+2}{2}$$

Daraus folgt als Schwerpunktsabstand der Fläche

$$x_s=\frac{M_y}{F}=\frac{x(e^{x}-e^{-x})-(e^{x}+e^{-x})+2}{e^{x}-e^{-x}}.$$

Der durch Drehung um die Y-Achse entstehende Körper hat also den Inhalt

$$2\pi M_y=2\pi x_s F=\frac{x(e^{x}-e^{-x})-(e^{x}+e^{-x})+2}{2}$$

Wie sich später zeigen wird, ist mit x_s auch der Schwerpunktsabstand x_s der Kurve gefunden, so dafs auch die neue Mantelfläche bestimmt ist.

Für die Kettenlinie mit Parameter $ME=\varrho$ erhält man der Reihe nach

1*) $$y_s = \varrho \frac{e^{\frac{x}{\varrho}} + e^{\frac{-x}{\varrho}} + 2}{8} = \varrho \frac{\frac{2y}{\varrho} + 2}{8} = \frac{y+\varrho}{4} = \frac{\varrho_1 + \varrho_0}{4},$$

2*) $$M = y_s F = \varrho \frac{e^{\frac{x}{\varrho}} + e^{\frac{-x}{\varrho}} + 2}{8} \cdot \varrho^2 \frac{e^{\frac{x}{\varrho}} - e^{\frac{-x}{\varrho}}}{2} = \frac{y+\varrho}{4} \cdot \sqrt{y^2 - \varrho^2}.$$

3*) $$J = 2\pi M = \frac{\pi\varrho^3}{8}\left(e^{\frac{x}{\varrho}} + e^{\frac{-x}{\varrho}} + 2\right)\left(e^{\frac{x}{\varrho}} - e^{\frac{-x}{\varrho}}\right)$$

$$= \frac{\pi}{2}\varrho(y+\varrho))\sqrt{y^2+\varrho^2} = \frac{\pi}{2}\varrho_0(\varrho_1+\varrho_0)\,r.$$

Rotiert schliefslich die symmetrische Fläche (Figur 87 *PFEDQ*) um die Achse *PQ*, so entsteht ein Körper von doppeltem Inhalte,

4*) $$J' = \pi\varrho(y+\varrho)\sqrt{y^2-\varrho^2} = \pi\varrho_0(\varrho_1+\varrho_0)r = 2\pi\frac{\varrho_1+\varrho_0}{2}\varrho_0 r,$$

Der Inhalt ist also gleich dem eines Hohl-Cylinders, der durch eine Drehung des Rechteks aus $FH = \mathrm{r}$ und $PH = \varrho$ um eine Achse entsteht, die von seinem Schwerpunkte die Entfernung $\frac{\varrho_1+\varrho_0}{2}$ hat und zu einer der Rechtecksseiten parallel ist.

§ 125) Die Mantelfläche des symmetrischen Katenoïds $y = \frac{e^x + e^{-x}}{2}$ (mit Parameter $\varrho = 1$) in Kartesischen Koordinaten. Ist in Figur 87 $\varrho = 1$, $\varrho = y$, so ist $EG = g = y - 1$, und $r = \sqrt{\varrho_1^2 - \varrho^2} = \sqrt{y^2 - 1}$. Daraus folgt $r^2 - g^2 = 2(y-1)$, $r^2 + g^2 = 2y(y-1)$. Endlich folgt $\frac{r+g}{r-g} = \frac{\sqrt{y^2-1}+(y-1)}{\sqrt{y^2-1}-(y-1)} = \frac{\sqrt{y-1}}{\sqrt{y-1}} \cdot \frac{\sqrt{y+1}+\sqrt{y-1}}{\sqrt{y+1}-\sqrt{y-1}}$

$$= \frac{(\sqrt{y+1}+\sqrt{y-1})^2}{(\sqrt{y+1}+\sqrt{y-1})(\sqrt{y+1}-\sqrt{y-1})} = y + \sqrt{y^2-1}.$$

Dies ist einzusetzen in die in § 119 abgeleitete Mantelgleichung

$$M = \frac{\pi r}{g}\left[r^2 + g^2 + \frac{(r^2 - g^2)^2}{2gr}\,{}^e lg\frac{r+g}{r-g}\right].$$

Man erhält

$$M = \frac{\pi\sqrt{y^2-1}}{y-1}\left[2y(y-1) + \frac{4(y-1)^2}{2(y-1)\sqrt{y^2-1}}\,{}^e lg(y+\sqrt{y^2-1})\right]$$

$$= 2\pi\sqrt{\frac{y-1}{y+1}}\left[y(y-1) + \sqrt{\frac{y-1}{y+1}}\,{}^e lg(y+\sqrt{y^2-1})\right]$$

oder endlich

1) $$M = 2\pi\left[y\sqrt{y^2-1} + {}^e lg(y+\sqrt{y^2-1})\right].$$

Will man mittels der Gleichung $y = \frac{e^x + e^{-x}}{2}$ oder $e^x = y + \sqrt{y^2-1}$, oder $x = lg(y+\sqrt{y^2-1})$, oder $\sqrt{y^2-1} = e^x - y = e^x - \frac{e^x+e^{-x}}{2} = \frac{e^x - e^{-x}}{2}$ durch x ausdrücken, so erhält man

$$M = 2\pi\left[\frac{e^x+e^{-x}}{2}\cdot\frac{e^x-e^{-x}}{2} + x\right]$$

oder

2) $$M = 2\pi\left[\frac{e^{2x}-e^{-2x}}{4} + x\right] = \frac{\pi}{2}\left[e^{2x} - e^{-2x} + 4x\right].$$

Die Länge der Kettenlinie ist dabei

$$l = 2r = 2\sqrt{y^2-1} = e^x - e^{-x},$$

ihr Schwerpunktsabstand von der X-Achse

$$= \frac{M}{2\pi l} = \frac{M}{2\pi\,.\,2r} = \frac{1}{2\sqrt{y^2-1}}\left[y\sqrt{y^2-1} + {}^e lg(y+\sqrt{y^2-1})\right]$$

$$= \frac{1}{4(e^x - e^{-x})}\left[e^{2x} - e^{-2x} + 4x\right].$$

In entsprechender Weise erhält man die Formeln für die Kettenlinie mit dem Parameter ϱ, wobei $g = y - \varrho$, $r = \sqrt{y^2 - \varrho^2}$ in die ursprüngliche Formel einzusetzen sind.

Man erhält

$$1^*)\qquad M = 2\pi\left[y\sqrt{y^2-\varrho^2} + \varrho^2\, {}^e lg\, \frac{y+\sqrt{y^2-\varrho^2}}{\varrho}\right]$$

oder

$$2^*)\quad M = 2\pi\varrho^2\left[\frac{e^{\frac{2x}{\varrho}} - e^{\frac{-2x}{\varrho}}}{4} + \frac{x}{\varrho}\right] = \frac{\pi\varrho^2}{2}\left[e^{\frac{2x}{\varrho}} - e^{\frac{-2x}{\varrho}} + \frac{4x}{\varrho}\right],$$

außerdem

$$l = \varrho\left(e^{\frac{x}{\varrho}} - e^{\frac{-x}{\varrho}}\right),\; y_s = \frac{\varrho}{4\left(e^{\frac{x}{\varrho}} - e^{\frac{-x}{\varrho}}\right)}\left[e^{\frac{2x}{\varrho}} - e^{\frac{2x}{\varrho}} + \frac{4x}{\varrho}\right].$$

δ) Die konforme Abbildung des Katenoids auf Parallelstreif und Ebene und die Geometrie auf der Katenoidfläche.

§ 126) Eine wichtige Eigenschaft der Kettenlinie. In folgendem kommt eine Eigenschaft der Kettenlinie zur Anwendung, die sich elnmentar beweisen läßt. Man denke sich auf der Direktrix z. B. von M aus gleiche Teile MA_1, A_1A_2, A_2A_3, A_3A_4 .. . $= a$ abgeschnitten, die sehr klein

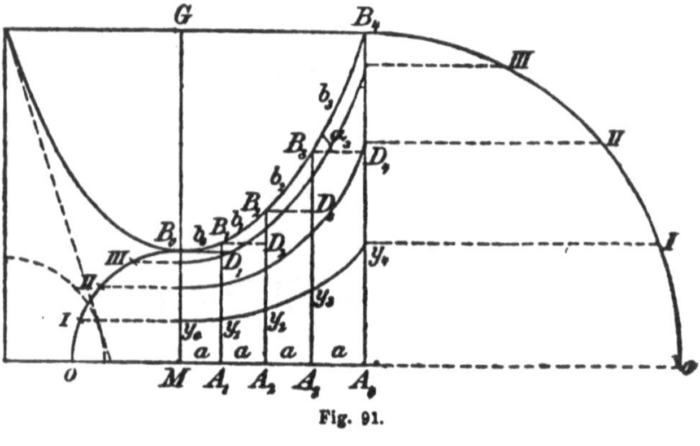

Fig. 91.

sein sollen. Durch die entsprechenden Lote erhält man oben die kleinen Bogen $B_0B_1 = b_1$, $B_1B_2 = b_2$, $B_2B_3 = b_3$ u. s. w., die mit den zugehörigen Horizontalen Winkel $\alpha_0, \alpha_1, \alpha_2, \ldots$ bilden. Dabei ist nach den obigen Untersuchungen $\cos\alpha_m = \frac{\varrho_0}{y_m}$, also z. B. $b_m \cos\alpha_m = a$ und auch $b_n \cos\alpha_n = a$, also $b_m \cos\alpha_m = b_n \cos\alpha_n$. Demnach ist bei dieser Art der Einteilung

$$\frac{b_m}{b_n} = \frac{\cos\alpha_n}{\cos\alpha_m} = \frac{\left(\frac{\varrho_0}{y_n}\right)}{\left(\frac{\varrho_0}{y_m}\right)} = \frac{y_m}{y_n},$$

d. h.: Folgen die Ordinaten der Kettenlinie in gleichen aber sehr kleinen Abständen aufeinander, so verhalten sich die abgeschnittenen Bogen wie die zugehörigen Ordinaten (von der Direktrix aus gemessen).

§ 127) Kennt man also zwei benachbarte Ordinaten, z. B. y_0 und y_1 im Abstande a von einander, so kann man beliebig viele Punkte der Kettenlinie konstruieren. Zunächst ist das Trapez $MA_1B_1B_0$, also das zu y_0 gehörige $b_0 = B_0B_1$

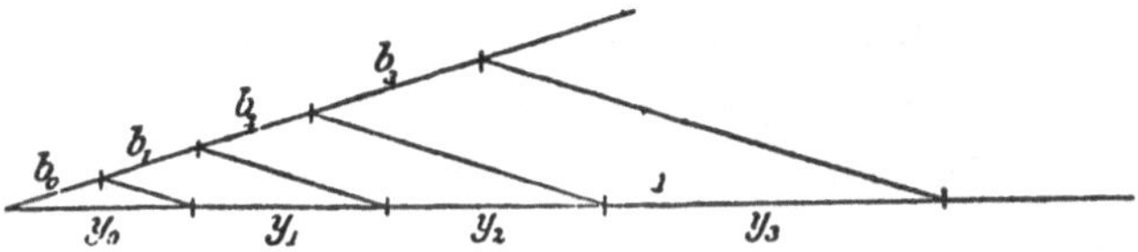

Fig. 92.

bekannt. Man bestimme b_1 mittels der Proportion $y_0 : y_1 = b_0 : b_1$, schlage um B_1 mit b_1 einen Kreis, der, wenn $y_1 > y_0$ war, das im Abstande $a = A_1A_2$ errichtete Lot im oberen Punkte B_2 schneidet, so dafs $y_2 = A_2B_2$ bekannt ist. Man bestimme jetzt b_2 mit Hilfe der Proportion $y_1 : y_2 = b_1 : b_2$ und finde ebenso, wie vorher y_3 u. s. w. Alles läfst sich in einer Zeichnung vereinigen. Die oberen Endpunkte der Lote liegen dann annähernd in einer Kettenlinie. Man hat damit eine brauchbare Annäherungskonstruktion gefunden. (Fig. 92.)

(Im Anschlufs an Figur 93 erkennt man, dafs die Quadrate mit diesen Seiten $b_0, b_1, b_2, \ldots$, längs einer Geraden aneinander gereiht mit derselben Annäherung ihre Eckpunkte in einer Hyperbel haben. Diese Zeichnung ist leicht auszuführen, schwieriger aber die allgemeine Berechnung der Länge Mk für $n = \infty$. Diese ist aber durch die Kettenlinie gegeben. Damit ist mit grofser Annäherung die Einteilung der zugehörigen Minimalschraubenfläche, also auch die des Katenoids in kleine Quadrate ermöglicht, wie sich nun des weiteren zeigen wird.)

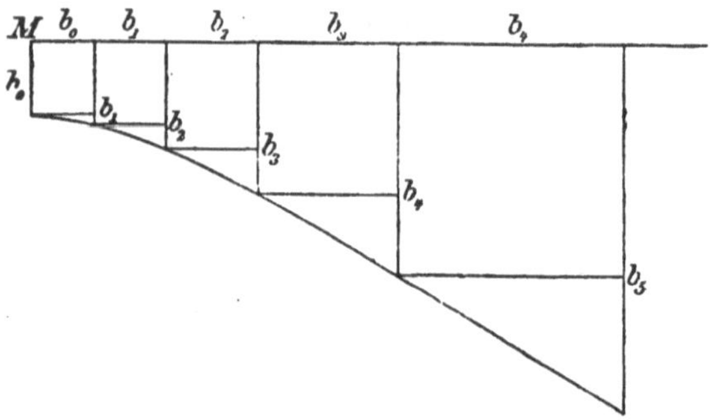

Fig. 93.

§ 128) **Einteilung der Katenoidfläche in kleine Quadrate.** Man denke sich das Katenoid durch Hauptschnitte, die unter gleichen Winkeln $\vartheta = \frac{2\pi}{n}$ auf einander folgen, in Meridianstreifen eingeteilt, wobei n sehr grofs sei. Der Striktionskreis wird dabei in Bogen von der Länge $b_0 = \frac{2\pi\varrho_0}{n}$ eingeteilt, die man bei grofsem n als geradlinig betrachten darf. Trägt man in Figur 91 auf dem Meridiane B_0B_4 den Bogen $B_0B_1 = b_0$ ab, und legt man durch B_1 einen Normalschnitt zur Achse, der auf dieser ein Stück $MA_1 = a$ abschneidet, so hat man nur noch Normalschnitte, die unter den Abständen a auf einander folgen, durch die Achse zu legen, um die quadratische Einteilung mit beliebiger Genauigkeit zu erhalten.

Dafs nämlich der erste Streifen (Zone) in kleine Quadrate von der Seite $b_0 = \frac{2\pi\varrho_0}{n}$ eingeteilt ist, ergiebt sich aus der Konstruktion. Nun ist $\frac{b_0}{b_m} = \frac{\varrho_0}{y_m} = \frac{\frac{2\pi\varrho_0}{n}}{\frac{2\pi y_m}{n}}$, da aber $b_0 = \frac{2\pi\varrho_0}{n}$ ist, so ist auch $b_m = \frac{2\pi y_m}{n}$, d. h. b_m gleich dem n^{ten} Teile der durch den m^{ten} Normalschnitt entstandenen Kreislinie. Also ist jeder m^{te} Streif in „Quadrate" eingeteilt.

Für $n = \infty$ ist $\measuredangle \alpha_0 = 0$, also $a = b_0 \cos\alpha_0 = b_0$, so dafs man dann auch den Abstand der aufeinander folgenden Normalschnitte (auf der Achse gemessen) gleich b_0 setzen darf. Also: Teilt man den Striktionskreis in sehr viele gleiche Teile $\frac{2\pi\varrho}{n}$, und legt man Normalschnitte durch die Achse, die unter Abständen $\frac{2\pi\varrho}{n}$ auf einander folgen, so bilden die Schnittlinien mit den Grenzlinien von n gleichen Sektoren die quadratische Einteilung der Fläche.

§ 129) Winkeltreue (konforme) Abbildung der Katenoidfläche auf einem Parallelstreif der Ebene. Man denke sich die obige Quadrateinteilung des Katenoids so, dafs auf jeder Zone n Quadrate liegen, und dafs es sich vom Striktionskreise aus auf jedem Meridianstreifen um m Quadrate handelt. Die an ϱ_0 liegenden Quadrate haben die Seite $b_0 = \frac{2\pi\varrho_0}{n}$. Für ϱ_0 soll jetzt aus typographischen Gründen ϱ geschrieben werden.

In der Ebene denke man sich längs PQ ebenfalls n Quadrate von der Seite b_0 angeordnet, längs PS aber m solche. Dann entsteht ein Rechteck $PQRS$, dessen Quadrate der bereits eingeteilten Katenoidfläche entsprechen. Damit ist auch die Abbildung der ganzen Katenoidfläche auf den unbegrenzten Parallelstreif als erledigt zu betrachten.

Dabei finden folgende Mafsbeziehungen statt.

Schreibt man statt der obigen Bogenlänge r jetzt s, so hat man statt der obigen Gleichung $r = \sqrt{y^2 - \varrho^2}$ jetzt

$$s = \sqrt{y^2 - \varrho^2} = \sqrt{\left(\varrho \frac{e^{\frac{x}{\varrho}} + e^{-\frac{x}{\varrho}}}{2}\right)^2 - \varrho^2} = \varrho \sqrt{\left(\frac{e^{\frac{x}{\varrho}} - e^{-\frac{x}{\varrho}}}{2}\right)^2}$$

$$= \varrho \frac{e^{\frac{x}{\varrho}} - e^{-\frac{x}{\varrho}}}{2}.$$

Löst man die daraus folgende Gleichung

$$e^{\frac{2x}{\varrho}} - \frac{2s}{\varrho} e^{\frac{x}{\varrho}} = 1$$

nach $e^{\frac{x}{\varrho}}$ auf, so folgt

$$e^{\frac{x}{\varrho}} = \frac{s}{\varrho} + \sqrt{\frac{s^2}{\varrho^2} + 1} = \frac{s + \sqrt{s^2 + \varrho^2}}{\varrho}$$

oder

1) $$x = \varrho \, lg \frac{s + \sqrt{s^2 + \varrho^2}}{\varrho}.$$

Dieses x ist das zur rektifizierten Bogenlänge s (früher r) gehörige Stück der Achse des Katenoids, also $x = m b_0 = m \frac{2\pi\varrho}{n}$. Ebenso grofs ist aber die horizontale Grundlinie des Rechtecks in der Abbildungsebene. Stellen wir in dieser die Koordinaten durch X und Y dar, so hat man zunächst die Beziehung

1*) $$X = \varrho \, lg \frac{s + \sqrt{s^2 + \varrho^2}}{\varrho} = x.$$

Bezeichnet man die rechtwinklig gegen einen ersten Meridian stehenden Bogenabstände auf dem Katenoid als Ordinaten, so kann man diese z. B. als $y_m \vartheta$ messen, wo ϑ den Winkel zwischen den entsprechenden Meridianschnitten bedeutet. Auf dem Striktionskreise handelt es sich um den Bogen $\varrho \vartheta$, die gleich grofse Strecke Y in der Ebene ist

2) $$Y = \varrho \vartheta.$$

Folglich: In der Ebene und auf dem Katenoid entsprechen einander die Kurven

$$f(X,Y) = 0 \text{ und } f\left(\varrho \lg \frac{s + \sqrt{s^2 + \varrho^2}}{\varrho}, \varrho\vartheta\right) = 0.$$

Für den zum Katenoid gehörigen Ausdruck kann man einfacher schreiben $f(x, \varrho\vartheta) = 0$, wobei das x die auf der Achse abgemessene Koordinate bedeutet. Der kompliziertere Ausdruck wird jedoch im Hinblick auf die Minimalschraubenfläche benutzt. Umgekehrt entsprechen einander die Kurven

$$f\left(\varrho \frac{e^{\frac{X}{\varrho}} - e^{-\frac{X}{\varrho}}}{2}, \frac{Y}{\varrho}\right) = 0 \text{ und } f(s, \vartheta) = 0.$$

Damit ist die gesamte Geometrie des unbegrenzten Parallelstreifs der Ebene auf das einfach bedeckte Katenoid, die der ganzen Ebene auf das unendlichfach überdeckte Katenoid übertragen. Insbesondere entspricht jeder quadratischen Einteilung der Ebene eine solche des Katenoids.

Wählt man die einfacheren Beziehungen $f(X, Y) = 0$ und $f(x, \varrho\vartheta) = 0$, bezw. $f\left(X, \frac{Y}{\varrho}\right) = 0$ und $f(x, \vartheta) = 0$, so finden Unterschiede in der Schreibweise kaum noch statt. Setzt man aber den Parameter ϱ des Katenoids gleich der Einheit, so fallen auch diese Unterschiede weg, und es entsprechen einander die Kurven

$$f(X, Y) = 0, \; f(x, \vartheta) = 0.$$

Folglich: Die analytische Geometrie der Ebene in Kartesischen Koordinaten und die dieses Katenoids in den Koordinaten x und ϑ, von denen die ersteren der Achse parallel sind, die anderen die Drehung um die Achse bedeuten, sind identisch.

Das Katenoid ist demnach sogar leichter zu behandeln, als die Kugel und ebenso leicht wie der Kreiscylinder.

δ) Beispiele konformer Übertragung für das Katenoid mit Parameter $\varrho = 1$ und die Eigenschaften seiner Loxodromen.

§ 130) Unter p soll ein Kurvenparameter verstanden werden, der, wenn quadratische Einteilungen erzielt werden sollen, Werte anzunehmen hat, die in arithmetischer Reihe aufeinander folgen. In der Regel soll es sich um die Reihe

$$p = 0, \pm c, \pm 2c, \pm 3c, \pm 4c, \ldots$$

handeln. Dabei soll c klein sein, damit man auf den krummen Flächen von „Quadraten" reden kann.

In der Ebene geben die Geradenscharen

$$X = p = 0, c, 2c, 3c, \ldots$$
$$Y = p = 0, c, 2c, 3c, \ldots$$

eine Einteilung in kleine Quadrate.

Folglich, auf dem Katenoid geben die Parallelkreise und Meridiane, die durch

$$x = p \text{ und } \vartheta = p$$

bestimmt sind, eine Einteilung in kleine „Quadrate".

Auch die beiden Diagonalenscharen dieser Quadrate in der Ebene geben kleine Quadrate. Ihre Gleichungen sind

$$X + Y = p, \quad X - Y = p.$$

Auf dem Katenoid entsprechen ihnen die Loxodromen zu 45^0, die durch die Gleichungen

$$x + \vartheta = p, \quad x - \vartheta = p$$

bestimmt sind. Sie lassen sich elementar konstruieren, ebenso die quadratische Einteilung.

§ 131) In der Ebene geben die orthogonalen Geradenscharen *)

$$X + Y \tan\alpha = p, \quad X - Y \cot\alpha = p,$$

---

*) Noch besser wählt man für die Parallelscharen die Gleichungen

$$X = x\cos\alpha - y\sin\alpha = 0, \pm c, \pm 2c, \ldots = p$$
$$Y = x\sin\alpha + y\cos\alpha = 0, \pm c, \pm 2c. \ldots = p.$$

die also unter α bezw. unter $\alpha + 90^0$ gegen die positive Richtung der X-Achse geneigt sind, eine Einteilung in kleine Quadrate. Folglich:

Auf dem Katenoid geben die orthogonalen Loxodromenscharen

$$x + \vartheta \tan \alpha = p, \quad x - \vartheta \cot \alpha = p,$$

die sich elementar konstruieren lassen, eine quadratische Einteilung.

§ 132) In der Ebene geben die konzentrischen Kreise und das zugehörige Radienbüschel

$$^e lg\, R = p = 0, \pm c, \pm 2c, \pm 3c, \ldots$$
$$\Theta = p = 0, \pm c, \pm 2c, \pm 3c, \ldots$$

eine quadratische Einteilung. (Vergl. Bd. I § 314.) Dabei ist

$$R = \sqrt{X^2 + Y^2}, \tan \Theta = \frac{Y}{X},$$

so daſs man hat

$$\frac{1}{2} {}^e lg\, (X^2 + Y^2) = p, \text{ arctan} \frac{Y}{X} = p.$$

Ihnen entsprechen auf dem Katenoid die loxodromischen Kreise*) und das orthogonale Loxodromenbüschel

$$\frac{1}{2} {}^e lg\, (x^2 + \vartheta^2) = p, \text{ arctan} \frac{\vartheta}{x} = p.$$

Diese sind ebenfalls elementar zu konstruieren. Für die Konstruktion der kleinen Quadrate, die mit beliebiger Genauigkeit auszuführen ist, wie in der Ebene, vergleiche man das in Bd. I § 314 Gesagte.

---

*) Solche Kreise sind für gekrümmte Flächen im allgemeinen andere, als die geodätischen Kreise, denn die Loxodromen sind im allgemeinen keine geodätischen Linien, wie man schon an der abwickelbaren Kegelfläche sieht, deren geodätische Linien in der Abwickelung Gerade geben, während die Loxodromen logarithmische Spiralen werden.

§ 133) Die orthogonalen logarithmischen Spiralen, die jene Kreisschar der Ebene unter den Winkeln α und $90^0 - \alpha$ durchsetzen, haben die Gleichungen*)

$$ {}^e lg\, R - \theta \cot\alpha = p, \quad {}^e lg\, R + \theta \tan\alpha = p. $$

Sie geben eine quadratische Einteilung der Ebene. Ihnen entsprechen auf dem Katenoid die ebenso leicht zu zeichnenden „logarithmischen Spiralen"

$$ \frac{1}{2}\, {}^e lg\,(x^2 + \vartheta^2) - \arctan\frac{\vartheta}{x} \cot\alpha = p, $$

$$ \frac{1}{2}\, {}^e lg\,(x^2 + \vartheta^2) + \arctan\frac{\vartheta}{x} \tan\alpha = p. $$

Für $\alpha = 45^0$ ist $\tan\alpha = 1$, $\cot\alpha = -1$ einzusetzen.

§ 134) Der Büschelpunkt der Geraden der Ebene, d. h. der Mittelpunkt der konzentrischen Kreise kann an beliebiger Stelle $X_1 = a$, $Y_1 = b$ liegen, so daſs die Gleichungen für Kreisschar und Radienbüschel übergehen in

$$ \frac{1}{2}\, {}^e lg\,[(X-a)^2 + (Y-b)^2] = p, \quad \arctan\frac{Y-b}{X-a} = p, $$

für die Spiralen also in

$$ \frac{1}{2}\, lg\,[(X-a)^2 + (Y-b)^2] - \arctan\frac{Y-b}{X-a} \cot\alpha = p, $$

$$ \frac{1}{2}\, lg\,[(X-a)^2 + (Y-b)^2] + \arctan\frac{Y-b}{X-a} \tan\alpha = p. $$

Die entsprechenden Kurvengleichungen für die Katenoidfläche erhält man durch Einsetzung von x und ϑ für X und Y in diese Gleichungen.

§ 135) Das Kreisbüschel durch zwei beliebige Punkte der Ebene mit den Koordinaten a_1, b_1 bezw. a_2, b_2 und die dazu orthogonale Kreisschar haben die Gleichungen

$$ \theta_1 - \theta_2 = p, \quad lg\, R_1 - lg\, R_2 = p \text{ oder } lg\frac{R_1}{R_2} = p. $$

---

*) Noch günstiger sind die Gleichungen

$$ \cos\alpha\, lg\, R - \theta \sin\alpha = p $$
$$ \sin\alpha\, lg\, R + \theta \cos\alpha = p. $$

Auf dem Katenoid entsprechen ihnen die Kurven

$$arc\tan\frac{\vartheta - b_1}{x - a_1} - \arctan\frac{\vartheta - b_2}{x - a_2} = p$$

$$\frac{1}{2}\,lg\,\frac{(x-a_1)^2 + (\vartheta - b_1)^2}{(x-a_2)^2 + (\vartheta - b_2)^2} = p.$$

§ 136) Die isogonalen Trajektorien, die jenes Kreisbüschel bezw. die Kreisschar unter Winkeln α und $90^0 - \alpha$ durchsetzen, haben die Gleichung

$$lg\,\frac{R_1}{R_2} - (\theta_1 - \theta_2)\cot\alpha = p, \quad lg\,\frac{R_1}{R_2} + (\theta_1 - \theta_2)\tan\alpha = p.$$

Sie heifsen auch Bicirkularspiralen. Ihnen entsprechen auf dem Katenoid die Kurvenscharen

$$\frac{1}{2}\,lg\,\frac{(x-a_1)^2 + (\vartheta - b_1)^2}{(x-a_2)^2 + (\vartheta - b_2)^2}$$

$$-\left[arc\tan\frac{\vartheta - b_1}{x - a_1} - \arctan\frac{\vartheta - b_2}{x - a_2}\right]\cot\alpha = p$$

$$\frac{1}{2}\,lg\,\frac{(x-a_1)^2 + (\vartheta - b_1)^2}{(x-a_2)^2 + (\vartheta - b_2)^2}$$

$$+\left[arc\tan\frac{\vartheta - b_1}{x - a_1} - \arctan\frac{\vartheta - b_2}{x - a_2}\right]\tan\alpha = p.$$

§ 137) Fallen a und b unendlich nahe an den Nullpunkt, so handelt es sich um die Gleichungen

$$\frac{X}{X^2 + Y^2} = p \quad \text{und} \quad \frac{Y}{X^2 + Y^2} = p,$$

welche Kreisscharen darstellen, die durch den Nullpunkt gehen, wobei die eine Schar die Y-Achse, die andere die X-Achse zur gemeinschaftlichen Tangente hat.

Die isogonalen Trajektorien haben nach Analogie der Geraden $x + y\tan\alpha = c$, $x - y\cot\alpha = c$ die Gleichungen

$$\frac{X}{X^2+Y^2} + \frac{Y}{X^2+Y^2}\tan\alpha = p, \quad \frac{X}{X^2+Y^2} - \frac{Y}{X^2+Y^2}\cot\alpha = p$$

und diese stellen wiederum orthogonale Kreisscharen dar.

§ 138) Das Büschel gleichseitiger Hyperbeln durch zwei Punkte und die orthogonale Lemniskatenschar sind gegeben durch die Gleichungen

$$\theta_1 + \theta_2 = p \text{ und } {}^e lg\, R_1 + {}^e lg\, R_2 = p \text{ oder } {}^e lg\,(R_1 R_2) = p;$$

ihre isogonalen Trajektorien durch

$$\begin{aligned} {}^e lg\,(R_1 R_2) - (\theta_1 + \theta_2) \cot \alpha &= p, \\ lg\,(R_1 R_2) + (\theta_1 + \theta_2) \tan \alpha &= p. \end{aligned}$$

Bei der einen Schreibweise $\left(lg\, R_1 - lg\, R_2 \text{ statt } lg \frac{R_1}{R_2}\right)$ handelt es sich nur um Vorzeichenänderungen, die für das Katenoid den Fall des § 138 in den von § 137 umwandeln.

Absichtlich wurden hier nur die einfachsten Fälle behandelt, die elementar erledigt werden können und für die Lehre von den stationären Strömungen von Interesse sind.

§ 139) Aber eine die Anschauung störende Schwierigkeit liegt hier vor. Die für die XY-Ebene aufgestellten Kurven nämlich gehen durch zahlreiche Parallelstreifen der Gesamtebene. Denkt man sich das Katenoid mit unendlich vielen Flächen bedeckt, so entspricht allerdings jede einem der Streifen. Damit also Eindeutigkeit herrsche, ist es vorzuziehen, einen solchen auf die Gesamtebene abzubilden. Dies ist schon gelegentlich der Merkatorkarte und der Polarkarten in Band II geschehen, wo auf Seite 386 und 387 die Beziehungen tabellarisch zusammengestellt sind. (Nur wurde dort der Parallelstreif aus Gründen der Kartographie senkrecht gestellt, während er hier horizontal liegt, man hat also X und Y zu vertauschen. Die neue Ebene soll die Koordinaten ξ und η bezw. r und ψ haben. Dann hat man zu setzen

$$e^X = r = \sqrt{\xi^2 + \eta^2}, \quad \text{also } X = lg\, r = lg \sqrt{\xi^2 + \eta^2},$$
$$e^X \cos \theta = \xi, \quad Y = \psi, \quad e^Y \sin \vartheta = \eta.$$

Jetzt ergiebt sich für die drei Flächen folgende Tabelle von Beziehungen:

	Katenoid,	Parallelstreif,	Ganze Ebene.
1)	$\begin{cases} f(x, \vartheta) = 0, \\ f\left[{}^{e}lg\,(s + \sqrt{s^2 + 1}),\ \vartheta\right] = 0, \end{cases}$	$f(X, Y) = 0$	$\begin{cases} f\left({}^{e}lg\,r, \psi\right) = 0, \\ f\left[{}^{e}lg\sqrt{\xi^2 + \eta^2},\ \arctan\frac{\eta}{\xi}\right] = 0, \end{cases}$
2)	$\begin{cases} f\left(e^{x}, \vartheta\right) = 0 \\ f\left[(s + \sqrt{s^2 + 1}),\ \vartheta\right] = 0, \end{cases}$	$f\left(e^{X}, Y\right) = 0,$	$\begin{cases} f(r, \psi) = 0 \\ f\left(\sqrt{\xi^2 + \eta^2},\ \arctan\frac{\eta}{\xi}\right) = 0, \end{cases}$
3)	$\begin{cases} f\left(\frac{e^{x} - e^{-x}}{2}, \vartheta\right) = 0 \\ f(s, \vartheta) = 0 \end{cases}$	$f\left(\frac{e^{X} - e^{-X}}{2}, Y\right) = 0,$	$\begin{cases} f\left[\frac{1}{2}\left(r - \frac{1}{r}\right), \psi\right] = 0, \\ f\left[\frac{\xi^2 + \eta^2 - 1}{2\sqrt{\xi^2 + \eta^2}},\ \arctan\frac{\eta}{\xi}\right] = 0, \end{cases}$
4)	$\begin{cases} f\left[e^{x}\cos\vartheta,\ e^{x}\sin\vartheta\right] = 0 \\ f\begin{bmatrix} (s + \sqrt{s^2 + 1})\cos\vartheta, \\ (s + \sqrt{s^2 + 1})\sin\vartheta \end{bmatrix} = 0 \end{cases}$	$f\left(e^{X}\cos Y,\ e^{X}\sin Y\right) = 0$	$f(\xi, \eta) = 0$ *)
5)	$f\left[\sqrt{x^2 + \vartheta^2},\ \arctan\frac{\vartheta}{x}\right] = 0$	$f(R, \Theta) = 0$	$f\left[\sqrt{(lg\,r)^2 + \psi^2},\ \arctan\frac{\psi}{lg\,r}\right] = 0.$

*) Auf der Tabelle auf Seite 387, Bd. II, ist unter 5) für X durch einen Schreibfehler Φ eingesetzt worden, so daſs dort eine kleine Änderung nötig ist.

Stellt man jetzt die Gleichungen der obigen isothermischen Probleme (§ 131 bis 138) in den Koordinaten ξ, η, r und ψ geschrieben zusammen, so hat man nur ξ durch $e^x \cos\vartheta$, η durch $e^x \sin\vartheta$, r durch e^x, ψ durch ϑ zu ersetzen, um die Übertragung auf die Katenoidfläche zu besorgen. So heifst es z. B.:

1) In der Ebene geben die Geradenscharen $\xi = p$ und $\eta = p$ eine Einteilung in kleine Quadrate, folglich thun dies auf dem Katenoid die Kurven $e^x \cos\vartheta = p$, $e^x \sin\vartheta = p$.

2) In der Ebene geben die Geradenscharen $\psi = b$ und die Kreise $lg\, r = p$ eine quadratische Einteilung, auf dem Katenoid thun dies die Kurven $x = p$ und $\vartheta = p$.

3) In der Ebene geben die logarithmischen Spiralen ${}^e lg\, r - \psi \cot\alpha = p$ und ${}^e lg\, r + \psi \tan\alpha = p$ eine quadratische Einteilung, auf dem Katenoid die Loxodromen $x - \vartheta \cot\alpha = p$ und $x + \vartheta \tan\alpha = p$.

Es bleibe dem Leser überlassen, alle diese Beziehungen in der neuen Form niederzuschreiben. Man erhält dann die Lösung einer Reihe von Problemen für stationäre elektrische Strömungen auf der einfach bedeckten Katenoidfläche. Bei diesen ist die Voraussetzung zu machen, dafs elektrische Beeinflussungen nur in der Fläche vor sich gehen, nicht aber durch den Raum hindurch von Flächenteilchen auf Flächenteilchen. Die eine Kurvenschar bedeutet dann die Stromlinien, die andere die Linien konstanten Potentials.

§ 140) Die überraschende Einfachheit der Beziehungen zwischen dem Parallelstreif und der Katenoidfläche läfst sich stereometrisch folgendermafsen deuten:

In das Katenoid läfst sich ein einbeschriebener Kreiscylinder stellen, der den kleinsten Kreis der ersteren enthält. Von jedem Punkte der Katenoidfläche läfst sich ein Lot auf die Achse fällen, welches die Cylinderfläche in dem dem ersteren zugeordneten Punkte schneidet. Durch diese Zuordnung erhält man die konforme Abbildung des Katenoids auf die Cylinderfläche.

Die Abbildungsaufgabe ist also durch eine Art von Projektion bequem zu erledigen. Die Geometrie der Lage läfst sich mit Hilfe der logarithmischen Abbildung bequem von der Gesamtebene auf den Mercatorstreif und den Cylinder, durch obiges auf das Katenoid übertragen Dazu sollen unten Beispiele gegeben werden. Etwas unbequemer ist es mit den Mafsbeziehungen.

§ 141) Das Vergröfserungsverhältnis zwischen Katenoid und Cylinder (bezw. Parallelstreif ist nach obigem für jede Stelle durch den Ausdruck $\frac{e^x + e^{-x}}{2}$ gegeben, und zwar für **sämtliche Richtungen** innerhalb dieses kleinen Bereiches. Jeder beliebig gerichteten kleinen Strecke $\bar{s}$ entspricht eine kleinere $\bar{S}$ auf dem Cylinder derartig, dafs $\bar{s} = \frac{e^x + e^{-x}}{2} \bar{S}$ ist. Der Winkel zwischen $\bar{s}$ und der dortigen Kettenlinie ist derselbe, wie der zwischen $\bar{S}$ und den dortigen Cylinder-Geraden. Die entsprechende Strecke $\bar{\sigma}$ der ganzen Ebene bestimmt sich nach den Untersuchungen über die Mercatorkante so, dafs $\bar{S} = \frac{\sigma}{r}$ ist, denn auf dem Einheitskreise stimmen die Dimensionen der Quadrate überein, in der Entfernung r sind sie auf der Ebene r-mal so grofs, als auf dem Streifen. Demnach ist

$$\bar{s} = \frac{e^x + e^{-x}}{2} \bar{S} = \frac{e^x + e^{-x}}{2} \frac{\sigma}{r} = \frac{r + \frac{1}{r}}{2} \cdot \frac{\bar{\sigma}}{r} = \frac{r^2 + 1}{2} \bar{\sigma}.$$

Nur für $r = 1$ oder $x = 0$ stimmen $\bar{s}$ und σ überein.

Damit ist auch das Vergröfserungsverhältnis zwischen Katenoid und Gesamtebene für jede Stelle bestimmt.

§ 142) Bei der Bestimmung der Länge gröfserer Kurvenstrecken sind im allgemeinen höhere Rechnungen erforderlich, auch bei geodätischen Untersuchungen. Die Länge der Loxodromen des Katenoids aber läfst sich elementar bestimmen. Sämtliche Kettenlinien auf der

Fläche sind nämlich kongruent. Durchschneidet nun die Loxodrome das ganze System unter dem Winkel α, so ist jedes kleine Stück s der Kettenlinie das $\cos\alpha$-fache vom entsprechenden Stück der geschnittenen Loxodrome. Dieses Verhältnis gilt für alle Durchschnittsstellen. Demnach ist die Länge l der Loxodrome das $\frac{1}{\cos\alpha}$-fache von der entsprechenden Länge der Kettenlinie. Die letztere hat aber von 0 bis x gerechnet die Länge

$$s = \sqrt{y^2 - 1} = \sqrt{\left(\frac{e^x + e^{-x}}{2}\right)^2 - 1} = \frac{e^x - e^{-x}}{2},$$

also ist die entsprechende Loxodromenlänge zwischen 0 und x gegeben durch

$$1) \qquad l = \frac{1}{\cos\alpha}\sqrt{y^2 - 1} = \frac{e^x - e^{-x}}{2\cos\alpha}.$$

Ist l_1 die Länge zwischen den auf der Achse gemessenen Koordinaten 0 und x_1, l_2 die entsprechende zwischen 0 und x_2, so folgt als Länge der Loxodrome zwischen den Koordinaten x_1 und x_2

$$2) \qquad l = l_2 - l_1 = \frac{1}{\cos\alpha}\left[\sqrt{y_2^2 - 1} - \sqrt{y_1^2 - 1}\right]$$

$$= \frac{1}{\cos\alpha}\left[\frac{e^{x_2} - e^{-x_2}}{2} - \frac{e^{x_1} - e^{-x_1}}{2}\right].$$

Damit sind die Maßsbeziehungen für jede Loxodrome in Ordnung gebracht.

§ 143) Sollen auf einer Katenoidloxodrome gleiche Längen l abgetragen werden und zwar von der Stelle $x = 0$ aus, so folgen die entsprechenden Achsenabstände folgendermaßsen aufeinander:

$$\text{Aus } l = \frac{e^x - e^{-x}}{2\cos\alpha} \text{ folgt } e^{2x} - 2l\cos\alpha\, e^x = 1,$$

$$\text{also} \quad e^x = l\cos\alpha + \sqrt{(l\cos\alpha)^2 + 1} \quad \text{und}$$

$$x = {}^e lg\left[l\cos\alpha + \sqrt{(l\cos\alpha)^2 + 1}\right].$$

Die Reihenfolge der (auf der Achse liegenden) Koordinaten, die den Teilpunkten entsprechen, wird demnach

$$x_0 = 0, \quad x_1 = {}^e lg\left[l \cos\alpha + \sqrt{(l\cos\alpha)^2 + 1}\right],$$

$$x_2 = {}^e lg\left[2\, l \cos\alpha + \sqrt{(2l\cos\alpha)^2 + 1}\right],$$

$$x_3 = {}^e lg\left[3\, l \cos\alpha + \sqrt{(3\, l\cos\alpha)^2 + 1}\right], \ldots.$$

§ 144) Aus 1 ergiebt sich noch die Lösbarkeit folgender Aufgabe.

Man denke sich vom Nullpunkte aus auf dem Katenoid ein Büschel von Loxodromen derselben Länge $l = c$ gezeichnet. Welche Kurve entspricht der durch die Endpunkte dargestellten Kurven im Parallelstreif bezw. auf der ganzen Ebene?

Auflösung. An Stelle von α hat man jetzt einen veränderlichen Winkel φ zu setzen, der infolge der Isogonalität den Winkel Θ des Polarkoordinatensystems des Parallelstreifens entspricht. Die Gleichung

$$l = c \text{ oder } \frac{e^x - e^{-x}}{2\cos\varphi} = c$$

geht für den Parallelstreif über in

$$\frac{e^X - e^{-X}}{2\cos\Theta} = c,$$

in der ganzen Ebene in

$$\frac{r - \frac{1}{r}}{2\,\frac{lg\, r}{\sqrt{\psi^2 + (lg\, r)^2}}} = c$$

oder

$$\frac{r^2 - 1}{2r} \cdot \frac{\sqrt{(lg\, r)^2 + \psi^2}}{lg\, r} = c.$$

Aus $X = lgr$, $Y = \psi$ folgt nämlich $\theta = \arctan\frac{Y}{X} = \arctan\frac{\psi}{lgr}$, also $\tan\theta = \frac{\psi}{lgr}$, demnach $\cos\theta = \frac{lgr}{\sqrt{\psi^2 + (lgr)^2}}$.

Dafs diese Kurve kein loxodromischer Kreis im oben gebrauchten Sinne ist, geht aus den Formeln hervor. Die entsprechende Untersuchung für ein Loxodromenbüschel, welches von einem beliebigen Punkte der Fläche ausgeht, kann dem Leser überlassen bleiben.

ε) Beispiele konformer Übertragung für das Katenoid mit Parameter 1 und die Eigenschaften seiner Loxodromen und anderer Kurvenscharen.

§ 145) Einige Eigenschaften der Loxodromen und der loxodromischen Kreise des Katenoids gehen aus dessen Beziehung zum einbeschriebenen Cylinder und aus den Formeln für den Parallelstreif hervor.

Jede Loxodrome macht unendlich viele Windungen um das Katenoid. Jede dieser Windungen nimmt dieselbe „Ganghöhe“ $x = \frac{2\pi}{\tan\alpha}$ in Anspruch.

Geht man vom Nullpunkt aus, so ist die Länge des ersten Umgangs

$$l_1 = \frac{e^{x} - e^{-x}}{2\cos\alpha} = \frac{e^{2\pi\cot\alpha} - e^{-2\pi\cot\alpha}}{2\cos\alpha}.$$

Die beiden ersten Umgänge haben zusammen die Länge

$$l_2 = \frac{e^{2x} - e^{-2x}}{2\cos\alpha} = \frac{e^{4\pi\cot\alpha} - e^{-4\pi\cot\alpha}}{2\cos\alpha},$$

die n ersten haben

$$l_n = \frac{e^{2nx} - e^{-2nx}}{2\cos\alpha} = \frac{e^{2n\pi\cot\alpha} - e^{-2nx\cot\alpha}}{2\cos\alpha}.$$

§ 146) Keine Loxodrome schneidet sich selbst. „Parallele Loxodromen“ schneiden einander nicht.

Der auf der Höhe zu messende Abstand der Loxodromen bleibt konstant, ebenso der Drehungswinkel ϑ, durch den jede in die Lage der parallelen Loxodrome gedreht werden kann.

Gehen von einem Punkte A_0 des Parallelstreifs zwei Gerade A_0K_0 und A_0L_0 von den Neigungen α_0 und α_1 aus, so decken sich ihre Bilder auf dem Katenoid mit denen der Geraden A_1K_1 und A_1L_1, die von dem um 2π höher gelegenen Punkte A_1 ausgehen, ebenso mit dem der entsprechenden von A_2, A_3 ... ausgehenden. A_0L_0 und A_1K_1 schneiden einander in B. Dabei ist

$$A_0B : A_0A_1 = \sin\beta_0 : \sin(\alpha_1 - \alpha_0) = \sin(90^0 - \alpha_0) : \sin(\alpha_1 - \alpha_0) = \cos\alpha_0 : \sin(\alpha_1 - \alpha_0) = A_0B : 2\pi,$$

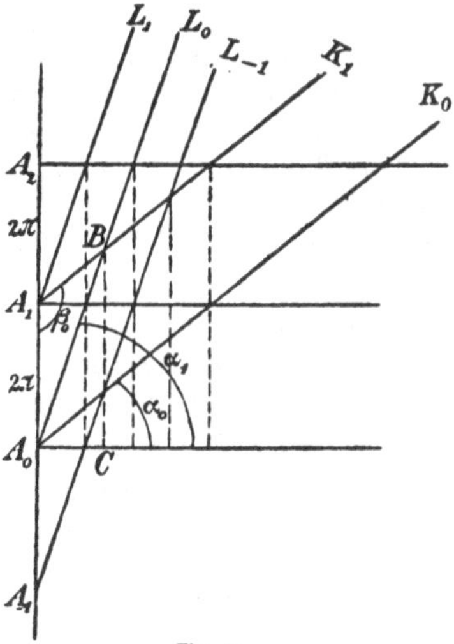

Fig. 94.

der horizontale Abstand A_0C also gleich

$$A_0B\cos\alpha_1 = 2\pi\frac{\cos\alpha_0}{\sin(\alpha_1 - \alpha_0)}\cos\alpha_1 = \frac{2\pi\cos\alpha_0\cos\alpha_1}{\sin\alpha_1\cos\alpha_0 - \cos\alpha_1\sin\alpha_0},$$

oder

$$A_0C = x_1 = \frac{2\pi\cos\alpha_0\cos\alpha_1}{\sin(\alpha_1 - \alpha_0)} = \frac{2\pi}{\tan\alpha_1 - \tan\alpha_0}.$$

Folglich: Gehen von einem Punkte der Katenoidfläche zwei Loxodromen von den Steigungswinkeln α_0 und α_1 aus, so schneiden sie sich unendlich oft und zwar folgen die Schnittpunkte in gleichen Höhenabständen $x_1 = \dfrac{2\pi}{\tan\alpha_1 - \tan\alpha_0}$ aufeinander.

Der loxodromische Kreis kann definiert werden als die Kurve, die das Loxodromenbüschel orthogonal schneidet.

Er hat die Eigenschaft, dafs die loxodromischen Peripheriewinkel über derselben loxodromischen Sehne einander gleich sind. Der Büschelpunkt soll als der Mittelpunkt des loxodromischen Kreises bezeichnet werden. Jetzt gilt der Satz:

Die winkelhalbierenden Loxodromen des Loxodromendreiecks schneiden einander in einem Punkte, dem Mittelpunkte des einbeschriebenen loxodromischen Kreises. Die Loxodromen, die einen Winkel und zwei Aufsenwinkel des Dreiecks halbieren, schneiden einander im Mittelpunkte eines äufseren loxodromischen Berührungskreises.

§ 147) Versteht man unter axialer Halbierung eines Loxodromenstücks des Katenoids nicht die gewöhnliche Halbierung, sondern eine derartige Teilung, dafs die Projektion des Teilpunktes auf die Achse das entsprechende Achsenstück halbiert, so folgt der Satz:

Die in den axialen Halbierungspunkten der Seiten eines loxodromischen Dreiecks errichteten loxodromischen Lote schneiden einander in einem Punkte, dem Mittelpunkte des einbeschriebenen loxodromischen Kreises.

Wie von axialer Halbierung eines Loxodromenbogens, kann man auch von axialer Teilung im Verhältnis $1:n$ reden.

§ 148) Die „loxodromischen Mittellinien“, die durch die axialen Halbierungspunkte der Seiten des loxodromischen Dreiecks gehen, schneiden einander in einem Punkte und haben das „axiale Teilungsverhältnis“ $1:2$. Auch die loxodromischen Höhen jedes solchen Dreiecks schneiden einander in einem Punkte. Ebenso ist das Analogon des Feuerbachschen Kreises leicht auszusprechen.

§ 149) Vier Punkte einer Loxodrome des Katenoids sollen harmonische heifsen, wenn die auf die Achse projizierten Punkte harmonische sind. Vier loxodromische Strahlen sollen harmonische heifsen, wenn sie von einem Punkte aus durch harmonische Punkte einer Loxodrome gelegt sind. Für die Achsenpunkte sei die Reihenfolge

$ACBD$, dann ist $\frac{AC}{BC} = \frac{AD}{BD}$ oder $\frac{AC}{BC} : \frac{AD}{BD} = -1$.
Für die Schnittwinkel ist ebenso

$$\frac{\sin(ac)}{\sin(bc)} : \frac{\sin(ad)}{\sin(bd)} = -1.$$

Auch diese Gleichungen können zur Definition der harmonischen Punkte und Strahlen benutzt werden. Bei dem Schneiden einer Loxodrome durch das Strahlenbüschel wiederholen sich allerdings die Gruppen von je vier Punkten unendlich oft, es soll aber hier nur von einer Gruppe gesprochen werden.

Alle Sätze der Geometrie der Lage über harmonische Punkte und Strahlen bleiben für die harmonischen Punkte der Loxodromen und über harmonische Loxodromen des Katenoids erhalten.

Also: Halbierung der beiden Schnittwinkel zweier Loxodromen durch zwei andere Loxodromen giebt harmonische Loxodromen. Jede Loxodrome wird durch harmonische Loxodromen in harmonischen Punkten geschnitten. Jedes durch harmonische Punkte gehendes Loxodromenbüschel ist ein harmonisches (vergl. die eine der obigen Definitionen, die jedoch nicht an die Spitze gestellt zu werden braucht).

Die drei loxodromischen Diagonalen des vollständigen loxodromischen Vierseits teilen einander harmonisch.

§ 150) Der loxodromische Kreis des Katenoids hat dieselben harmonischen Eigenschaften, wie der Kreis der Ebene; folglich lassen sich die Sätze über Pol und Polare am Kreise, über Ähnlichkeitspunkte, die Sätze von Pascal und Brianchon über den Kreis auf den loxodromischen Kreis dieser Fläche übertragen. Der isothermischen Spiegelung gegen den Kreis der Ebene entspricht die isothermische Spiegelung gegen den loxodromischen Kreis auf dem Katenoid. (Um die Mafsrelation $R = \frac{1}{r}$, also die Methode der reciproken Radien zu vermeiden, kann man einen Radius und einen Orthogonalkreis benutzen. Soll z. B. der Punkt A gegen den Kreis M gespiegelt werden, so ziehe man AM und lege durch A einen Orthogonalkreis μ zum gegebenen Kreise. A_1 ist der gesuchte Punkt.)

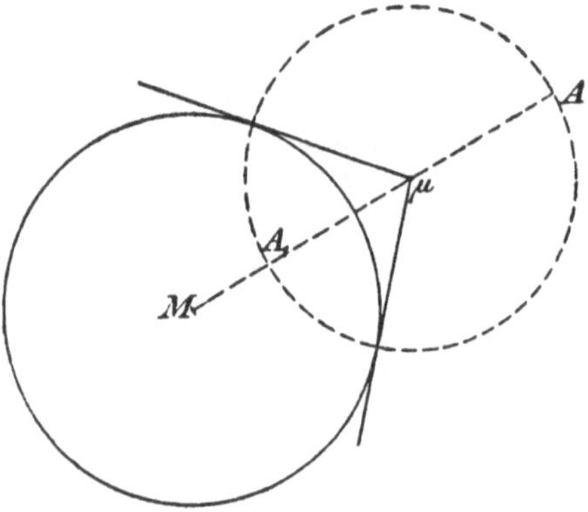

Fig. 95.

Die harmonischen Eigenschaften von zwei orthogonalen Kreisen, überhaupt die Haupteigenschaften des Kreisbüschels und der Kreisschar, auch die Steinerschen Sätze über Reihen von Berührungskreisen zwischen excentrischen Kreisen bleiben erhalten (Schliefsungssätze). Die Lösungen der Apollonischen Berührungsprobleme, der Malfattischen Aufgabe, u. s. w. sind denen der Ebene analog.

§ 151) Die Definition des Doppelverhältnisses für vier Punkte $ACBD$ einer Geraden durch den Ausdruck $\frac{AC}{BC} : \frac{AD}{BD} = k$ gilt auch für vier Punkte einer Loxodrome, nur sind dabei die entsprechenden Achsenpunkte zu benutzen. Die Definition des Doppelverhältnisses für vier Strahlen a, c, b, d durch den Ausdruck $\frac{\sin(a\,c)}{\sin(b\,c)} : \frac{\sin(a\,d)}{\sin(b\,d)} = k$ gilt ohne weiteres für vier loxodromische Strahlen des Katenoids. Spricht man von loxodromischer Projektion auf der Katenoidfläche in demselben Sinne, wie von Projektion in der Ebene mittels eines Strahlenbüschels oder einer Parallelschar von Geraden, so bleiben alle Sätze über Erhaltung der Doppelverhältnisse bestehen.

§ 152) Damit sind aber die projektiven Punktreihen auf den Loxodromen des Katenoids und die projektiven Loxodromenbüschel definiert, folglich gelten die entsprechenden

Sätze der Geometrie der Lage auch hier, insbesondere die folgenden:

Die Durchschnittspunkte entsprechender Loxodromen projektiver Loxodromenbüschel liegen auf einer Kurve, von der der Pascalsche Satz gilt.

Die verbindenden Loxodromen entsprechender Punkte projektiver Punktreihen auf zwei Loxodromen umhüllen eine Kurve, von der der Satz von Brianchon gilt.

§ 153) Einige weitere Bemerkungen über konforme Übertragungen.

a) Durch die konforme Abbildung des Parallelstreifs auf das ganze Katenoid hat man zugleich die Merkatorkante auf diese Fläche übertragen. Die Merkatorkante ist nach Bd. II § 524 bezw. I § 326/27 durch logarithmische Abbildung auf die Polarkarte, durch reciproke Radien auf die östliche (oder westliche) Halbkugel und ihre Erweiterung für die ganze Ebene, auf die Karte der gröfsten oder kleinsten Wassermasse und ihre Erweiterung auf die ganze Ebene (alles nach Hipparch), auf den kugelförmigen Globus mit seinen Meridianen und Parallelstreifen, auf die Kugel mit beliebigem Kreisbüschel und orthogonaler Kreisschar übertragen (stereographische Projektionen). Alle diese geographischen Einteilungen sind damit konform mit der Katenoidfläche in Beziehung gesetzt.

b) Jedes Rechteck des Parallelstreifens der Ebene läfst sich nach Bd. I § 357 elementar auf eine gewisse Drehungscyklide konform abbilden. Dasselbe gilt also von jedem „Rechteck" des Katenoids, welches von zwei Parallelkreisen desselben und von zwei Meridianen, oder auch von zwei Paaren paralleler Loxodromen begrenzt wird.

c) Jeder Sektor der Ebene mit dem Centriwinkel $\frac{2\pi}{n}$ läfst sich durch die Transformation $R = r^n$, $\vartheta = n\varphi$ auf die ganze Ebene übertragen. Da sich jeder Sektor zu einem Kegel umbiegen läfst, so läfst sich die Kegelfläche konform auf die ganze Ebene, den Parallelstreif und die Katenoidfläche übertragen.

d) Da sich das Katenoid zur Minimalschraubenfläche umbiegen läfst, ist auch diese auf alle genannten Flächen konform zu übertragen. Darüber soll der folgende Abschnitt besonders handeln.

e) Schneidet man das Katenoid längs eines Meridianes auf, so läfst es sich zu einer mehrfach überdeckten oder zu einer nur teilweise bedeckten Drehungsfläche umbiegen. Diese hat aber wieder den Charakter einer Minimalfläche. Die Kettenlinien werden also zu Kettenlinien mit anderem Parameter. Alle Katenoide verschiedenen Parameters sind demnach leicht auf einander abzubilden. Man braucht nur zwei beliebige Parallelkreise beider in gleichviele gleiche Teile zu teilen und die entsprechenden Quadrate zu zeichnen und das ganze Netz für jede der beiden Oberflächen zu bilden.

f) Bisher sind mit einander folgende Flächen in Beziehung gesetzt: Ganze Ebene, Parallelstreif, Sektor (Rechteck), Cylinder, Kegel, Kugel (Drehungscyklide), Katenoid, Schraubenfläche, und zwar können die einzelnen Drehungsflächen in verschiedene Anzahlen von Sektoren zerlegt sein. Die Geometrie jeder dieser Flächen ist konform auf die andere übertragen. Aber nur auf dem Kegel, dem Cylinder und der Kugel sind die geodätischen Linien bekannt geworden, bei den beiden ersten sind es die Kurven, die bei Abwickelung der Fläche auf die Ebene gerade Linien werden. Bei der Kugel sind es die gröfsten Kreise. Für die anderen Flächen ist also die Geometrie des Mafses nur unvollkommen übertragbar, während die der Lage vollkommen übertragbar ist.

Rechteck und Drehungcyklide sind eingeklammert worden, weil ihre Abbildung auf die Gesamtebene mit den elliptischen Funktionen zusammenhängt, während die gegenseitige Uebertragung keine Schwierigkeiten macht. Neben der Drehungscyklide können auch die in Band I behandelten Flächen, die durch Abbildung durch reciproke Radien aus ihr entstehen, also die allgemeinen Dupinschen Cykliden, herangezogen werden.

ζ) Quadratische Einteilung der Minimal-Schraubenfläche und ihre konforme Abbildung auf die Ebene und auf andere Flächen.

§ 154) Man denke sich die Ganghöhe h in sehr viele kleine Teilchen $\frac{h}{n}$ zerlegt. Dann hat man auf jeder durch einen Teilpunkt gehenden Geraden $B_0B_1 = \frac{h}{n}$ zu setzen, um die erste Reihe von Quadraten zu erhalten. Die durch die B_1 gehende Schraubenlinie hat auf jedem Sektor eine Länge $B_1C_1 = \frac{1}{n}\sqrt{h^2 + (2\pi b)^2}$. Diese nehme man für die folgende Quadratreihe als Seite, so daſs $B_1B_2 = B_1C$ wird. Dies giebt die folgende Schraubenlinie, und so fahre man fort. Die Berechnung ist unbequemer als die Konstruktion. Man benutze, um die Länge $B_0B_m = r$ zu berechnen, das Katenoid, welches sich aus dem Umgang der Schraubenfläche abwickeln läſst. Für diesen Umgang ist hier

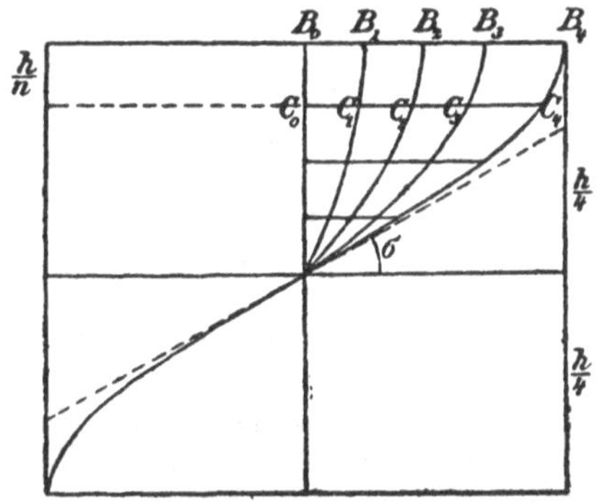

Fig. 96.

$$s^2 = h^2 + 4\pi^2 r^2,$$

woraus folgt

$$1) \qquad r^2 = \left(\frac{s}{2\pi}\right)^2 - \left(\frac{h}{2\pi}\right)^2.$$

§ 155) Verbiegt man den Umgang zum Katenoid, so bedeutet r die Länge der Kettenlinie, $\frac{s}{2\pi} = y$ die Ordinate der Kettenlinie, $\frac{h}{2\pi}$ die kleinste der Ordinaten y. Für die

Kettenlinie war aber $r^2 = y^2 - \varrho^2$. Dies stimmt mit Gleichung 1) überein. Führt man also die Abscisse x der Kettenlinie ein, so hat man

$$r^2 = y^2 - \varrho^2 = \varrho^2 \left(\frac{e^{\frac{x}{\varrho}} + e^{-\frac{x}{\varrho}}}{2} \right)^2 - \varrho^2 = \varrho^2 \left(\frac{e^{\frac{x}{\varrho}} - e^{-\frac{x}{\varrho}}}{2} \right)^2,$$

also ist die Länge der Kettenlinie

$$2) \qquad r = \varrho \frac{e^{\frac{x}{\varrho}} - e^{-\frac{x}{\varrho}}}{2}.$$

§ 156) Daraus folgt für Katenoid und Schraubenfläche zugleich, da $\varrho = \frac{h}{2\pi}$ ist,

$$3) \quad x = \varrho \, {}^e lg \frac{r + \sqrt{r^2 + \varrho^2}}{\varrho} = \frac{h}{2\pi} \, {}^e lg \frac{r + \sqrt{r^2 + \left(\frac{h}{2\pi}\right)^2}}{\left(\frac{h}{2\pi}\right)}$$

$$= \frac{h}{2\pi} \, {}^e lg \frac{2\pi r + \sqrt{4\pi^2 r^2 + h^2}}{h}.$$

Für das Katenoid bedeutete x den der Länge r der Kettenlinie entsprechenden Abstand von der Ebene $x = 0$, der also auf der Achse x als Koordinate zu messen war. Für die Schraubenfläche ist x zunächst ohne sichtbare Bedeutung. Es ist eine veränderliche Gröſse, die aus r leicht zu berechnen ist. Führt man den veränderlichen Steigungswinkel σ der Schraubenlinien ein, so hat man $\frac{h}{2\pi} = \tan \sigma$. Dann ist

$$x = \frac{h}{2\pi} \, {}^e lg \frac{1 + \sqrt{1 + \left(\frac{h}{2\pi r}\right)^2}}{\left(\frac{h}{2\pi r}\right)} = \frac{h}{2\pi} \, {}^e lg \frac{1 + \sqrt{1 + \tan^2 \sigma}}{\tan \sigma}$$

$$= \frac{h}{2\pi} \, {}^e lg \left(\frac{1}{\tan \sigma} + \sqrt{\frac{1}{\tan^2 \sigma} + 1} \right) = \frac{h}{2\pi} \, {}^e lg \left[\frac{\cos \sigma}{\sin \sigma} + \frac{1}{\sin \sigma} \right],$$

oder endlich

$$4)\quad x = \frac{h}{2\pi}\,{}^{e}lg\,\frac{1+\cos\sigma}{\sin\sigma} = \frac{h}{2\pi}\,{}^{e}lg\sqrt{\frac{1+\cos\sigma}{1-\cos\sigma}}$$

$$= \frac{h}{4\pi}\,{}^{e}lg\,\frac{1+\cos\sigma}{1-\cos\sigma}.$$

Daraus folgt

$$5)\qquad \cos\sigma + \frac{e^{\frac{4\pi x}{h}}-1}{e^{\frac{4\pi x}{h}}+1}.$$

§ 157) Setzte man im Parallelstreif der $X\,Y$ Ebene

$$X = x = \varrho\,{}^{e}lg\,\frac{r+\sqrt{r^2+\varrho^2}}{\varrho}$$

und $Y = \varrho\vartheta$, so hatte man die konforme Abbildung des Katenoids auf diesen Streifen durchgeführt. Hier hat man nur

$$X = \frac{h}{2\pi}\,{}^{e}lg\,\frac{2\pi r+\sqrt{4\pi^2 r^2+h^2}}{h} = \frac{h}{4\pi}\,{}^{e}lg\,\frac{1+\cos\sigma}{1-\cos\sigma}$$

zu setzen, aufserdem $Y = z$ (wo $z = \varrho\vartheta = \frac{h}{2\pi}\vartheta$ ist und beim Katenoid den Bogen des kleinsten Kreises, der aus der Schraubenachse entstanden war, also den Abstand auf der letzteren vom gewählten Nullpunkte bedeutet), um die Abbildung des Parallelstreifens auf den einen Umgang der Schraubenfläche, also die der gesamten Ebene auf die gesamte Schraubenfläche zu erhalten.

Da auch bei der Schraubenlinie $z : h = \vartheta : 2\pi$ ist, so hat bei der gewählten Abbildung ϑ die Bedeutung des Winkels, unter dem die zu z gehörige Gerade die dem Nullpunkte zugehörige Gerade kreuzt, so hat ϑ auch für die Schraubenlinie die Bedeutung einer Koordinate.

§ 158) Die Beziehungen zwischen Gesamtebene und Minimalschraubenfläche von der Ganghöhe h sind also bei der gewählten konformen Abbildung derart, dafs einander, je nach den benutzten Koordinaten, folgende Kurven entsprechen:

	Ebene.	Minimal-Schraubenfläche.
1)	$f(XY)=0,$	$\begin{cases} f\left(\frac{h}{2\pi}\,{}^{e}lg\,\frac{2\pi r+\sqrt{4\pi^2r^2+h^2}}{h}, z\right)=0. \\ f\left(\frac{h}{4\pi}\,{}^{e}lg\,\frac{1+\cos\sigma}{1-\cos\sigma}, z\right)=0, \\ f\left(\frac{h}{2\pi}\,{}^{e}lg\,\frac{2\pi r+\sqrt{4\pi^2r^2+h^2}}{h}, \frac{h}{2\pi}\vartheta\right)=0, \\ f\left(\frac{h}{4\pi}\,{}^{e}lg\,\frac{1+\cos\sigma}{1-\cos\sigma}, \frac{h}{2\pi}\vartheta\right)=0. \end{cases}$
2)	$f\left(\frac{h}{2\pi}\,\frac{e^{\frac{2\pi X}{h}}-e^{\frac{2\pi X}{h}}}{2}, Y\right)=0$	$\begin{cases} f(r, z)=0 \\ f\left(r, \frac{h}{2\pi}\vartheta\right)=0 \end{cases}$
3)	$f\left(\frac{e^{\frac{4\pi X}{h}}-1}{e^{\frac{4\pi X}{h}}+1}, Y\right)=0$	$\begin{cases} f(\cos\sigma, z)=0 \\ f\left(\cos\sigma, \frac{h}{2\pi}\vartheta\right)=0 \end{cases}$

4) $f\left(\arccos\frac{e^{\frac{4\pi X}{h}}-1}{e^{\frac{4\pi X}{h}}+1}, Y\right)=0 \qquad \begin{cases} f(\sigma, z)=0, \\ f\left(\sigma, \frac{h}{2\pi}\vartheta\right)=0 \end{cases}$

5) $f\left(X, \frac{2\pi Y}{h}\right)=0 \qquad f\left(\frac{h}{4\pi}\,{}^{e}lg\,\frac{1+\cos\sigma}{1-\cos\sigma}, \vartheta\right)=0$

6) $f\left(\arccos\frac{e^{\frac{4\pi X}{h}}-1}{e^{\frac{4\pi X}{h}}+1}\right)=0, \qquad f(\sigma, \vartheta)=0$

7) $f[R, \Theta]=0, \quad \begin{cases} f\left[\sqrt{\frac{h}{2\pi}\,{}^{e}lg\,\frac{2\pi r+\sqrt{4r^2\pi^2+h^2}}{h}+z^2}, \arctan\frac{z}{\frac{h}{2}\,{}^{e}lg\,\frac{2\pi r+\sqrt{4\pi^2r^2+h^2}}{h}}\right]=0, \\ f\left[\sqrt{\left(\frac{h}{4\pi}\,{}^{e}lg\,\frac{1+\cos\sigma}{1-\cos\sigma}\right)^2+z^2}, \arctan\frac{z}{\frac{h}{4\pi}\,{}^{e}lg\,\frac{1+\cos\sigma}{1-\cos\sigma}}\right]=0. \end{cases}$

§ 159) Auf diese Weise kann man noch eine ganze Reihe anderer Beziehungen aufstellen. Führt man aber für die Schraubenfläche einen Parameter

$$x=\frac{h}{2\pi}\,{}^{e}lg\,\frac{2\pi r+\sqrt{4\pi^2r^2+h^2}}{h}=\frac{h}{4\pi}\,{}^{e}lg\,\frac{1+\cos\sigma}{1-\cos\sigma}$$

ein, so entsprechen einander einfacher die Kurven

$$f(X,Y)=0,\ f(x,z)=0.$$

Eine andere Art von Vereinfachung tritt ein, wenn man die Einheit gleich $\frac{h}{2\pi}$ wählt. Dann entsprechen einander z. B.

$$f(X,Y)=0, \qquad f\left[{}^{e}lg\left(r+\sqrt{r^2+1}\right),z\right]=0,$$

$$f\left(\frac{e^{X}-e^{-X}}{2},Y\right)=0, \qquad f(r,z)=0,$$

$$f\left(e^{X},Y\right)=0, \qquad f\left[\left(r+\sqrt{r^2+1}\right),z\right]=0.$$

$$f\left(e^{X},e^{Y}\right)=0 \qquad f\left[\left(r+\sqrt{r^2+1}\right),e^{z}\right]=0.$$

u. s. w.

§ 160) Damit ist die gesamte Geometrie der ganzen XY Ebene auf die Minimalschraubenfläche konform und eindeutig übertragen.

Was den Geradenscharen $X+Y=p$, $X-Y=p$ der Ebene entspricht, was den Geradenscharen $X+Y\tan\alpha=p$, $X-Y\cot\alpha=p$ entspricht, läfst sich ohne weiteres hinschreiben. Das eine Mal handelt es sich um die Kurven, welche die Geraden und Schraubenlinien der Schraubenflächen unter $\pm 45^0$ durchsetzen, das andere Mal um die Geraden, welche sie unter α und $90^0+\alpha$ durchsetzen. Ebenso ist leicht hinzuschreiben, was den konzentrischen Kreisen und der Radienschar $lg\,R=p$ und $\Theta=p$, oder $\frac{1}{2}\,lg\,(X^2+Y)=p$ und $\arctan\frac{Y}{X}=p$ entspricht.

§ 161) In derselben Weise sind alle isothermischen Kurvenscharen der Ebene zu übertragen. Daraus folgt, dafs alle Probleme über stationäre Strömungen in der Ebene auch für die Minimalschraubenfläche erledigt sind, und dafs dasselbe von den kartographischen Beziehungen gilt.

Auch hier sind alle elementar lösbaren Probleme dieser Art im Anschlufs an die Ingenieurmathematik Bd. II leicht zusammen zu stellen.

Bisher waren die Kugel, der Cylinder und der Kegel die einzigen gekrümmten Flächen, die elementar mit der Gesamtebene in konforme eindeutige Beziehung gesetzt wurden. Jetzt ist mit dem Katenoid auch die Minimalschraubenfläche herangezogen worden.*)

Auf die Erhaltung der harmonischen Beziehungen, der Doppelverhältnisse u. s. w. bei gewissen Operationen auf dieser Schraubenfläche sei nur kurz aufmerksam gemacht, weil doch nur die für das Katenoid gefundenen Sätze wiederholt werden müfsten.

η) Die abwickelbare Schraubenregelfläche.

§ 162) Auch diese schon besprochene Fläche läfst eine elementare Behandlung zu. Der innere Cylinder habe den Radius r_1, die zugehörige Schraubenlinie habe die Gang-

*) Für Kenner der Integralrechnung ist es von Interesse, zu sehen, welche Integrationen bei den obigen Elementarbetrachtungen umgangen sind. In jedem Sektor der Minimalschraubenfläche ist das m^{te} Quadrat in der Weise gröfser, als das erste, dafs, wenn man die betreffenden Seiten gleich dr bezw. dx setzt, $dr = dx\frac{s}{h} = dx\frac{\sqrt{h^2+4\pi^2r^2}}{h}$ und $dx = \frac{h\,dr}{\sqrt{h^2+4\pi^2r^2}}$ setzt. Durch Integration ergiebt sich

$$x = h\int_0^r \frac{dr}{\sqrt{h^2+4\pi^2r^2}} = h\left|\frac{1}{2\pi}\,{}^e\!lg\left(2\pi r+\sqrt{h^2+4\pi^2r^2}\right)\right|_0^h$$

$$= \frac{h}{2\pi}\,{}^e\!lg\left(2\pi r+\sqrt{h^2+4\pi^2r^2}\right) - \frac{h}{2\pi}\,{}^e\!lg\,h$$

$$= \frac{h}{2\pi}\,{}^e\!lg\,\frac{2\pi r+\sqrt{h^2+4\pi^2r^2}}{h}.$$

Dieser Ausdruck stimmt mit dem oben für x gefundenen überein.

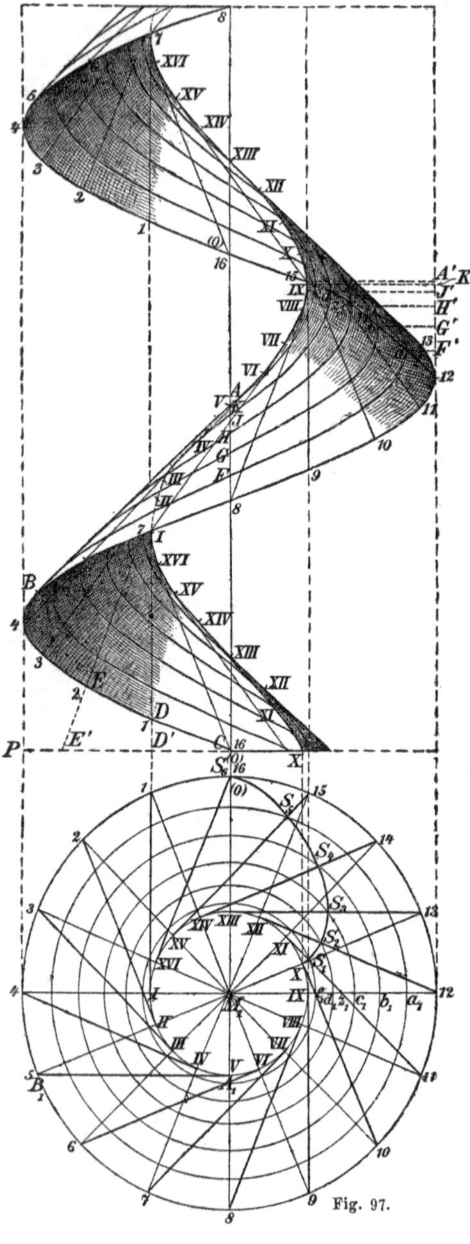

Fig. 97.

höhe h, so dafs der Steigungswinkel durch

$$\tan \gamma_1 = \frac{h}{2\pi r_1}$$

bestimmt sei. Dieselbe Neigung hat auch die im Aufrifs zu zeichnende Tangente AB, die irgend welche Länge t erhalte und im Grundrifs als A_1B_1 in der Länge

$$A_1B_1 = t \cos \gamma_1$$

erscheint und dort eine der Tangenten des inneren Kreises r_1 ist. Mit

$$M_1B_1 = r_2$$

ist dann der äussere Kreis zu zeichnen und die entsprechende Schraubenlinie in den Aufrifs zu übertragen. Im Grundrifs der Figur 97 ist A_1B_1 in sechs gleiche Teile eingeteilt, was fünf weitere konzentrische Kreise giebt, denen ebensoviele Schraubenlinien im Aufrifs entsprechen. Die

Grundrifskreise sind in der Figur in 16 gleiche Teile eingeteilt und so mit Zahlen bezeichnet, dafs die Verbindungslinien je zweier gleichzahliger Punkte eine Tangente des Innenkreises giebt. Dasselbe ist im Aufrifs mit den entsprechenden Punkten geschehen, und so sind dort die Tangenten der inneren Schraubenlinien entstanden.

Verlängert man AB über B hinaus bis zu unendlicher Länge, so geben die unendlich fernen Punkte schliefslich Schraubenlinien von unendlich kleinem Steigungswinkel, d. h. die Fläche wird allmählich zur Kegelfläche, deren Geraden die Neigung γ_1 haben. Die äufserste Schraubenlinie der Figur hat den Cylinderradius

$$r_2 = M_1 B_1 = \sqrt{A_1 B_1^2 + A_1 M_1^2} = \sqrt{t^2 \cos^2 \gamma_1 + r_1^2}$$

$$= \sqrt{r_1^2 + t^2 \frac{4\pi^2 r_1^2}{h^2 + 4\pi^2 r_1^2}} = r_1 \sqrt{\frac{h^2 + 4\pi^2 (t^2 + r_1^2)}{h^2 + 4\pi^2 r_1^2}}$$

Ihr Steigungswinkel bestimmt sich aus $\tan \gamma_2 = \frac{h}{2\pi r_2}$.

Eigentlich stellt die so erweiterte Figur nur eine Hälfte der Fläche dar, denn man kann die Tangenten auch über den Berührungspunkt hinaus verlängern. Um zu sehen, wie das fehlende Gebilde bei Verlängerung um t aussieht, hat man nur nötig, die Aufrifsfigur auf den Kopf zu stellen. Beide Teile treffen einander längs der inneren Schraubenlinie, die als gemeinschaftliche Gratlinie beider Teile erscheint.

§ 163) Verlängert man im Aufrifs die Tangente ID um einen ihrer Teile $\frac{t}{6}$, so reicht sie bis zum Punkte D' auf PQ, verlängert man ebenso die Tangente IIE um zwei ihrer Teile, so reicht sie ebenfalls bis PQ. Dies ist der Fall, weil $XVIC$ bis PQ reicht. Folglich: Verlängert man im Grundrifs auf einander folgende Tangenten, z. B. $\overline{I1}$, $\overline{II2}$, $\overline{III3}$ um einen, bezw. 2, 3, ... ihrer Teile, so erhält man die Bilder der Schnittpunkte D', E', ... des Aufrisses im Grundrifs. Verkürzt man umgekehrt auf einander folgende Tangenten um 1, 2, 3, ... ihrer Teile, so kommt man schliefslich auf die Tangentenlänge Null. In der Figur geschieht dies z. B. für die Grundrifsstelle X, weil im Aufrifs X auf PQ liegt. Die Tangenten XIS_1, $XIIS_2$. $XIIIS_3$, ... haben also im Grundrifs der Reihe nach die Längen $\frac{1}{6} t \cos \gamma_1$, $\frac{2}{6} t \cos \gamma_1$, $\frac{3}{6} t \cos \gamma_1$, ... Nun ist aber dort der Bogen $\widehat{XIX}$ nahezu gleich der Tangente XIS_1, also ist nahezu $\frac{2\pi r_1}{n} = \frac{1}{6} t \cos \gamma_1$. Ist aber die Teilzahl n unendlich grofs, so findet absolute Gleichheit statt. Ebenso ist die Tangente $XIIS_2$ dann gleich dem Kreisbogen $\overline{XII\,X}$, $XIIS_3$ gleich dem Bogen $XIII\,X$ u. s. w. Die Endpunkte der Tangenten liegen also auf einer als **Kreis-Evolvente** bezeichneten Kurve. (Denkt man sich um den Kreis einen z. B. in I befestigsten Faden gewickelt, der so bis X reicht, und wickelt man ihn unter hinreichender Spannung ab, so bewegt sich sein Endpunkt auf der Abwickelungskurve oder Fadenlinie, die eben jenen Namen trägt.) Folglich:

Jede Normalebene zur Achse der abwickelbaren Schraubenregelfläche wird von den erzeugenden Tangenten in einer Kreis-Evolvente geschnitten.

Umgekehrt: Bewegt sich diese Evolvente parallel zu sich selbst in der Richtung der Cylinderachse und dreht sie sich dabei in bestimmter Weise um diese, so legt die Kurve die genannte Schraubenfläche zurück.

(Gewisse andere Schraubenregelflächen, bei denen die erzeugende Gerade die Achse schneidet, geben als Schnitt mit jeder Normalebene der Achsen eine Archimedische Spirale, wie leicht zu zeigen ist.)

Geht man von X aus, so haben im Grundrifs die auf einander folgenden Tangenten bei 16-Teilung die scheinbaren Längen

$$0, \frac{2\pi r_1}{16}, \frac{4\pi r_1}{16}, \frac{6\pi r_1}{16}, \ldots\ldots\ldots$$

Ihre wirklichen Längen sind also der Reihe nach

$$0, \frac{2\pi r_1}{16 \cos \gamma_1}, \frac{4\pi r_1}{16 \cos \gamma_1}, \frac{6\pi r_1}{16 \cos \gamma_1}, \ldots\ldots, \frac{32\pi r_1}{16 \cos \gamma_1} = \frac{2\pi r_1}{\cos \gamma_1} = t.$$

Ähnlich ist es bei 32-Teilung u. s. w.

§ 164) Das senkrechte Profil der Schraubenfläche, d. h. den Schnitt mit jeder durch die Achse gelegten Ebene, erhält man in der wahren Gestalt, indem man die Punkte *12*, a_1, b_1, c_1, d_1, e_1, *IX* senkrecht nach oben auf die Schraubenlinien projiziert, gegebenfalls auch Punkte wie z_1 auf die entsprechenden Tangenten im Aufriſs. Auch kann man die Punkte *8*, *F*, *G*, *H*, *I*, *K*, *A* der Aufriſsmittellinie an die äuſserste Senkrechte gleichnamig auftragen und horizontal herüberprojizieren. (Vergl. Fig. 97.) Die Profillinie nimmt allmählich die volle Steilheit der Tangente $\overline{XIII\,13}$ an und nähert sich in der Aufriſszeichnung dieser asymptotisch, wenn man sie hinreichend nach unten verlängert, wie aus dem Charakter der Kegelfläche folgt, der allmählich angenommen wird.

Die Einteilung der Fläche in kleine Trapeze durch Schraubenlinien und Profilkurven ist in Fig. 98 im Grund- und Aufriſs dargestellt. Jeder Schraubenlinienstreif hat dabei kongruente Trapeze, dagegen sind die Trapeze jedes Streifens zwischen zwei benachbarten Profilkurven unähnlich, auch dann, wenn die Schraubenlinienstreifen, wie in der Figur, isothermische sind, denn die schiefen Winkel nähern sich allmählich rechten Winkeln, je weiter die Schraubenlinien von der Achse entfernt sind.

Das über die Kurve *ABC* und ihre Asymptote *DE* Gesagte ist aus Fig. 98 zu ersehen.

§ 165) Die Abwickelung der Fläche. Wie schon in § 50 angedeutet wurde, gehen bei der Abwickelung der Fläche auf die Ebene die Schraubenlinien in konzentrische Kreise über, während die Geraden der Fläche geradlinige Tangenten dieser Kreise bleiben. Die Orthogonalen der Schraubenlinien müssen, da alle Winkel erhalten bleiben, Radien der konzentrischen Kreise werden, sind also, weil sie Gerade werden, geodätische Linien. Da man aber jeden ebenen, konzentrischen Kreisring durch Radien und konzentrische Kreise in kleine ähnliche Rechtecke (z. B. Quadrate) einteilen kann, so ist auch die behandelte Schraubenfläche durch die Schraubenlinien und ihre Ortho-

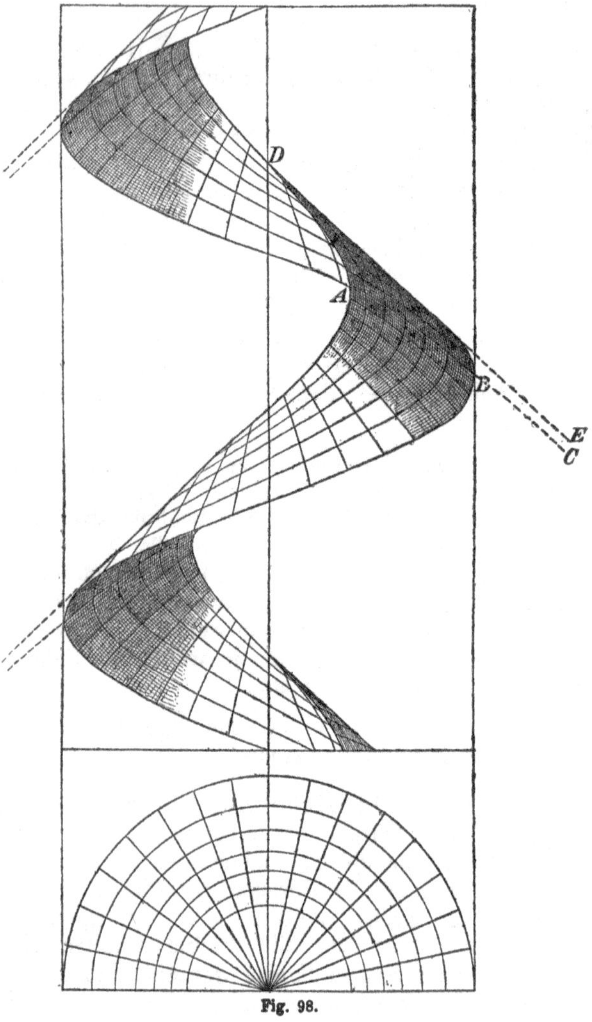

Fig. 98.

gonalschar isothermisch einteilbar. Diese Möglichkeit ist ein besonderer Fall des Theorems von Bour. Das Drehungshyperboloid, auf welches die Fläche demnach abwickelbar ist, erscheint hier in dem Grenzfalle des zunächst doppelt zu denkenden ebenen Kreisringes, bezw. Aufsenkreises. Der gezeichnete Teil der Fläche liegt auf der einen, der nicht gezeichnete auf der anderen Schicht. Jede der beiden Schichten wird übrigens unendlichfach bedeckt. Die isothermische Einteilung wird unten durchgeführt.

(Man kann übrigens durch Inversion die Einteilung der unteren Schicht isothermisch auf die Fläche des Innenkreises übertragen, so dafs man die Übertragung auf die gesamte unendlichfach zu bedekende Ebene erhält.)

Die angenäherte Konstruktion dieser Orthogonalkurven kann mit beliebiger Genauigkeit folgendermafsen erfolgen: Man denke sich im Aufrifs der Fig. 99 sehr viele der Schraubenlinien gezeichnet. Jede erscheint bei den Punkten *0*, *1*, *2*, *3*, *4*, *5*, *6* der Mittellinie in ihrer wahren Neigung, so dafs die entsprechenden Normalebenen als gerade Linien erscheinen, die senkrecht zu den Schraubenlinien stehen. Folglich erscheinen die dort auf der Fläche gezeichneten Normalen der Schraubenlinien als Lothe $\overline{0I}$, $\overline{1II}$, $\overline{2III}$ u. s. w., die in der Figur jedesmal bis zu der benachbarten Schraubenlinie reichen. Projiziert man die mit römischen Zahlen bezeichneten Punkte auf die entsprechenden Grundrifskreise, so erhält man im Grundrifs die gleichnamigen Bilder dieser Lote. Im Grundrifs drehe man jedes dieser „Lote“, wobei es seine Gestalt beibehält, soweit, dafs alle einen einzigen Linienzug geben, dem z. B. das Lot *3IV* des Grundrisses angehört. So entsteht eine gebrochene Linie A_1B_1, die leicht als AB in den Aufrifs zu übertragen ist. Je gröfser die Anzahl der eingezeichneten Schraubenlinien ist, um so genauer stellt die gebrochene Linie die Kurve dar, welche alle Schraubenlinien der Fläche orthogonal durchsetzt.

Bilden die wahren Längen der einzelnen Lote eine geometrische Reihe, so handelt es sich um Schraubenlinien-Streifen, die eine isothermische Einteilung geben. Damit ist dann die Einteilung in ähnliche Rechtecke ermöglicht,

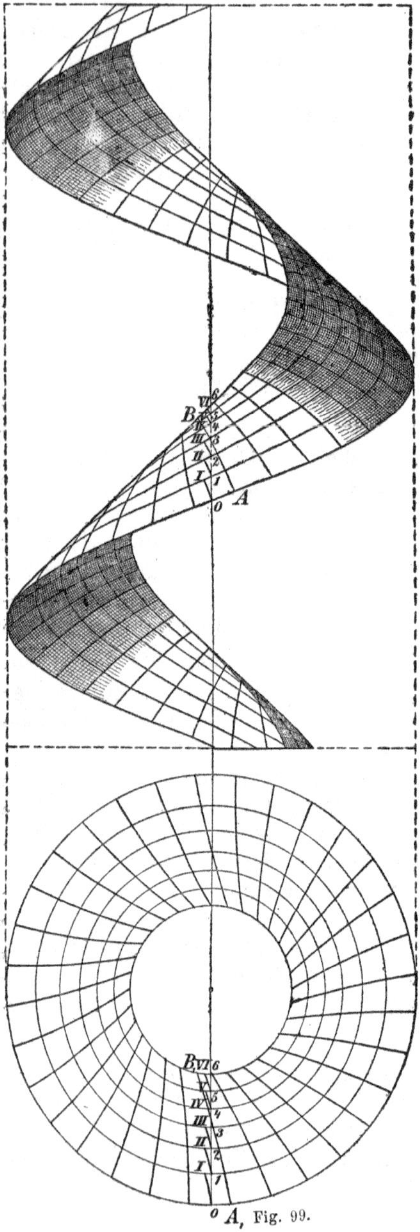

Fig. 99.

wie sie in Figur 99 angenähert dargestellt ist. Der Beweis dafür liegt darin, dafs die Abwickelung auf die Ebene auf eine isothermische Einteilung durch Radien und konzentrische Kreise führt, für welche die geometrische Reihe ebenfalls mafsgebend ist. Rechnend würde dies weiter durchzuführen sein, was unten geschehen soll.

Die Orthogonalkurven der geraden Linien der Fläche werden bei der Abwickelung Orthogonalkurven der Kreistangenten, also Evolventen, durch die übrigens eine isothermische Einteilung nicht erzielt werden kann. Weil in der Ebene die Evolventen sich mit Hilfe der Abwickelung eines gespannten Fadens, der um den Innenkreis gewickelt zu denken ist, sich erzeugen lassen, dieser Faden aber als geodätische Linie auf der Fläche ebenfalls gespannt erscheint, erscheinen die entsprechenden Kurven auf der Fläche als Evolventen im weiteren Sinne, nämlich als solche der Schraubenlinie. Die Eigenschaften dieser Evolventen lassen sich im Anschlufs an die Kreisevolvente elementar ableiten. Ebenso läfst sich die gesamte Geometrie der Ebene aufserhalb des Innenkreises geodätisch auf die Fläche übertragen, wie aus dem Begriffe der Abwickelung ohne weiteres hervorgeht. — Die abwickelbare Schraubenregelfläche steht also in zweierlei Hinsicht zu den Evolventen in Beziehung.

§ 166) **Welcher Kreisringsektor in der Abwickelungsebene entspricht einem Umgange der untersuchten Fläche?** Die zu bestimmenden Radien seien x_1 und x_2, letzterer der gröfsere; der zu bestimmende Centriwinkel, im Bogenmafs gemessen, sei ξ. Die Umgangslängen der beiden begrenzenden Schraubenlinien geben die Gleichungen

$$x_2 \xi = \frac{2\pi r_2}{\cos\gamma_2}, \quad x_1 \xi = \frac{2\pi r_1}{\cos\gamma_1},$$

so dafs, da $t^2 = x_2^2 - x_1^2$ ist, folgt

$$\xi^2 (x_2^2 - x_1^2) = \xi^2 t^2 = 4\pi^2 \left[\frac{r_2^2}{\cos^2\gamma_2} - \frac{r_1^2}{\cos^2\gamma_1}\right].$$

Setzt man hier $\cos^2\gamma_2 = \frac{4\pi^2 r_2^2}{h^2 + 4\pi^2 r_2^2}$ und $\cos^2\gamma_1 = \frac{4\pi^2 r_1^2}{h^2 + 4\pi^2 r_1^2}$, so ergiebt eine leichte Umformung

$$\xi^2 = \frac{4\pi^2}{t^2}(r_2^2 - r_1^2) = \frac{4\pi^2}{t^2} \cdot t^2 \cos^2\gamma_1 = 4\pi^2 \cos^2\gamma_1.$$

Der gesuchte Centriwinkel des Kreisringsektors ist also

1) $$\xi = 2\pi \cos\gamma_1.$$

Daraus folgt für den kleineren Radius des Sektors

2) $$x_1 = \frac{2\pi r_1}{\xi \cos\gamma_4} = \frac{r_1}{\cos^2\gamma_1},$$

was zugleich der Krümmungsradius der innersten Schraubenlinie ist.

Für den gröfseren Radius wird

3) $$x_2 = \sqrt{x_1^2 + t^2} = \sqrt{\frac{r_1^2}{\cos^4 \gamma_1} + \frac{r_2^2 - r_1^2}{\cos^2 \gamma_1}}$$
$$= \frac{1}{\cos^2 \gamma_1} \sqrt{r_2^2 \cos^2 \gamma_1 + r_1^2 \sin^2 \gamma_1}.$$

Aus $\frac{x_2}{x_1} = \frac{r_2 \cos \gamma_2}{r_1 \cos \gamma_1}$ oder aus $x_2 = \frac{2\pi r_2}{\xi \cos \gamma_2}$ folgt auch

4) $$x_2 = \frac{r_2}{\cos \gamma_1 \cos \gamma_2},$$

worin Gleichung 2) als besonderer Fall enthalten ist.

§ 167) Berechnung der Fläche für einen Umgang des untersuchten Gebildes. Die Abwickelung ergiebt als Fläche, wenn x_2 und x_1 als Radien jetzt mit R und R_1 bezeichnet werden,

$$F = \frac{\xi}{2\pi} \pi (R^2 - R_1^2) = \frac{\xi}{2} t^2 = t^2 \pi \cos \gamma_1.$$

[Hier ist $\pi (R^2 - R_1^2) = 2\pi \frac{R + R_1}{2} (R - R_1)$, und dabei

$$R + R_1 = \frac{1}{\cos \gamma_1} \left[\frac{r_2}{\cos \gamma_2} + \frac{r_1}{\cos \gamma_1} \right],$$

$$R - R_1 = \frac{1}{\cos \gamma_1} \left[\frac{r_2}{\cos \gamma_2} - \frac{r_1}{\cos \gamma_1} \right].$$

Dies führt zu gewissen Beziehungen zur Guldinschen Regel.]

§ 168) Koordinatenbeziehungen zwischen der behandelten Schraubenregelfläche, ihrer Grundrifsebene und der Abwickelungsebene und quadratische Einteilung der Fläche.

Für gewisse Zwecke ist es am einfachsten, für die Schraubenfläche r_1 und γ_1 als gegebene Konstanten, die Länge t der Geraden (Tangenten der innersten Schraubenlinie) und den ihren Berührungspunkt bestimmenden Winkel φ, der die Umdrehung um die Schraubenachse mifst, als Veränderliche (Koordinaten) p zu betrachten. Dann ist die

Gleichung $f(t, \varphi) = 0$ die einer beliebigen auf der Fläche liegenden Kurve.

Ist $\tau = t \cos \gamma_1$ die entsprechende Kreistangentenlänge in der Grundrißebene, so hat die Projektion der Kurve dort die Gleichung $f\left(\frac{\tau}{\cos \gamma_1}, \varphi\right) = 0$, wo φ die der vorigen entsprechende Bedeutung und denselben Wert hat.

In der Abwickelungsebene ist die Tangente t dieselbe wie vorher. Dort sei Φ der die Lage des entsprechenden Berührungspunktes bestimmende Winkel. Wie aber nach § 166 dem Winkel 2π des Schraubenumgangs der Winkel $\xi = 2\pi \cos \gamma_1$ entspricht, so entspricht dem Winkel $\varphi = \frac{2\pi}{n}$ dort ein Winkel $\Phi = \frac{2\pi}{n} \cos \gamma_1 = \varphi \cos \gamma_1$. Die entsprechende Kurvengleichung ist also $f\left(t_1 \frac{\Phi}{\cos \gamma_1}\right) = 0$.

Für die isothermische Einteilung ist es noch von Wichtigkeit, die Radien R der Abwickelungsebene zu untersuchen. Setzt man den veränderlichen Radius der Grundrißebene gleich r, so ist nach Gleichung 3)

$$R = \frac{1}{\cos^2 \gamma_1} \sqrt{r^2 \cos^2 \gamma_1 + r_1^2 \sin^2 \gamma_1},$$

also

$$1) \qquad r = \sqrt{R^2 \cos^2 \gamma_1 - r_1^2 \tan^2 \gamma_1}.$$

Soll nun der Kreisring der Abwickelungsebene durch konzentrische Kreise isothermisch eingeteilt sein, so haben die Kreisradien Werte R anzunehmen, die in geometrischer Reihe auf einander folgen, also z. B. die Werte

$$2) \qquad R_1, R_1 e^{\frac{2\pi}{n}}, R_1 e^{\frac{4\pi}{n}}, R_1 e^{\frac{6\pi}{n}}, \ldots$$

Die Neigungen Φ der Radien hingegen haben einer arithmetischen Reihe zu folgen, und zwar der Reihe

$$3) \qquad 0, \frac{2\pi}{n}, \frac{4\pi}{n}, \frac{6\pi}{n}, \ldots,$$

wenn die Einteilung eine quadratische sein soll.

Soll demnach die entsprechende quadratische Einteilung der Schraubenfläche konstruiert werden, so hat man dem Radius r in der Grundrifsebene nach Gleichung 1) der Reihe nach z. B. folgende Werte zu geben:

$$\sqrt{R_1^2 \cos^2\gamma_1 - r_1^2 \tan^2\gamma_1}, \sqrt{R_1^2 e^{\frac{4\pi}{n}} \cos^2\gamma_1 - r_1^2 \tan^2\gamma_1},$$
$$\sqrt{R_1^2 e^{\frac{8\pi}{n}} \cos^2\gamma_1 - r_1^2 \tan^2\gamma_1}, \ldots,$$

oder, da $R_1 \cos^2\gamma_1 = r_1$, also $R_1^2 \cos^4\gamma_1 = r_1^2$ und $R_1^2 \cos^2\gamma_1 = \frac{r_1^2}{\cos^2\gamma_1}$ ist, die Werte

$$2) \quad \frac{r_1}{\cos\gamma_1}\sqrt{1 - \sin^2\gamma_1}, \frac{r_1}{\cos\gamma_1}\sqrt{e^{\frac{4\pi}{n}} - \sin^2\gamma_1},$$
$$\frac{r_1}{\cos\gamma_1}\sqrt{e^{\frac{8\pi}{n}} \sin^2\gamma_1}, \frac{r_1}{\cos\gamma_1}\sqrt{e^{\frac{12\pi}{n}} - \sin^2\gamma_1}, \ldots,$$

wobei der erste Posten sich auf r_1 reduziert.

Man erkennt, dafs der Zusatz $-\sin^2\gamma_1$ unter der Klammer immer unwesentlicher gegen den Nachbarposten $\left(e^{\frac{m\pi}{n}}\right)^2$, wird, je weiter man geht, dafs also die Reihe allmählich den Charakter einer geometrischen Reihe annimmt.

Die Ausgangspunkte für die Projektionen der Orthogonalkurven haben am Innenkreise des Grundrisses, wenn man eine quadratische Einteilung der Fläche zeichnen will, unter den Winkel-Abständen $\frac{2\pi}{n\cos\gamma_1}$ aufeinander zu folgen, also z. B. der Reihe

$$3) \qquad 0, \frac{2\pi}{n\cos\gamma_1}, \frac{4\pi}{n\cos\gamma_1}, \frac{6\pi}{n\cos\gamma_1}, \ldots$$

zu entsprechen. Es sei betont, dafs es sich hierbei nur um Ausgangspunkte, nicht um Polarkoordinaten handelt. Die vollständige Übertragung der letzteren sei dem Leser als Übungsbeispiel überlassen.

Nach den Gleichungen 2) und 3) hat man zu verfahren, wenn die Einteilung der Schraubenregelfläche in kleine Quadrate in Grund- und Aufrifs dargestellt werden soll. Danach ist die genaue Herstellung der Figur 99 zu behandeln. Hat man die Kreise des Grundrisses nach Formel 2) gezeichnet, so sind deren äufserste Punkte rechts senkrecht nach der Linie AB des Aufrisses von Figur 98 zu übertragen, wodurch die Schraubenlinien genau bestimmt sind.

Die Betrachtung ist nur in konstruktiver Hinsicht wichtig, da die gesamte Geometrie der Ebene durch den Abwickelungsbegriff ohnehin im Prinzip auf die Fläche übertragen ist, neues also nicht gewonnen werden kann.

Mit der Zeichnung der quadratischen Einteilung ist zugleich die konforme Abbildung des gezeichneten Flächenteils auf ein Rechteck bezw. auf einen unendlichen Parallelstreifen der Ebene ausgeführt, wobei die Grenzschraubenlinien den begrenzenden Geraden des Parallelstreifens, die übrigen Schraubenlinien den einteilenden Parallelen, die Orthogonalkurven der orthogonalen Parallelenschar entsprechen.

ϑ) Die Schraubenröhrenfläche.

§ 169) Die beiden ersten Definitionen. Eine Kugel vom Radius r bewege sich so, dafs ihr Mittelpunkt auf einer gegebenen Schraubenlinie a der gewöhnlichen Art wandert. Der Kreiscylinder der letzteren habe den Radius $r_1 = M_1 T_1$ (Figur 100, Grundrifs). Die Steigung sei durch den Winkel γ gegeben, so dafs die Ganghöhe $h = 2\pi r_1 \tan\gamma$ ist. Damit ist zugleich die Tangente UZ für den Punkt R des Aufrisses dieser Schraubenlinie bestimmt. Diejenige Fläche, welche die bewegte Kugel in allen Lagen umhüllt, heifst die (gewöhnliche) Schraubenröhrenfläche. (Grenzfälle sind die kurz als Wulst bezeichnete Drehungscyklide und der Kreiscylinder. Andere Grenzfälle sind durch $r = 0$, $r_1 = 0$, $r = \infty$, $r_1 = \infty$ gegeben.)

Zwei benachbarte Kugeln schneiden dabei einander in einem Kreise, dessen Ebene senkrecht zur Centrale der beiden Kugeln steht. Für den Grenzfall unendlicher Nähe fällt die

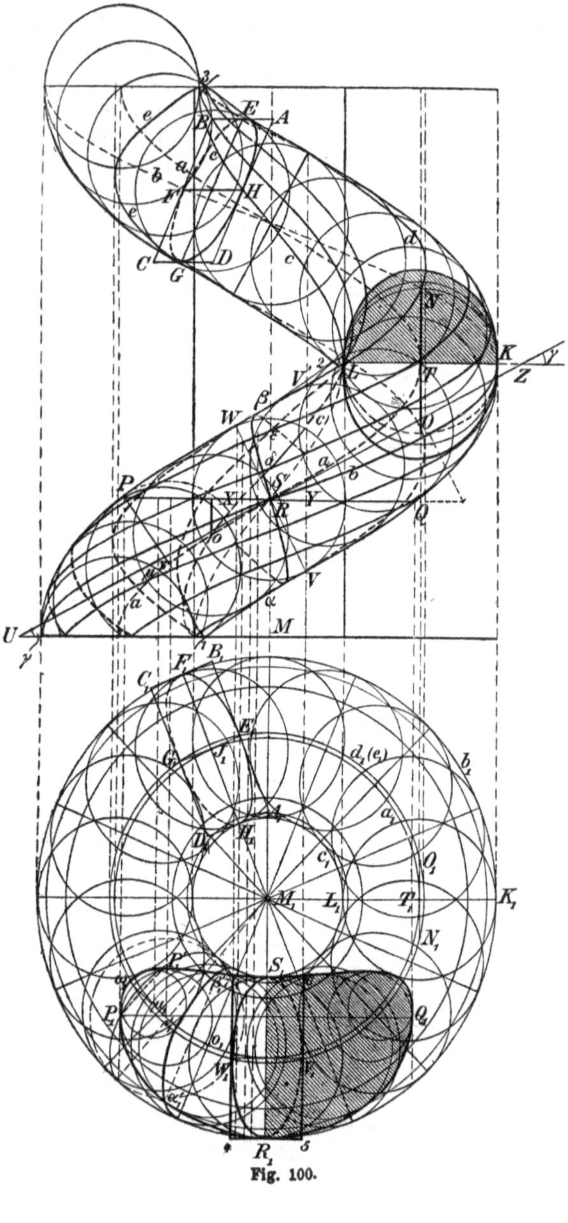

Fig. 100.

Centrale mit der Tangente der Schraubenlinie zusammen und der Schnittkreis wird ein gröfster Kreis der beiden Kugeln, dessen Ebene senkrecht zur entsprechenden Tangente der Schraubenlinie steht. Daraus folgt, dafs jede einbeschriebene Kugel die Röhrenfläche in einem solchen Kreisschnitte berührt. Die Fläche entsteht also auch auf folgende Weise:

Eine Kreislinie bewege sich so, dafs ihr Mittelpunkt auf einer gegebenen Schraubenlinie wandert, ihre Ebene aber stets normal gegen die augenblickliche Bewegungsrichtung ihres Mittelpunktes bleibt.

Macht der Kreis während dieser Bewegung Drehungen um die Tangente des Mittelpunktsweges als Achse, so wird an der Gestalt der Fläche nichts geändert, nur legen dann die Punkte des Kreises auf der Fläche besondere Wege zurück. In einem besondern Falle erfolgt die Bewegung stets senkrecht gegen den Kreisschnitt, was beide Guldinschen Regeln in gewissem Sinne fortbestehen läfst, die also für die Fläche allgemeine Geltung haben, wie auch die Bewegungen erfolgen mögen. In einem anderen besonderen Falle bewegen sich die Punkte der Kreislinie auf Schraubenlinien, welche dieselbe Achse und dieselbe Ganghöhe haben, wie der Mittelpunktsweg, während die Steigungswinkel verschiedene sind.

In der Lage $WSVR$ erscheint der bewegte Kreis im Aufrifs als gerade Linie, ebenso in einer darüber befindlichen Lage, wobei die Mittellinie der Figur in symmetrischer Weise geschnitten wird. Diese Lagen kehren nach oben und unten in periodischem Wechsel wieder. Im Grundrifs erscheint der Kreisschnitt stets als eine Ellipse, deren eine Halbachse gleich r ist, während die andere sich als $r \sin \gamma$ herausstellt. Vgl. $W_1 S_1 V_1 R_1$.

§ 170) Die Verzeichnung im Grund- und Aufrifs ist wie bei allen Schraubenflächen, mit beliebiger Genauigkeit durchzuführen, jedoch nicht absolut genau. Zunächst ist der Mittelpunktsweg a im Grund- und Aufrifs zu zeichnen, und zwar wendet man zweckmäfsig im Grundrifs die Kreisteilung an, die durch Senkrechte in den Aufrifs zu übertragen ist. Da die Kugel in allen Lagen als Kreis erscheint, hat man um die Teilpunkte Kreise mit dem Radius r zu legen. Im

Grundrifs werden die Kreise von zwei konzentrischen Kreisen umhüllt, deren Radien die Länge $(r_1 + r)$ bezw. $(r_1 - r)$ haben. Im Aufrifs erscheinen die umhüllenden Linien als Kurven konstanten Abstandes zur Schraubenlinie des Mittelpunktsweges (äquidistante Kurven, auch Parallelkurven genannt). Folgen die einzelnen Lagen sehr dicht aufeinander, so werden beide Kurven durch die Kreisbogen so genau ausschattiert, dafs eine besondere Zeichnung für sie überflüssig wird.

Diese Parallelkurven zeigen an den mit *1*, *2*, *3* bezeichneten Stellen des Aufrisses dieselben Eigentümlichkeiten, wie die in Bd. I Figur 218 dargestellten Parallelkurven der Ellipse, die für die Orthogonalprojektion der Drehungscyklide in allgemeiner Lage von Wichtigkeit waren. Hier können ebenso wie dort die bei *1*, *2*, *3* gezeichneten kleinen Bogendreiecke auftreten. Die eine Schrägseite eines solchen Dreiecks zeigt dann an, wie weit die eine Kontur sichtbar bleibt, während alles andere unsichtbar ist.

§ 171) Die begrenzenden Grundrifskreise geben im Aufrifs die äufserste und die innerste Schraubenlinie der Fläche. Da diese dort durch die Punkte R und den damit zusammenfallenden V gehen, und da auch sie die Ganghöhe h haben, so sind sie leicht einzuzeichnen. Alle Kreisschnitte der Fläche erscheinen im Grundrifs als kongruente Ellipsen. Das „Achsenkreuz“ dieser Ellipsen erhält man durch Projektion der Aufrifspunkte V, W, R und S in den Grundrifs. Das so entstehende Achsenkreuz V_1, W_1, R_1, S_1 ist im Grundrifs für alle Lagen dasselbe. Es ist also für jede beliebige Lage leicht in den Aufrifs zu übertragen und giebt dort neue Achsenkreuze, wie z. B. F, H, G, E, deren Eckpunkte zur äufsersten und innersten und, wenn man sich so ausdrücken will, zur obersten und untersten Schraubenlinie (in Bezug auf den Kreisschnitt) gehören. An den beigeschriebenen Zahlen erkennt man die zusammengehörigen Punkte. Die oberste und die unterste Schraubenlinie erscheinen im Aufrifs kongruent. Durch die Achsenkreuze des Aufrisses erhält man die Parallelogramme, denen die Ellipsen der Kreisschnitte einzuzeichnen sind.

Jeder der konzentrischen Kreise des Grundrisses, der

zwischen dem äufsersten und innersten liegt, kann als der Fläche angehörig betrachtet werden. Er schneidet die unterste der gezeichneten Ellipsen in einen oberen und einen unteren (unsichtbaren) Punkt. Überträgt man diese Punkte durch Senkrechte auf die Gerade *PQ* des Aufrisses, so erhält man die Schnittpunkte für die beiden Schraubenlinien des Aufrisses, die jenem Kreise entsprechen.

So kann man z. B. folgende Aufgabe lösen: Jeder Kreisschnitt soll in gleiche Teile eingeteilt werden, durch die Teilpunkte aber sollen in Grund- und Aufrifs Schraubenlinien gelegt und so die Fläche in ein bestimmtes System von Vierecken zerlegt werden.

Die Lösung geschieht so, dafs man einen Kreis mit dem Durchmesser $VW = 2r$ in gleiche Teile teilt und die Teilpunkte auf VW projiziert. Die so entstehenden Punkte sind senkrecht in den Grundrifs hinab zu projizieren, wo sie die unterste der Ellipsen in die entsprechenden n Teile zerlegen. Im Grundrifs legt man durch die Punkte konzentrische Kreise, im Aufrifs die entsprechenden Schraubenlinien. Die Teilung ist im Grundrifs durch kongruente Ellipsen zu vollenden, die unter gleichen Bogenabständen aufeinander folgen und leicht in den Aufrifs zu übertragen sind. (Um eine Rechtecksteilung handelt es sich dabei nicht.)

Zu einer Teilung können die Punkte $VWRS$ gehören, nötig aber ist dies nicht. Die andere Teilung kann nach einem Umgange im Grundrifs schliefsen, nötig aber ist auch dies nicht, nur wird im Nichtfalle die Zeichnung weniger deutlich, da im Grundrifs ein Gewirr von Linien entsteht, besonders dann, wenn die Teilung erst nach unendlich vielen Umgängen schliefst.

Schliefst die Teilung nach einem Umgange (der Ellipsen im Grundrifs), und zeichnet man nur das sichtbare, so wird bei genauer Zeichnung die Aufrifszeichnung so plastisch, dafs es einer besonderen Schattierung nicht bedarf, wenn ein körperlicher Eindruck erzielt werden soll.

Jeder zur Achse der Röhrenfläche konzentrische Kreis-Cylinder, der die Fläche schneidet, schneidet sie in einer Schraubenlinie.

§ 172) Die horizontale Schnittlinie der Schraubenröhrenfläche. Jede Normalebene zur gemeinschaftlichen Schraubenlinie der Fläche schneidet sie so, daſs im Aufriſs eine horizontale Gerade entsteht, während sich im Grundriſs lauter kongruente in sich geschlossene Linien entstehen. Jede der letzteren hat eine radiale Symmetrieachse, denn die auf den Kopf gestellte Röhrenfläche giebt dieselbe Schnittfigur, wie die ursprüngliche. Wählt man PQ im Aufriſs als Schnittebene, so braucht man nur die Schnittpunkte dieser Geraden mit den gezeichneten Schraubenlinien auf die entsprechenden Grundriſskreise senkrecht hinab zu projizieren, um die zugehörigen Punkte der dortigen Schnittlinie zu finden.

Auch die Tangenten der letzteren sind konstruierbar. Die Ebene PQ schneidet nämlich jede der von ihr getroffenen der einbeschriebenen Kugeln in einem kleineren oder gröſseren Kreise, der im Grundriſs als konzentrischer Kreis des entsprechenden Kugelkreises erscheint. Die gesuchte Schnittkurve umhüllt im Grundriſs alle diese kleineren Hilfskreise. Jeder der letzteren schneidet die zugehörige Ellipse des bewegten Kreises in zwei Punkten, die zur Schnittkurve gehören. Die zu diesen Punkten gehörigen Kreistangenten sind Tangenten der Schnittlinie. Der um μ_1 gelegte Hilfskreis ist der kleinste, der in Betracht kommt. Sein Radius ist gleich der kleineren Halbachse der Grundriſsellipse. Die Bedeutung der sonstigen Buchstaben der Figur wird man beim Nachkonstruieren leicht erkennen. Einige der Hilfskreise sind in Figur 100 gezeichnet. Die eine Hälfte der Schnittfläche ist dort schraffiert.

Bewegt sich diese Schnittfläche senkrecht nach oben und dreht sie sich zugleich in bestimmter Weise um die Hauptachse der Figur (100), so entsteht ebenfalls die Schraubenröhrenfläche. Die Drehung muſs proportional zum Aufsteigen erfolgen und für die Ganghöhe h eine volle Umdrehung geben. Damit ist eine dritte Entstehungsweise der Fläche gegeben.

§ 173) Ist F_1 der Inhalt dieser Schnittfläche, so folgt nach dem Cavalierischen Prinzip für jeden Umgang der körperliche Inhalt $J = F_1 h$. Da aber der Kreisschnitte wegen auch die Guldinsche Inhaltsformel gilt, so ist dieser körperliche Inhalt auch gleich dem Produkte aus Kreisschnittfläche und Mittelpunktsweg, also

$$J = \pi r^2 s = \pi r^2 \sqrt{h^2 + 4\pi^2 r_1^2}.$$

Daraus folgt

$$F_1 h = \pi r^2 \sqrt{h^2 + 4\pi^2 r_1^2},$$

der Inhalt der horizontalen Schnittfläche ist daher

$$F_1 = \frac{\pi r^2}{h} \sqrt{h^2 + 4\pi^2 r_1^2} = \pi r^2 \sqrt{1 + \left(\frac{2\pi r_1}{h}\right)^2}$$

$$= \pi r^2 \sqrt{1 + \left(\frac{1}{\tan\gamma}\right)^2} = \frac{\pi r^2}{\sin\gamma}.$$

(Vergl. § 39 und 40.)

Für den Umfang der Schnittfläche besteht eine so einfache Beziehung nicht, weil das Cavalierische Prinzip nicht für die Mantelflächen Geltung hat.

§ 174) Die senkrechte Profilkurve des zur Schraubenröhrenfläche gehörigen Gewindes. Jede der auf der Röhrenfläche liegenden Schraubenlinien hat im Aufriſs Stellen mit senkrecht erscheinender Tangente. Diese Punkte werden gefunden, indem man im Grundriſs einen horizontalen Radius zieht und die Schnittpunkte mit den konzentrischen Kreisen auf die entsprechenden Schraubenlinien projiziert. Verbindet man die Punkte mit einander, so erhält man mit beliebiger Genauigkeit das gezeichnete Profil, dessen eine Hälfte in der Figur schraffiert ist.

Man findet die Punkte auch folgendermaſsen: Die Senkrechte $\alpha\beta$ im Aufriſs schneidet die Schraubenlinien in Punkten $\delta, \varepsilon, \ldots$, d. h. in Höhenabständen $S\delta$, $S\varepsilon$, $S\beta$ u. s. w. Diejenigen Punkte der Schraubenlinie des Aufrisses, die von KL die entsprechenden Abstände haben, gehören der Schnittkurve an.

Auch die Kreise, in denen die Schnittebene die sie treffenden Kugeln schneidet, können wie vorher zur Konstruktion benutzt werden, denn alle diese Kreise werden von der Profilkurve umhüllt.

Bewegt sich die Profilkurve längs einer der gezeichneten Schraubenlinien unter Drehung um die Achse, so entsteht die Schraubenröhrenfläche ebenfalls. Damit ist eine vierte Entstehungsweise der Fläche gegeben.

§ 175) Ist F_2 der Inhalt der Fläche des senkrechten Profilschnittes, so erhält man nach § 37 als körperlichen Inhalt für einen Umgang, wenn ϱ_2 der Schwerpunktsabstand von der Achse ist,

$$J = 2\pi \varrho_2 F_2,$$

während nach Guldin war

$$J = \pi r^2 \sqrt{h^2 + 4\pi^2 r_1^2}.$$

Demnach ist

$$\varrho_2 F_2 = \frac{r^2}{2} \sqrt{h^2 + 4\pi^2 r_1^2}$$

und damit ist das statische Moment der senkrechten Profilfläche in Bezug auf die Achse bestimmt. Dagegen sind ϱ_2 und F_2 auf diesem Wege nicht zu finden.

§ 176. Aufgabe. Eine Reihe von Berührungskugeln in die Schraubenröhrenfläche so einzuzeichnen, dafs jede die beiden Nachbarkugeln berührt.*) (Figur 101.)

Die Centrale je zweier Nachbarkugeln ist gleich $2r$, der Berührungspunkt B_n der Kugeln ist der Halbierungspunkt der Centrale. Sämtliche Kugeln erscheinen als Kreise. Ist die Schraubenlinie der Kugel-Mittelpunkte in Grund- und Aufrifs gezeichnet, und ist im Aufrifs B_2 ihr Schnittpunkt mit der senkrechten Mittellinie der Figur, so lege man um B_2 mit dem Radius r Kreisbogen, welche zwei Punkte M_2 und M_3 des Mittelpunktsweges bestimmen. Projiziert man diese Punkte in den Grundrifs, so erhält man dort die Centrale $M'_2 M'_3$, die im Grundrifs für alle Kugelpaare in derselben Länge erscheint. Dort sind also die Punkte

*) In der Figur ist die Schraffierung von B_5 bis M_6 nicht ganz richtig begrenzt. Der Leser wird die Begrenzung nach den bisherigen Angaben leicht korrigieren.

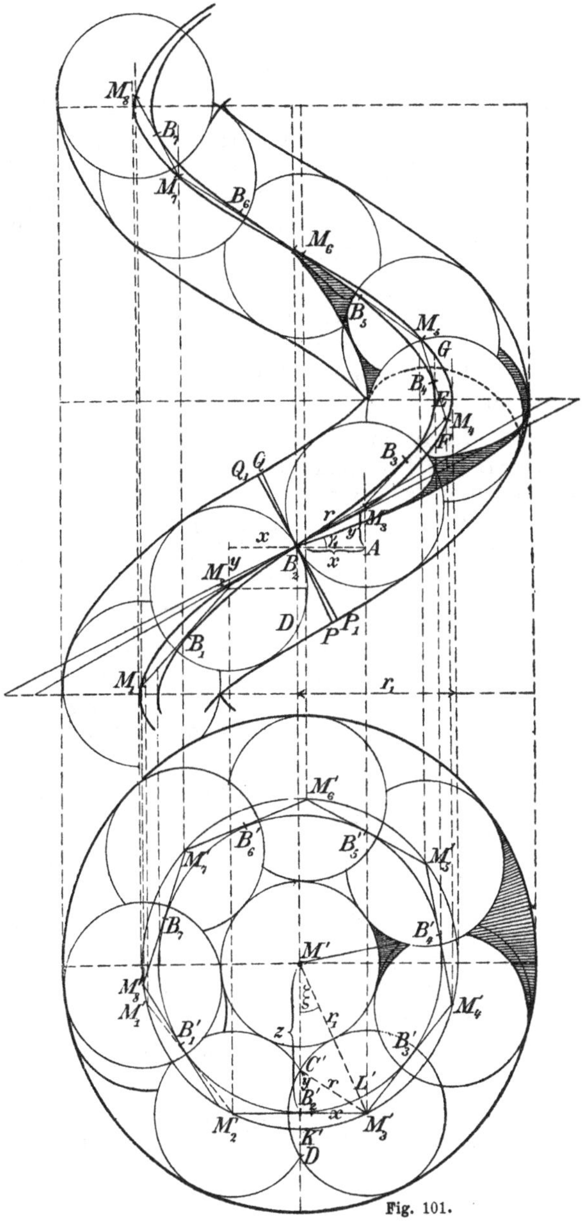
M8
B7
M7
B6
M6
B5
M5
G
B4
E
M4
F
B3
Q1
Q
r
M3
y
x
A
B2
M2
y
x
D
P
P1
B1
M1
r1
M'6
B'6
B'5
M'7
M'5
B7
B'4
M'
M'8
M'1
ζ
r1
M'4
B'1
z
B'3
C'
y
r
L'
B'2
x
M'2
M'3
K'
D
Fig. 101.

$M'_1, M'_2, M'_3, M'_4, \ldots M'_n$ leicht einzutragen. Die Reihe braucht selbstverständlich nicht für einen Umgang zu schliefsen. Die Kugelkreise sind nun zu zeichnen. Die Halbierungspunkte $B'_1, B'_2, B'_3 \ldots$ der Centralen ebenfalls.

Heraufprojektion auf die Schraubenlinie der Mittelpunkte im Aufrifs giebt dort die entsprechenden Punkte $M_1, M_2, M_3 \ldots$, auf deren Verbindungslinien M_1M_2, M_2M_3, $M_3M_4, \ldots$ die Berührungspunkte B_n ebenfalls als Halbierungspunkte erscheinen.

Die Schraubenlinie der Punkte B_n hat dieselbe Ganghöhe wie die der Punkte M. Im Grundrifs erscheint sie als Kreis, so dafs die äufsersten Punkte nach rechts und links durch Projektion aus dem Grund- in den Aufrifs zu bestimmen sind.

Diese Schraubenlinie soll als die Berührungsschraubenlinie bezeichnet werden. Sie ist etwas steiler als die der Kugelmittelpunkte. Die Normalen PQ und P_1Q_1 gehören den beiden Linien an und lassen den Unterschied der Steigungswinkel erkennen. Dadurch unterscheidet sich die Schraubenröhrenfläche wesentlich von der Drehungscyklide, bei der PQ und P_1Q_1 zusammenfallen.

§ 177) Die Berührungsschraubenlinie durchschneidet sämtliche Kugeln unter konstantem Winkel, der aber im allgemeinen kein rechter ist. Letzteres ist nur in den Sonderfällen der Drehungscyklide und des Cylinders der Fall. Allgemein würde es der Fall sein, wenn die Centralen $M_n M_{n+1}$, wie es im Grundrifs den Anschein hat, Tangenten dieser Schraubenlinie wären. Dafs es nicht der Fall ist, zeigt sich sofort, wenn man zur Aufrifslinie M_2M_3 eine benachbarte höher liegende zeichnet. Dabei heben sich die Punkte M_2, M_3 und B_2 um dieselbe Höhe $\frac{h}{n}$, und die neue Sehne liegt im ganzen Verlaufe höher als die Gerade M_2M_3. Der Punkt B_2 liegt also aufserhalb der letzteren. Die Aufrifslinie $M_n M_{n+1}$ sind also nicht Tangenten der dort gezeichneten Schraubenlinie der B, obwohl es auch dort den Anschein hat.

Die Eigenschaft, sämtliche Kugeln unter konstantem Winkel zu schneiden, behält die Berührungsschraubenlinie auch bei, wenn man die Schraubenröhrenfläche mit der einbeschriebenen Kugelreihe der Inversion unterwirft. Dabei werden die Kugeln wieder Kugeln, die Berührungskreise, d. h. die Kreisschnitte der Fläche wieder Kreisschnitte. Die Berührungspunkte der Kugeln bleiben solche, die Mittelpunkte der Kugeln gehen aber nicht in Mittelpunkte der neuen Kugeln über. In dieser Hinsicht also ist die Kurve der Punkte B wichtiger als die der Punkte M.

So leicht die obige Konstruktion erschien, so enthält sie doch transcendentes, da die Schraubenlinie der Mittelpunkte als konstruiert vorausgesetzt wurde. Schon die Längen-Berechnung der Geraden $M'_2 M'_3$ des Grundrisses führt auf eine transcendente Gleichung, wenn z. B. der Cylinderradius r_1 der Schraubenlinie der M_n, der Radius r der Berührungskugeln und die Ganghöhe h sämtlicher auf der Fläche liegender Schraubenlinien gegeben ist. Für jeden Umgang der Schraubenlinie der Mittelpunkte M hat man dann die Länge $l_M = \sqrt{h^2 + 4\pi^2 r_1^2}$, so daſs der Steigungswinkel γ_M sich berechnet aus $\tan\gamma_M = \frac{h}{2\pi r_1}$, oder aus $\cos\gamma_M = \frac{2\pi r_1}{l_M}$, oder aus $\sin\gamma_M = \frac{h}{l_M}$. Bezeichnet man in Figur 101) $B_2 A = B'_2 M'_3$ mit x_1, $A M_3 = B'_2 C'$ mit y, so hat man zunächst

1) $$x^2 + y^2 = r^2.$$

Bezeichnet man ferner $B'_2 M'$ mit z, so folgt

2) $$z^2 + x^2 = r_1^2.$$

Aus 2) und 1) folgt

3) $$z^2 - y^2 = r_1^2 - r^2 = t^2,$$

wobei t die Länge der im Grundriſs von M' aus an die Kreise gelegten Tangenten ist. Der um M' gelegte Orthogonalkreis der Berührungskreise ist also kleiner, als der Kreis der B'.

Für den Winkel $M'_3 M' K' = \xi$ hat man die Gleichung

4) $$\sin\xi = \frac{x}{r_1},$$

für den Bogen $\widehat{K'M'_3} = s$ hat man also

$$\hat{s} = r_1 \xi = r_1 \arcsin \frac{x}{r}.$$

Zugleich ist

$$\hat{s} = \frac{y}{\sin \gamma_M} = \frac{\sqrt{r^2 - x^2}}{\sin \gamma_M} = \frac{1}{h} \sqrt{h^2 + 4\pi^2 r_1^2} \sqrt{r^2 - x^2}.$$

Demnach ist x zu berechnen aus der transcendenten Gleichung

$$5) \qquad r_1 \arcsin \frac{x}{r} = \frac{1}{h} \sqrt{h^2 + 4\pi^2 r_1^2} . \sqrt{r^2 - x^2}$$

oder aus

$$5^*) \qquad \frac{x}{r} = \sin \left[\frac{1}{r_1 h} \sqrt{h^2 + 4\pi^2 r_1^2} . \sqrt{r^2 - x^2} \right].$$

Diese Gleichung kann nicht allgemein aufgelöst werden, sondern nur dann, wenn r, r_1 und h durch bestimmte Zahlenwerte gegeben sind. Dann geschieht die Berechnung von x mit beliebiger Genauigkeit nach den üblichen Methoden. (Vergl. z. B. Anhang z. method. Lehrbuch der El. Math. des Verfassers, allgemeine Ausgabe.)

§ 178) Aufgabe. Die Figur 101 soll dahin vervollständigt werden, dafs die durch die äufserste und innerste Schraubenlinie bestimmte Minimalschraubenfläche, so weit sie sichtbar ist, durch Schraffierung hervorgehoben wird, so dafs die Kreise in höherem Grade als Kugeln erscheinen.

An einigen Stellen der Figur ist die Schraffierung angedeutet. Die Durchschnitte zwischen jeder Kugel und der Minimalschraubenfläche erscheinen als eigentümlich gestaltete Ovale. (Jede horizontale Schraffierungslinie des Aufrisses liegt in einer bestimmten Höhe, also in einer Horizontalebene, welche die betreffende Berührungskugel in einem bestimmten Kreise schneidet, der im Grundrifs als konzentrisch zu dem betreffenden Kugelkreise erscheint. Der horizontalen Geraden entspricht im Grundrifs ein von M' ausgehender Radius, der die Kugel dort durchstöfst, wo der Hilfskreis von diesem Radius geschnitten wird.)

§ 179) **Die Krümmungslinien der Schraubenröhrenfläche.** In Figur 102 sind die Kreisschnitte so angeordnet, dafs sie unter gleichen Abständen aufeinander folgen. Man denke sich durch regelmäfsige Einschaltung weiterer Kreisschnitte die Anzahl vervielfacht, so dafs z. B. statt der 16 Stücke für einen Umgang 32, 64, 128 u. s. w. erhalten werden. Je gröfser die Zahl ist, mit um so gröfserem Rechte darf man jeden der entstandenen Flächenringe als Mantel eines beiderseits symmetrisch abgeschrägten Kreiscylinders betrachten, dessen geradlinige Seitenlinien parallel zur Verbindungslinie der Mittelpunkte der beiden Schrägschnittflächen ist.

Der Inhalt bezw. Mantel eines solchen Cylinders ist $J = F \cdot h'$ bezw. $M = u \cdot h'$, wobei F die Fläche, u der Umfang des Normalschnittes zur Achse ist. Dadurch bestätigt sich zunächst die Geltung der **beiden** Guldinschen Regeln für die vorliegende Fläche.

Die Seitenkanten des Cylinders sind dabei, wie es die Guldinsche Flächenregel erfordert, **Orthogonalkurven der Kreisschnitte.** Diese können mit beliebiger Annäherung dadurch konstruiert werden, dafs man von Kreisschnitt zu Kreisschnitt „Gerade“ zieht, die parallel zu den geraden Verbindungslinien der entsprechenden Mittelpunkte, also zu M_1M_2, M_2M_3, M_3M_4 u. s. w. sind, wobei von Geraden selbstverständlich nur dann gesprochen werden kann, wenn die Kreisschnitte unendlich nahe aufeinander folgen.

In Figur 102 ist diese Konstruktion durchgeführt, und zwar der Deutlichkeit halber für **weit auseinanderliegende Kreisschnitte, so dafs dort auf Genauigkeit nur geringer Anspruch gemacht werden kann.** Die Schar der Orthogonalkurven ist im Grund- und Aufrifs in das Polygon der Hilfsgeraden einzuzeichnen. Die Kurven entsprechen stückweise einer Guldinschen Bewegung des Kreisschnitts um einen wandernden Punkt μ_1.

Damit ist das System der beiden Arten von Krümmungslinien mit beliebiger Genauigkeit konstruiert.

Die Kreisschnitte sind Krümmungslinien, weil die in den Punkten jedes einzelnen errichteten Lote einander

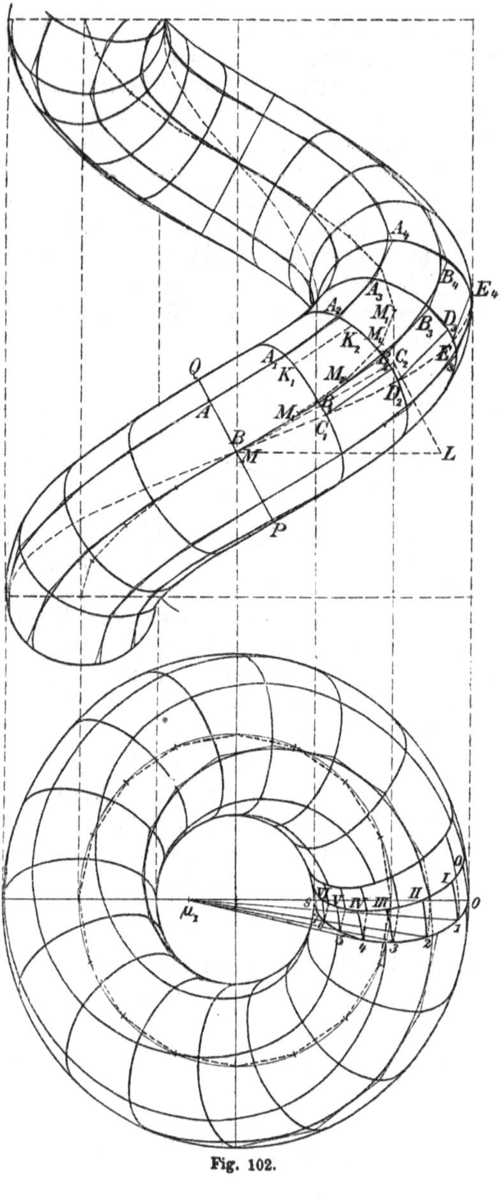

A_4
B_4
E_4
A_3
A_2
M_1
M_4
B_3
D_3
K_2
C_2
E_3
Q
A_1
K_1
M_2
D_2
A
M_3
C_1
B
M
L
P
μ_1
0
I
II
III
IV
V
VI
1
2
3
4
5
6

Fig. 102.

schneiden, nämlich die Mittelpunkte der Kugel. Die zweite Schar von Krümmungslinien ist orthogonal zu den Kreisschnitten, entspricht also den gezeichneten Kurven. Die längs einer Kurve zweiter Art auf der Fläche errichteten Lote schneiden einander der Reihe nach paarweise längs einer Gratlinie, die mit Hilfe der Krümmungscyklide zu bestimmen ist.

Die Schmiegungsebenen der Krümmungslinien zweiter Art sind längs eines Kreisschnittes parallel zu der Schmiegungsebene des Mittelpunktsweges für den Durchschnittspunkt mit der Ebene dieses Kreisschnittes. Sämtliche Linien haben dort ein und dieselbe Krümmungsachse, die der Schraubenlinie der Mittelpunkte, über die noch besonders zu sprechen ist. Weiteres über den Verlauf der Krümmungslinien folgt unten.

§ 180) **Krümmungscyklide, Krümmungsradien und Gaufs'sches Krümmungsmafs der Schraubenröhrenfläche.**

Jeder Kreisschnitt und die Krümmungsachse für den zugehörigen Punkt der Schraubenlinie der Kugelmittelpunkte bestimmen eine Drehungscyklide, die eben durch Drehung des Kreisschnittes um die Krümmungsachse entsteht. Diese Cyklide und die Schraubenröhrenfläche fallen längs des Kreisschnittes zusammen. Die Kreisschnitte zweiter Art der Cyklide sind die Krümmungskreise für die entsprechenden Krümmungslinien der Schraubenröhrenfläche. Da die Krümmungsverhältnisse der Drehungscyklide bekannt sind, und sie mit denen der Schraubenfläche nach dem Gesagten übereinstimmen, und da endlich alle hierhergehörigen Krümmungscykliden kongruent sind, so sind die Krümmungsverhältnisse für jede Stelle der Schraubenröhrenfläche bekannt. Sind wieder r_1, γ oder h und r gegeben, so ist in jedem Punkte der Fläche der eine Krümmungsradius gleich r, der andere ist gleich dem Radius der entsprechenden äufseren Berührungskugel der Krümmungscyklide, also, wenn der eine Krümmungsradius r mit r_1 oder dessen Verlängerung mit der positiven Richtung des Radius $\frac{r_1}{\cos^2\gamma}$ der Cyklide den Winkel ϑ bildet,

$$\varrho = \frac{1}{\cos\vartheta} \cdot \left[\frac{r_1}{\cos^2\gamma} + r\cos\vartheta\right] = \frac{r_1 + r\cos\vartheta\cos^2\gamma}{\cos\vartheta\cos^2\gamma}.$$

Das Gaufssche Krümmungsmafs für den betreffenden Punkt der Cyklide und der Schraubenröhrenfläche ist also

$$K = \frac{1}{r} \cdot \frac{1}{\varrho} = \frac{\cos\vartheta \cos^2\gamma}{r(r_1 + r\cos\vartheta\cos^2\gamma)}.$$

Für den äufsersten und innersten Punkt des Kreisschnitts ist $\cos\vartheta = 1$ bezw. $\cos\vartheta = -1$, für den höchsten und niedrigsten Punkt ist $\cos\vartheta = 0$. Dies giebt besonders einfache Werte. Für den letztgenannten wird das Krümmungsmafs $K = 0$, dort findet also der Übergang vom positiven zum negativen Krümmungsmafse statt.

§ 181) Gesetzmäfsige Einteilung der Schraubenröhrenfläche mittels der Krümmungslinien. In Figur 23 ist die Drehungscyklide durch ihre beiden einfachsten Kreisschnitte (Meridiane und Parallelkreise) in ein System ähnlicher Rechtecke, z. B. Quadrate eingeteilt. Solcher Einteilungen isothermischer Art sind unendlich viele möglich, denn es ist nicht nötig, dafs sie mit dem äufseren Äquator beginnen. Man denke sich einen (unendlich schmal anzunehmenden) Meridianstreif der Figur 23 mit einer solchen quadratischen Einteilung aus der Cyklide herausgeschnitten und auf eine Schraubenröhrenfläche aufgelegt, deren Krümmungscyklide mit dieser Cyklide übereinstimmt. Diese Auflegung ist nach dem Gaufsschen Satze von der Abwickelbarkeit von Flächen identischen Krümmungsmafses auf einander möglich. Der Streif kann auf der Röhrenfläche verschoben werden, aber nicht in beliebiger Weise, sondern nur so, dafs jeder seiner Punkte sich auf einer der Schraubenlinien der Fläche bewegt. Denkt man sich die einzelnen Lagen so aufeinander folgend, dafs jeder Streif von den beiden Nachbarstreifen berührt wird, so würden die quadratischen Einteilungen so aufeinander folgen, wie es bei zwei solchen Ringstreifen im Grundrifs der Figur 102 dargestellt ist, d. h. die Einteilungslinien des einen Ringstreifens sind nicht die Fortsetzungen der Einteilungslinien des anderen. In diesem diskontinuierlichen Sinne läfst sich die Schraubenröhrenfläche durch die Teile der Krümmungslinien mit einem Netze von Quadraten überziehen.

Jede der Ringstreif-Einteilungen ist unter wiederholter Voraussetzung unendlich kleiner Ringbreite so beschaffen, dafs Inversion in Bezug auf gewisse Punkte der jedesmaligen Krümmungsachse stattfindet. Im Falle der Figur z. B. gehen die Geraden $\overline{0,8}$, $\overline{1,7}$, $\overline{2,6}$, $\overline{3,5}$ und die Tangente des Kreisschnitts im Punkte *4* durch denselben Punkt μ der Krümmungsachse. Ebenso gehen die Tangente in *3* und die Geraden $\overline{2,4}$, $\overline{1,5}$, $\overline{0,6}$ u. s. w. Durch einen andern Punkt der (schräg auf der Zeichnungsebene zu denkenden) Krümmungsachse. Entsprechendes findet mit den homologen Punkten der anderen Streifen statt. Man hat also ein von Kreisschnitt zu Kreisschnitt stattfindendes Inversionsverhalten in Bezug auf aufeinanderfolgende Punkte μ.

Wie ein solcher Kreisschnitt von μ aus einzuteilen ist, wenn der Punkt des äufseren Äquators und der des inneren zur Einteilung gehören sollen, ist aus Bd. I bekannt und in der nachstehenden Figur 103 im Grundrifs noch einmal durchgeführt. Tangente μ_1 *4* an den Kreis rechts giebt *4*, Gerade $\overline{0,4}$ bis zur Projektion der Krümmungsachse giebt H_1, Tangente H_1 *2* giebt *2*, Gerade *2* μ_1 giebt *6*, Gerade *02* giebt einen Schnittpunkt J_1 auf der Projektion der Krümmungsachse, Tangente J_1 *1* giebt den Punkt *1*, Gerade *1* H_1 giebt *3*, Gerade *3* μ_1 giebt *5*, Grade *1* μ_1 giebt *7* u. s. w. Die Teilung ist am links liegenden Kreise wiederholt und dort durch einfache Projektion auf den elliptisch erscheinenden Kreisschnitt übertragen. Damit ist die Möglichkeit der quadratischen Einteilung eines solchen Ringstreifens auf konstruktivem Wege nachgewiesen.

Eine andere Einteilung ist folgende: Man denke sich die soeben besprochene quadratische Einteilung eines Ringstreifens durchgeführt und durch die Teilpunkte Krümmungslinien zweiter Art gelegt und beiderseits bis ins Unendliche fortgesetzt. Die Kreisschnitte sollen ebenso, wie vorher, regelmäfsig aufeinander folgen. Dadurch entsteht eine Einteilung der Fläche in Rechtecke. Die Fortsetzung der Krümmungslinien giebt aber keine isothermische Einteilung, wie unten nachgewiesen werden soll. Es entsteht nur eine Einteilung in „Rechtecke", aber nicht in ähnliche Rechtecke.

Vorläufig sei zu Figur 102 nur bemerkt, dafs im Aufrifs $BB_1 = C_1C_2 = D_2D_3 = \ldots$ ist.

Denkt man sich einen der dortigen Ringstreifen längs der Röhrenfläche herabgleitend, so verschiebt sich jeder Punkt auf der entsprechenden Schraubenlinie, und dabei nimmt D_2D_3 der Reihe nach die Lagen C_1C_2, BB_1 u. s. w. an. Die Fläche AA_1B_1B ist dabei kongruent $K_1K_2C_2C_1$, und daher findet beim Herabgleiten jedes Kreisschnittes eine Kombination von Guldinscher Bewegung und Umdrehung um die augenblicklichen Tangenten des Mittelpunktsweges statt. Durch die Zusammensetzung beider Bewegungen entsteht die Schraubenbewegung. Die Drehung des Kreisschnittes um den Winkel σ fällt naturgemäfs an der innersten Schraubenlinie am stärksten, an der äufsersten am schwächsten auf, und so entstehen die kleinen Steigungswinkel aufsen, die gröfseren auf der Innenseite.

§ 182) Noch klarer wird der Bewegungsvorgang durch die Zeichnung der Schraubenlinien der Fläche, die durch die so konstruierten Teilpunkte der Kreisschnitte gehen, und durch die Konstruktion der Orthogonalkurven dieser Schraubenlinien. Die Einteilung der elliptischen Kreisschnitte ist schon oben beschrieben worden, die Konstruktion der Schraubenlinien, die durch die Teilpunkte gehen, ist im Grundrifs, wo sie als konzentrische Kreise erscheinen, am bequemsten. Die Verzeichnung im Aufrifs geschieht folgendermafsen: Man projiziere die Teilpunkte *1* bis *8* des links im Grundrifs befindlichen Kreises auf dessen senkrechten Durchmesser, was Teilpunkte α_1, β_1, λ_1, δ_1 bis ι_1 giebt. Diese Punkte sind auf der unteren Hälfte symmetrisch zu wiederholen. Der Durchmesser ist im Aufrifs in die Lage PQ zu bringen. An diesem Kreisschnitte sind α, β, γ vorn, die übrigen Punkte bis ι hinten zu denken. Am Kreisschnitte RS sind die hinteren Punkte zu vorderen geworden. Durch die Teilpunkte gehen die Schraubenlinien.

Die Orthogonalkurven können wiederum nur angenähert konstruiert werden, und zwar folgendermafsen. Im Aufrifs erscheinen die Schraubenlinien längs der senkrechten Mittellinie der Figur in ihrer richtigen Steigung und die Normalebenen sind daher senkrecht gegen diese Linien zu zeichnen und erscheinen in der Gestalt dieser Lote. Man zeichne von jedem Schnittpunkte der Mittellinie ein solches Lot

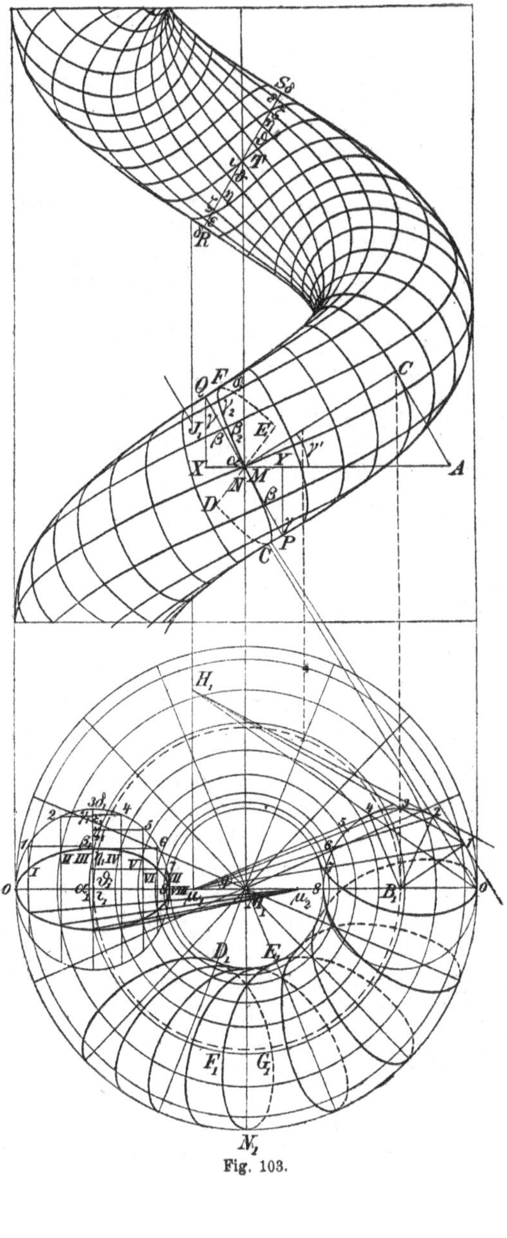

Fig. 103.

nach oben bis zur nächsten sehr nahe zu denkenden Schraubenlinie. Den Endpunkt jedes Lotes projiziere man in den Grundrifs, wo die entsprechende „Gerade" wieder als solche erscheint. Im Grundrifs drehe man die Geraden längs der konzentrischen Kreise ohne jede sonstige Änderung so weit, dafs sie einen ununterbrochenen Linienzug bilden. In das entstehende Polygon sind nun die Orthogonalkurven des Grundrisses mit beliebiger Genauigkeit einzuzeichnen. Je zahlreicher die Teilpunkte des Kreises sind (in der Figur 16, besser 32, 64, 128 u. s. w.) um so genauer stellt die gebrochene Linie die Kurve selbst dar.

So sind die orthogonalen Grundrifskurven der Figur 104 entstanden. Die gestrichelten Teile sind dabei symmetrisch zu den ausgezogenen sichtbaren Teilen. Je ein ausgezogener und ein gestrichelter Teil bilden einen Umgang einer solchen Kurve. Alle Umgänge sind kongruent. Jede Kurve kann nach einem oder mehreren Umgängen scheinbar schliefsen, auch nach Bruchteilen von mehreren Umgängen. Das scheinbare Schliefsen kann aber auch erst nach unendlich vielen Umgängen erfolgen. Solche Kurven sind unter gleichen Abständen in den Grundrifs einzuzeichnen. Die Schnittpunkte sind aus dem Grundrifs leicht in den Aufrifs zu übertragen.

Auch diese Einteilung ist noch keine isothermische. Sie ist aber eine gesetzmäfsige und hat einige bemerkenswerte Eigenschaften. Jedenfalls läfst sie die Fläche im Aufrifs sehr plastisch erscheinen und ist somit ein instruktives Übungsbeispiel für die darstellende Geometrie und die Handhabung von Infinitesimalkonstruktionen. Daher soll noch einiges über sie gesprochen werden.

§ 183) Einige Eigenschaften der in Figur 103 gegebenen Einteilung. Zunächst sind die in dem Streifen zwischen je zwei benachbarten Schraubenlinien befindlichen „Rechtecke" kongruent, ist also eins davon ein Quadrat, so sind sämtliche Rechtecke dieses Streifens Quadrate. Daraus folgt, dafs die Schraubenlinien und ihre Orthogonalkurven isothermische Linien sind und eine besonders zu untersuchende isothermische Einteilung ermöglichen, um die es sich hier noch nicht handelt.

Verbindet man in Figur 103 einen der Schnittpunkte der Einteilung mit dem zugehörigen Punkte μ der Achse der Krümmungscyklide, so erhält man als zweiten Schnittpunkt mit der Schraubenfläche einen Punkt einer anderen der gezeichneten Schraubenlinien. Verbindet man jede der vier Ecken eines der Rechtecke mit dem ihm zugehörigen Punkte μ, so erhält man als Schnittpunkte mit der Fläche die Ecken eines Vierecks, welches zur Einteilung gehören kann, aber nicht mufs. Jedenfalls ist das Rechteck kongruent dem Rechtecke des zugehörigen Schraubenlinienstreifs und kann in diesem in eine der Einteilung entsprechende Lage verschoben werden. In diesem Sinne findet eine Art von Zuordnung statt, bei der es sich um Inversionen von Punkt zu Punkt mit wanderndem μ handelt. Sind P_1 und P_2 so zugeordnete Punkte, so ist $\mu P_1 . \mu P_2 = t^2$, wobei t die Länge der von μ aus an die entsprechende Berührungskugel gelegten Tangente ist. Die Punkte P_1 und P_2 liegen auf dem zugehörigen Schnittkreise. Weil das Centrum der Inversion wandert, sind die einander so entsprechenden Rechtecke im allgemeinen nicht ähnlich.

In Figur 104 sind die Diagonalkurven des so konstruierten Rechtecksnetzes gezeichnet. Sie lassen ebenfalls die Fläche in hohem Grade plastisch erscheinen. — Diese Diagonalkurven stellen aber nicht Loxodromen der Fläche dar. Nur bei geringer Steigung h für den Umgang nähern sie sich solchen mehr und mehr.

Der nicht isothermische Charakter der Teilung ergiebt sich schon durch folgende einfache Betrachtung. Ein an die äufserste Schraubenlinie der Figur 103 anstofsendes Quadrat habe die kleine Seite $a = \frac{1}{n}\sqrt{h^2 + 4\pi^2(r_1 + r)^2}$, d. h. den n^{ten} Teil des Umgangs dieser Schraubenlinie. Bei wanderndem Inversionscentrum erhält das durch die Transformation entstehende neue Rechteck als Seitenlänge an der innersten Schraubenlinie $a_1 = \frac{1}{n}\sqrt{h^2 + 4\pi^2(r_1 - r)^2}$, wofür man auch schreiben kann

$$a_1 = a\sqrt{\frac{h^2 + 4\pi^2(r_1 - r)^2}{h^2 + 4\pi^2(r_1 + r)^2}},$$

a_1 ist nämlich der n^{te} Teil der letzteren Schraubenlinie. Dagegen wird die orthogonale Rechtecksseite

$$b_1 = a\frac{\varrho - r}{\varrho + r} = a\,\frac{\dfrac{r_1}{\cos^2\gamma} - r}{\dfrac{r_1}{\cos^2\gamma} + r} = a\,\frac{r_1 - r\cos^2\gamma}{r_1 + r\cos^2\gamma}$$

$$= a\,\frac{r_1 - r\,\dfrac{4\pi^2 r_1^2}{h^2 + 4\pi^2 r_1^2}}{r_1 + r\,\dfrac{4\pi^2 r_1^2}{h^2 + 4\pi^2 r_1^2}}$$

oder

$$b_1 = a\,\frac{r_1 h^2 + 4\pi^2 r_1^2 (r_1 - r)}{r_1 h^2 + 4\pi^2 r_1^2 (r_1 + r)} = a\,\frac{h^2 + 4\pi^2 r_1 (r_1 - r)}{h^2 + 4\pi^2 r_1 (r_1 + r)}.$$

Demnach sind die neuen Rechtecksseiten verschieden von einander, und es handelt sich nicht mehr um ein

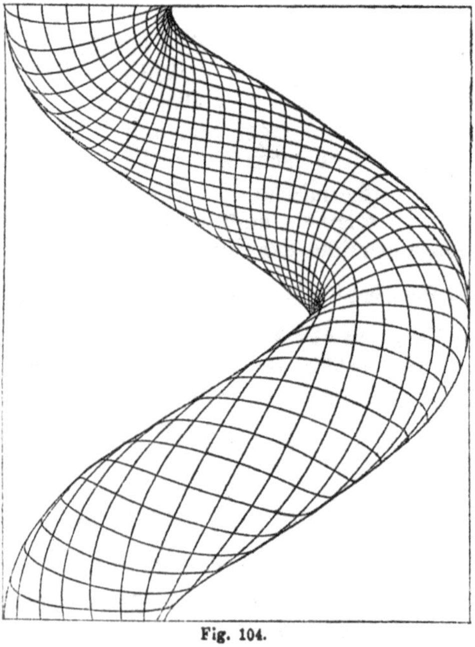

Fig. 104.

Quadrat. Nur bei geringer Steigung h könnte Figur 104 zur Veranschaulichung der Loxodromen dienen, demgemäſs auch Figur 103 zur angenäherten Veranschaulichung einer isothermischen Einteilung.

§ 184) Eine Verallgemeinerung der obigen Rechtecksteilung ergiebt sich durch Figur 105, wo VW die Krümmungsachse bedeutet und die Teilung mit einem beliebigen Punkte A (statt mit einem Punkte des äuſseren Äquators) beginnen soll. Man ziehe die Tangente AM und dann die Tangente MB, und die Sekante ABM_1. Von M_1 aus ziehe man die Tangenten M_1C und M_1D, worauf CD durch M gehen muſs. AB und CD schneiden sich im Pole der Krümmungsachse. Die Sehne AC giebt einen Schnitt M_2, AD einen Schnitt M_3. Zu M_2 gehört die Polare GH, zu M_3 die Polare EF. Damit hat man die Teilung des Kreises in acht Teile der betreffenden Art. Die Teilung kann beliebig weit fortgesetzt werden.

M, M_1, M_2, M_3 sind dabei Mittelpunkte von Orthogonalkreisen, die sich im Punkte P so schneiden, daſs die Tangenten in P unter gleichen Winkeln auf einander folgen. Dies giebt eine neue einfache Konstruktion.

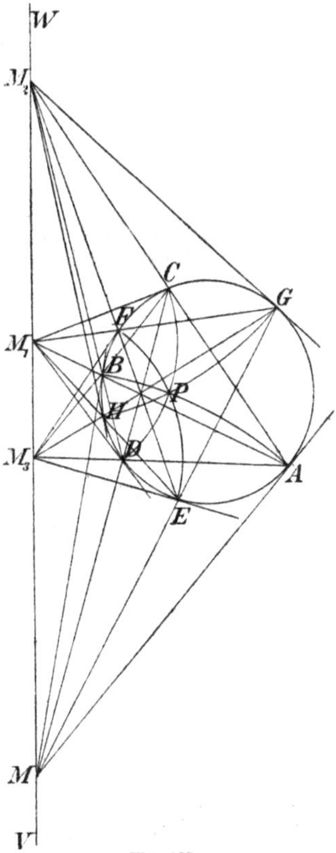

Fig. 105.

Die neue Teilung ist ebenso, wie die vorige, auf die als Ellipsen erscheinenden Kreisschnitte der Schraubenröhrenfläche zu übertragen.

§ 185) Dies führt naturgemäfs darauf, zur Untersuchung solcher Einteilungen statt der gewöhnlichen Koordinaten für den Querschnitt der Krümmungscyklide Bicircularkoordinaten anzuwenden. P und Q mögen die Büschelpunkte des orthogonalen Kreisbüschels für die durch die beiden Schnittkreise und die Krümmungsachse VW bestimmte Kreisschar sein. Der Kreis A hat dann die Gleichung

$$\frac{p}{q}=\frac{PB}{QB}=\frac{t-(\varrho-r)}{t+(\varrho-r)}=\frac{t-\varrho+r}{t+\varrho-r},$$

oder, wenn man den letzten konstanten Bruch mit $e^c=k$ bezeichnet,

1) $$\frac{p}{q}=e^c=k \text{ oder } lg\,p-lg\,q=c=lg\,k.$$

Hier hat t die Länge der Tangente von M an den Kreisschnitt der Cyklide.

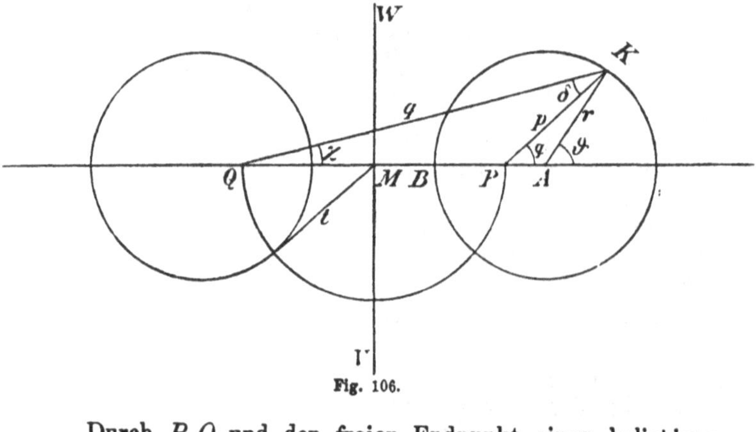

Fig. 106.

Durch P, Q und den freien Endpunkt eines beliebigen Radiusvectors p, zu dem noch ein zweiter q gehört, ist ein Kreis des Kreisbüschels bestimmt, der über PQ einen Peripheriewinkel δ spannt, wobei δ der Unterschied der Neigungen φ und χ für die Radii vectores p und q ist. Der betreffende Büschelkreis hat demnach die Gleichung

2) $$\varphi-\chi=\delta.$$

Läfst man δ Werte annehmen, die eine arithmetische Reihe bilden, so hat man Büschelkreise, deren Tangenten unter konstantem Winkel auf einander folgen.

Jeder Punkt des Kreisschnittes ist durch ein bestimmtes δ festgelegt.

Will man die Bicircularkoordinaten $\left(\frac{p}{q}\right) = k$ und $(\varphi - \chi) = \delta$ mit den zum Kreise A gehörigen Polarkoordinaten in Beziehung setzen, so mufs noch die Centrale $PQ = 2t$ gegeben sein. Man achte auf folgendes:

$$\frac{p}{q} = k = \frac{t - \varrho + r}{t + \varrho - r},$$

also

$$t(1 - k) = (\varrho - r)(1 + k)$$

und

3) $$\varrho - r = t\frac{1 - k}{1 + k}.$$

Dazu kommt

4) $$(\varrho + r)(\varrho - r) = t^2$$

also durch Division

5) $$\varrho + r = t\frac{1 + k}{1 - k}.$$

Aus 4) und 5) folgt durch Addition bezw. Subtraktion

6) $$\varrho = t\frac{1 + k^2}{1 - k^2},$$

7) $$r = \frac{2kt}{1 - k^2} = \frac{2\left(\frac{p}{q}\right)t}{1 - \left(\frac{p}{q}\right)^2}.$$

Damit ist r durch $\left(\frac{p}{q}\right)$ und t ausgedrückt.

Aus Dreieck PQK folgt

$$p^2 + q^2 - 2pq\cos\delta = 4t^2.$$

Setzt man $\frac{p}{k}$ für q ein, so folgt nach den entsprechenden Umformungen

$$8)\qquad p^2 = \frac{4t^2k^2}{1+k^2-2k\cos\delta}.$$

Aus Dreieck PAK folgt

$$p^2 = r^2 + \overline{PA}^2 - 2r\overline{PA}\cos\vartheta = r^2 + (\varrho - t)^2 - 2r(\varrho - t)\cos\vartheta,$$

also

$$\cos\vartheta = \frac{p^2 - r^2 - (\varrho - t)^2}{2r(\varrho - t)}.$$

Setzt man hier die Werte von p^2, r und $(\varrho - t)$ nach Gleichung 8), 7) und aufserdem $\varrho - t = \frac{2k^2t}{1-k^2}$ ein, so wird

$$\cos\vartheta = \frac{\frac{4t^2k^2}{1+k^2-2k\cos\delta} - \frac{4k^2t^2}{(1-k^2)^2} - \frac{4k^4t^2}{(1-k^2)^2}}{\frac{4kt}{1-k^2}\cdot\frac{2k^2t}{1-k^2}}.$$

Dies reduziert sich schliefslich auf

$$9)\qquad \cos\vartheta = \frac{(1+k^2)\cos\delta - 2k}{(1+k^2) - 2k\cos\delta}.$$

Durch 7) und 9) sind r und ϑ durch $\frac{p}{q} = k$, $\delta = (\varphi - \chi)$ und t ausgedrückt. In ähnlicher Weise lassen sich x und y durch $\left(\frac{p}{q}\right)$ und $(\varphi - \chi)$ ausdrücken. Auch die umgekehrten Beziehungen sind leicht herzustellen.

§ 186) Die isothermische Einteilung der Schraubenröhrenfläche durch die Schraubenlinien und deren Orthogonalscharen kann durch mehrere Arten von Infinitesimalkonstruktion mit beliebiger Genauigkeit durchgeführt werden. Am bequemsten geht man von zwei möglichst nahe benachbarten Orthogonalkurven aus. Man denke sich eine der Schraubenlinien gezeichnet, z. B. die äufserste. Innerhalb des so bestimmten Streifens zeichne man durch einen der Schnittpunkte eine unter 45° schneidende Linie, sei es eine solche, wie sie der betreffende Orthogonalschnitt der Fläche giebt, sei es die durch einen straff gespannten Faden vorgezeichnete geodätische Linie, was mit zunehmender Kleinheit auf dasselbe Resultat führt. Wo diese Kurve die andere Orthogonalkurve trifft, da liegt der Punkt, durch den die neue Schraubenlinie zu legen ist. Mit den Durchschnitten der letzteren verfahre man wie vorher. Die jedesmalige zweite innerhalb des entstandenen Quadrates liegende unter — 45° schneidende Kurve giebt eine brauchbare Kontrolle. Statt dessen kann man aber, wenn der Streifen hinreichend schmal ist, mit dem Zirkel den fast geradlinigen kleinen Bogen der gegebenen ersten Schraubenlinie messen und diesen auf einer, oder zur Kontrolle auf beiden Orthogonalkurven abtragen, so dafs die Konstruktion des ersten Quadrates wie in der Ebene geschieht. Mit dem zweiten kleineren ist entsprechend zu verfahren. — Ist ein Umgang des Streifens auf diese Weise mit Quadraten angefüllt, so hat man auf der gegebenen Schraubenlinie mit dem Zirkel Punkte zu markieren, die unter gleichen Abständen aufeinanderfolgen. Durch diese sind weitere Orthogonalkurven zu legen.

Verlangt man nicht eine quadratische Einteilung, sondern nur eine solche in ähnliche Rechtecke, so kann man es so einrichten, dafs die Reihe der letzteren nach einem Umgange genau schliefst.

Diese Art der Verzeichnung hat, wie jede Infinitesimalkonstruktion, nur einen Veranschaulichungswert. Selbstverständlich kann die darstellende Geometrie auch folgendermafsen verfahren. Zum Schnittpunkte der ersten Schraubenlinie und der ersten Orthogonalkurve gehört eine Tangentialebene (der Fläche), die durch die entsprechenden Tangenten bestimmt wird. Die Tangentialebene werde im Grund- und Aufrifs gezeichnet. In ihr ist dann nach den Methoden der darstellenden Geometrie der rechte Winkel zu halbieren. Die kurze Halbierungslinie wird ebenso wie vorher, angenähert als Kurve der Fläche betrachtet.

Die korrekte Konstruktion ist nur in der inneren Anschauung möglich, denn auch die genauesten Berechnungen geben nur Annäherungskonstruktionen.

Mit Hilfe des Quadratnetzes oder Rechtecksnetzes ist man imstande, alle möglichen Loxodromen der Schraubenröhrenfläche mit beliebiger Genauigkeit zu konstruieren. Diese Loxodromen sind bei übereinstimmenden Schnittwinkeln sämtlich kongruent, auch besteht jede aus lauter kongruenten Umgängen. Zahlreiche ihrer Eigenschaften lassen sich, wie bei den früher behandelten Loxodromen, ohne weiteres aus den Sätzen über Gerade, besonders solchen der Geometrie der Lage, ableiten. Eine wesentliche Eigenschaft ist aber folgende: Denkt man sich die Schraubenfläche z. B. längs der innersten Schraubenlinie aufgeschnitten, so läſst sie sich so umbiegen, daſs die Schraubenlinien Kreise werden (vergl. dasBoursche Theorem), die einer Umdrehungsfläche angehören. Jeder Umgang jeder Orthogonalkurve biegt sich dabei so, daſs er eine geschlossene Kurve näher zu untersuchender Art giebt. Die Loxodromen der ursprünglichen Fläche werden solche der neuen. Der loxodromische Charakter ist also bei diesen Biegungen invariant, ebenso jede quadratische Einteilung. Von der Anfangslage bis zur Schluſslage kann man Zwischenlagen der Art annehmen, daſs die Fläche längs des gemachten Schnittes geschlossen bleibt, die beiden Grenzlinien also aneinander hingleiten, dann werden nacheinander die verschiedensten Loxodromen zu geschlossenen Kurven. Auch kann die Verbiegung über die obige Schluſslage hinaus fortgesetzt werden.

Jede dieser unendlich zahlreichen Verbiegungen ist ein Problem für sich und der näheren Untersuchung wert. Das Krümmungsmaſs der Fläche ist, wie schon gezeigt wurde, dabei invariant. Kennt man also den Krümmungsradius der neuen Fläche für die eine Krümmungslinie, so kennt man auch den für die andere.

Der Einteilungsmöglichkeit in ähnliche Rechtecke oder Quadrate entspricht die Möglichkeit, die Schraubenröhrenfläche konform auf einen beliebigen unendlich langen Parallelstreif der Ebene abzubilden, so, daſs entweder eine der Schraubenlinien, längs deren die Fläche aufgeschnitten zu denken ist, den Grenzen des Streifens entspricht, oder eine der Loxodromen. Der Parallelenschar, die durch die Grenzen des Streifens bestimmt ist, entsprechen in dem einen Falle Schraubenlinien, im andern eine Loxodromenschar, der Orthogonalschar von Parallelen in dem einen Falle die in Figur 104 dargestellte Orthogonalschar, im andern die orthogonale Loxodromenschar. Zeichnet man im ersteren Falle die Bilder der Kreisschnitte mit einiger Genauigkeit ein, so erhalten diese beim Passieren der der äufsersten Schraubenlinie entsprechenden Geraden einen Wendepunkt. Der neue Schnittwinkel mit der orthogonalen Parallelenschar hat dort den kleinsten Wert, beim Passieren des Bildes der innersten Schraubenlinie den gröfsten. Dafs sie und ihre Orthogonalen keine Isothermen sind, ergiebt sich dabei auf den ersten Blick.

Schliefsungsprobleme nach Art der Steinerschen lassen sich zahlreich aufstellen. Schliefst die Reihe der in einem Loxodromenstreif liegenden Quadrate nach einem Umgange, so schliefst sie stets nach einem solchen, wo auch die Reihe der Quadrate beginne. In einen solchen Streifen lassen sich Berührungskurven einzeichnen, die der Kreisreihe in einem Parallelstreif der Ebene entsprechen. Auch diese können nach einem Umgange schliefsen. Dasselbe gilt vom Schlufs nach n Umgängen, wobei n eine beliebige reelle Zahl sein kann.

Die Kreisschnitte sind geodätische Linien, denn einen kürzeren Umgang um die Fläche giebt es nicht. (Dadurch bestätigt sich ein allgemeineres Theorem, nach dem jede ebene Krümmungslinie eine geodätische Linie ist.) Näher soll hier auf die geodätische Geometrie nicht eingegangen werden. Nur sei bemerkt, dafs die Schraubenlinien der Schraubenröhrenfläche geodätische Parallelkurven sind.

Mit diesen Bemerkungen ist die Lehre von der Schraubenröhrenfläche und den aus ihnen durch Verbiegung entstehenden Flächen durchaus nicht erschöpft. Abgesehen von der geodätischen Geometrie giebt es hier noch mancherlei zu untersuchen, was auch für die allgemeine Flächentheorie von Interesse ist. Auch Übungsbeispiele für die darstellende Geometrie lassen sich in reicher Fülle anschliefsen. Diese Andeutungen beziehen sich nicht auf die Untersuchungen mittels der höheren Analysis, vielmehr sind sie auf lediglich elementare Forschungsmethoden zu beziehen.

Dritter Abschnitt.

Die Inversionsverwandten der Schraubenlinien und Schraubenflächen. Bemerkungen über Verwandtschaften und Transformationsgruppen.

α) Vorbemerkungen über die Inversion, besonders über die Erhaltung der Doppelverhältnisse und Doppelwinkel nach Möbius.

§ 187) Zur Übung in der räumlichen Vorstellung und in den Methoden der synthetischen und darstellenden Geometrie sollen zunächst einige der behandelten Schraubengebilde der Inversion $R = \frac{1}{r}$ unterworfen werden. (Vergl. Bd. I Seite 238 bis 250.) Dabei gehen Gerade über in Kreise durch das Inversionscentrum, Ebenen in Kugeln, die durch das letztere gehen, Kugeln in Kugeln, wobei das Inversionscentrum äufserer Ähnlichkeitspunkt für Original und Bild wird. (Von der entgegengesetzten Inversion $R = -\frac{1}{r}$ soll abgesehen werden.) Geht eine Ebene durch das Inversionscentrum, so bleibt sie Ebene, geht eine Kugel durch das Inversionscentrum, so wird sie Ebene. Quadratische Einteilungen von Flächen werden wieder solche. Kubische Einteilungen des Raumes werden wieder solche. Die kubische Einteilung durch drei orthogonale Scharen von

Ebenen wird eine solche durch Kugeln, die sämtlich durch das Inversionscentrum gehen, wobei jede Schar dort eine gemeinschaftliche Tangentialebene hat. Jede solche kubische Einteilung geht durch Inversion von beliebigem Centrum aus wieder in eine solche über, dies sind aber auch die einzigen möglichen Einteilungen dieser Art. Alle anderen Orthogonalscharen von Flächen geben Einteilungen in kleine unähnliche Rechteckskörper, die bei dieser Abbildung wieder in kleine Rechteckskörper übergehen, derart, dafs jedes einzelne seinem entsprechenden ähnlich ist. Dafs alle Schnittwinkel erhalten bleiben, ist in Bd. I ebenfalls nachgewiesen.

§ 188) Für die Kreisverwandtschaft in der Ebene hat Möbius einige Sätze abgeleitet, die sich auf gewisse Doppelverhältnisse beziehen und hier zur Anwendung kommen können.

Sind A, B, C, D harmonische Punkte einer Geraden, so ist $AB:BC = AD:CD$ oder $AB:(-CB) = AD:CD$, also bei geeigneter Bezeichnung $\frac{p \cdot r}{q \cdot s} = -1$. Unterwirft man das Gebilde von einem Inversionscentrum K aus der obigen Transformation, so geht die Gerade in einen Kreis durch das Centrum der Inversion über. Die Inversionsstrahlen von K nach A, B, C, D sind harmonische, für sie ist also $\frac{\sin\alpha}{\sin\beta} \cdot \frac{\sin\gamma}{\sin\delta} = -1$. Die $\alpha, \beta, \gamma, \delta$ sind Peripheriewinkel des entstandenen Kreises, die Sehnen $A_1B_1 = p_1$, $B_1C_1 = q_1$, $C_1D_1 = r_1$, $D_1A_1 = s_1$ berechnen sich also, wenn r der Radius ist, mit Hilfe der Gleichungen $\sin\alpha = \frac{p_1}{2r}$, $\sin\beta = \frac{q_1}{2r}$ u. s. w., also gilt auch für die Sehnen der Satz $\frac{p_1 r_1}{q_1 s_1} = -1$. Waren dagegen A, B, C, D anharmonische Punkte mit dem Doppelverhältnis $\frac{pr}{qs} = k$, so wird ebenso für die Sehnen des entstehenden Kreisvierecks $\frac{p_1 r_1}{q_1 s_1} = k$.

Möbius*) zeigt nun, dafs, wenn ein ganz beliebiges Viereck mit den Seiten p, q, r, s (nicht Kreisviereck), der Inversion unterworfen wird, das Doppelverhältnis $\frac{pr}{qs} = k$ ebenfalls in das gleiche Doppelverhältnis $\frac{p_1 r_1}{q_1 s_1} = k$ übergeht. Der Satz gilt auch für überschlagene Vierecke. Bei der Transformation des Vierecks $ABCD$ mit den Seiten p, r, q, s und den Diagonalen v und w bleiben also erhalten die Doppelverhältnisse

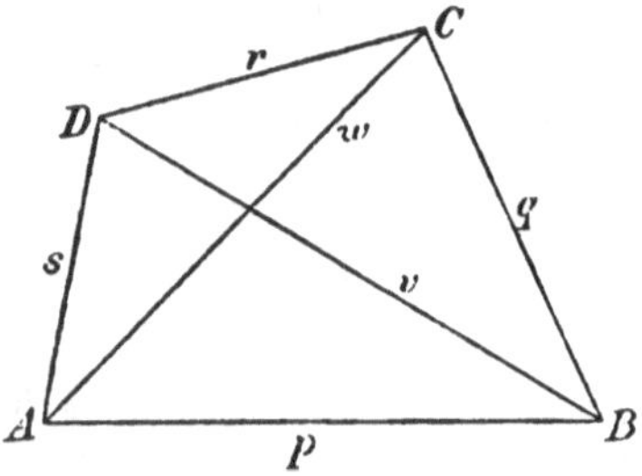

Fig. 107.

$$\frac{pr}{qs} = k_1, \quad \frac{qs}{vw} = k_2, \quad \frac{vw}{pr} = k_3.$$

Darin liegt das verallgemeinerte Gesetz über die Erhaltung der Doppelverhältnisse.

§ 189) Ein entsprechender Satz gilt für die Gegenwinkel des Vierecks. Ist $ABCD$ ein Kreisviereck, so ist $\sphericalangle ABC + \sphericalangle CDA = 180^\circ$, ebenso $\sphericalangle BCD + \sphericalangle CDA = 180^\circ$. Durch Inversion entsteht wieder ein Kreisviereck, die Summe von 180° bleibt also bestehen. Ist dagegen $ABCD$ ein allgemeines Viereck, so ist $\sphericalangle ABC + \sphericalangle CDA$ gleich irgend einer Winkelgröfse $\varkappa$, $\sphericalangle BCD = DAB = 180^0 - \varkappa$. Bei der Inversion entsteht ein Viereck $A_1 B_1 C_1 D_1$, für welches $\sphericalangle A_1 B_1 C_1 + \sphericalangle C_1 D_1 A_1$, ebenfalls gleich $\varkappa$, $\sphericalangle B_1 C_1 D_1 + \sphericalangle D_1 A_1 B_1 = 180^0 - \varkappa$ ist. Auch dieser Satz gilt für

*) Die Beweise findet man im II. Bande der gesammelten Werke von Möbius und in den Originaldrucken der Verhandlungen der math. physikal. Klasse der Kgl. S. H. der Wissenschaften zu Leipzig. 1) Über eine Methode, um von Relationen, welche der Longimetrie angehören, zu entsprechenden Sätzen der Planimetrie zu gelangen. V. 1852, I Seite 41—54. 2) Über eine neue Verwandtschaft zwischen ebenen Figuren, V. 1853, I, Seite 14—24. 3) Theorie der Kreisverwandtschaft, 1855, II, Seite 531—595.

In des Verfassers „Einführung in die Theorie der isogonalen Verwandtschaften" findet man einfache Beweise auf Seite 40—43.

überschlagene Vierecke. Es bleiben also, wenn man die erste Winkelsumme symbolisch (mit Möbius) durch $(ABCD)$ darstellt, erhalten die Winkelsummen

$$(ABCD) = \varkappa_1,\ (BCDA) = 180^0 - \varkappa_1,\ (ABDC) = \varkappa_2,$$
$$(BDCA) = 180^0 - \varkappa_2,\ (BCAD) = \varkappa_3,\ (CADB) = 180^0 - \varkappa_3.$$

Dies ist das Gesetz von der Erhaltung der Summe der Gegenwinkel bei der Inversion, oder, wie Möbius abgekürzt sagt, von der Erhaltung der Doppelwinkel.

§ 190) Nach Möbius und Bretschneider ist dabei

$$\frac{pr}{qs} = \frac{\sin(BCA + ADB)}{\sin(CAB + BDC)} = k_1,$$
$$\frac{qs}{vw} = \frac{\sin(CAB + BDC)}{\sin(ABC + CDA)} = k_2,$$
$$\frac{vw}{pr} = \frac{\sin(ABC + CDA)}{\sin(BCA + ADB)} = k_3,$$

so dafs bei der Inversion auch diese Ausdrücke erhalten bleiben. Dabei ist $k_1 k_2 k_3 = 1$.

In diesen Sätzen liegen Erweiterungen von Sätzen der projektiven Geometrie. An Stelle der Geraden der letzteren sind Kreise als Träger der Punkte getreten. Die Geraden sind nur ein Sonderfall der Kreise.

Dafs bei der Inversion ein beliebiges kleines Linienelement s in $s_1 = \frac{s}{r^2}$ bezw. in $s_1 = s\frac{t^2}{r^2}$, je nachdem der spiegelnde Kreis den Radius 1 oder t hat, wurde schon in Band I bemerkt.

β) Die Abbildung des Kreiscylinders und des Kreiskegels und ihrer Loxodromen und die Abbildung der Schraubengewinde durch Inversion.

§ 191) Der Kreiscylinder geht durch Inversion in eine Cyklide über, die in einem Punkte sich selbst berührt. Man kann solche Cykliden als Cylindercykliden bezeichnen. Jede Schar von Schraubenlinien desselben Steigungswinkels und ihre Orthogonalschar giebt eine Schar von Loxodromen der neuen Fläche nebst Orthogonalschar, die quadratischen Einteilungen des Cylinders werden solche der neuen Cyklide. Da die Abwickelung des Cylinders auf die Ebene sämtliche Loxodromen desselben in gerade Linien verwandelt, kann man die Eigenschaften der Geraden in der Ebene direkt auf die der cyklidischen Loxodromen übertragen. Insbesondere gehen die Sätze der Geometrie der Lage in solche der loxodromischen Geometrie dieser Cyklidenfläche über, wobei die Periodizität zu beachten ist, die dadurch entsteht, daſs jede Umrollung des Cylinders nur einem ebenen Parallelstreif entspricht, der übrigens durch die logarithmische Abbildung auf die ganze Ebene übertragen werden kann. Die Sätze über harmonische Strahlen und Punkte, über die Doppelverhältnisse bei Strahlenbüscheln und Punktreihen suche der Leser selbst zu übertragen, zugleich aber versuche er, da die Kreisschnitte und die Geraden des Cylinders in zwei orthogonale Scharen von Kreisen auf der entsprechenden Cyklide übergehen, die Sätze über Doppelverhältnisse und Doppelwinkel von Möbius und Bretschneider zu benutzen, Schlüsse über die Kreisscharen dieser Cyklide auszusprechen. Die Krümmungskreise der Schraubenlinien gehen in Krümmungskreise der cyklidischen Loxodromen über und lassen sich korrekt konstruieren und berechnen. Die Schmiegungsebenen der Schraubenlinien verwandeln sich in Kugeln, die durch das Centrum der Inversion und durch die Krümmungskreise gehen. Die Schmiegungskugeln der Schraubenlinien werden solche der cyklidischen Loxodromen. Jede dem Cylinder einbeschriebene Reihe von Berührungskugeln verwandelt sich in eine ebensolche Reihe von Kugeln, die einander paarweise berühren und die Cyklide in den Kreisschnitten der einen Art berühren. Die Berührungspunkte benachbarter Kugeln dieser Kugelreihe liegen für die neue Fläche auf einem durch das Inversionscentrum gehenden Kreise. Die Tangentialebenen des Cylinders verwandeln sich in Kugelscharen, welche die Cyklide in der anderen Gruppe von Kreisschnitten berühren und sämtlich durch das Inversionscentrum gehen. Je zwei dieser Kugeln berühren einander, schneiden aber alle übrigen. Diese Paare entsprechen je zwei parallelen Tangentialebenen des Cylinders. Ist die erste Schar eine Reihe innerer Kugeln, so ist die zweite eine Schar äufserer Kugeln; ist die erste eine Reihe äufserer, so ist die zweite eine Schar innerer. Es giebt aber einen Zwischenfall, für den äufsere und innere Kugeln nicht unterschieden werden können. Diese drei Fälle entsprechen den drei Möglichkeiten, dafs das Inversionscentrum aufserhalb, innerhalb oder auf der Cylinderfläche gewählt wird. Die Mittelpunkte der Reihe der Berührungskugeln liegen entweder auf einer Hyperbel, oder auf einer Ellipse, oder auf einer Parabel. Die Ellipse kann eine Gerade werden.

Demnach giebt es drei Haupttypen solcher Flächen; erstens solche, bei denen die Reihe von Berührungskugeln im Aufsenraum liegt, zweitens solche, bei denen sie im Innenraum liegt, und drittens solche, bei denen der Raum, in dem die Kugeln liegen, sowohl als innerer, als auch als äufserer betrachtet werden kann. Ein Sonderfall des ersten ist der, bei dem das Inversionscentrum auf der Cylinderachse gewählt wird, wobei die Cyklide eine Drehungsfläche wird. Diese hat ein Büschel von unendlich vielen Symmetrieebenen und eine dieses Büschel orthogonal schneidende Symmetrieebene. Alle anderen Formen haben nur je zwei auf einander senkrechte Symmetrieebenen.

Alle diese Formen sind aber nur Sonderfälle der allgemeinen Dupinschen Cykliden. Sie geben also nichts Neues, bieten jedoch einfache Übungsbeispiele für die darstellende Geometrie. Deshalb sollen sie hier besprochen werden.

§ 192) Figur 108 stellt den letztgenannten Fall in Grund- und Aufrifs dar. Die äufsersten Senkrechten sind die Aufrifslinien des Cylinders. Diese geben im Aufrifs, sobald man eine der Berührungskugeln des Cylinders zur Inversionskugel macht, zwei Berührungskreise, die einander im Inversionscentrum M berühren. Markiert man auf der einen Geraden Punkte $A, B, C, D, \dots$ die in gleichen Abständen aufeinander folgen, so erhält man auf diesen Kreisen durch die Verbindungslinien der Punkte mit M Punkte $A_1, B_1, C_1, D_1 \dots$ durch welche horizontale Geraden zu legen sind. Diese sind Bilder von Kreisen, die den Kreisschnitten

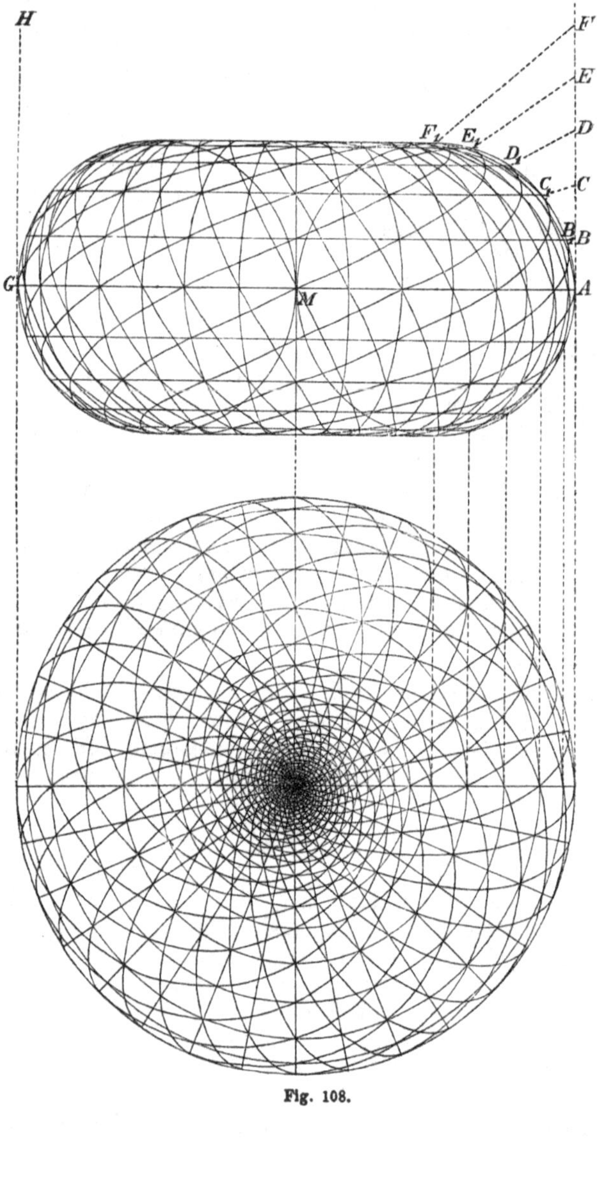

Fig. 108.

des Cylinders entsprechen und die Cyklide isothermisch einteilen. Alle anderen Geraden des Cylinders geben bei der Inversion kongruente Kreise, die im Aufrifs als Ellipsen erscheinen, im Grundrifs dagegen als Gerade. Da nun die horizontale Kreisschar des Aufrisses im Grundrifs als eine Schar konzentrischer Kreise erscheint, so geben die Schnitte jedes der Grundriss-Radien mit dieser Kreisschar Punkte, die, senkrecht nach dem Aufrifs projiziert, Punkte der entsprechenden Ellipse geben. Dies erleichtert die Verzeichnung.

War nun die Cylindereinteilung eine quadratische (oder eine solche in ähnliche Rechtecke), so wird auch die der Cyklide eine quadratische (bezw. eine solche in ähnliche Rechtecke). Die Diagonalkurven der Quadrate geben zwei Loxodromenscharen zu $\pm 45^0$, die ebenfalls eine quadratische Einteilung geben. In der Figur aber sind Loxodromen zu Winkeln α und $90^0 + \alpha$ gezeichnet, für welche $\tan \alpha = \frac{1}{2}$ ist, so dafs es sich um Diagonalkurven von Doppelquadraten handelt. Ebenso kann man andere Loxodromen zeichnen. Die eigentliche Reihe der Berührungskugeln ist eine äufserliche. Sie ist leicht einzuzeichnen und berührt die Fläche in Kreisen der Horizontalschar, welche ebenfalls eine isothermische Einteilung geben. Die Mittelpunkte liegen auf einer Geraden. Die inneren Berührungskugeln haben die Mittelpunkte auf einem Kreise. Nur je zwei gehören zu einer Reihe. Sie sind die Bilder paralleler Tangential-Ebenen des Cylinders.

§ 193) Figur 109 stellt dar, was geschieht, wenn das Inversionscentrum innerhalb des Cylinders, aber excentrisch liegend (d. h. aufserhalb der Achse) angenommen wird. Durch das Inversionscentrum geben dann zwei Symmetrieebenen des Cylinders, ein Hauptschnitt und ein Kreisschnitt. Die Cylinderachse sei senkrecht, die Hauptschnittebene sei Aufrifsebene der Zeichnung. Die Cylindergeraden des Hauptschnittes geben bei der Inversion einen gröfsten und einen kleinsten Kreis mit den Mittelpunkten μ und μ_1. Die Verbindungslinien der Punkte dieser Geraden mit dem Inversionscentrum geben auf diesen Kreisen gewisse Schnittpunkte. Ist der Cylinder durch Kreisschnitte isothermisch eingeteilt (gleiche Abstände), so erhält man

Kreisschnitte der Cyklide mit Hilfe der betreffenden Hauptschnittpunkte des Cylinders. Sind wie im vorigen Beispiele aus den Punkten $B_0', B_1', B_2', \ldots$ des Cylinders Punkte $B_0, B_1, B_2 \ldots$ der Cyklide geworden, aus den Cylinderpunkten $C_0'', C_1'', C_2'' \ldots$ Punkte $C_0, C_1, C_2 \ldots$ der Cyklide, so sind die Geraden $B_0C_0, B_1C_1, B_2C_2 \ldots$ Bilder der Kreisschnitte der

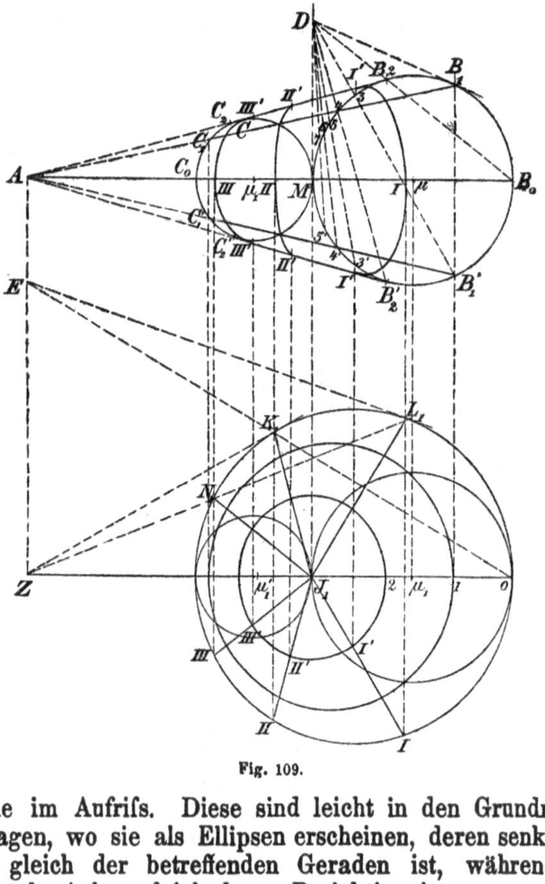

Fig. 109.

Cyklide im Aufrifs. Diese sind leicht in den Grundrifs zu übertragen, wo sie als Ellipsen erscheinen, deren senkrechte Achse gleich der betreffenden Geraden ist, während die horizontale Achse gleich deren Projektion ist.

Alle Geraden $B_1C_1, B_2C_2, B_3C_3, \ldots$ gehen durch den äufseren Ähnlichkeitspunkt A der Kreise μ und μ_1 des Aufrisses. Aus der Berührungskugel jedes Kreisschnitts am Cylinder entsteht nämlich durch die Inversion eine äufsere Berührungskugel der Cyklide. Die Berührungspunkte sind z. B. B_1 und C_1, also mufs nach bekanntem Satze der Kreislehre die Verbindungslinie der Berührungspunkte durch A, den äufseren Ähnlichkeitspunkt gehen. Also: Die Ebene der einen cyklidischen Kreisschnittschar geht durch eine durch A dargestellte Achse.

Die Cylindergeraden verwandeln sich in Kreise, die im Aufrifs als Ellipsen erscheinen, im Grundrifs dagegen als Gerade durch das Inversionscentrum, welches innerer Ähnlichkeitspunkt für die beiden dort einander berührenden Kreise ist.

Die Figur ist leicht zu vollenden. Die Ellipsen lassen sich auf verschiedene Arten konstruieren.

Die eigentliche Reihe der Berührungskugeln ist eine äufsere. Sie hat ihre Mittelpunkte auf einer Hyperbel, die in der Ebene des Hauptschnitts liegt. Die Hyperbel geht durch M und durch den Halbierungspunkt von BC, was die beiden Schnittpunkte, also auch den Mittelpunkt giebt. Fällt man von letzterem aus Lote auf die beiden gemeinschaftlichen äufseren Tangenten der Kreise μ und μ_1, so hat man damit ihre Asymptoten. Jede innere Reihe von Berührungskugeln besteht nur aus zwei solchen, den Bildern paralleler Tangentialebenen des Cylinders.

War die Einteilung des Cylinders (durch Gerade und Kreise) eine isothermische, so wird auch die der Cyklide isothermisch.

Die isothermische Einteilung kann aber auch selbständig geschehen. Soll z. B. der Äquator zur Einteilung gehören, ebenso die Gerade B_1C_1, so gehört auch $B_1'C_1'$ dazu. Die Tangente in B_1 giebt auf der „Hauptachse" den Punkt D, die Gerade B_0D giebt B_2 und symmetrisch B_2'. Die Gerade B_2' giebt B_3 und symmetrisch B_3' u. s. w. Damit ist die eine Kreisschar im Aufrifs erledigt. Ihre Projektion in den Grundrifs macht keine Schwierigkeit. Sollen im Grundrifs die Gerade J_1L und die Horizontale J_1O zur Einteilung gehören, so gehört auch J_1I dazu. Die Tangente L_1E bis zur Achse ZA giebt E so, dafs OE den Punkt K_1 giebt, zu dem symmetrisch der Punkt II gehört. Die Gerade

IE giebt N und symmetrisch III u. s. w. Die Richtigkeit der Konstruktion folgt aus der Inversion gegen die Orthogonalkugel mit dem Mittelpunkte D und dem Radius DB_1.

Sollen $J_1 O$ und auch dessen Fortsetzung über J hinaus zur Teilung gehören, so beginne man mit der Tangente ZK und fahre in entsprechender Weise fort.

Über die Loxodromen ist dasselbe zu sagen wie vorher.

Die Gerade $J_1 M$ ist Potenzlinie der Kreise μ und μ_1 des Aufrisses. Die Gerade AZ ist Potenzlinie des gröſsten Kreises im Grundriſs und des Punktes J_1, d. h. alle Orthogonalkreise des gröſsten Kreises, die ihre Mittelpunkte auf AZ haben, gehen durch J. Die durch $O, L_1, K_1, N_1, III, II, I$ gehenden folgen unter gleichen Schnittwinkeln aufeinander. Der Orthogonalkreis Z geht durch $K_1 J_1 I$, der Kreis E durch $L_1 J_1 III$ u. s. w. Die Schnittsehnen dieser Kreise gehen sämtlich durch den Pol der Geraden AZ. Die entsprechenden Kugeln sind Orthogonalkugeln, welche die Fläche der Cykliden, die in den durch $J_1 N, J_1 K, J_1 L$ u. s. w. dargestellten Kreisen schneiden. Ebenso schneiden die Orthogonalkugeln, die im Aufriſs ihre Mittelpunkte (z. B. D) auf der Hauptachse haben, die Cyklidenfläche in der durch $B_1 C_1, B_2 C_2, \ldots$ dargestellten Kreisschar.

Alle diese Eigenschaften sind allerdings von der allgemeinen Dupinschen Cyklide her bekannt. Konstruktionen und Beweise ergeben sich aber hier in so einfacher Art, daſs die Figur ein lohnendes Beispiel für die darstellende Geometrie ist.

§ 194) Figur 110 stellt dar, was geschieht, wenn das Inversionscentrum auſserhalb des Cylinders liegt. Denkt man sich den Cylinder horizontal liegend und den durch das Inversionscentrum und die Cylinderachse gehende Ebene als Grundriſsebene, die Ebene des durch das Centrum gehenden Cylinderkreisschnittes als Aufriſsebene, so entsteht die in der Figur 110 dargestellte Cyklide. Der Aufriſs erscheint als Kreis mit Tangenten nach A_1. Die sonstigen von A_1 ausgehenden Geraden bedeuten die eine Gruppe von Kreisschnitten. Im Grundriſs handelt es sich um zwei einander berührende Kreise mit dem inneren Ähnlichkeitspunkte J. Die durch J gelegten Geraden geben die andere Gruppe von Schnittkreisen. Diese geben, in den Aufriſs projiziert, Ellipsen, von denen die eine (gezeichnete) ein Kreis ist. Ebenso geben die im Aufriſs als Gerade erscheinenden Kreise im Grundriſs Ellipsen.

Über die isothermische Einteilung braucht hier nicht besonders gesprochen zu werden, denn dies würde fast eine Wiederholung des in § 193 Gesagten sein. Die eigentliche Reihe der Berührungskugeln ist hier eine innerliche. Ihre Mittelpunkte liegen auf einer Ellipse. Zwei von ihnen sind im Grundriſs gezeichnet. Jede äuſserliche Reihe besteht nur aus zwei Kugeln, den Bildern paralleler Tangential-Ebenen des Cylinders. Ebenso ist die Angelegenheit der Orthogonalkugeln (wie vorher) leicht zu erledigen, desgl. die der Loxodromen. Der Leser vollende die Zeichnung selbst.

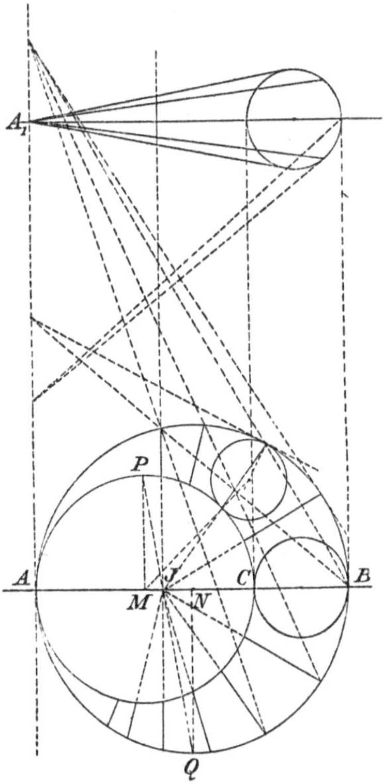

Fig. 110.

Der Leser versuche ferner, über die Lage der äuſseren Ähnlichkeitspunkte je zweier Berührungskugeln im Grundriſs einen einfachen Satz aufzustellen und dasselbe für die je zweier Berührungskugeln im Aufriſs von Figur 110 zu thun. Auch sonstige Sätze aus der Theorie der Kreisbüschel und Kreisscharen und aus der Theorie der reciproken Polaren und aus der Lehre von den Kreisberührungen geben zu interessanten Bemerkungen Anlaſs.

§ 195) Der Fall, dafs das Inversionscentrum auf dem Cylinder liegt, ist in Figur 111 veranschaulicht. Die Figur ist ein Sonderfall der vorigen, bei dem der äufserste Grundrifskreis unendlich grofs, also zur Geraden geworden ist.

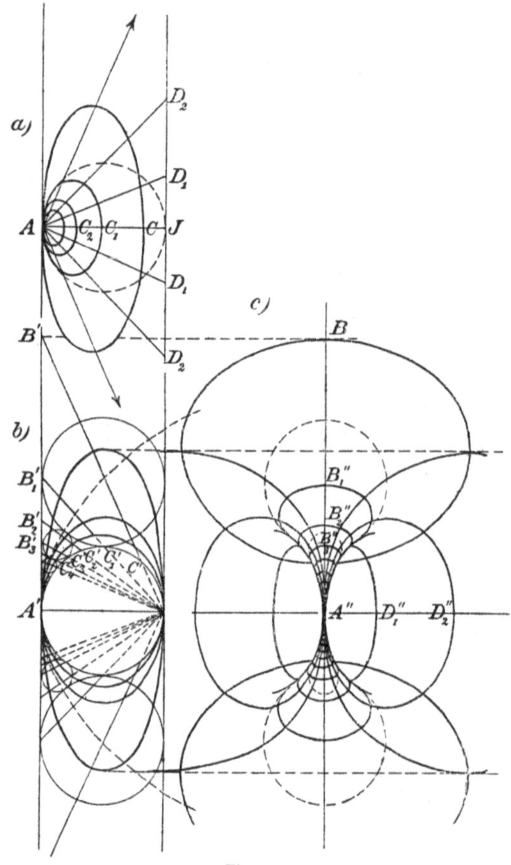

Fig. 111.

Im Grundrifs ist die Reihe von Berührungskugeln angedeutet, deren Mittelpunkte jetzt auf einer Parabel liegen. Alle Berührungssehnen BC, B_1C_1, B_2C_2 ... gehen durch J

und sind die Projektionen der einen Kreisschnittschar der Fläche. Sie geben zugleich eine isothermische Einteilung. Denkt man sich dort die Kreisschnitte durch halbkreisförmige Drahtbügel zur Hälfte dargestellt, so erhält man schon eine deutliche Anschauung von der Fläche. Die Kreisschnitte wachsen bis ins Unendliche an, der beide Reihen abschliefsende erscheint als die beiderseits ins Unendliche verlängerte Gerade KL. Die Fläche läuft also schliefslich in eine durch KL dargestellte Ebene aus, die gewissermafsen mit einem Henkelgriff versehen ist, der bei A' unendlich dünn ist.

Im Aufrifs ist die zweite Kreisschar AJ, AD_1, AD_2, AD_3, ... durch gerade Linien dargestellt. Dem Leser sei es überlassen, zu untersuchen, ob diese Linien, wenn sie eine isothermische Einteilung geben sollen, wie dort unter gleichen Winkeln aufeinanderfolgen dürfen.

Um die Gestalt noch besser zu veranschaulichen, klappe man im Grundrifs die Figur um 90^0 um, dann erhält man einen Sonderfall der Figur 247 des ersten Bandes, denjenigen nämlich, bei dem die „Brücke" unendlich dünn erscheint. Wie die jedesmaligen Ellipsen zu konstruieren sind, erkennt man aus der Figur. Der Leser führe zur Übung in der darstellenden Geometrie die Konstruktion streng durch und versuche auch die Loxodromen der Fläche zu konstruieren.

§ 196) Aufgabe. Der senkrechte Kreiskegel mit der quadratischen Einteilung seiner Mäntel durch Gerade und Kreise soll der Inversion unterworfen werden, a) von der Kegelspitze aus, b) von einem beliebigen Punkte der Kegelachse, c) von einem beliebig im Innern liegenden Punkte, d) von einem Punkte aus, der aufserhalb, jedoch in der Normalebene zur Achse gelegen, welche durch die Spitze geht, e) von einem beliebigen Raumpunkte aus. Auch die loxodromischen und die Reihen der inneren und äufseren Berührungskugeln sollen untersucht werden.

Bemerkung. Es entsteht eine Cyklide, welche zwei Spitzen (Knotenpunkte) hat. Diese Cyklide besitzt zwei Kreisscharen, von denen die eine durch die beiden Spitzen geht, die andere orthogonal zu dieser Schar liegt. Die eine Kugelreihe hatte ursprünglich die Berührungspunkte der Kugelpaare und die Mittelpunkte auf der Kegelachse und berührte den Kegelmantel in seinen Kreisschnitten. Die Tangentialebenen berührten längs der Kegelgeraden. Aufserdem giebt es zwischen den Kegelmänteln Reihen von Berührungskugeln, die von Drehungscykliden umschlossen sind, wobei gewisse Drehungscykliden einander berühren und zwar längs konzentrischer Kreise, während die Kegelmäntel in Punkten der Kreisschnitte von den Kugeln, in Kreisschnitten von den Cykliden berührt werden.

Alle diese Kugelreihen und die Tangentialebene geben bei der Inversion wiederum Kugeln, die Cykliden werden in allgemeine Dupinsche Cykliden verwandelt. Die Loxodromenscharen des Kegels werden wiederum Loxodromenscharen. Die quadratischen Einteilungen gehen wieder in solche über.

Da die Loxodromen des Kegels zugleich Loxodromen von senkrechten Cylindern sind, deren Basis durch je eine logarithmische Spirale gebildet wird, so ist es zweckmäfsig, auch diese Cylinder der Inversion zu unterwerfen. Die Geraden der Cylinder gehen dabei über in Kreise durch das Inversionscentrum, eine der logarithmischen Spiralen verwandelt sich in eine logarithmische Doppelspirale oder Bicircularspirale, d. h. sie durchschneidet die Kreise eines Kreisbüschels unter konstantem Winkel. Diese Kurve soll im nächsten Abschnitt genauer untersucht werden. Der Leser ist aber imstande, die Untersuchung schon jetzt selbständig durchzuführen. Die sonstigen Spiralschnitte des Cylinders verwandeln sich in gewöhnliche oder verallgemeinerte Kugelloxodromen, die mit den Bildern der Cylindergeraden eine isothermische Einteilung für das Bild der Cylinderfläche geben.

Das Bild der Cylinderfläche und des Kegelmantels schneiden einander in einer gemeinschaftlichen Loxodrome der beiden neuen Flächen.

Mit dieser instruktiven Transformation lassen sich zahlreiche Untersuchungen verbinden. Die Kreisschnitte und Geraden des Kegels werden Krümmungslinien der neuen Fläche.

§ 197) Aufgabe. Die Schraubenröhrenfläche mit ihren Kreisschnitten und deren Orthogonalkurven, mit den Schraubenlinien und deren Orthogonalen, mit einer Reihe einbeschriebener Berührungskugeln soll der Inversion unterworfen werden, und zwar

a) von einem Punkte des Mittelpunktsweges aus,

b) von einem andern Punkte des Innenraums aus,

c) von einem Punkte aufserhalb der Fläche aus,

d) von einem Punkte der Fläche aus.

Bemerkungen. Jede der Schraubenlinien der gegebenen Fläche ist zugleich Loxodrome eines gewöhnlichen Kreiscylinders. Dieser Cylinder giebt eine Cyklide mit Berührungspunkt. Die Schraubenlinie geht in eine Loxodrome dieser Cyklide über. Eine Schar von Schraubenlinien dieser Art bestimmt das entstehende Bild der Schraubenröhrenfläche, die dort unendlich geringen Durchmesser erhält, wo sämtliche Cylinderbilder ihren Berührungspunkt haben, nämlich im Inversionscentrum. (Aus den konzentrischen Cylindern entstehen Cykliden, deren eine gemeinsame Symmetrieebene in einer Kreisschar geschnitten wird.)

Jeder Krümmungskreis der Schraubenlinie verwandelt sich in einen Krümmungskreis, jede Schmiegungsebene in eine bestimmte Kugel, die durch das Inversionscentrum und den entsprechenden Krümmungskreis der neuen Kurve geht. Jede Schmiegungskugel der Schraubenlinie wird eine Schmiegungskugel der neuen Kurve. Die Reihe der einbeschriebenen Kugeln wird zu einer Reihe von Kugeln, die der neuen Fläche ein- oder umbeschrieben sind und sie in Kreisschnitten berühren. Die neue Fläche hat also überall Kreisschnitte, und diese und die orthogonale Kurvenschar sind ihre Krümmungslinien, so dafs auch das Krümmungsmafs für diesen Punkt berechnet werden kann. (Dies gilt auch von den beiden vorangehenden Aufgaben.) Die isothermische Einteilung durch Schraubenlinien und ihre Orthogonalschar geht in eine isothermische Einteilung der neuen Fläche über. Dasselbe gilt von den orthogonalen Loxodromenscharen der Schraubenröhrenfläche bezw. ihren Abbildungen. Jede Krümmungscyklide, die bei der Schraubenfläche Drehungscyklide war, verwandelt sich in eine allgemeine Dupinsche Cyklide, die längs der Kreisschnitte, mit denen sie die Fläche berührt, mit ihr und ihren Krümmungslinien übereinstimmende Krümmungsverhältnisse zeigt, was eine zweite Berechnungsart des Gaufsschen Krümmungsmafses ermöglicht.

Näher soll hier auf den Gegenstand nicht eingegangen werden, da im folgenden Kapitel an einer schwierigeren Fläche die Inversion durchgeführt werden soll.

§ 198) Die Inversion an Schraubenregelflächen einfacher oder verallgemeinerter Art (Gerade durch Achse, Gerade nicht durch Achse gehend, abwickelbare Schraubenregelfläche, Minimalschraubenregelfläche u. s. w.) vorzunehmen, giebt ebenfalls eine Reihe lehrreicher Übungsbeispiele. Selbstverständlich kann man daher auch Schraubengewinde beliebigen Profils jener Transformation unterwerfen. Das letztere dürfte aber nicht von besonderem Werte sein. Höchstens das flache oder scharfe, oder das Halbkreisgewinde würden interessantere Formen geben.

γ) Allgmeine Bemerkungen über Transformationsgruppen und Verwandtschaften.

§ 199) Bemerkungen über Inversion und Inversionsreihen. Unterwirft man z. B. die Schraubenröhrenfläche der Inversion auf mehrfache Weise, so stehen sämtliche neuen Flächen in Inversionsverwandtschaft, d. h. jede der neuen Flächen läfst sich durch Inversion mittels je einer geeignet gewählten Kugel direkt in jede andere verwandeln. Dies giebt eine Flächengruppe, die man als die Gruppe der Inversionsverwandten der Schraubenfläche betrachten kann, d. h. es giebt jedesmal eine Inversionskugel im Raume, welche irgend eine dieser Flächen in eine aus den übrigen gewählte verwandelt und ebenso diese in die erstere transformiert. Die Transformation ist daher auch involutorisch.

Verwandelt man so eine erste Fläche in eine zweite, diese in eine dritte, diese in eine vierte u. s. w. bis man endlich eine n^{te} Fläche erhält, wobei stets neue beliebig im Raum liegende Inversions-Kugeln mit neuem Radius zur Anwendung gelangen, so giebt es eine Inversionskugel, durch die man direkt die erste der Flächen in die letzte verwandeln kann. Eine Reihe von Transformationen derselben Art, bei denen es möglich ist, in solcher Weise die aufeinander folgenden Operationen durch eine einzige zu ersetzen, nennt man mit Lie eine Transformationsgruppe. Die hier behandelte Inversion im Raume hat also den Gruppencharakter im Sinne der von Lie untersuchten Theorie der Transformationsgruppen.

Es ist von Wichtigkeit, zu wissen, was bei einer solchen Transformationsgruppe unveränderlich oder invariant bleibt. Unterscheidet man nicht zwischen Gerader und Kreis, ebenso nicht zwischen Ebene und Kugel, so kann man nach den obigen Betrachtungen sagen: Bei einer Reihe von Inversionen geht jeder Kreis in einen Kreis, jede Kugel in eine Kugel über. Der Kreis- bezw. Kugelcharakter bleibt also erhalten. Insbesondere geht jeder Krümmungskreis in einen Krümmungskreis, jede Schmiegungskugel in eine Schmiegungskugel über. Jede Dupinsche Cyklide verwandelt sich in eine Dupinsche Cyklide, insbesondere jede Krümmungscyklide in eine Krümmungscyklide. Jeder Winkel, möge er von zwei Kurven, oder von zwei Flächen, oder von einer Kurve und einer Fläche gebildet werden, bleibt erhalten, die Verwandtschaft ist also isogonal (sie ist, abgesehen von Kongruenz, Symmetrie, Ähnlichkeit, symmetrische Ähnlichkeit, die einzige räumliche Verwandtschaft isogonalen Charakters). Orthogonale Systeme von Kurvenscharen bleiben also solche, insbesondere gehen je zwei Scharen von Krümmmungslinien in zwei Scharen von Krümmungslinien, je zwei orthogonale Isothermenscharen wiederum in solche, isothermische Einteilungen wieder in solche über. Orthogonale Flächenscharen (je drei zusammengehörige Systeme) gehen wiederum in solche über. Besitzt die erste Fläche Reihen um- oder einbeschriebener Berührungskugeln, so besitzt sie auch die letzte. (Dabei kann aber um- und einbeschrieben vertauscht werden, was jedoch unwesentlich ist.) Schneiden sich vier Kurven einer Fläche in einem Punkte (so dafs die vier Tangenten in der Tangentialebene liegen), und bilden die Tangenten der Kurven in diesem Punkte eine Gruppe harmonischer Strahlen, so ist dasselbe bei der letzten Fläche der Fall. Bilden sie dagegen nicht harmonische Strahlen, so bleibt das Doppelverhältnis erhalten. Entsprechendes gilt von je vier einander schneidenden Ebenen bezw. Kugeln. Auch die Doppelverhältnisse und Doppelwinkel (im Sinne von Möbius und Bretschneider) bleiben erhalten. Gebilde, die gegen eine Kugel invers sind, geben inverse Gebilde gegen die neue Kugel. Die beiden im Raume möglichen kubischen Einteilungen bleiben solche.

Gilt für eine Reihe von um- oder einbeschriebenen Berührungskugeln, die sich etwa der ersten Fläche einbeschreiben lassen, ein Schliefsungsproblem im Steinerschen Sinne, so gilt es unverändert auch für die Kugelreihe der letzten Fläche. Entsprechendes läfst sich über Kreisreihen oder Ovalreihen, für die ein Schliefsungsproblem gilt, aussprechen. Auch die Poncelet-schen Schliefsungssätze für Tangentenreihen zwischen je zwei Kreisen bleiben in gewisser Form bestehen.

Kurz, man kennt bei einer solchen Transformationsgruppe, sobald man die Invarianten für eine Transformation kennt, dasjenige, was für eine endliche oder unendliche Folge solcher Transformationen gilt.

Darin liegt eine grofse Ersparnis, denn zahlreiche Einzeluntersuchungen sind überflüssig und ganze Reihen von Sätzen lassen sich unmittelbar aussprechen. Der Förderung der Ökonomie des Denkens wird in hohem Mafse Rechnung getragen.

§ 200) Auch mehrere aufeinanderfolgende Affinitäts-Transformationen lassen sich durch eine einzige ersetzen; ebenso besitzen aufeinander folgende Kollineations-Transformationen den Gruppen-Charakter. Was bei ihnen konstant bleibt, ist im ersten Bande auseinandergesetzt worden. — Dagegen kann man die Transformationen mittels der reciproken Polaren im Raum (nach Poncelet) nur dann durch eine einzige ersetzen, wenn die Anzahl der Operationen eine ungerade ist, denn nur dann gehen Ebenen in Punkte, Punkte in Ebenen über. Handelt es sich aber um eine gerade Anzahl von Operationen, so gehen Ebenen in Ebenen, Punkte in Punkte über. Eine beliebige Anzahl von Doppeloperationen läfst sich ebenfalls durch eine Doppeloperation ersetzen. Sieht man jedoch von dem Unterschiede ab, der darin liegt, dafs es sich einmal um Flächen handelt, die durch ihre Punkte bestimmt werden, das andere mal um Flächen, die von Ebenen umhüllt werden (Tangentialebenen), so könnte man auch hier von einer Gruppe sprechen. Jedenfalls handelt es sich um Gruppen von Flächen, die in Polarverwandtschaft stehen (die man von einem noch allgemeineren Standpunkte aus als Dualitätsverwandtschaft bezeichnen kann. Ebenso konnte vorher von Inversions-, Affinitäts-, Kollineationsverwandtschaft gesprochen werden).

Dafs bei der Polarverwandtschaft Gerade in Gerade, harmonische Strahlen in harmonische Strahlen, anharmonische Strahlen in solche desselben Doppelverhältnisses übergehen, ist schon in Band I gezeigt worden. Projektivische Punktreihen geben bei gerader Anzahl von Operationen projektivische Punktreihen, sonst projektivische Ebenenfolgen, projektivische Strahlenbüschel geben projektivische Strahlenbüschel u. s. w. Kegelschnitte werden Kegelschnitte, Kegelschnittsflächen (Flächen zweiten Grades), die durch Punkte gebildet sind, werden Kegelschnittsflächen, die in dem einen Falle (gerade) von Punkten, im anderen Falle (ungerade) von Tangentialebenen bestimmt werden.

Wie die Inversion durch Kugeln vermittelt wurde, so findet hier eine Transformation durch Kugeln, oder durch irgend welche Kegelschnittsflächen (Flächen zweiten Grades) statt.

Benutzt man zu einer Reihe von Polaritätstransformationen die verschiedenst gestalteten und verschiedenst liegenden Kegelschnittsflächen, so giebt es (abgesehen von dem Unterschiede für gerade oder ungerade Anzahl, d. h. abgesehen von dem Falle Punkt = Punkt oder Punkt = Ebene) stets eine Kegelschnittsfläche, durch deren Benutzung man die erste Flächengestalt direkt in die letzte übertragen kann.

Es liegt nichts im Wege, die hier behandelten Flächen auch durch die drei hier genannten Transformationen in neue Flächen zu verwandeln. Dafs freilich dabei wesentlich neues gefunden wird, ist kaum zu erwarten. Es handelt sich nur um die Übung in der Raumvorstellung und etwa um Übungen in der darstellenden Geometrie.

§ 201) In entsprechender Weise könnte man für Flächen von Verbiegungsverwandtschaft sprechen. Bei dieser sind invariant 1) die Winkel, die von einander schneidenden Kurven gebildet werden, 2) die Längen von Linien, 3) die Inhalte von Flächenteilen, 4) der Charakter geodätischer Linien, 4) der Charakter isothermischer Kurvenscharen und isothermischer Einteilungen, 5) das Gaufssche Krümmungsmafs für jeden Punkt der ursprünglichen Fläche, so dafs z. B., wenn für diese erste Fläche die eine Schar von Krümmungslinien aus Geraden besteht, was das Krümmungsmafs Null giebt, auch für jede der durch Biegung entstehenden Flächen eine geradlinige Schar von Krümmungslinien vorhanden sein mufs, u. s. w., 6) Minimalflächen bleiben Minimalflächen.

So gehören z. B. zu derselben Biegungsverwandtschaft: Ebene-, allgemeine Cylinder-, allgemeine Kegel-, Tangentenflächen von Raumkurven (z. B. abwickelbare Schraubenregelflächen) u. s. w. Einer weiteren Gruppe gehören an: Einmantelige Drehungshyperboloide, nicht abwickelbare Schraubenregelflächen (mit Ausnahme der Minimalschraubenregelfläche). Einer anderen Gruppe gehören an die Minimalschraubenregelfläche, das Katenoid und alle aus diesen durch Biegung entstehenden Flächen, zu denen viele besonders interessante Gebilde gehören. Ferner gehört jede Schraubenfläche mit einer bestimmten Drehungsfläche in dieselbe Verbiegungsgruppe.

§ 202) Selbstverständlich hat sich der elementare Standpunkt dieses Buches nur mit dem elementar Erreichbaren auf dem Gebiete der Verwandtschaften zu befassen, z. B. auch mit den elementaren konformen Übertragungen einiger der behandelten Flächen auf gewisse andere. Es sei jedoch darauf aufmerksam gemacht, dafs nicht alle Flächen für jede Art der Verwandtschaft gleich brauchbar sind. Bei der Inversionsverwandtschaft z. B. beschränke sich der Anfänger auf Ebenen, Kugeln, Cykliden, Schraubenröhrenflächen, Spiralröhrenflächen und deren Inversionsverwandten; aber auch die Drehungsflächen, die durch Drehung einer

Schar logarithmischer Spiralen um einen Radiusvektor des Systems entstehen, ferner diejenigen Flächen, die durch Drehung eines Systems logarithmischer Doppelspiralen um die Verbindungslinie der Büschelpunkte (Pole) entstehen, sind mit ihren Inversionsverwandten der elementaren Behandlung zugänglich. Bei Affinitäts- und Kollineationsverwandtschaft beschränke man sich auf Flächen vom höchstens zweiten Grade, ebenso bei der Verwandtschaft der Polarität oder Dualität. Der Verbiegung oder Abwickelung lassen sich zwar alle Arten von Flächen (event. aufgeschnitten zu denken) unterwerfen, aber nicht immer ist die korrekte Konstruktion elementar durchzuführen.

Vierter Abschnitt.

Verallgemeinerte Röhrenflächen und ihre Inversionsverwandten.

α) Die logarithmische Spiralröhrenfläche und die logarithmische Spirale.

§ 203) Erste Entstehungsart und vorläufige Beschreibung. Der Mittelpunkt einer Kugel mit veränderlichem Radius bewege sich auf einer logarithmischen Spirale, und zwar soll dabei der Kugelradius zum Radiusvektor der Spirale stets in konstantem Verhältnis bleiben. Die die Kugel in allen Lagen umhüllende Fläche heifst die logarithmische Spiralröhrenfläche.

Diese transscendenten Flächen sind in mehrfacher Hinsicht der elementaren Behandlung zugänglich, so dafs sie ein zweckmäfsiges Anfangsbeispiel für das Eindringen in die Flächenlehre darbieten. Um für sie zu interessieren, sollen einige ihrer Eigenschaften vorausgesagt, später bewiesen werden. Dabei werde die Ebene des Mittelpunktsweges, die eine Symmetrieebene ist, als Grundrifsebene betrachtet.

Im Grundrifs erscheint die Fläche von zwei logarithmischen Spiralen begrenzt, die mit dem Mittelpunktswege zu derselben Spiralenschar (gemeinschaftliches Centrum, Durchschneiden der Radii vectores unter demselben konstanten Winkel) gehören. Die aufeinanderfolgenden „Berührungskugeln“ (Figur 112) berühren sich paarweise in Punkten einer Spirale derselben Schar. Dreht man die äufserste Spirale erst in die Lage der letztgenannten, dann in die der innersten Spirale, so handelt es sich um zwei Drehungen von derselben Gröſse. (Isothermische Halbierung des Spiralstreifens.) Die in Figur 112 gezeichneten Berührungssehnen, (wie PP_1, QQ_1, $RR_1, \ldots$) der Kreise sind Projektionen der Kreisschnitte der Fläche. Die Ebenen

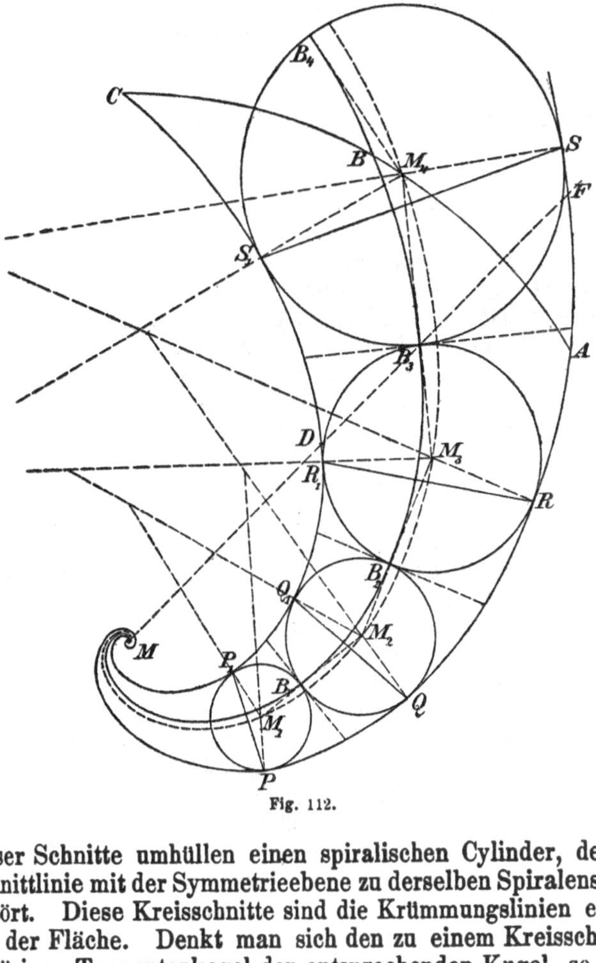

Fig. 112.

dieser Schnitte umhüllen einen spiralischen Cylinder, dessen Schnittlinie mit der Symmetrieebene zu derselben Spiralenschar gehört. Diese Kreisschnitte sind die Krümmungslinien erster Art der Fläche. Denkt man sich den zu einem Kreisschnitte gehörigen Tangentenkegel der entsprechenden Kugel, so sind dessen Geraden Tangenten der Krümmungslinien zweiter Art. Die Spitzen aller dieser Kegel liegen wiederum auf einer Spirale der besprochenen Schar. Demnach kann man mit Hilfe der Kegelgeraden, die den Kreisschnitt rechtwinklig schneiden, die Tangenten der Krümmungslinien zweiter Art leicht zeichnen und so diese Linien ausschattieren. Diese Krümmungslinien sind aber nicht identisch mit den Kurven, auf denen sich die Punkte des Kreisschnitts bei der einfachsten Entstehungsweise der Fläche bewegen. Diese Bewegungslinien sind vielmehr Kegelloxodromen, die sich in der Projektion als Spiralen der Schar darstellen. Die zu der Spiralschar gehörigen Cylinder, welche die Fläche schneiden, geben auf dieser jene Bewegungskurven. Jede der letzteren hat in ihrem ganzen Verlaufe einen konstanten Steigungswinkel.

Jede Berührungskugel (Figur 113) giebt Anlafs zu einer Dupinschen Krümmungscyklide. Diese ist nach Figur 113 folgendermafsen zu finden. $P\mu$ sei Krümmungsradius der äufsersten Spirale, $P_1\mu_1$ der der innersten. Die beiden Krümmungskreise und der Berührungskreis gehören der Symmetrieebene dieser allgemeinen Cyklide an. Die Gerade PP_1 schneidet die Centrale der Kreise μ und μ_1 in deren innerem Ähnlichkeitspunkte J und steht dabei auf ihr senkrecht. Zu jedem Kreisschnitte gehört eine bestimmte Krümmungscyklide, die den Schnitt mit der Röhrenfläche gemein hat und die letztere längs des Schnittes berührt. Beide Flächen stimmen längs drei unendlich benachbarter Kreisschnitte vollständig mit einander überein, sind also hinsichtlich der Krümmungen dort identisch. Die Bewegungskurven der Röhrenfläche werden von den Krümmungslinien zweiter Art im allgemeinen geschnitten, und zwar so, dafs sie sich den Grenzspiralen asymptotisch annähern. Durch die Bewegungskurven läfst sich die Fläche isothermisch einteilen, durch sie und ihre Orthogonalkurven ist also eine quadratische Einteilung zu erzielen. Also ist auch die konforme Abbildung der Fläche auf den unendlichen Parallelstreifen zu ermöglichen. Ein grofser Teil der Eigenschaften bleibt erhalten, wenn die Fläche der Inversion unterworfen wird; z. B. das Vorhandensein der einbeschriebenen Kugeln (die teilweise zu umbeschriebenen werden können), der Kreisschnitte als Krümmungslinien erster Art, der Berührungscykliden u. s. w. Die Bewegungskurven gehen dabei in Loxodromen bestimmter verallgemeinerter Cykliden über.

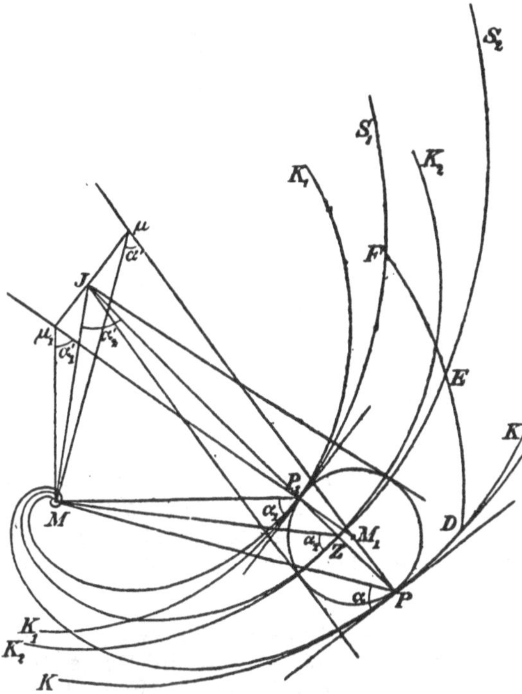

Fig. 113.

Zwar ist die logarithmische Spirale schon in Band I Seite 247 und in Band II Seite 378 und 386 zur Sprache gekommen, das Folgende verlangt aber eingehendere Kenntnisse über diese Kurve. Da die elementaren Lehrbücher der Geometrie solche nicht übermitteln, soll das Wichtigste hier abgeleitet werden.

§ 204) **Konstruktion der logarithmischen Spirale.** Zwei Radii vectores $MP = p$ und $MP_1 = p_1$ geben ein Dreieck MPP_1, welches bei M den Winkel γ haben möge (vergl. Fig. 114). Man zeichne noch weitere Radii vectores

MP_2, MP_3, ..., die unter demselben Winkel γ aufeinander folgen, und deren Längen p_n mit den gegebenen eine geometrische Reihe $p, p_1, p_2, p_3, \ldots$ bilden. Bei $p = 1$ z. B. handelt es sich um die Reihe $1, p_1, p_1^2, p_1^3 \ldots$ Diese Reihe soll auch rückwärts fortgesetzt werden, z. B. als

$$1, \frac{1}{p_1}, \frac{1}{p_1^2}, \frac{1}{p_1^3}, \ldots$$

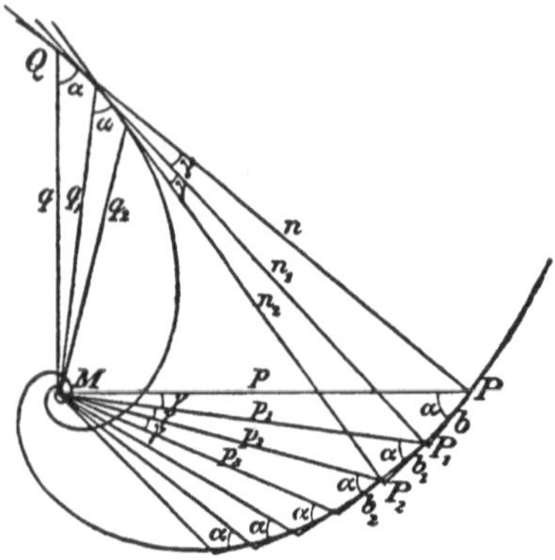
Fig. 114.

Dann liegen die Endpunkte der Radii vectores auf einer Kurve, die man als logarithmische Spirale bezeichnet. Die Einschaltung weiterer Punkte dieser Kurve kann folgendermaſsen erfolgen. Man halbiere jeden Winkel γ und mache die Halbierende gleich der mittleren Proportionale der Schenkel des Winkels. Mit diesen Halbierungen fahre man fort, bis die Verbindungslinien der Nachbarpunkte ein „Polygon" geben, welches mit hinreichender Annäherung die Kurve veranschaulicht.

Damit erhält man zunächst folgenden grundlegenden Satz: Die Längen von gleichwinklig aufeinander folgenden Radii vectores der logarithmischen Spirale bilden eine geometrische Reihe. Die Umkehrung des Satzes ist leicht auszusprechen. Ferner folgt:

Die so entstehenden Sektoren der Kurve sind ähnlich, die zugehörigen Bogen bilden eine geometrische Reihe. Bogen der logarithmischen Spirale mit gleichen Centriwinkeln sind einander ähnlich. Sämtliche Radii vectores werden von der Kurve unter demselben Winkel α durchschnitten.

Solcher Sätze lassen sich noch viele aussprechen. Die Hauptfrage ist aber die, ob sich der Schnittwinkel α der Kurve mit jedem Radiusvektor aus p, p_1 und γ bestimmen läfst. Diese Frage läfst sich am besten für die gesamte Spiralenschar beantworten.

§ 205) Die Spiralenschar, d. h. der Komplex von Spiralen desselben Centrums M, welche das Strahlenbüschel durch M unter demselben Schnittwinkel α durchsetzen, wurde ebenfalls schon mehrfach besprochen, z. B. gelegentlich der Kugelloxodromen und der Mercatorkarte in Bd. I, Seite 249 und 251, in Bd. II, Seite 378 und 386 bis 389. An letzter Stelle war in Figur 140 die isothermische Einteilung der Ebene durch Strahlenbüschel und konzentrische Kreisschar gezeichnet. Der dortige Fall der quadratischen Einteilung führte auf logarithmische Spiralen als Diagonalkurven, welche die Radien unter 45^0 schneiden, Kurven, die man vielfach als natürliche logarithmische Spiralen bezeichnet, was nicht gerade zweckmäfsig ist. Hier sollen sie als logarithmische Spiralen zu 45^0, allgemeiner als logarithmische Spiralen zu α^0 bezeichnet werden. Diese allgemeinen logarithmischen Spiralen erhält man bei der entsprechenden Einteilung der Ebene in ähnliche Rechtecke.

Dort war in Figur 141 der üblichen Lage der Mercatorkarte wegen der zugehörige Parallelstreif der der Ebene senkrecht aufgestellt, mathematisch aber ist es einfacher, ihn horizontal hinzulegen. (Mafsgebend sind funktionentheoretische Gründe.) In der Tabelle Bd. II, Seite 386 sind dann X und Y mit einander zu vertauschen. In den ebenen Streifen einerseits und im Kreisbilde andererseits entsprechen dann nach jener Tabelle einander folgende Koordinaten bezw. Funktionen:

Parallelstreif.	Kreisbild.
1) X	1) ${}^{e}lg\, r$
2) Y	2) φ
3) e^{X}	3) r
4) $f(X, Y) = 0$	4) $f({}^{e}lg\, r, \varphi) = 0$
5) $f(e^{X}, Y) = 0$	5) $f(r, \varphi) = 0$
6) $f(e^{X}\cos\alpha,\ e^{Y}\sin\alpha) = 0,$	6) $f(x\, y) = 0.$

Dabei ist φ der im Bogenmaſs (am Einheitskreise) gemessene Winkel. Der Geraden

$$1)\qquad \frac{Y-Y_1}{X-X_1}=\tan\alpha=\frac{k}{1}=k$$

entspricht demnach die logarithmische Spirale

$$2)\qquad \frac{\varphi-\varphi_1}{{}^e lg\, r-{}^e lg\, r_1}=\tan\alpha=k.$$

Damit ist die am Schluſs des vorigen Paragraphen gestellte Frage beantwortet. Man hat nur $\varphi-\varphi_1=\gamma$, $r=p$ und $r_1=p_1$ zu setzen, um zu erhalten

$$3)\qquad \tan\alpha=\frac{\gamma}{{}^e lg\, p-{}^e lg\, p_1}=\frac{\gamma}{{}^e lg\left(\frac{p}{p_1}\right)}.$$

So berechnet man den Schnittwinkel α der durch p, p_1 und γ bestimmten logarithmischen Spirale. Er soll daher als bekannt betrachtet werden. Umgekehrt berechnet man den Quotienten der geometrischen Reihe der unter dem Winkel γ aufeinander folgenden Radii vectores für eine logarithmische Spirale vom Schnittwinkel α mittels der Formel

$$4)\qquad \frac{p}{p_1}=e^{\frac{\gamma}{\tan\alpha}}.$$

Endlich berechnet sich der konstante Winkel γ für die in geometrischer Reihe aufeinander folgenden Radii vectores bei einer Spirale mit Schnittwinkel α aus

$$5)\qquad \gamma={}^e lg\left(\frac{p}{p_1}\right).\tan\alpha.$$

Will man die Gleichung aller Geraden haben, welche die X-Achse z. B. in den Punkten

$$6)\qquad 0, \pm a, \pm 2a, \pm 3a, \pm 4a, \ldots$$

unter demselben Winkel α schneiden, so schreibe man die Gleichung 1) indem man $Y_1=0$ setzt, in der Form

$$7)\qquad X-Y\cot\alpha=X_1,$$

wo X_1 die durch 6) dargestellte Wertreihe anzunehmen hat. Dabei wird die Y-Achse ebenfalls unter Abständen geschnitten, die eine arithmetische Reihe bilden. Dieser Parallelenschar entspricht die Schar logarithmischer Spiralen

$$8) \qquad {}^{e}lg\, r - \varphi \,.\, \cot \alpha = {}^{e}lg\, r_1,$$

wo ${}^{e}lg\, r_1$ die Wertreihe 6) annimmt, oder r_1 die Wertreihe

$$9) \qquad e^{\pm 0},\ e^{\pm a},\ e^{\pm 2a},\ e^{\pm 3a},\ldots,$$

was eine geometrische Reihe ist. Dabei wird der Einheitskreis so geschnitten, dafs die einzelnen Bogen eine arithmetische Reihe bilden, d. h. die logarithmischen Spiralen folgen unter gleichen Winkeln aufeinander.

Die Schreibweise 8) nennt man die **isothermische Schreibweise** der Spiralenschar.*) (Sie ist funktionentheoretisch von Bedeutung.)

Mit demselben Rechte kann man statt Gleichung 1), indem man $X_1 = 0$ setzt, schreiben

$$10) \qquad Y - X \tan \alpha = Y_1,$$

was eine Parallelschar von Geraden bedeutet, welche die Y-Achse unter konstantem Winkel in Punkten schneidet, die in konstanten Abständen aufeinander folgen, wenn Y_1 eine Wertreihe wie 6) annimmt.

Die entsprechende Schar logarithmischer Spiralen hat die Gleichung

$$11) \qquad \varphi = lg\, r \tan \alpha + \varphi_1,$$

und dabei folgen die Spiralen unter gleichen Winkeln aufeinander, wenn φ_1 die Werte der Reihe 6) annimmt. Auch 11) ist eine isothermische Schreibweise.

---

*) Gebräuchlicher ist als isothermische Schreibweise die folgende:

$$(lg\, r) \cos \alpha + \varphi \,.\, \sin \alpha = 0,\ \pm a,\ \pm 2a,\ \pm 3a,\ \ldots$$
$$-(lg\, r) \sin \alpha + \varphi \cos \alpha = 0,\ \pm a,\ \pm 2a,\ \pm 3a,\ \ldots$$

Diese stellt zwei Scharen von Spiralen dar, durch welche die Ebene in ein System kleiner „Quadrate“ eingeteilt wird. Die zweite schneidet die Radien unter α, die erste unter $\left(\frac{\pi}{2} + \alpha\right)$.

Am bequemsten ist es, die Wertreihe

12) $$0, \pm\frac{2\pi}{n}, \pm\frac{4\pi}{n}, \pm\frac{8\pi}{n}, \ldots\ldots$$

zu wählen, weil dann die Reihe der Spiralstreifen nach einem Umgange schliefst.

Wie die Orthogonalschar von Geraden, die eine quadratische Einteilung giebt, leicht durch eine Gleichung darzustellen ist, so gilt dies auch von der orthogonalen Spiralenschar.

§ 206. Nach Gleichung 2) ist $\tan\alpha$ gleich dem Quotienten k aus Winkeldifferenz und Differenz der Logarithmen der Radii vectores. Denkt man sich jedoch die quadratische Einteilung der Ebene durch Strahlenbüschel und konzentrische Kreisschar bis ins kleinste durchgeführt, so läfst sich, wenn die Diagonale für ein aus einer Reihe von k Quadraten gebildetes Rechteck genommen wird, deren Neigung ebenfalls aus $\tan\alpha = \frac{k}{1}$ bestimmen. Dabei ist aber $\tan\alpha = \frac{\text{Bogendifferenz}}{\text{Radiendifferenz}}$.

Dies scheint der Gleichung 2) zu widersprechen, ist aber für die Grenze ganz dasselbe.

Ist nämlich die Radienreihe

$$1, e^{\pm\frac{2\pi}{n}}, e^{\pm\frac{4\pi}{n}}, e^{\pm\frac{6\pi}{n}}, + \ldots,$$

die Reihe ihrer Neigungen

$$0, \pm k\frac{2\pi}{n}, \pm k\frac{4\pi}{n}, \pm k\frac{6\pi}{n}, \ldots\ldots$$

so ist die Differenz zweier benachbarter Radien z. B.

$$r - r_1 = r\left(1 - \frac{r_1}{r}\right) = r\left(1 - \frac{e^{\frac{2m\pi}{n}}}{e^{\frac{2(m+1)\pi}{n}}}\right) = r\left(1 = e^{\frac{-2\pi}{n}}\right),$$

die zweier benachbarter Winkel

$$(\varphi - \varphi_1) = k\frac{2(m+1)\pi}{n} - k\frac{2m\pi}{n} = k\frac{2\pi}{n},$$

die der zugehörigen Bogen also $r(\varphi - \varphi_1) = rk\frac{2\pi}{n}$. Demnach ist jetzt

$$\tan\alpha = \frac{r(\varphi - \varphi_1)}{r - r_1} = \frac{rk\frac{2\pi}{n}}{r\left(1 - e^{\frac{-2\pi}{n}}\right)}$$

$$= \frac{k\frac{2\pi}{n}}{1 - \left[1 - \frac{\frac{2\pi}{n}}{1!} + \frac{\left(\frac{2\pi}{n}\right)^2}{2!} - \frac{\left(\frac{2\pi}{n}\right)^3}{3!} + \cdots\cdots\right]},$$

oder

$$\tan\alpha = \frac{k}{\frac{1}{1!} - \frac{\left(\frac{2\pi}{n}\right)}{2!} + \frac{\left(\frac{2\pi}{n}\right)^2}{3!} - \cdots\cdots}$$

Die Summe der oscillierenden Reihe im Nenner liegt zwischen

$$\frac{1}{1!} \text{ und } \left(\frac{1}{1!} - \frac{\left(\frac{2\pi}{n}\right)}{2!}\right),$$

also für die Grenze $n = \infty$ zwischen 1 und $(1 - 0)$, demnach ist für die Grenze, ebenso wie oben,

$$\tan\alpha = k.$$

Die Übereinstimmung ist damit nachgewiesen.

§ 207. **Quadratische Einteilung der Ebene durch zwei Spiralenscharen.** Hatte man in der Ebene des Strahlenbüschels und der konzentrischen Kreisschar eine quadratische Einteilung, so geben auch die Diagonalkurven eine quadratische Einteilung (durch zwei Spiralscharen vom Schnittwinkel $\pm 45^0$). Zeichnet man statt dessen Diagonalkurven durch die Schnittpunkte, von denen die einen einem Rechtecke vom Seitenverhältnis $\frac{k}{1} = \tan\alpha$, die andere einem solchen vom Seitenverhältnis $\frac{1}{k} = \tan\beta$ entsprechen, so erhält man ebenfalls eine quadratische Einteilung durch zwei Spiralenscharen. Während aber die vorigen symmetrisch zu einander waren, ist dies jetzt nicht mehr der Fall.

§ 208) **Ähnlichkeitsbeziehungen an der logarithmischen Spirale.** Oben war die Reihe ähnlicher auf einander folgender Sektoren der Spirale besprochen. Homologe Punkte dieser Sektoren liegen auf einer Spirale derselben Schar. Daraus folgt z. B., daſs jeder Radius vector die ganze Spiralenschar unter konstantem Winkel schneidet, was schon beim Begriff der Schar ausgesprochen war. Dem Dreieck jedes Sektors läſst sich ein Kreis umbeschreiben. Die Mittelpunkte dieser Kreise liegen auf einer Spirale der Schar. Jedem der Sektoren selbst läſst sich ein Kreis einbeschreiben, von den Mittelpunkten dieser Kreise gilt dasselbe. Die Radien dieser Kreisreihen bilden geometrische Reihen, deren Quotient übereinstimmt mit dem der Kreise der Radii vectores, d. h. mit $\frac{p}{p_1}$. Letzteres gilt auch von der Reihe der Bogen der Sektoren. Die Flächen der Sektoren bilden eine geometrische Reihe mit dem Quotienten $\left(\frac{p}{p_1}\right)^2$; dasselbe gilt von homologen Flächenstücken innerhalb der Sektoren.

Ist die Spirale in der besprochenen Weise eingeteilt und legt man durch jeden Teilpunkt eine Gerade, welche die Spirale (d. h. ihre Tangente) unter gegebenem Winkel β schneidet, so sind alle diese Geraden zugleich Tangenten einer Spirale derselben Schar, und zwar bilden die Längen dieser Tangenten eine geometrische Reihe von dem Quotienten $\frac{p}{p_1}$. Für den Sonderfall der Normale der Kurve folgt daraus:

Die Normalen der logarithmischen Spirale schattieren eine gleichwinklige logarithmische Spirale aus. (Vergl. Figur 114.) Verbindet man den Berührungspunkt einer solchen Normale n mit dem gemeinschaftlichen Centrum M der Spiralen, so mufs die Verbindungslinie q mit der Normale n den $\sphericalangle \alpha$ einschliefsen, denn es handelt sich um Spiralen desselben Schnittwinkels. Da aber der Radius vector p mit der gegebenen Spirale den Winkel α, mit der Normale n also den Winkel $(90^0 - \alpha)$ einschliefst, so ist das aus p, n und q gebildete Dreieck bei M rechtwinklig. Jener Berührungspunkt ist also mit Hilfe des Lotes auf p im Punkte M leicht zu bestimmen. In diesem Berührungspunkte wird die Normale n von einer unendlich benachbarten Normale geschnitten, ebenso, wie zwei Kreisradien einander im Mittelpunkte schneiden. Der Schnittpunkt, d. h. der Berührungspunkt, ist demnach Krümmungsmittelpunkt der gegebenen Spirale für den Endpunkt des Radius vectors p. Also: Errichtet man auf der logarithmischen Spirale in einem gegebenen Punkte ein Lot und ebenso im Centrum M auf dem zugehörigen Radius vector ein Lot, so schneiden sich beide Lote im zugehörigen Krümmungsmittelpunkte der Spirale.

Die aufeinander folgenden Krümmungsmittelpunkte der regelmäfsig eingeteilten logarithmischen Spirale bilden eine regelmäfsig eingeteilte Spirale, die Krümmungsradien eine geometrische Reihe vom Quotienten $\frac{p}{p_1}$.

Ganz allgemein erkennt man folgendes: Macht man an verschiedenen Stellen einer logarithmischen Spirale ähnliche Konstruktionen, so liegen homologe Punkte der neuen Gebilde auf einer logarithmischen Spirale derselben Schar, homologe Gerade schattieren eine Spirale derselben Schar aus, homologe ähnliche Kurven (z. B. Kreise) werden von einer Spirale derselben Schar umhüllt, homologe Stücke einander entsprechender Geraden oder Kurven verhalten sich wie die Radii vectores homologer Punkte, homologe Flächenstücke wie die Quadrate solcher Radii vectores, homologe Winkel endlich sind einander gleich.

§ 209) Krümmungsmittelpunkte, Krümmungsradien und Krümmungskreise der logarithmischen

Spirale. Nach obiger Konstruktion des Krümmungsmittelpunktes ist der Krümmungsradius ϱ gleich der Normale n, gemessen von der gegebenen ersten Spirale bis zum Berührungspunkte mit der von den Normalen umhüllten Spirale, der sog. Evolute. Demnach ist

$$1) \qquad \varrho = \frac{p}{\sin \alpha},$$

wo p der Radius vector, α der oben bestimmte Schnittwinkel der Spirale ist. Zugleich ist

$$2) \qquad \varrho = \frac{q}{\cos \alpha},$$

wobei q der Radius vector der Evolute ist (vgl. Figur 114).

Man denke sich die erste Spirale nach obiger Methode regelmäfsig eingeteilt, so dafs auch ihre Evolute durch die Berührungspunkte der Krümmungsradien regelmäfsig eingeteilt wird. Zeichnet man in den letzteren Punkten die Tangenten der Evolute bis zur gegebenen Spirale, so erhält man als Längen der Tangenten eine Wertfolge, die einer der besprochenen geometrischen Reihen mit dem Quotienten $\frac{p}{p_1}$ entspricht. Diese Reihe kann man sich fortgesetzt denken bis zum Centrum M der Spiralen.

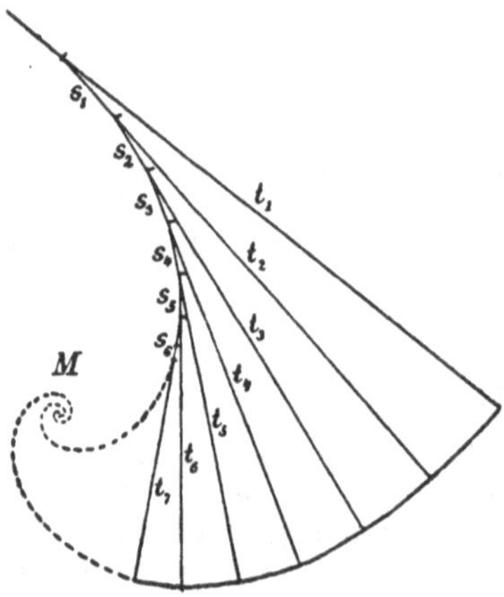

Fig. 115.

Es wird nun behauptet, jede dieser Tangenten sei ebenso lang, wie die Bogenlänge der Evolute vom Centrum bis zum Berührungspunkte.

Denkt man sich statt der zweiten Spirale das zur regelmäfsigen Einteilung gehörige Polygon, statt jeder Tangente die betreffende Sehne und ihre Verlängerung bis zur ersten Spirale, so ist die Fläche zwischen beiden Spiralen in Dreiecke eingeteilt, die für die Grenze (d. h. für unendlich dicht aufeinander folgende Teillinien) gleichschenklige Dreiecke sind. Für das gröſste dieser Dreiecke ist, wenn der äuſsere Schenkel gleich t_1, der zweite gleich $s_1 + t_2$, d. h. gleich Sehne + Verlängerung gesetzt wird, $t_1 = s_1 + t_2$, für das folgende $t_2 = s_2 + t_3$, für das folgende $t_3 = s_3 + t_4, \ldots$ Durch Addition folgt aus diesen Gleichungen

$$t_1 + t_2 + t_3 + \ldots + t_\infty = (s_1 + s_2 + s_3 + \ldots s_\infty) + (t_2 + t_3 + t_4 + \ldots + t_\infty).$$

Da es sich um abnehmende, also um summierbare geometrische Reihen handelt, ist diese Addition gestattet. Es hebt sich aber beiderseits t_2 gegen t_2, t_3 gegen t_3 u. s. w. bis zu den unendlich kleinen Gliedern t_∞ gegen t_∞. So bleibt stehen

$$t_1 = s_1 + s_2 + s_3 + \ldots + s_\infty.$$

Die äuſserste Tangente ist also gleich der Summe der Sehnen bis nach M hin. Denkt man sich also t_1 als Faden, so läſst sich dieser von seinem Ausgangspunkte aus so um das Polygon herumwickeln, daſs sein freier Endpunkt genau auf M fällt. Die Fadenlänge ist gleich der Summe der Polygonseiten.

Denkt man sich den Faden wieder abgewickelt und dabei straff gespannt, so liegt sein freier Endpunkt stets auf einer Reihe aufeinander folgender kleiner Kreisbogen und passiert dabei die Eckpunkte des entsprechenden Polygons der ersten Spirale.

Für die Grenze handelt es sich um die Bewegung des Endpunktes auf dicht aufeinander folgenden Krümmungskreisen, d. h. auf der gegebenen Spirale selbst. Daraus folgt für die Grenze:

Die gegebene Spirale ist die Evolvente der zweiten Spirale. Die Länge ϱ des letzten Krümmungsradius ist gleich der Bogenlänge der zweiten Spirale vom Centrum M bis zum Berührungspunkte.

Diese Länge ist $l_1 = \dfrac{q}{\cos\alpha}$; beide Spiralen sind ähnlich; folglich ist die Länge der ersten Spirale von M bis zum Endpunkte des Radius vectors p

$$l = \frac{p}{\cos\alpha}.$$

(Der allgemeine Zusammenhang zwischen Evolute und Evolvente wird hier nicht vorausgesetzt. Er läſst sich am allgemeinen Polygon und dessen aus Kreisbogen bestehender Evolvente in derselben Weise klarlegen.)

§ 209) Dasselbe Ergebnis kann man folgendermaſsen erhalten. Man gehe aus von der obigen Formel

$$\frac{p}{p_1} = e^{\frac{\gamma}{\tan\alpha}},$$

dann ist die Reihe der Radii vectores für die regelmäſsig eingeteilte Kurve, da $p_1 = p \cdot e^{-\frac{\gamma}{\tan\alpha}}$ ist,

$$p,\ pe^{-\frac{\gamma}{\tan\alpha}},\ pe^{-\frac{2\gamma}{\tan\alpha}},\ pe^{-\frac{3\gamma}{\tan\alpha}},\ldots,$$

also die Reihe der aufeinander folgenden Bogen, wenn man den ersten gleich b_0 setzt,

$$b_0,\ b_0 e^{-\frac{\gamma}{\tan\alpha}},\ b_0 e^{-\frac{2\gamma}{\tan\alpha}},\ b_0 e^{-\frac{3\gamma}{\tan\alpha}},\ldots,$$

die Summe der Bogen also (nach der Summierungsformel $1 + x + x^2 + \ldots = \frac{1}{1-x}$ für $x < 1$)

$$\Sigma b = \frac{b_0}{1 - e^{-\frac{\gamma}{\tan\alpha}}}.$$

Denkt man sich die Sektoren unendlich schmal, so daſs man sie als Dreiecke betrachten darf, so ist für das gröſste der Dreiecke nach dem Sinussatze $b_0 : p_1 = \sin\gamma : \sin\alpha$, und daher wird die Summe der Bogen

$$\Sigma b = \frac{p_1 \sin\gamma}{\sin\alpha} \cdot \frac{1}{1 - e^{-\frac{\gamma}{\tan\alpha}}}$$

$$= \frac{p_1 \sin\gamma}{\sin\alpha} \cdot \frac{1}{1 - \left[1 - \frac{\left(\frac{\gamma}{\tan\alpha}\right)}{1!} + \frac{\left(\frac{\gamma}{\tan\alpha}\right)^2}{2!} - \frac{\left(\frac{\gamma}{\tan\alpha}\right)^3}{3!} + \ldots\right]}.$$

Der Nenner formt sich um zu

$$\frac{\gamma}{\tan\alpha}\left[\frac{1}{1\,!}-\frac{\left(\frac{\gamma}{\tan\alpha}\right)}{2\,!}+\frac{\left(\frac{\gamma}{\tan\alpha}\right)^2}{3\,!}-\cdots\right].$$

Da aber die Summe der oscillierenden Reihe bei unendlich kleinem γ und endlichem $\tan\alpha$ zwischen $\frac{1}{1\,!}$ und $\left(\frac{1}{1\,!}-\frac{\left(\frac{\gamma}{\tan\alpha}\right)}{2\,!}\right)$ liegt, wobei sich für die Grenze das letztere als 1 herausstellt, so handelt es sich um $\frac{\gamma}{\tan\alpha}$, und so wird

$$\Sigma b=\frac{p_1\sin\gamma}{\sin\alpha}\cdot\frac{\tan\alpha}{\gamma}=\frac{p_1}{\cos\alpha}\cdot\frac{\sin\gamma}{\gamma}.$$

Für unendlich kleines γ ist aber $\sin\gamma=\gamma$, aufserdem $p_1=p$, also wird die gesuchte Länge

$$l=\Sigma b=\frac{p}{\cos\alpha},$$

was mit obigem übereinstimmt. Ebenso wird für die zweite Spirale

$$l_1=\frac{q}{\cos\alpha}.$$

§ 210) Wenn man bei der Abwickelung des Polygons der Evolute die aufeinander folgenden Kreisbogen bildet und drei aufeinander folgende der Kreise vollständig zeichnet, so schliefst der mittlere den kleineren vollständig ein, während er vom gröfsten vollständig umschlossen wird. Für die Grenze folgt daraus:

Jeder Krümmungskreis der logarithmischen Spirale schliefst jeden kleineren Krümmungskreis vollständig ein und wird von jedem gröfseren vollständig umschlossen.

Weitere Betrachtung ergiebt: Jeder Krümmungskreis berührt und schneidet zugleich die logarithmische Spirale, er trifft sie aber nie wieder, er umschliefst daher den kleineren Teil der Kurve vollständig und schliefst den gröfseren Teil vollständig aus. Dies ergiebt sich daraus, dafs seine Krümmung konstant bleibt, während die der Spirale nach der einen Richtung hin abnimmt, nach der anderen dagegen zunimmt.

Liegen drei Krümmungsradien unendlich nahe an einander, so ergiebt sich folgendes: Der gröfste habe mit der Kurve die drei aufeinander folgenden Punkte $a\,b\,c$ gemein, der mittlere die Punkte $b\,c\,d$, der folgende die Punkte $c\,d\,e$, dann hat der gröfste mit dem mittleren die Punkte b und c gemein, beide Kreise berühren also einander; ebenso hat der mittlere mit dem kleineren die Punkte c und d gemein, also auch diese beiden berühren einander. Obwohl also die Kurve die Kreise schneidet, ist sie doch als Umhüllende der Kreise zu betrachten. Zeichnet man also eine Reihe aufeinander folgender Krümmungskreise, indem man z. B. von der zweiten Spirale ausgeht, so wird die erste Spirale ausschattiert. Dies ist nur ein besonderer Fall der oben betrachteten Ähnlichkeitsbeziehungen.

§ 211) Eine merkwürdige Beziehung zwischen den Punkten der logarithmischen Spirale und den zugehörigen Krümmungsmittelpunkten ergiebt sich folgendermafsen: P und P_1 seien Punkte auf zwei beliebigen Spiralen einer Schar, ϱ und ϱ_1 die zugehörigen Krümmungsradien, p und p_1 die zugehörigen Radii vectores, q und q_1 die Lote, welche bei der Konstruktion der Krümmungsmittelpunkte gebraucht werden, dann ist das rechtwinklige Dreieck aus ϱ, p und q ähnlich dem Dreiek aus ϱ_1, p_1, q_1. Verbindet man jetzt die Krümmungsmittelpunkte μ und μ_1 und ebenso P und P_1, so schneiden die beiden Verbindungslinien einander rechtwinklig.

Ist nämlich S der Schnittpunkt, so hat Dreieck μSP bei P einen Winkel $90^0 - (\alpha + \delta)$, bei μ einen Winkel $(\alpha + \delta_1)$.*) Da aber die Dreiecke $M\mu_1\mu$ und MPP_1 einander ähnlich sind, so ist $\measuredangle\ \delta = \delta_1$ (δ und δ_1 sind die Winkel bei P und μ). Folglich ist $\triangle\ \mu SP$ bei S rechtwinklig. Dabei ist $PP_1 : \mu\mu_1 = p : M\mu = p_1 : M\mu_1$.

*) Oder umgekehrt.

Allgemeiner folgt: **Legt man durch eine Schar logarithmischer Spiralen eine beliebige Gerade, so liegen die zu den Schnittpunkten gehörigen Krümmungsmittelpunkte auf einer dazu senkrechten Geraden.**

Noch allgemeiner: **Zeichnet man in der Ebene einer Spiralenschar eine beliebige Kurve, so liegen die zu den Schnittpunkten gehörigen Krümmungsmittelpunkte der Spiralen auf einer ähnlichen Kurve. Das Dimensionsverhältnis ist dabei durch das der Katheten des rechtwinkligen Dreiecks gegeben, mit dessen Hilfe irgend einer der Krümmungsmittelpunkte konstruiert wird. Beide Gebilde sind um** 90^0 **gegen einander gedreht.** Ist z. B. das eine Gebilde ein Kreis, so ist auch das andere ein solcher.

§ 212) Eine andere Folgerung ergiebt sich aus der Ähnlichkeitsbeziehung der obigen rechtwinkligen Dreiecke folgendermafsen: Der Punkt μ_a sei Krümmungsmittelpunkt für einen Punkt A einer Spirale der Schar; μ_b sei Krümmungsmittelpunkt für einen Punkt B einer anderen Spirale der Schar. Von dem Krümmungskreise μ_b werde angenommen, er ginge durch A, dann läfst sich zeigen, dafs $\mu_a A = \mu_a B$ ist, dafs also B auf dem Krümmungskreise μ_a liegt. Die rechtwinkligen Dreiecke $AM\mu_a$ und $BM\mu_a$ sind nämlich gleichsinnig ähnlich, folglich ist $AB \perp \mu_a \mu_b$, folglich ist die Sehne AB des Kreisbogens des Krümmungskreises μ_b durch $\overline{\mu_a \mu_q}$ halbiert, folglich ist $\mu_a = \mu_b$.

Folglich: **Die Berührungspunkte sämmtlicher durch einen Punkt** A **gehender Krümmungskreise einer Schar logarithmischer Spiralen liegen auf dem zu** A **gehörigen Krümmungskreise der durch diesen Punkt gehenden Spirale.**

Sucht man also für eine **beliebige Spirale** der Schar den durch einen gegebenen Punkt A gehenden Krümmungskreis, so konstruiere man den Krümmungsmittelpunkt der durch A gehenden Spirale für diesen Punkt (wozu nicht die Spirale selbst, sondern nur ihr Schnittwinkel A nötig ist). Wo dieser Krümmungskreis die gegebene Spirale schneidet, liegt der Berührungspunkt des nun leicht zu konstruierenden

Krümmungskreises, der durch A geht. Macht man A zum Centrum der Inversion, so wird der Kreis μ_a unendlich grofs, d. h. eine Gerade. Auf dieser liegen die Berührungspunkte der unendlich grofsen Krümmungskreise der transformierten Schar, d. h. die Wendepunkte der Schar logarithmischer Doppelspiralen.

(Dabei ist der Satz vorausgesetzt, dafs durch jeden Punkt der Ebene ein und nur ein Krümmungskreis jeder einzelnen Spirale geht.)

§ 213) Einige Berechnungen an der Spirale. Auch die Flächensumme der Sektoren einer logarithmischen Spirale läfst sich ähnlich, wie oben die Bogenlänge, berechnen. Ist die Einteilung der Spirale die obige regelmäfsige, und ist der gröfste Sektor von der Fläche S_0, so giebt die Reihe der ähnlichen Sektoren folgende Flächen

$$S_0,\ S_0 e^{-\frac{2\gamma}{\tan\alpha}},\ S_0 e^{-\frac{4\gamma}{\tan\alpha}},\ S_0 e^{-\frac{6\gamma}{\tan\alpha}},\ \ldots,$$

die Flächensumme wird also

$$\sum S = S_0\left[1 + e^{-\frac{2\gamma}{\tan\alpha}} + e^{-\frac{4\gamma}{\tan\alpha}} + e^{-\frac{6\gamma}{\tan\alpha}} + \ldots\right] = S_0 \frac{1}{1 - e^{-\frac{2\gamma}{\tan\alpha}}},$$

oder da für sehr kleines γ der erste Sektor als Dreieck betrachtet werden kann,

$$\sum S = \frac{1}{2} p p_1 \sin\gamma \cdot \frac{1}{1 - e^{-\frac{2\gamma}{\tan\alpha}}}$$

$$= \frac{1}{2} p p_1 \sin\alpha \frac{1}{1 - \left[1 - \frac{e^{\frac{2\gamma}{\tan\alpha}}}{1!} + \frac{e^{\frac{4\gamma}{\tan\alpha}}}{2!} - \frac{e^{\frac{6\gamma}{\tan\alpha}}}{3!} + \ldots\right]}.$$

Der letzte Faktor läfst sich, ähnlich wie oben der entsprechende, für die Grenze umformen zu $\frac{2\gamma}{\tan\alpha}$, so dafs wird

$$\sum S = \frac{1}{2} p p_1 \sin\gamma \frac{\tan\alpha}{2\gamma}.$$

Für die Grenze ist wieder $\frac{\sin\gamma}{\gamma} = 1$ und $p = p_1$, also wird die Gesammtfläche

$$1) \qquad F = \sum S = \frac{p^2 \tan\alpha}{4}.$$

So wird der Flächeninhalt der Spirale in der Regel angegeben. Dabei legen sich aber unendlich viele Sektoren aufeinander, und es erscheint wünschenswert, nur die einfache Ringfläche zwischen den benachbarten Bogen der Kurven zu berechnen.

Die mehrfache Bedeckung fällt schon weg, wenn man die Fläche zwischen zwei benachbarten Spiralen der Schar berechnet. Setzt man in Fig. 116 $MP = p$, $MQ = q$, so ist die gesuchte Fläche des Spiralstreifens

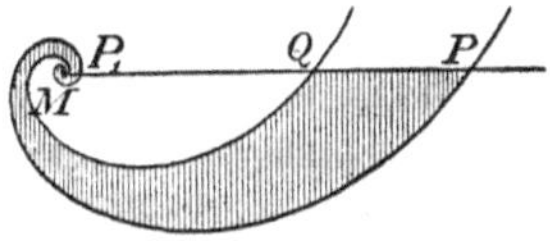

Fig. 116.

$$2) \qquad F = \frac{p^2}{4}\tan\alpha - \frac{q^2}{4}\tan\alpha = \frac{1}{4}\tan\alpha\,(p^2 - q^2).$$

Statt $MQ = q$ führe man jetzt ein $MP_1 = p_1$, was sich, da es sich für den Radius vector p um eine ganze Umdrehung -2π handelte, aus $\frac{p}{p_1} = e^{\frac{\gamma}{\tan\alpha}} = e^{\frac{2\pi}{\tan\alpha}}$ als $p_1 = p e^{-\frac{2\pi}{\tan\alpha}}$ berechnet.. Demnach ist die Fläche der Spirale, insofern sie die Ebene einfach bedeckt,

$$3) \qquad F = \frac{1}{4}\tan\alpha\,(p^2 - p_1^2) = \frac{p^2}{4}\tan\alpha\,\left(1 - e^{-\frac{4\pi}{\tan\alpha}}\right).$$

§ 214) Aufgabe. Welchen Schnittwinkel mufs die logarithmische Spirale haben, wenn ihre Normale, ohne dafs sie die Kurve vorher schneidet, die Kurve berühren soll. (Problem der Selbstevolute.)

Auflösung: Ist in Figur 117 P_1 der Berührungs- und zugleich der Krümmungsmittelpunkt, so ist zunächst im rechtwinkligen Dreieck PMP_1

1) $$\frac{p}{p_1} = \tan\alpha,$$

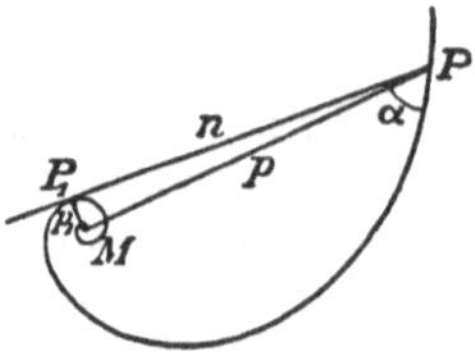

Fig. 117.

zugleich aber, da p, um in die Lage p_1 zu gelangen, die Drehung $-\frac{3\pi}{2}$ machen mufs, nach der Gleichung

$$\frac{p}{p_1} = e^{\frac{\gamma}{\tan\alpha}}$$

2) $$\frac{p}{p_1} = e^{\frac{3\pi}{2\tan\alpha}}.$$

Aus 1) und 2) folgt

$$e^{\frac{3\pi}{2\tan\alpha}} = \tan\alpha$$

oder $$\frac{3\pi}{2\tan\alpha} = {}^{e}lg\tan\alpha,\ \text{oder}\ \tan\alpha\,.\,{}^{e}lg\tan\alpha = \frac{3\pi}{2}.$$

Setzt man $\tan\alpha = x$, so hat man $x\,{}^{e}lg x = \frac{3\pi}{2}$, oder ${}^{e}lg x^x = \frac{3\pi}{2}$, oder auch

3) $$x^x = e^{\frac{3\pi}{2}}$$

so dafs es sich um einen Sonderfall der vielbehandelten Gleichung $x^x = a$ handelt.

(Die Lösung erfolgt z. B. mittels gemeiner Logarithmen so, dafs man $x\,{}^{10}lg x = \frac{3\pi}{2}\,{}^{10}lg e = 2{,}046565$ und $x^x = 111{,}3179$ bildet und sich die Kurve $y = x lg x$ für $x = 0, 1, 2, 3, 4, \ldots$ konstruiert denkt, wobei sich ergiebt, dafs x zwischen 3 und 4 liegt ($3^3 = 27$, $4^4 = 256$). Die Probe mit $x = 3{,}6$ und $x = 3{,}7$ erfolgt nach dem Augenschein und ergiebt, dafs das erstere für $x lg x$ den zu kleinen Wert $2{,}00268$, das letztere den zu grofsen $2{,}10234$ giebt. Man verbindet die gefundenen Annäherungspunkte durch eine Gerade und untersucht, für welches $x+\xi$ die Ordinate die richtige Höhe giebt. Aus den betreffenden ähnlichen Dreiecken folgt $\xi:0{,}1:0{,}04388:0{,}09966$, also $x+\xi=3{,}644$ als Näherungswert. Die Probe mit ihm giebt zu kleines, die mit $3{,}645$ zu grofses. Die Verbindungsgerade der neuen Punkte giebt auf demselben Wege den Näherungswert $3{,}64416$, die Fortsetzung des Verfahrens führt schliefslich auf $x=\tan\alpha$ $=3{,}644174$ und auf $\alpha=74^0\,39'\,18'',29$.)

Bemerkungen. Die Aufgabe kann dahin verallgemeinert werden, dafs man die Fälle untersucht, wo die Normale vor dem Berühren die Kurve *1*, oder *2*, *3*, *4* ... mal schneidet. Solcher Fälle giebt es unendlich viele. Für jeden ist die betreffende Spirale Selbstevolute.

Beiläufig sei bemerkt, dafs jeder Punkt P zu je zwei solchen Aufgaben führt, denn in Figur 117 kann man von P aus nach innen zwei Tangenten an die Spirale legen, die sie vorher nicht schneiden. Dies hängt mit Aufgaben zusammen, bei denen „ein Winkel auf der Spirale reitet". Reitet ein Winkel auf der logarithmischen Spirale, so beschreibt seine Spitze stets eine Spirale derselben Schar. Diese kann die erste Spirale selbst sein. Der auf der Seite der wachsenden p liegende Schenkel des Winkels ist dabei stets der längere.

§ 215) Durch Inversion vom M aus verwandelt sich jede logarithmische Spirale in eine symmetrische logarithmische Spirale. Der nach dem Schnittpunkte mit dem Inversionskreise gehende Radius vector ist dabei Symmetrieachse. Die Schar der Krümmungskreise geht dabei über in die Schar der neuen Krümmungskreise. Die der Normalen verwandelt sich in Kreise durch das Centrum M, welche die neue Spirale rechtwinklig schneiden und eine Spirale der neuen Schar ausschattieren.

Jede Schar von Geraden, welche die Spirale unter irgend einem konstanten Winkel schneidet, geht ebenfalls in Kreise durch M über, welche die neue Spirale unter demselben Winkel schneiden und eine Spirale der neuen Schar ausschattieren.

Die gesamte Schar logarithmischer Spiralen geht in eine symmetrische Schar über. Dasselbe gilt von der Ortho-

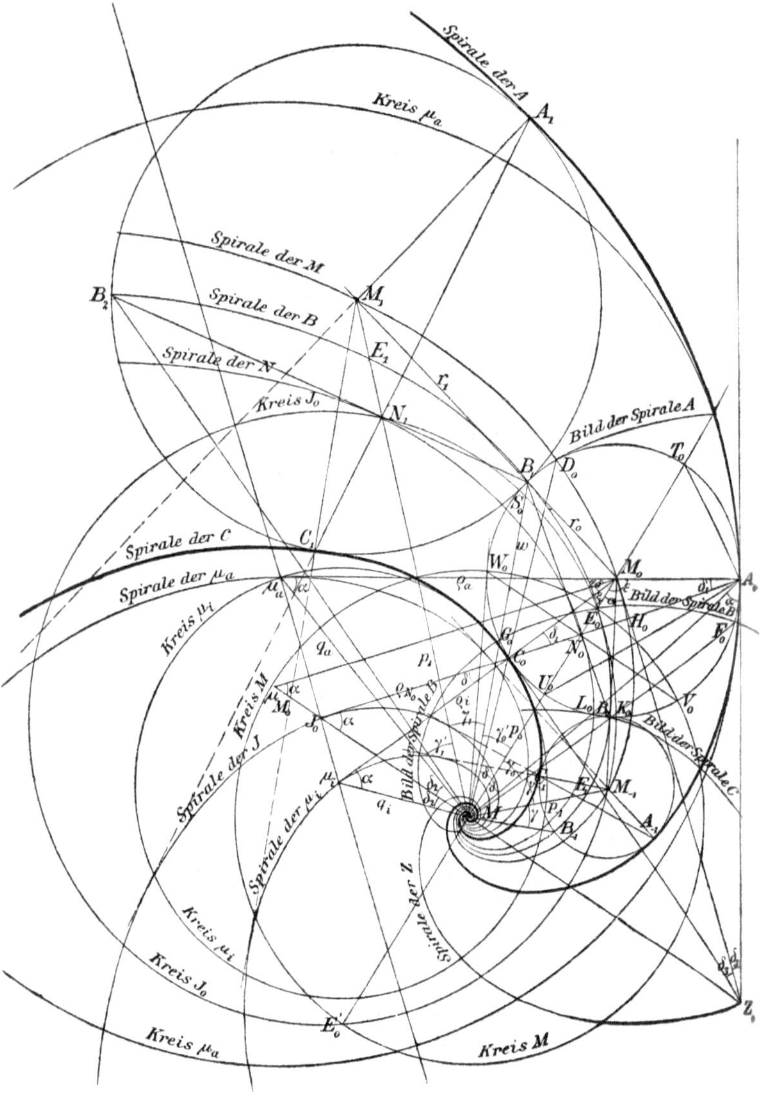
Spirale der A
Kreis μ_a
Spirale der M
Spirale der B
Spirale der N
Kreis J_0
Bild der Spirale A
Spirale der C
Spirale der μ_a
Bild der Spirale B
Kreis μ_i
Kreis M
Spirale der J
Bild der Spirale B
Bild der Spirale C
Spirale der μ_i
Spirale der Z
Kreis μ_i
Kreis J_0
Kreis μ_a
Kreis M

Fig. 118.

gonalschar. Jeder beliebige Radius des Inversionskreises kann dabei als Symmetrieachse für die beiden Gebilde dienen. Jede quadratische Einteilung der Ebene durch (symmetrische bezw. unsymmetrische) Spiralenscharen geht durch die Inversion wieder in eine solche über.

Durch Inversion von einem beliebigen Punkte der Ebene aus erhält man zwei Scharen von Bicirkularspiralen (logarithmische Doppelspiralen), welche die Ebene ebenfalls quadratisch einteilen. Dabei bleiben die Krümmungskreise mit gewissen Eigenschaften als solche erhalten, worüber unten besonders gesprochen werden soll.

§ 216) Der Flächenstreif zwischen zwei Spiralen derselben Schar ist für die zu besprechenden Spiralröhrenflächen von besonderer Bedeutung. Aus den besprochenen Ähnlichkeitsbeziehungen folgt, dafs, wenn die Spirale der M_n (Figur 118) die Mittelpunkte einer Kreisreihe enthält, deren Radien zu den Radii vectores der M_n stets in demselben Verhältnis stehen, die Umhüllenden der Kreise stets Spiralen derselben Schar sind, die als Grenzspiralen des Streifens bezeichnet werden sollen. Jede Spirale der Schar, die in dem Streifen liegt, durchschneidet sämtliche der Kreise beim Eintritt unter konstantem Winkel, ebenso beim Austritt. (Figur 118.) Berühren sich die in den Streifen einbeschriebenen Kreise paarweise, so liegen auch die Berührungspunkte B_n auf einer Spirale der Schar. Dazu werde angenommen, dafs die Kreise den Punkt M, das Centrum der Spiralen, ausschliefsen. (Der andere Fall kommt besonders zur Sprache.)

Der schon vorbemerkte Satz, dafs die Spirale der Berührungspunkte B_n gegen die Grenzspiralen um denselben Winkel gedreht sei, also den Streifen isothermisch halbiere, ergiebt sich an Figur 119 durch folgende Überlegung. Man lege von M aus an den Berührungskreis M_0 die Tangente MW_0 und benutze den mit MW_0 um M gelegten Kreis als Inversionskreis, so dafs der Berührungskreis M_0 bei der Inversion in sich selbst übergeht. Der Spiralstreif geht dabei in einen symmetrischen über, der denselben Kreis M_0 berührt, und zwar ist MM_0 Symmetrieachse. Die Figur giebt die

Symmetriebilder besonders an. Die äufsere Grenzspirale übernimmt in dem neuen Gebilde die Rolle der inneren, die innere die der äufseren. Die Schar der gröfseren Berührungskreise verwandelt sich in die der kleineren, die der kleineren in die der gröfseren. Die Spirale der Berührungspunkte geht über in die der Berührungspunkte des neuen Gebildes. Der in Bezug auf diese Spirale als äufserer zu betrachtende Teil des Streifens geht über in den inneren. In der Figur sind die neuen Spiralen angedeutet. Sie schneiden die ihnen entsprechenden auf der Symmetrielinie MM_0. Da das neue Gebilde dem ursprünglichen kongruent ist, so mufste der äufsere Teil des Streifens von Anfang an dem inneren kongruent gewesen sein, d. h. der äufsere Teil liefs sich durch blofse Drehung mit dem inneren zur Deckung bringen.

Die Spirale der B war also von vornherein so gelegen, dafs ihre Drehung bis in die Lage der äufseren Grenzspirale genau dieselbe Gröfse hat, wie die Drehung bis in die Lage der inneren.

Da die Spirale der B bei der Inversion ihren Schnittpunkt E mit der Symmetrieachse nicht geändert hat (sie ist die einzige bei der dies der Fall ist), denn ihr Bogen $\widehat{MM_0}$ hat dieselbe Gröfse, wie das Bild des Bogens $M_0\infty$, so mufs E auf dem Inversionskreise liegen. Beiläufig sei bemerkt, dafs die Berührungsspirale (der B) die Kreisschar (im allgemeinen) nicht rechtwinklig schneidet (dafs die Radien M_0B_0 und M_0B_1 nicht Tangenten sein können, geht schon aus der Gleichheit beider hervor.)

Bei der Inversion geht C_0 in D_0, A_0 in L_0 über, aus Symmetriegründen gehen also A_0C_0 und L_0D_0 durch denselben Punkt N_0 der Symmetrielinie MM_0, und die Bogen U_0C_0 und U_0L_0 des Berührungskreises sind gleich grofs. Demnach ist $\measuredangle C_0A_0L_0$ durch U_0A_0 halbiert, und da $\measuredangle U_0A_0T_0 = 90^0$ ist, gehen von A_0 nach M, U_0, N_0, T_0 harmonische Strahlen aus. Daher sind M, U_0, N_0, T_0 harmonische Punkte, und die Polare V_0W_0 von M geht ebenfalls durch N_0. Zugleich ist deshalb N_0 das Inversionsbild von M_0.

Im $\triangle M_0M_1M$ ist, wie aus der geometrischen Reihe der Radien r und der Vectoren p hervorgeht, $p_0:p_1=r_0:r_1$, folglich ist MB_1 Winkelhalbierende. Dasselbe gilt von dem diesem ähnlichen Dreiecke $M_0 M_{-1} M$ u. s. w., folglich sind die Winkel $\gamma_0, \gamma_0', \gamma_1, \gamma_1' \ldots$ bei M einander gleich. Die Berührungsspirale wird also durch die Punkte $\ldots B_{-1}, E_{-1}, B_0, E_0, B_1, E_1, B_2 \ldots$ in ähnliche Bogen eingeteilt.

Dreieck MA_0M_0 enthält bei M, A_0, M_0 die Winkel δ, $90^0 - \alpha$, $\varepsilon = 180^0 - \delta - (90^0 - \alpha) = 90^0 - \delta + \alpha$; Dreieck MC_0M_0 hat ebenso die Winkel δ, $90^0 + \alpha$, $\varepsilon_1 = 180^0 - \delta - (90^0 + \alpha) = 90^0 - \delta - \alpha$. Deshalb ist bei M_0 die Winkelsumme $\varepsilon + \varepsilon_1 = 180^0 - 2\delta$. Zugleich ist $\measuredangle A_0M_0C_0 = 180^0 - 2\delta_1$, folglich sind die Winkel δ_1 und die Winkel δ von derselben Gröſse. Daher bilden die Tangenten in A_0 und C_0, bis zum Schnitte Z_0 verlängert, ein gleichschenkliges Dreieck $A_0C_0Z_0$ mit dem Winkel 2δ an der Spitze. Die Verlängerung des Lotes M_0H_0 auf A_0C_0 geht durch denselben Punkt Z_0 und halbiert den Winkel 2δ bei Z_0, so daſs auch die Winkel δ_3 den Winkeln δ gleich sind.

§ 217) Das rechtwinklige Dreieck $A_0M\mu_a$ giebt den Krümmungsmittelpunkt μ_a für die Stelle A_0 der äuſseren Grenzspirale, ebenso giebt $\triangle C_0M\mu_i$ den Krümmungsmittelpunkt μ_i der inneren Grenzspirale für die Stelle C_0. Verbindet man die Punkte A_0 und C_0, wo der Kreis M_0 die beiden Krümmungskreise μ_a und μ_i berührt, mit einander, so geht A_0C_0 durch den inneren Ähnlichkeitspunkt J der beiden Krümmungskreise. Dabei ist $A_0J_0 \perp \mu_a\mu_i$. Nach den Eigenschaften des Ähnlichkeitspunktes, ebenso auf Grund der Ähnlichkeit der Dreiecke $A_0\mu_aJ_0$ und $C_0\mu_iJ_0$ (aus δ_1 und 90^0) ist $\mu_aJ_0 : \mu_iJ_0 = \varrho_a : \varrho_i = q_a : q_i$, folglich ist $\measuredangle \mu_aM\mu_i$ durch MJ_0 halbiert. Da aber die rechten Winkel $A_0M\mu_a$ und $C_0M\mu_i$ um 2δ gegeneinander gedreht sind, so ist auch $\measuredangle \mu_aM\mu_i = 2\delta$ und die Winkel δ_2 bei M stimmen mit den Winkeln δ überein. Dies ergiebt sich auch aus anderen Winkelbetrachtungen. Folglich ist $\measuredangle N_0MJ_0$ gleich 90^0.

Daraus folgt erstens, daſs J_0 Krümmungsmittelpunkt der durch N_0 gehenden Spirale der Schar ist, die demnach die Gerade J_0N_0 orthogonal schneidet, zweitens, daſs die von M aus nach $A_0N_0C_0J_0$ gezogenen Strahlen harmonische, die genannten

Punkte ebenfalls harmonische sind. Durch N_0 geht also auch die Polare $K_0 S_0$ des Punktes J_0 in Bezug auf den Kreis M_0, d. h. die Berührungssehne des um J_0 gelegten Orthogonalkreises.

Da dieser Orthogonalkreis bei der oben besprochenen Inversion in einen gleich grofsen und gegen MM_0 symmetrisch liegenden übergeht, so geht auch dieser Kreis durch E_0. Der neue Orthogonalkreis, als Inversionskreis betrachtet, verwandelt den Krümmungskreis μ_a in den Krümmungskreis μ_i, alle drei gehören also einer Schar an, und zwar ist der Ringstreifen zwischen den Kreisen μ_a und μ_i durch jenen isothermisch halbiert. Der Inversionskreis um J_0 verwandelt den Kreis M_0 ebenfalls in sich selbst, woraus sich weitere Beziehungen ergeben.

Die Krümmungsmittelpunkte der Spiralschar längs der Geraden $A_0 J_0$ liegen sämtlich auf der Geraden $\mu_a \mu_i$, welche daher durch die Spirale der J rechtwinklig geschnitten wird. Die Orthogonalkreise um M und J_0 schneiden sich nicht nur im Punkte E_0 sondern auch im Punkte E_0' der Geraden MM_0.

Beiläufig ergiebt sich bei diesen Betrachtungen, dafs $M_0 \mu_a = M_0 \mu_i$ ist.

Bei der erstgenannten Inversion mittels des Kreises um M ging B_1 in G_0, B_0 in F_0 über, aus Symmetriegründen ist also Bogen $U_0 G_0 = U_0 B_0$. Die von B_1 nach M, U_0, B_0, T_0 gehenden Strahlen müssen also (ebenso, wie die von A_0 ausgehenden) harmonische sein, d. h. die Gerade $B_1 B_0$ mufs durch N_0 gehen. Dafs diese Gerade auch durch den äufseren Ähnlichkeitspunkt der Kreise M_1 und M_{-1} geht, sei beiläufig bemerkt.

Die Punkte N_0 und E_0 sind also von besonderer Bedeutung und werden später mehrfach zur Sprache kommen. Durch N_0 gehen die Geraden MM_0, $V_0 W_0$, $K_0 S_0$, $B_0 B_1$, $L_0 D_0$, $A_0 C_0$, die $A_0 C_0$ rechtwinklig schneidende Spirale und ihr Krümmungskreis; durch E_0 gehen die Gerade MM_0, der Orthogonalkreis um M, der Orthogonalkreis um J_0 und die Spirale der B. Dazu treten noch gewisse Spiegelbilder (Inversionsbilder).

§ 218) Die Tangenten der Spiralenschar längs eines Radius vector sind parallel. Dies gilt z. B. von MM_0. Da nun die Spiraltangente in N_0 senkrecht zu A_0C_0 ist, so ist auch die Spiraltangente in M_0 senkrecht zu A_0C_0, und da sie durch Z_0 geht und $\measuredangle ZM_0M = \alpha$ ist, so mufs JM, das Lot auf MM_0 durch Z_0 gehen. Dabei wird nämlich $M_0Z_0 = l$, d. h. gleich dem Spiralbogen von M bis M_0.

($M_0A_0Z_0M$ ist ein Sehnenviereck. Setzt man $\measuredangle M_0A_0M = \varkappa$, so folgt

$$\sin\delta = \sin\varkappa\frac{r_0}{p_0} = \cos\alpha\frac{r_0}{p_0}, \text{ also } M_0Z_0 = \frac{r_0}{\sin\delta}$$

$$= \frac{r_0}{\cos\alpha}\cdot\frac{p_0}{r_0} = \frac{p_0}{\cos\alpha} = l.)$$

Gleichzeitig ergiebt sich folgender bemerkenswerte Satz: Legt man um einen beliebigen Punkt M_0 der Ebene einer Spiralschar eine Schar konzentrischer Kreise, so berührt jeder von diesen zwei Spiralen der Schar, die Tangenten in den Berührungspunkten aber bilden ein Strahlenbüschel durch einen Punkt Z, der auf der Evolvente der durch M_0 gehenden Spirale liegt. Die Berührungspunkte liegen auf dem Kreise mit dem Durchmesser M_0Z_0.

Der Leser lege sich selbst zurück, was geschieht, wenn Tangenten an die Kreise nicht möglich sind. Ebenso bilde er den Umkehrungssatz, der sich über ein Strahlenbüschel durch einen Punkt Z aussagen läfst. Damit läfst sich auf die Steinerschen Untersuchungen über das Schneiden unter konstantem Winkel ein neues Licht werfen.

§ 219) Die Radien der Berührungskreise des Spiralstreifs bilden eine geometrische Reihe. Am Dreieck M_0M_1M erkennt man, dafs der Quotient dieser Reihe mit dem Winkel γ zusammenhängen mufs. Sind p_0, r_0 und α gegeben, so läfst sich der Winkel γ nur auf transscendentem Wege bestimmen, ebenso der Quotient x der geometrischen Reihe.

Man setze im Dreieck $M_0 M_1 M$ die Geraden $MM_0 = p_0$, $MM_1 = p_1 = xp_0$, $M_0 B_1 = r_0$, $M_1 B_1 = r_1$, was gleich xr_0 wird, da MB_1 oder w die Winkelhalbierende ist. Nach bekanntem Satze ist die Winkelhalbierende aus den Dreiecksseiten mittels der Formel

$$w^2 = bc\left[1 - \left(\frac{a}{b+c}\right)^2\right]^{*)} = p_0 \cdot p_1\left[1 - \left(\frac{r_0 + r_1}{p_0 + p_1}\right)^2\right]$$

$$= p_0 \cdot p_0 x\left[1 - \left(\frac{r_0 + r_0 x}{p_0 + p_0 x}\right)^2\right] = p_0^2 x\left[1 - \left(\frac{r_0(1+x)}{p_0(1+x)}\right)^2\right]$$

zu berechnen, was sich vereinfacht zu

1) $$w^2 = x(p_0^2 - r_0^2).$$

Ferner ist nach derselben Formelgruppe, wenn man γ als Unbekannte mit ξ bezeichnet,

$$\cos\xi = \frac{1}{2}\sqrt{\frac{(a+b+c)\,(-a+b+c)}{bc}},$$

$$w = \frac{1}{b+c}\sqrt{bc\,(a+b+c)\,(-a+b+c)},$$

also

$$\frac{w}{\cos\xi} = \frac{2bc}{b+c}$$

und daher

2) $$w = \frac{2p_0 p_1}{p_0 + p_1}\cos\xi = \frac{2p_0 \cdot xp_0}{p_0 + xp_0}\cos\xi = \frac{2p_0 x}{1+x}\cos\xi.$$

Aus 1) und 2) folgt

$$\frac{4p_0^2 x^2}{(1+x)^2}\cos^2\xi = x(p_0^2 - r_0^2)$$

oder

3) $$4p_0^2 x \cos^2\xi = (1+x)^2\,(p_0^2 - r_0^2).$$

Hier ist aber $x = \dfrac{p_1}{p_0} = e^{\frac{2\xi}{\tan\alpha}}$, also $\xi = \dfrac{1}{2}\tan\alpha\, {}^e lg x$.

---

*) Vergl. z. B. Method. Lehrbuch der El. Math. des Verfassers, II. Seite 20 und 21.

Durch Einsetzung dieses Wertes in 3) erhält man

$$4p_0^2 x \cos^2\left(\frac{1}{2}\tan\alpha\, {}^e\!lg x\right) = (1+x)^2 \,(p_0^2 - r_0^2)$$

oder

$$4)\qquad 2p_0 \cos\left(\frac{1}{2}\tan\alpha\, {}^e\!lg x\right) = \frac{1+x}{\sqrt{x}}\sqrt{p_0^2 - r_0^2}$$

$$= \left(\frac{1}{\sqrt{x}} + \sqrt{x}\right)\sqrt{p_0^2 - r_0^2}.$$

Aus dieser Gleichung, die neben x nur die gegebenen Stücke p_0, r_0 und α enthält, ist für numerisch gegebene Werte x nach den üblichen Annäherungsmethoden zu bestimmen. Eine allgemeine Lösung ist nicht durchführbar.

Ist x bestimmt, so ist auch $\xi = \frac{1}{2}\tan\alpha\, {}^e\!lg\, x$, d. h. der Winkel γ leicht zu berechnen.

Man wähle ein Beispiel mit $\alpha = 45^0$, also $\tan\alpha = 1$.

Will man direkt auf $\xi = \gamma$ gelangen, so kann man statt 4) schreiben

$$4^*)\qquad 2p_0 \cos\xi = \left(e^{\frac{\xi}{\tan\alpha}} + e^{-\frac{\xi}{\tan\alpha}}\right)\sqrt{p_0^2 - r_0^2}.$$

Damit ist der Quotient der Reihe der Radien ..., ϱ_{-1}, ϱ_0, ϱ_1, ... als erledigt zu betrachten.

(Auch in das gleichschenklige Dreieck $A_0 C_0 Z_0$ kann man Berührungskreise, die sich an den Kreis M_0 anschliefsen, einzeichnen. Ihre Reihe hat aber einen anderen Quotienten, es ist nämlich

$$\frac{r_0'}{r_{-1}'} = \frac{l + r_0}{l - r_0} = \frac{\dfrac{p_0}{\cos\alpha} + r_0}{\dfrac{p_0}{\cos\alpha} - r_0} = \frac{p_0 + r_0\cos\alpha}{p_0 - r_0\cos\alpha}.$$

Wickelt man die Länge $M_0 Z_0 = l = \frac{p_0}{\cos\alpha}$ auf den Spiralbogen $M_0 M$ auf, so geht daraus hervor, dafs die einzelnen Bogen wie $M_0 M_1$ ebenso lang sind, wie die entsprechenden auf der Geraden $M_0 Z_0$ liegenden, dafs aber aus diesem Grunde die gerade Linie $M_0 M_1 = r_0 + r_1$ hier kleiner ist, als dort $M_0' M_1' = r_0 + r_1'$.

Die Abnahme der Kreisradien ist also bei der Spirale eine stärkere, als beim Dreiecke.)

Selbstverständlich kann man zur obigen Berechnung auch das Dreieck MBB_1 benutzen. Um die Sätze über die Winkelhalbierenden zu vermeiden, schlage man folgenden Weg ein. Man hat zunächst die Gleichungen

$$MB_0 = e^{-\frac{\gamma}{\tan\alpha}} . ME = e^{-\frac{\xi}{\tan\alpha}} . \sqrt{p_0^2 - r_0^2},$$

$$MB_1 = e^{\frac{\gamma}{\tan\alpha}} . ME = e^{\frac{\xi}{\tan\alpha}} . \sqrt{p_0^2 - r_0^2}.$$

Aufserdem ist im Kreisviereck $MB_0 M_0 B_1$ nach dem Ptolemäischen Satze

$$MM_0 . B_0 B_1 = MB_0 r_0 + MB_1 . r_0$$

oder

$$p_0 . B_0 B_1 = r_0 (MB_0 + MB_1).$$

Ferner folgt aus dem Dreieck $M_0 B_0 B_1$, dafs $B_0 B_1 = 2 r_0 \cos\gamma$ ist. Demnach wird

$$MB_0 + MB_1 = \frac{p_0}{r_0} 2 r_0 \cos\gamma = 2 p_0 \cos\xi.$$

Es ist aber auch nach obigem

$$MB_0 + MB_1 = \left(e^{\frac{\xi}{\tan\alpha}} + e^{-\frac{\xi}{\tan\alpha}}\right) \sqrt{p_0^2 - r_0^2},$$

und daher ist $\xi = \gamma$ zu bestimmen aus der Gleichung

$$2 p_0 \cos\xi = \left(e^{\frac{\xi}{\tan\alpha}} + e^{-\frac{\xi}{\tan\alpha}}\right) \sqrt{p_0^2 - r_0^2},$$

die mit der oben gefundenen übereinstimmt und ihre Richtigkeit bestätigt.

§ 220) Konstruktion der mafsgebenden Figur. Will man die Figur 118 aus den gegebenen Stücken p_0, r_0, α konstruieren, so zeichne man zunächst $MM_0 = p_0$ und den Kreis M_0 mit Radius r_0. An MM_0 lege man in M_0 nach der einen Seite den $\sphericalangle \alpha$ an und errichte auf $M_0 M$ in M

ein Lot, welches mit dem freien Schenkel von α den Schnitt Z_0 und damit die Länge $M_0 Z_0$ der Mittelpunktsspirale giebt. Die von Z_0 aus an den Kreis gelegten Tangenten geben die Berührungspunkte A_0 und C_0 der Grenzspiralen. Mit Hilfe der rechtwinkligen Dreiecke $A_0 M \mu_a$ und $C_0 M \mu_i$ findet man die genannten Krümmungsmittelpunkte, die auf $A_0 M_0$ und $M_0 C_0$ liegen. $A_0 C_0$ giebt das Lot $A_0 J_0$ auf $\mu_a \mu_i$. Die Kreistangente $M W_0$ giebt einen um M zu legenden Orthogonalkreis $\widehat{W_0 V_0}$, der auf $M M_0$ den Punkt E_0 bestimmt, während der Schnitt der Geraden $A_0 C_0$ und $M M_0$ schon vorher den Punkt N_0 gegeben hat, durch den die Gerade $W_0 V_0$ geht.

Für eine blofse Veranschaulichungszeichnung reicht es hin z. B. den Krümmungskreis μ_a durch A_0 zu legen, der nach aufsen hin so lange auf der zu zeichnenden Spirale bleibt, dafs man z. B. einen Spiral-Sektor von etwa 5^0 (von MA_0 nach einem so weit gehenden MA_0' hin zu messen) als Grundlage für die Spiralkonstruktion benutzen kann. Statt dessen kann man irgend ein p_1 mit Hilfe von $\frac{p_1}{p_0} = e^{\frac{\gamma}{\tan \alpha}}$ für ein beliebiges γ logarithmisch berechnen und dann mit möglichster Genauigkeit für die Konstruktion der Spirale benutzen. Diese schneidet man, da alle Spiralen der Schar kongruent sind, zweckmäfsig als Schablone aus und befestigt sie mit einer Heftzwecke bei M so, dafs sie um diesen Punkt drehbar ist. Dann lassen sich alle Spiralen leicht in die Figur eintragen. Durch E_0 z. B. legt man die Spirale der B, durch M die Spirale der Mittelpunkte M_n. Die erstere giebt B_0 und B_1. Die Geraden $M_0 B_1$ und $M_0 B_0$ geben auf der Mittelpunktsspirale die benachbarten Mittelpunkte M_1 und M_{-1}. So hat man fortzufahren. Die angegebenen Sätze geben für die Genauigkeit der Zeichnung die beste Kontrolle.

Dafs die Konstruktionen zum Teil nur Annäherungskonstruktionen sind, liegt in dem transscendenten Charakter der Spiralen.

§ 221) Die Berechnungen erfolgen in ähnlicher Weise. Einige Resultate seien angegeben bezw. zusammengestellt.

1) $\triangle MM_0A_0$ giebt den spitzen Winkel δ mittels des Sinussatzes, so dafs $\sin\delta = \frac{r_0}{p_0}\cos\alpha$ ist. Daraus folgt $\sphericalangle\,\varepsilon = 180 - [\delta + (90^0 - \alpha)] = 90^0 - \delta + \alpha$; $\triangle MM_0C_0$ giebt dasselbe δ und $\sphericalangle\,\varepsilon_1 = 90^0 - \delta - \alpha$. Aus beiden Dreiecken folgen $p_{A_0} = p_0\frac{\sin\varepsilon}{\sin\delta}$, $p_{C_0} = p_0\frac{\sin\varepsilon_1}{\sin\delta}$.

2) Aus $\triangle A_0M_0C_0$ folgt $A_0C_0 = 2r_0\cos\delta$.

3) Aus $\triangle A_0M\mu_a$ und $C_0M\mu_i$ folgt $\varrho_a = \frac{p_{A_0}}{\sin\alpha}$ bezw. $\varrho_i = \frac{p_{C_0}}{\sin\alpha}$. Aus $M_0\mu_a = M_0\mu_i$ ergiebt sich $\varrho_a - r_0 = \varrho_i + r_0$ oder $2r_0 = \varrho_a - \varrho_i$.

4) $\triangle A_0J_0\mu_a$ und $\triangle C_0J_0\mu_i$ geben $\mu_aJ_0 = \varrho_a\sin\delta$, $\mu_iJ_0 = \varrho_i\sin\delta$, $\overline{\mu_a\mu_i} = (\varrho_a + \varrho_i)\sin\delta$.

5) Es bestehen die Proportionen

$$\varrho_a : \varrho_i = p_{A_0} : p_{C_0} = \sin\varepsilon : \sin\varepsilon_1 = A_0J_0 : C_0J_0 = A_0N_0 : N_0C_0$$

u. s. w.

Demnach ist

$$A_0N_0 = \frac{A_0C_0}{\varrho_a + \varrho_i}\cdot\varrho_a = \frac{\varrho_a - \varrho_i}{\varrho_a + \varrho_i}\varrho_a\sin\delta;$$

$$C_0N_0 = \frac{A_0C_0}{\varrho_a + \varrho_i}\varrho_i = \frac{\varrho_a - \varrho_i}{\varrho_a + \varrho_i}\varrho_i\sin\delta,$$

u. s. w.

6) $MW_0^2 = p_0^2 - r_0^2 = MN_0 \cdot p$, also $MN_0 = \frac{p_0^2 - r_0^2}{p_0}$, $MU = p_0r_0$, $U_0N_0 = MN_0 - MU = (p_0 - r_0)\left[\frac{p_0 + r_0}{p_0} - 1\right]$

$$= (p_0 - r_0)\frac{r_0}{p_0}. \quad \text{Also } \frac{MU_0}{U_0N} = \frac{p_0}{r_0} = \frac{MT_0}{N_0T_0}.$$

$$J_0S_0^2 = J_0C_0 \,.\, J_0A_0 = \varrho_i\varrho_a\cos^2\delta = JE_0^2.$$

7) Für gewisse Fälle ist es wünschenswert, diese Ausdrücke auf die drei gegebenen Stücke z. B. auf p_0, r_0, α zurückzuführen. Dabei geht z. B. über

$$p_{A_0} = p_2 \frac{\sin \varepsilon}{\sin \delta} \text{ in } p_0 \frac{\sin [90^0 - (\delta - \alpha)]}{\sin \delta} = p_0 \frac{\cos (\delta - \alpha)}{\sin \delta}$$

$$= p_0 \frac{\cos \delta \cos \alpha + \sin \delta \sin \alpha}{\sin \delta} = p_0 [\cot \delta \cos \alpha + \sin \alpha].$$

Nun ist aber

$$\cot \delta = \frac{\cos \delta}{\sin \delta} = \frac{\sqrt{1 - \sin^2 \delta}}{\sin \delta} = \sqrt{\frac{1}{\sin^2 \delta} - 1}$$

$$= \sqrt{\frac{p_0^2}{r_0^2 \cos^2 \alpha} - 1} = \frac{1}{r_0 \cos \alpha} \sqrt{p_0^2 - r_0^2 \cos^2 \alpha}.$$

Demnach wird

$$p_{A_0} = p_0 \left[\frac{1}{r_0} \sqrt{p_0^2 - r_0^2 \cos^2 \alpha} + \sin \alpha\right]$$

$$= \frac{p_0}{r_0} \left[\sqrt{p_0^2 - r_0^2 \cos^2 \alpha} + r_0 \sin \alpha\right],$$

und ebenso

$$p_{C_0} = \frac{p_0}{r_0} \left[\sqrt{p_0^2 - r_0^2 \cos^2 \alpha} - r_0 \sin \alpha\right],$$

also

$$p_{A_0} + p_{C_0} = \frac{2 p_0}{r_0} \sqrt{p_0^2 - r_0^2 \cos^2 \alpha}.$$

Ferner wird

$$A_0 C_0 = 2 r_0 \cos \delta = 2 r_0 \sqrt{1 - \left(\frac{r_0 \cos \alpha}{p_0}\right)^2} = \frac{2 r_0}{p_0} \sqrt{p_0^2 - r_0^2 \cos^2 \alpha}.$$

Der später auftretende Ausdruck $\cos \delta (p_{A_0} + p_{C_0})$ verwandelt sich in

$$\frac{2}{r_0} (p_0^2 - r_0^2 \cos^2 \alpha).$$

Diese Formeln werden aber teilweise etwas umständlich. Eine Reihe davon wird bei den späteren Untersuchungen Anwendung finden.

§ 222) Verschiedene Entstehungsarten der logarithmischen Spiralröhrenfläche. Die erste Entstehungsart war schon im Anfang des Kapitels angegeben:

a) Eine Kugel mit veränderlichem Radius bewege sich so, dafs der Mittelpunkt auf einer logarithmischen Spirale wandert, wobei der Radius der Kugel und der Radius vector ihres Mittelpunktes stets in demselben Verhältnis bleiben sollen. Die Umhüllungsfläche der sämtlichen Kugeln ist die zu untersuchende Röhrenfläche.

Zwei unendlich benachbarte der Kugeln schneiden sich in einem Kreise, der normal zur Symmetrieebene der Fläche, im allgemeinen aber nicht normal zur augenblicklichen Bewegungsrichtung seines Mittelpunktes steht. Für die Grenze liegt dieser Schnittkreis auf der Spiralröhrenfläche. Die Fläche besitzt also unendlich viele Kreisschnitte. Jeder dieser Kreisschnitte ist normal zur augenblicklichen Bewegungsrichtung des Mittelpunktes der Kugel, denn $M_0 H_0$ in Figur 118 ist normal zu $A_0 C_0$. Die zweite Entstehungsweise ist also folgende, allerdings umständlicher zu beschreibende:

b) Ein Kreis, dessen Ebene stets normal zu der Ebene stehen soll, die zur Bewegung seines Mittelpunktes dient, habe veränderlichen Radius, dessen Länge in konstantem Verhältnis zu dem Radius vector seines Mittelpunktes in Bezug auf einen gegebenen festen Punkt M stehen soll. Sein Mittelpunkt (H_0) soll sich auf einer logarithmischen Spirale von gegebenen Schnittwinkel α bewegen, die M zum Centrum hat, eben so alle Punkte des Durchmessers $A_0 C_0$, in dem der Kreis die Ebene jener Spirale schneidet.

Man denke sich in den Grenzpunkten (A_0, C_0) dieses Durchmessers Normalen der Spiralen gezeichnet, auf denen sie sich bewegen. Dann geben diese einen Schnittpunkt M_0, der sich ebenfalls auf einer Spirale jener Schar bewegt. Der Kreisschnitt steht stets normal zur augenblicklichen Bewegungsrichtung dieses Punktes M_0.

Dazu ist noch folgendes zu bemerken: Auf Figur 118 ist eine Spirale der Punkte J_0 gezeichnet. Diese Punkte J_0 sind Krümmungsmittelpunkte der Spirale, die durch einen gewissen Punkt N_0 geht. Dieser Punkt wird durch die

Gerade $M_0 M$ auf $A_0 C_0$ bestimmt. Durch ihn geht die Spirale, die den Kreisschnitt $A_0 C_0$ normal schneidet, und diese ist Evolvente zur Spirale der J. Die Ebene des bewegten Kreises steht stets normal zur augenblicklichen Bewegungsrichtung dieses Punktes N_0, sie berührt stets den Cylinder der Spirale der J_0, von dessen Mantel sie sich abwickelt.

Die Bewegung des Kreisschnittes mit veränderlichem Radius kann also auch dahin definiert werden, daſs seine Ebene sich von dem Mantel eines Cylinders abwickeln soll, der senkrecht zur Grundriſsebene steht und diese in einer gegebenen logarithmischen Spirale (der J_0) schneidet; dabei aber soll derjenige Punkt N_0, der mit dem Berührungspunkte J_0 und mit C_0 und A_0 eine harmonische Punktgruppe bildet, in der er J_0 zugeordnet ist, mit der Tangente $J_0 A_0$ fest verbunden sein, sich also senkrecht gegen die augenblickliche dieser Tangente bewegen. Alle anderen Punkte des Kreisschnittes aber sollen sich so bewegen, daſs ihre Entfernung von N_0 stets proportional zur veränderlichen Entfernung $J_0 N_0$ (oder auch zu N_0M) bleibt. Das letztere kann noch eingehengehender präzisiert werden.

Eine dritte Entstehungsart ergiebt sich folgendermaſsen: Die Kugel M_0 in Figur 118 hat in Bezug auf M einen Tangentenkegel $V_0 W_0 M$. Eine der Kegelgeraden liegt so, daſs ihre Projektion als $M N_0$ erscheint. Diese der Kegelgeraden und ihr unterhalb liegendes Symmetriebild sind die einzigen, die den Kreisschnitt $A_0 C_0$ berühren. Die obere bildet mit der Grundriſsebene einen Winkel, der gleich $\sphericalangle N_0 M W_0$ ist. Bewegt sich nun die Kugel in der vorgeschriebenen Weise, so bleibt die sich mit drehende Kegelgerade Tangente der Kugel. Ihre Länge nimmt dabei so zu oder ab, daſs sie zu der des Kugelradius in demselben Verhältnis bleibt. Weil aber der Neigungswinkel $N_0 M W_0$ stets derselbe bleibt, bewegt sie sich stets auf einem Kegel, dessen Achse in M normal zur Symmetrieachse steht. Diesem Kegel gehört auch der Mantel an, auf dem sich das Symmetriebild der Geraden bewegt (unterer Kegelmantel). Auf diesem Doppelmantel bewegen sich die beiden Kugelpunkte, die N_0 zur Projektion haben, auf symmetrischen Loxodromen des Kegels. Die Entstehnngsart ist also folgende:

Eine Kugel bewege sich als Berührungskugel von veränderlichem Radius in dem äufseren Mantelraume eines senkrechten Kreiskegels so, dafs die Berührungspunkte auf symmetrischen Loxodromen des Kegels wandern. Die umhüllende Fläche sämtlicher dabei entstehender Kugeln ist die logarithmische Spiralröhrenfläche.

Diese Erklärung ist die anschaulichste und kürzeste. Jede der drei Entstehungsweisen bringt eine gewisse Reihe von Eigenschaften der Fläche zur Kenntnis. Der hier besprochene Kegel soll der Berühungskegel der Fläche heifsen, die Loxodromen der Berühungspunkte sollen (zum Unterschiede von der Berührungsspirale der Punkte B der Symmetrieebene) als die Berührungsloxdromen bezeichnet werden. Zu beiden gehört als Projektion die Spirale der N.

§ 223) Die Bewegungskurven der übrigen Kreisschnittspunkte sind ebenfalls Kegelloxodromen, jedoch solche anderer Kegel. Jede Verbindungslinie eines solchen Punktes mit M behält nämlich während der Bewegung ihre Neigung gegen die Symmetriebene bei, bewegt sich also auf dem Mantel eines Kegels, der im allgemeinen die Spiralfläche in solchen Kurven schneidet, von denen je zwei symmetrisch sind, je zwei perspektivisch zu einander in Bezug auf M sind. Jeder solche Kegelmantel schneidet die Fläche in allen Windungen, die unendlich zahlreichen Schnittpunkte jeder seiner Geraden liegen aber auf einer der vier Kurven. Die Sonderfälle des paarweisen Zusammenfallens für die Grenzspiralen und für die den Punkten N entsprechenden Loxodromen (Berührungsloxodromen) liegen auf der Hand.

In der Projektion auf der Grundrifsebene erscheinen alle diese Bewegungskurven (wie schon angedeutet) als logarithmische Spiralen; sie sind also zugleich Loxodromen senkrechter Cylinder, welche die logarithmischen Spiralen zur Grundlinie haben, d. h. „Schraubenlinien“ von konstantem Steigungswinkel ν. Ist demnach l die Länge einer logarithmischen Spirale von einem ihrer Punkte bis zum Centrum M, so ist die Länge der zugehörigen Bewegungskurve $l' = \frac{l}{\cos\nu} = \frac{p}{\cos\alpha \cdot \cos\nu}$, wenn p der entsprechende Radius vector der Spirale ist.

§ 224) Die höchste und die niedrigste der Bewegungskurven sollen in dieser Hinsicht berechnet werden. Sie gehören zu dem Punkte H_0 der Figur 218. Dieser liegt in der Höhe $r_0 \cos\delta$ oder $H_0 H_0'$ über der Grundrifsebene. Die Länge der entsprechenden Spirale ist $l = \frac{H_0 M.}{\cos\alpha}$ Dabei berechnet sich $H_0 M$ als Mittellinie des Dreiecks $M A_0 C_0$ nach der Formel $t_1 = \frac{1}{2}\sqrt{2b^2 + 2c^2 - a^2}$ als

$$M H_0 = \frac{1}{2}\sqrt{2p_{A_0}^2 + 2p_{C_0}^2 - A_0 C_0^2},$$

wobei die Gröfsen p_{A_0}, p_{C_0}, $A_0 C_0$ nach § 221 durch die gegebenen Gröfsen p_0, r_0, α auszudrücken sind. Es ist nämlich

$$p_{A_0} = \frac{p_0}{r_0}\left[\sqrt{p_0^2 - r_0^2 \cos^2\alpha} + r_0 \sin\alpha\right],$$

$$p_{C_0} = \frac{p_0}{r_0}\left[\sqrt{p_0^2 - r_0^2 \cos^2\alpha} - r_0 \sin\alpha\right],$$

$$A_0 C_0 = 2r_0 \cos\delta = \frac{2r_0}{p_0}\sqrt{p_0^2 - r_0^2 \cos^2\alpha}.$$

Denkt man sich den betreffenden Spiralcylinder zur Ebene aufgerollt, so wird die Spirale zur Geraden $p = \frac{MH_0}{\cos\alpha}$, die Bewegungskurve zur Hypotenuse eines rechtwinkligen Dreiecks, und da die Kathete

$$H_0 H_0^1 = r_0 \cos\delta \frac{r_0}{p_0}\sqrt{p_0^2 - r_0^2 \cos^2\alpha}$$

ist, so ist die Länge der Bewegungskurve

$$l' = \sqrt{\left(\frac{MH_0}{\cos\alpha}\right)^2 + \overline{H_0 H_0'}^2},$$

wo die entsprechenden Werte einzusetzen sind. Der konstante Steigungswinkel ν berechnet sich aus $\tan\nu = \frac{H_0 H_0'}{M H_0}$, oder aus $\cos\nu = \frac{l}{l'}$. (Er stimmt also nicht etwa mit dem Steigungswinkel δ der Kegelgeraden $H_0 Z_0$ überein. Es sind eben von den Bewegungskurven verschiedene Kurven, die noch zu besprechenden Krümmungslinien zweiter Art, deren Gefälle mit denen der Kegelgeraden übereinstimmt. Auch die Bewegungskurven, die über den Punkten M_n schweben, zeigen andere Steigungswinkel, denn sie passieren nicht den höchsten Punkt des Kreisschnittes, schneiden diesen auch nicht rechtwinklig, H_0 gehört nicht zu der durch M_0 gehenden Spirale.)

In entsprechender Weise kann für jede der Bewegungskurven der Steigungswinkel berechnet werden. Man hat nur die Länge der betreffenden Spirale zu bestimmen und die Höhe des Kreisschnittpunktes über der Grundrifsebene zu berechnen.

§ 225. Die Krümmungsradien der Bewegungskurven bestimmen sich folgendermafsen. Der Krümmungsradius des spiralischen Cylinders ist $\varrho = \frac{p}{\sin\alpha}$, wenn p der Radius vector des betreffenden Spiralpunktes ist. Man denke sich den entsprechenden Krümmungscylinder gezeichnet und auf ihm in dem zu untersuchenden Punkte des Kreisschnittes eine „Schraubenlinie“ vom Steigungswinkel ν angebracht, der nun als konstant vorausgesetzt wird. Diese Schraubenlinie hat den Krümmungsradius $\varrho' = \frac{\varrho}{\cos^2\nu}$, und dieser ist zugleich der der untersuchten Bewegungskurve an der betreffenden Stelle. Allgemein ist demnach der Krümmungsradius der Bewegungskurve

$$\varrho' = \frac{p}{\sin\alpha\cos^2\nu},$$

so dafs er proportional dem betreffenden Radius vector der Grundrifsspirale und umgekehrt proportional dem Quadrate vom Cosinus des Steigungswinkels ist.

§ 226. **Die beiden Scharen von Krümmungslinien der Spiralröhrenfläche sind die Kreisschnitte und deren orthogonale Kurvenschar auf der Fläche.** Die Gründe brauchen hier nicht wiederholt zu werden. Die Tangenten der zweiten Schar längs eines Kreisschnittes treffen sich sämtlich in der Spitze des zu diesem gehörigen

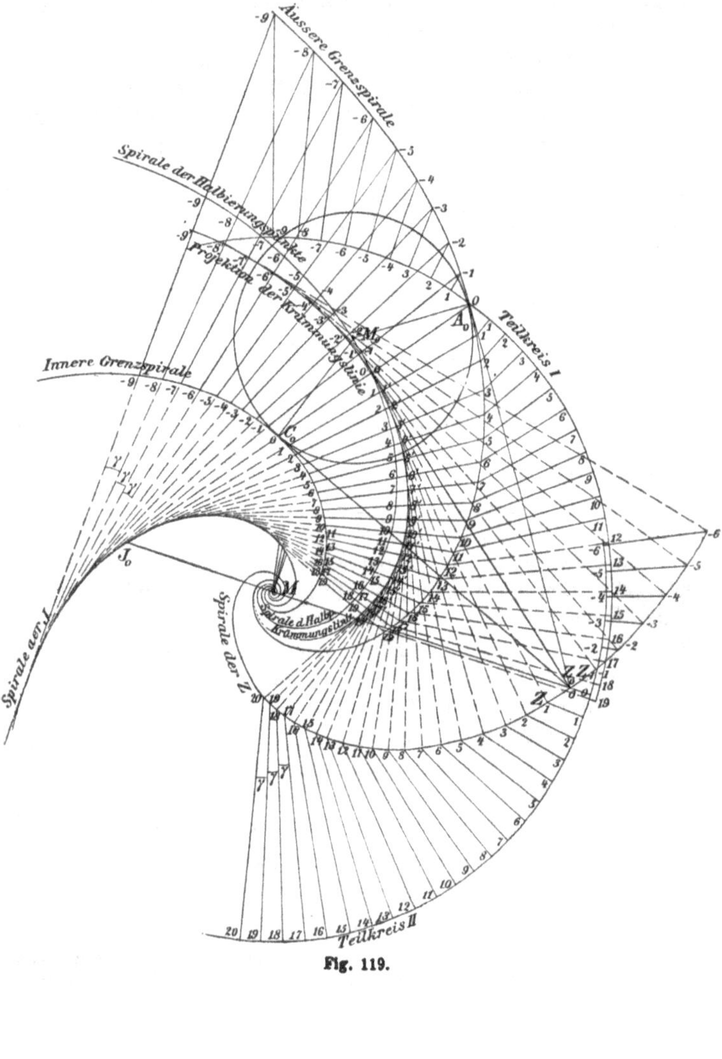

Fig. 119.

Kegels, wo sie im allgemeinen die Symmetrieebene durchstofsen. Wird diese als Grundrifsebene betrachtet, so ist die Projektion des Systems leicht zu zeichnen, d. h. mit beliebiger Annäherung zu konstruieren, was in Figur 119 geschehen ist.

Die Berührungspunkte des Kreises M_0 geben die Projektion des Kreisschnittes $A_0 C_0$, deren Verlängerung Tangente der Spirale der J ist. Nach Zeichnung dieser Spirale sind ihre Tangenten konstruiert, die unter demselben Winkel γ aufeinander folgen. Dies geschieht bequem mit Hilfe eines Teilkreises I, der um M geschlagen und in entsprechender Weise eingeteilt wird. Die von den Teilpunkten nach M gehenden Radien geben auf der äufseren (oder inneren) Grenzspirale die betreffenden Punkte $0, \pm 1, \pm 2, \pm 3, \ldots$, von denen aus dann Tangenten an die Spirale der J zu legen sind. Diese geben die Kreisschnitte, deren Halbierungspunkte auf einer Spirale (Spirale der H) liegen. Die Tangenten des Kreises M_0 in den Berührungspunkten geben den Punkt Z_0, durch den man zweckmäfsiger Weise die Spirale legt, in der die Spitzen sämtlicher Berührungskegel liegen. Die zu den Kreisschnitten gehörigen Punkte Z findet man wieder mit Hilfe eines Teilkreises. Denselben wie vorher nimmt man nicht, damit die Zeichnungen sich nicht verwirren. Die Teilung geschieht wieder durch von M ausgehende Radii vectores, die unter Winkeln γ aufeinander folgen. Dabei hat man von dem von Z_0 ausgehenden Radius vector zu beginnen. Die Radii vectores geben auf der Spirale der Z die entsprechenden Teilpunkte. (Würde man von diesem aus nach den gleichnamigen Halbierungspunkten der Kreislinien Gerade legen, so würden diese ebenfalls unter Winkeln γ aufeinander folgen. Dies geschieht hier aber nicht, sondern Nachstehendes.) Man ziehe die Gerade $\overline{Z_0 0}$ nach dem Halbierungspunkte der Berührungssehne des Kreises M_0 bis zum Schnitte mit dem folgenden Kreisschnitte -1, was auf diesem einen gleichnamigen Punkt $-1'$ bestimmt. Dieser liegt nicht im Mittelpunkte des Kreisschnittes, sondern auf der konkaven*) Seite der Spirale der Halbierungspunkte H_n

*) Würde man die Abstände der Kreisschnitte zu grofs nehmen, so könnte der Punkt auf die Spirale der Halbierungspunkte und sogar auf ihre konvexe Seite fallen. Die Abstände sind aber unendlich klein zu denken. Also müssen die Punkte auf die konkave Seite fallen. Für unendlich kleine Abstände werden die Abweichungen von der Spirale der Halbierungspunkte ein wenig gröfser, als in der Figur.

(denn alle aufserhalb der Spirale der N in Figur 118 liegenden Spiralen schneiden die Kreisschnitte spitzwinklig, und das verlängerte Z_0O giebt eine Sehne der Spirale der H.) Jetzt ziehe man die Gerade $\overline{Z_{-1}(-1')}$ und verlängere sie bis zum Kreisschnitte — 2, was — $2'$ giebt, so fahre man fort mit der Geraden von $\overline{Z_{-3}(-2')}$ bis zum Kreisschnitte $-3'$ u. s. w. Dies giebt eine gebrochene Linie $0, -1', -2', -3', -4', \ldots, -9', \ldots$, die angenähert die Projektion der zu untersuchenden Krümmungslinie giebt. Nach rückwärts verfährt man ebenso. Man zieht vom Halbierungspunkte 0 des Kreisschnittes 0 aus eine Gerade nach Z_1, die den Kreisschnitt 1 in einem gleichnamigen Punkte $1'$ schneidet, verbindet diesen mit Z_2 und markiert den Schnittpunkt $2'$ auf dem Kreisschnitte 2 u. s. w. Diese Punkte $1', 2', 3', 4', \ldots$ fallen auf die konvexe Seite der Spirale der Halbierungspunkte.

Setzt man die Konstruktion nach aufsen und innen fort, so entfernt sich die Projektion der Krümmungslinien mehr und mehr von der Spirale der Halbierungspunkte und nähert sich nach aufsen hin asymptotisch der inneren Grenzspirale, nach M hin der äufseren Grenzspirale.

Fängt man nicht mit dem Kreise M_0 an, sondern z. B. mit einem Kreise M_0'', so entsteht eine ähnliche Kurve. Das Ähnlichkeitsverhältnis ist dann $p_0 : p_0''$. Folglich gilt der Satz:

Die Projektionen der sämtlichen Krümmungslinien zweiter Art der logarithmischen Spiralröhrenfläche sind einander ähnlich. Jede schneidet die Spirale der Halbierungspunkte der Kreisschnittlinien einmal und nähert sich nach M hin asymptotisch der äufseren Grenzspirale, nach dem unendlichen Bereiche hin der inneren Grenzspirale. Der Abstand des genannten Schnittpunktes von M ist als Parameter zu betrachten und bestimmt das Gröfsenverhältnis. Jede Tangente geht durch die Spitze des Berührungskegels, der zu dem zum Berührungspunkte gehörigen Kreisschnitte gehört. Keine der Kurven schneidet eine andere der Schar. Auch die beiden Grenzspiralen gehören zu dieser

Schar. Bei der äufseren ist der Schnittpunkt mit der Spirale der Halbierungspunkte im unendlichen Bereiche zu suchen, bei der inneren im Centrum M. Die äufsere ist also ähnlich einem unendlich kleinen bei M liegenden Stück jeder Krümmungslinie, jede der Krümmungslinien ist ähnlich einem bei M liegenden unendlich kleinen Stück der inneren Grenzspirale.

Dadurch ist die scheinbare Ausnahme hinsichtlich der Ähnlichkeit aufgeklärt.

Denkt man sich ein Modell der oberen Hälfte der Röhrenfläche dadurch dargestellt, dafs man über jeder Kreisschnittlinie einen halbkreisförmigen Drahtbügel anbringt, dessen Ebene normal zur Grundrifsebene ist, so hat man in den Punkten $0', \pm 1', \pm 2', \pm 3', \ldots$ nur Lote zu errichten, um die Punkte der eigentlichen Krümmungslinien zweiter Art räumlich festzulegen. Trotz der asymptotischen Annäherung der Projektionskurven sind die Krümmungslinien in stetigem Steigen begriffen, entfernen sich also nach dem unendlichem Bereiche hin immer mehr von den Grenzspiralen. Man erkennt dies an den Kegelgeraden, die ihre Taugenten sind. Wichtig ist noch folgender Zusammenhang.

§ 227) Zusammenhang der Krümmungslinien zweiter Art mit denen der Krümmungscyklide. Nach Figur 118 bestimmen der Kreisschnitt $A_0 C_0$ und die zugehörigen Krümmungskreise μ_a und μ_i der Grenzspiralen die entsprechende Krümmungscyklide, die dort denselben Berührungskegel mit der Spitze Z_0 hat. Die Schmiegungsebenen der Krümmungslinien zweiter Art der Spiralröhrenfläche und der Cyklide stimmen dort überein, sie haben als Tangenten dieselben Kegelgeraden. Längs des Kreisschnittes $A_0 C_0$ gehen diese Schmiegungsebenen für die Cyklide sämtlich durch die in der Grundrifsebene liegende Achse $Z_0 A_1$ (vergl. Figur 120). Dies ist also dort auch für die Spiralröhrenfläche der Fall. Dabei ist $A_0 C_0 \parallel Z_0 A_1$, wie bei der Cyklide. (Dies folgt auch daraus, dafs die Spirale der Z Evolvente der Spirale der Kugelmittelpunkte M_n ist.)

Die Krümmungskreise μ_a und μ_i stimmen für das Auge auf längere Strecken mit den Grenzspiralen überein. Mathematisch sagt man, sie hätten je drei Punkte mit ihnen gemein. Demnach darf man auch sagen, Cyklide und Röhrenfläche stimmten dort in drei dicht aufeinander folgenden Kreisschnitten überein. Demnach stimmt jeder Kreisschnitt zweiter Art der Cyklide in drei Punkten mit der ihm entsprechenden Krümmungslinie zweiter Art der Spiralfläche überein. Daraus folgt: Die Kreisschnitte zweiter Art der Krümmungscyklide sind die Krümmungskreise der entsprechenden Krümmungslinien zweiter Art auf der Spiralröhrenfläche für die Punkte des Kreisschnittes $(A_0 C_0)$. Die Mittelpunkte jener Kreise sind also die Krümmungsmittelpunkte, und die auf ihren Ebenen errichteten Lote sind die augenblicklichen Krümmungsachsen für die Krümmungslinien zweiter Art der Röhrenfläche.

Der die drei Kreisschnitte umfassende unendlich dünne Kreisstreif der einen Fläche läfst sich also von dieser Fläche auf die andere übertragen.

§ 228) Das Gaufssche Krümmungsmafs der logarithmischen Spiralröhrenfläche stimmt also in jedem Punkte überein mit dem der zugehörigen Krümmungscyklide in dem entsprechenden Punkte. Insbesondere findet der Übergang von der positiven zur negativen Krümmung längs der Punkte H_0' statt.

Die erste Krümmung $\frac{1}{r}$ ist konstant für die Punkte beider Flächen längs jedes Kreisschnittes. Sie bestimmt sich aus dem Radius der inneren Berührungskugel. Die zweite Krümmung $\frac{1}{r'}$ bestimmt sich bei der Cyklide für jenen Punkt aus dem Radius der äufseren Berührungskugel, dessen Richtung mit dem des vorigen jedesmal übereinstimmt. Das Gaufssche Krümmungsmafs für beide Flächen ist demnach $\frac{1}{r} \cdot \frac{1}{r'}$.

Während die erste Krümmung längs des Kreisschnittes konstant ist, ist die zweite längs derselben Kurve veränderlich. Bei der Cyklide liegen diese Krümmungsmittelpunkte zweiter Art der Fläche auf einer Hyperbel. Diese Hyperbel liegt in der auf der Grundrifsebene normalen Symmetrieebene der Cyklide, sie geht durch die Punkte μ_a und μ_i, die ihre Scheitelpunkte sind, und ihre beiden Asymptoten stehen senkrecht auf den beiden Tangentialebenen, welche die Cyklide von aufsen längs eines ganzen Kreises berühren. Jeder Punkt dieser Hyperbel ist einer der Krümmungsmittelpunkte zweiter Art der Cyklidenfläche für einen Punkt ihrer Kreisschnitte erster Art, also auch für einen Punkt des Kreisschnittes $A_0 C_0$ der Spiralfläche.

Während also für die Krümmung erster Art längs des Kreisschnittes $A_0 C_0$ nur der eine Punkt M_0 in Betracht kam, kommen für die Krümmung zweiter Art sämtliche Punkte jener Hyperbel in Betracht.

Für die ganze Spiralröhrenfläche liegen die Krümmungsmittelpunkte erster Art auf der logarithmischen Spirale der Punkte M_n in der Symmetrieebene, also auf dem Mittelpunktswege der bewegten Kugel. Die Fläche dieser Krümmungsmittelpunkte ist also hier zu einer Kurve ausgeartet.

Die Krümungsmittelpunkte zweiter Art dagegen liegen auf einer spiralisch-hyperbolischen Fläche, die aus jenen Hyperbeln dadurch entsteht, dafs die Scheitel μ_a und μ_i der Hyperbel auf der Spirale der μ_a und μ_i wandern, wobei die Ebenen der veränderlichen Hyperbel stets normal zur Grundrifsebene bleibt, während die Asymptoten ihre Neigung gegen die Grundrifsebene beibehalten.

§ 229) Die abwickelbare Fläche der Flächennormalen ist für die Punkte jedes Kreisschnittes $A_0 C_0$ der über diesem Kreise stehende Kreiskegel mit der Spitze M_0. Längs der Krümmungslinien zweiter Art handelt es sich um diejenige abwickelbare Regelfläche, welche durch jene Kurven und die Normalen gebildet wird und eine Gratlinie besitzt, auf deren Untersuchung hier nicht eingegangen werden soll. Die Gratlinie für die erste Krümmung ist der Punkt M_0.

Wandert ein Punkt auf der Spiralröhrenfläche längs einer der Bewegungskurven, so ist dabei das

Gaufssche Krümmungsmafs der Fläche umgekehrt proportional dem Quadrate seines Abstandes vom Centrum M der Fläche.

Die sämtlichen Tangenten jedes Kreisschnittes der Spiralröhrenfläche gehen durch die Hauptachse JX der jedesmaligen Krümmungscyklide, berühren also den spiralischen Cylinder, der zu den Punkten J gehört, längs einer seiner Geraden.

Die Tangenten jeder Bewegungskurve schneiden die Grundrifsfläche in einer bestimmten logarithmischen Spirale der Schar. Die Tangenten der Kreisschnitte längs der Punkte einer Bewegungskurve schneiden die Symmetrieebene der Fläche ebenfalls in einer logarithmischen Spirale. Man bemerke, dafs von der Krümmungscyklide stets nur der Kreisschnitt erster Art in Frage kommt, der normal zur senkrechten Symmetrieebene steht und daher in der nachstehenden Figur 120 als Gerade durch J_0 erscheint. (Eigentlich handelt es sich um zwei solche Kreise, die hinter einander liegen.)

Entsprechende Sätze lassen sich noch in gröfserer Zahl aufstellen. Sämtliche werden sich am besten an einer bestimmten Konstruktionsfigur erläutern, die jetzt ausgeführt werden soll.

§ 230) Aufgabe. Die aus der Bewegung einer veränderlichen Kugel hervorgehende logarithmische Spiralröhrenfläche soll gezeichnet werden, und zwar in der Projektion auf die als Grundrifsebene betrachtete Symmetrieebene. Dabei sollen gegeben sein der Radius vector $p_0 = MM_0$, der zugehörige Kugelradius r_0 und der Schnittwinkel α der Spirale des Mittelpunktsweges. Dabei wird folgendes verlangt: Die beiden Grenzspiralen, ihre Krümmungskreise μ_a und μ_i für die Punkte A_0 und C_0, die Centrale $\overline{\mu_a \mu_i}$ der zu $A_0 C_0$ gehörigen Krümmungscyklide. Die Krümmungscyklide selbst im Aufrifs, wobei jene Centrale als Grenzlinie für Grund- und Aufrifs betrachtet werden soll (die Centrale ist nur aus Raumgründen nicht horizontal gelegt), die einfachste isothermische Einteilung dieser Cyklide durch Kreisschnitte (Krümmungslinien) zweiter Art. Die Übertragung dieser Einteilung auf $A_0 C_0$ und die durch die Teil-

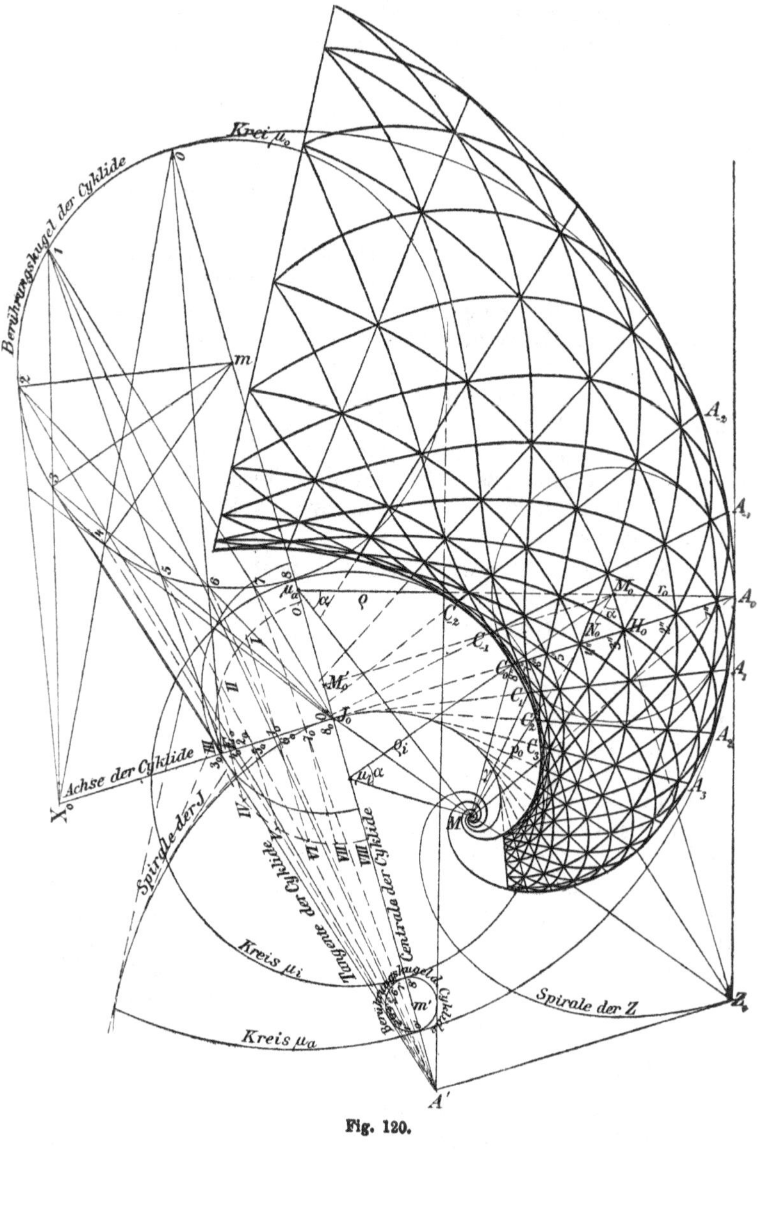
Kreis μ_0
Berührungskugel der Cyklide
m
Achse der Cyklide
Spirale der J
Kreis μ_i
Kreis μ_a
Tangente der Cyklide
Centrale der Cyklide
Berührungskugel d. Cyklide
m'
Spirale der Z
A'
M
M_0
H_0
N_0
J_0
M'_0
A_0
A_1
A_2
A_3
A_{-1}
A_{-2}
C_1
C_2
C_3
Z_0
X_0

Fig. 120.

punkte gehenden Spiralen (als Projektionen der Bewegungskurven); eine regelmäfsige Einteilung der Fläche durch Kreisschnitte und die Diagonalkurven des entstehenden Vierecknetzes. (In Fig. 120 mufs oben stehen „Kreis μ_a“.)

Auflösung. Man konstruiere wie vorher aus M, $MM_0 = p_0$, Kreis M_0 und α die Tangente M_0H_0 der Mittelpunktsspirale und mit Hilfe des Lotes MZ_0 auf p_0 die Länge MZ_0 dieser Spirale. Tangenten, die von Z_0 aus an den Kreis M_0 gelegt werden, geben die Punkte A_0 und C_0, durch welche die beiden Grenzspiralen zu legen sind. Die rechtwinkligen Dreiecke $A_0 M \mu_a$ und $C_0 M \mu_i$, in denen die Geraden $A_0 \mu_a$ und $C_0 \mu_i$ durch M_0 gehen, bestimmen μ_a und μ_i, die Gerade $A_0 C_0$ giebt den Schnitt N_0 auf p_0 und J_0 auf $\mu_a \mu_i$, und dabei mufs $A_0 J_0$ auf $\mu_a \mu_i$ senkrecht stehen, und MJ_0 mufs die Fortsetzung von $Z_0 M$ sein, worin eine Kontrolle für die Genauigkeit der Zeichnung liegt.

Man zeichne jetzt die Krümmungskreise μ_a und μ_i, welche die Centrale $\mu_a \mu_i$ in den Punkten 0 und $0'$ bezw. 8 und $8'$ schneiden. Die Halbierungspunkte m und m' von $\overline{0, 8}$ und $\overline{0', 8'}$ geben die Mittelpunkte der als Kreise erscheinenden Berührungskugeln der zu $A_0 C_0$ gehörigen Krümmungscyklide. Die gemeinschaftlichen äufseren Tangenten dieser Kreise geben auf der Centrale den Punkt A'. Durch diese Tangenten und die beiden Kreise ist der Aufrifs der Krümmungscyklide gezeichnet. (Die Punkte $A' Z_0 H_0 J_0$ müssen ein Rechteck geben, worin wiederum eine Genauigkeitskontrolle liegt. Dabei mufs $A'Z_0$ Tangente der Spirale der Z sein.)

Die isothermische Einteilung der Krümmungscyklide durch Kreisschnitte zweiter Art geschieht bequem am Kreise m mit Hilfe der Tangente $J_0 4$, der Geraden $\overline{0, 4, X_0}$, (wobei $J_0 X_0$ die Fortsetzung von $A_0 J_0$ und zugleich Hauptachse der Cyklide ist), der Tangente $\overline{X_0, 2}$, der Geraden $\overline{2, 6, J_0}$, der Geraden $\overline{0, 6, E_0}$ (wobei E_0 auf $J_0 X_0$ liegt), der Tangente $E_0 3$, der Geraden $\overline{X_0 3, 1}$, der Geraden $\overline{1, 5, E_0}$ oder $\overline{3, 5, J_0}$, der Geraden $\overline{1, 7, J_0}$, so dafs man am Kreise m die Teilpunkte $0, 1, 2, 3, \ldots 8$ hat. Diese Teilpunkte verbinde man mit A', was auf dem Kreise m' die Teilpunkte $0'$, $1'$, $2'$, … $8'$ giebt und auf der Geraden $J_0 X_0$, die Kreisschnitte erster Art der Cyklide giebt, die Teilpunkte 0_0, 1_0, 2_0, 3_0, 4_0, ... 8_0, die teils vorn, teils hinten zu denken sind.

Projiziert man M_0 auf die Centrale $\mu_a \mu_i$, was M_0' giebt, so mufs die Berührungskugel M_0' der Cyklide von selbst den Radius r_0 haben. (Sie ist in der Figur mit gezeichnet.) Der Kreisschnitt der Cyklide, der in die Gerade $J_0 X_0$ fällt, mufs von selbst einen Durchmesser gleich $A_0 C_0$ haben. Auch darin liegen gute Genauigkeitskontrollen. Dieser letztere Kreis werde um 90^0 gedreht, so dafs er mit den Punkten $0, I, II, III, IV, \ldots VIII$ in die Ebene der Aufrifszeichnung fällt. Diese Punkte selbst erhält man durch Parallele zur Centrale $\mu_a \mu_i$, die durch 0_0, 1_0, 2_0, ... 8_0 gelegt sind. Jetzt mache man auf $A_0 C_0$ die Strecken $\overline{H_0 1''} = \overline{1_0 I}$, $\overline{H_0 2''} = \overline{2_0 II}$, $\overline{H^0 3''} = \overline{3_0 III}$, $\overline{H_0 4''} = \overline{4_0 IV}$, $\overline{H_0 5''} = \overline{5_0 V}$, $\overline{H_0 6''} = \overline{6_0 VI}$, $\overline{H_0 7''} = \overline{7_0 VII}$. Durch die Punkte $1''$, $2''$, $3''$, ... $7''$ von $A_0 C_0$ sind dann die Spiralen der Schar zu legen, welche die verlangte Einteilung des Flächenstreifs bezw. der Röhrenfläche geben. (Diese Einteilung ist keine isothermische, die Kurven aber sind Projektionen von Isothermen der Fläche.)

Um die geforderten Kreisschnitte zu erhalten, zeichne man eine beliebige Tangente (an die Spirale der J) $A_1 C_1$ als Nachbarkreisschnitt zu $A_0 C_0$. Dies giebt einen Centriwinkel $C_0 M C_1 = \gamma$ der inneren Grenzspirale. Auf dieser markiere man Punkte C_0, C_1, C_2, C_3 ..., bezw. C_{-1}, C_{-2}, C_{-3}, ..., deren Radii vectores unter dem Winkel γ aufeinander folgen. Die Tangenten, die von diesen Punkten an die Spirale der J gelegt werden, geben die Kreisschnitte $A_2 C_2$, $A_3 C_3$, ... bezw. $A_{-1} C_{-1}$, $A_{-2} C_{-2}$ u. s. w. (Diese Kreisschnitte sind keine Isothermen.)

Damit ist das verlangte Vierecksnetz gezeichnet, welches die Projektion des Vierecksnetzes der Röhrenfläche ist.

Die verlangten Diagonalkurven sind nun mit beliebiger Genauigkeit einzutragen. Man erhält sie genauer, wenn man statt der 8 Teilpunkte des Halbkreises m etwa 16, 32, 64, ... Teilpunkte konstruiert und statt des Winkels γ der Radii vectores den Winkel $\frac{\gamma}{2}$, $\frac{\gamma}{4}$, $\frac{\gamma}{8}$, ... wählt. (Umgekehrt aber kann man die Schnittpunkte der Diagonalkurven benutzen, um mit grofser Genauigkeit weitere Spiralen bezw. Kreisschnitte zu erhalten. Dann kann man neue Diagonalkurven einschalten u. s. w.)

Man denke sich so die Teilung bis ins Kleinste fortgeführt, so dafs man sehr kleine, für die Grenze sogar unendlich kleine Vierecke vor sich hat. Nur von solchen soll jetzt die Rede sein.

§ 231) Bemerkungen. In der gezeichneten Projektion sind diejenigen kleinen Vierecke, die demselben Streifen zwischen zwei Nachbarspiralen angehören, einander ähnlich. Für den Fall unendlicher Kleinheit sind die entsprechenden Vierecke der Fläche eben, gehören also Tangentialebenen an. Die Tangentialebenen eines solchen Streifens haben aber dieselbe Neigung gegen die Grundrifsebene. Folglich sind auch die Vierecke des betreffenden Streifens der Röhrenfläche ähnliche Vierecke. An dieser Ähnlichkeit nehmen auch die beiden Gruppen von „Diagonalen“ teil. Dagegen sind die längs eines Kreisschnittstreifens liegenden Vierecke des Netzes auf der Röhrenfläche einander nicht ähnlich. Jede der Diagonalkurven wird also von den verschiedenen Bewegungskurven unter verschiedenen Winkeln geschnitten, von jeder einzelnen Bewegungskurve werden aber sämtliche Diagonalkurven jeder Schar unter demselben Winkel geschnitten. Demnach sind sämtliche Diagonalkurven jeder Schar einander ähnlich, so jedoch, dafs die homologen Teile demselben „Spiralstreifen“ angehören; aufserdem besteht jede Diagonalkurve des Netzes aus lauter ähnlichen Umgängen um die Röhrenfläche. Die homologen Linien und Flächenteile der Vierecke eines „Spiralstreifens“ bilden daher geometrische Reihen, die in der Richtung nach M hin konvergent sind.

§ 232) Durch Inversion vom Centrum M aus verwandelt sich die Röhrenfläche in eine symmetrische Fläche. Jeder Kreisschnitt wird wieder Kreisschnitt, jede Berührungskugel wird wieder Berührungskugel, jede der Bewegungskurven wird eine symmetrisch ähnliche Bewegungskurve, jede der Krümmungscykliden wird Krümmungscyklide, die konstruierte Einteilung der Fläche wird wieder eine solche, folglich gehen die beiden Scharen von Diagonalkurven in zwei Scharen von Diagonalkurven über, die eine symmetrisch ähnliche Einteilung geben, und zwar geht jede Schar in eine symmetrisch ähnliche über. Die Krümmungslinien zweiter Art werden wiederum solche, die Bewegungskurven ebenfalls. Sämtliche logarithmischen Spiralen der gezeichneten Schar werden wieder solche. Die sämtlichen Krümmungscykliden verwandeln sich in ähnliche, wobei der Zusatz symmetrisch überflüssig wird. Die zu den Kreisschnitten gehörigen Berührungskegel werden Cykliden besonderer Art mit je zwei Knotenpunkten. Die über den logarithmischen Spiralen zu denkenden senkrechten Cylinder, deren Loxodromen die Bewegungskurven der Röhrenfläche sind, gehen in Flächen über, die man sich durch ein Modell vorstellen kann. Man hat nur nötig, die neue logarithmische Linie auf Holz zu zeichnen und über jeden Radius vector einen senkrecht auf der Ebene stehenden halbkreisförmigen Drahtbügel zu stellen. Die Loxodromen des Cylinders werden Loxodromen der nur zur Hälfte dargestellten Fläche und zugleich Loxodromen der Flächen, in welche die zugehörigen Kegel der erstgenannten Loxodromen übergehen. Die Kegel werden wieder Cykliden mit zwei Knotenpunkten, von denen einer nach M fällt.

Da sämtliche Geraden, wie die Tangenten und Normalen, in Kreise durch M übergehen, sämtliche Ebenen, wie die Tangentialebenen, Ebenen der Kreisschnitte, Normalebenen, der Kurven u. s. w. in Kugeln durch M, so bleibt eine Reihe der ausgesprochenen Sätze in neuer Fassung erhalten. Die vorkommenden harmonischen Punkte und Strahlen (z. B. J_0, C_0, N_0, A_0) gehen in Punkte von Kreisen über, die das Möbiussche Doppelverhältnis -1 haben.

§ 233) Die Aufgabe, den Aufrifs der Spiralröhrenfläche zu zeichnen, bleibe als instruktives Übungsbeispiel dem Leser überlassen. Man lege dabei Figur 120 zu Grunde, lege sie jedoch so, dafs $\mu_a \mu_i$ horizontal wird, so dafs der Kreis $A_0 C_0$ in die Gerade $J_0 X_0$ des Aufrisses fällt, in dem die Krümmungscyklide natürlich wegfällt, während die Punkte $0_0, 1_0, 2_0, \ldots, 8_0$ bestehen bleiben. Man kann sich auf die Darstellung eines halben Umgangs beschränken und dessen andere Hälfte auf besonderem Blatte konstruieren. Von Wichtigkeit sind die beiden Kugeln, deren Mittelpunkte im Grundrifs in der durch M gelegten (neuen) Horizontalen liegen, denn für diese liegt der in Figur 118 als wichtig charakterisierte Punkt N auf dem scheinbaren Umrisse. Die Verbindungslinien dieser Punkte N geben die Grenzlinien des Berührungskegels der Fläche (mit der Spitze M und der dort auf der Symmetrieebene senkrechten Achse), auf dem die Berührungsloxodrome nun leicht zu zeichnen ist. Auch die übrigen Kegelloxodromen werden am besten an ihren Kegeln konstruiert. Die Schnitte der Aufrifsebene durch die Reihe der Berührungskugeln werden mit Hilfe von Schnittkreisen konstruiert, deren Umhüllende die gesuchten Ovale sind.

§ 234) Isothermisches. Hat man den Grundrifs und Aufrifs gezeichnet, so lassen sich weitere Konstruktionen durchführen. Die Tangenten des durch denselben Punkt gehenden Kreisschnittes und der dortigen Bewegungskurve oder auch der Krümmungslinie z. B. bestimmen eine Tangentialebene der Spiralröhrenfläche. In dieser Ebene denke man sich auf der Tangente der Bewegungskurve ein Lot errichtet, welches bis zur unendlich benachbarten Bewegungskurve hin als auf der Fläche betrachtet werden kann, so dafs man ein Element einer Orthogonalkurve des Systems der Bewegungskurve hat. Die Aneinanderreihung dieser Elemente giebt die Orthogonalkurve selbst in beliebig genauer Darstellung.

Alle diese Orthogonalkurven erscheinen im Grundrifs als ähnliche Kurven, so dafs man nur eine einzige zu konstruieren braucht. Sie sind auch in Wirklichkeit einander ähnlich. Aus Symmetriegründen sind sie geschlossene Kurven. Zeichnet man sie (mit Hilfe der gleichen Winkel γ bei M) in Abständen, welche der Ähnlichkeit entsprechen, so erhält man eine isothermische Einteilung der logarithmischen Spiralröhrenfläche in Ringstreifen. Denkt man sich nämlich ein kleines „Rechteck“ aus zwei benachbarten Kegelloxodromen der Fläche und den Grenzlinien eines solchen Ringstreifens konstruiert, und setzt man die erstgenannten Kurven durch die Schar von Ringstreifen fort, so erhält man lauter ähnliche Rechtecke, z. B. lauter Quadrate. Denkt man sich an eine solche Quadratreihe eine neue angelehnt, und fährt man so fort, so hat man schliefslich die ganze Fläche in ein System (schliefsender oder nichtschliefsender d. h. übereinandergreifender) Quadratreihen eingeteilt. Damit ist folgendes nachgewiesen:

Die logarithmische Spiralröhrenfläche läfst sich durch die auf ihr liegende Schar von Kegelloxodromen und deren Orthogonalschar in ein System ähnlicher Rechtecke einteilen. Beide Kurvenscharen sind also isothermische. Demnach läfst sich die Fläche auf einem unendlich langen ebenen Parallelstreif konform so abbilden, dafs die Grenzlinien des letzteren einer der Kurven der ersteren Schar entsprechen, die Parallellinien des Streifens dagegen der ganzen Schar. Die orthogonale Parallelenschar entspricht dabei der Schar der Kegelloxodromen.

Die beiden Scharen von Diagonalkurven einer solchen Einteilung sind Loxodromen der logarithmischen Spiralröhrenfläche, welche eine Einteilung in kleine ähnliche Rhomben geben. Jede dieser Loxodromenscharen ist eine isothermische Kurvenschar und giebt mit ihrer Orthogonalschar, die ebenfalls eine Loxodromenschar ist, ebenfalls die Möglichkeit einer Einteilung in ähnliche Rechtecke.

Man kann demnach die logarithmische Spiralröhrenfläche auf dem ebenen Parallelstreif auch so konform abbilden, dafs die Grenzlinien des letzteren einer der Loxodromen der Fläche entsprechen.

Jede solche isothermische Einteilung geht durch Inversion von M aus in eine symmetrisch ähnliche über, jede einzelne der Kurven also in eine symmetrisch ähnliche.

Über die aus diesen Sätzen folgenden physikalischen Beziehungen soll hier nicht von neuem gesprochen werden, auch nicht über den Reichtum von Übungsaufgaben geometrischer und funktionen-theoretischer Art, die sich anschliefsen lassen. Über die allgemeinen Inversions-Transformationen der Fläche soll noch besonders gesprochen werden.

Von besonderem Interesse sind die Vergröfserungsverhältnisse, die bei der konformen Abbildung auf den

Parallelstreifen auftreten. Man braucht diese nur für die Punkte eines einzigen Kreisschnittes zu kennen, dann sind sie sämtlich bekannt. Das Vergröſserungsverhältnis nimmt nämlich für die Punkte jeder der Kegelloxodromen der Fläche zu, wie die Radii vectores dieser Punkte zunehmen.

§ 235) Aufgabe. Den Flächeninhalt der logarithmischen Spiralröhrenfläche vom Centrum M bis zu einem gegebenen Kreisschnitte zu berechnen.

Auflösung. Man berechne zunächst die zwischen zwei nahe benachbarten Kreisschnitten $A_0\, C_0$ und $A_1\, C_1$ liegende Ringfläche, die sich für die Grenze als Mantel eines abgeschrägten Drehungskegels betrachten läſst. Ein solcher ist in Band II § 260 (Formel 5) berechnet als

$$M = \pi\left[rs - \frac{b+c}{2}\sqrt{p_2 p_3}\right] = \pi\left[rs - \frac{b+c}{4}\sqrt{a^2-(b-c)^2}\right],$$

wo b die Gerade von der Kegelspitze Z_0 bis A_1, c die Gerade von Z_0 bis C_1 bedeutet, r den Grundradius (hier $r_0 \cos\delta$), a die Gerade $A_1\, C_1$. Bezeichnet man die „Geraden" $A_0\, A_1$ und $C_0\, C_1$ mit s_2 und s_3 (vergl. Band II) und die Kegelseite $Z_0\, A_0 = Z_0\, C_0$ mit s, so hat man für b zu setzen $s - s_2$, für c dagegen $s - s_3$, endlich ist $A_1\, C_1 = a = \sqrt{b^2 + c^2 - 2bc\cos\alpha}$ hier gleich $\sqrt{b^2 + c^2\, 2bc\cos(2\delta)}$, wobei 2δ der Hauptschnittwinkel des Kegels an der Spitze ist. Für b und c sind nun die eingeführten Werte zu setzen. Dann hat man als Mantelinhalt

$$M =$$

$$\pi\left[rs - \frac{2s-s_2-s_3}{4}\sqrt{(s-s_2)^2+(s-s_3)^2-2(s-s_2)(s-s_3)\cos 2\delta-(s_2-s_3)^2}\right].$$

Hier ist $\cos 2\delta = \cos^2\delta - \sin^2\delta =$

$$\frac{s^2-r^2}{s^2} - \frac{r^2}{s^2} = \frac{s^2-2r^2}{s^2} = 1 - \frac{2r^2}{s^2}.$$

Setzt man letzteres für $\cos 2\delta$ ein, so hebt sich vieles weg und die Formel geht über in

$$M = \pi\left[rs - \frac{2s - s_2 - s_3}{4}\sqrt{4(s-s_2)(s-s_3)\frac{r^2}{s^2}}\right]$$

oder endlich in

$$1)\ M = \frac{\pi r}{2s}\left[2s^2 - (2s - s_2 - s_3)\sqrt{(s-s_2)(s-s_3)}\right].$$

Im Anschlufs an die Bezeichnungen in Figur 118 setze man jetzt $r = r_0 \cos\delta$, $s = \frac{r_0}{\tan\delta}$. Der Bogen $C_0\,C_1$ ergiebt sich bei sehr kleinem γ aus $\triangle\, C_0\,C_1\,M$ als $s_3 = MC_1 \cdot \frac{\sin\gamma}{\sin\alpha}$

$$= p_{C_1}\frac{\sin\gamma}{\sin\alpha} = p_{C_0}\cdot e^{\frac{-\gamma}{\tan\alpha}}\cdot\frac{\sin\gamma}{\sin\alpha},$$

$$\text{ebenso } A_0\,A_1 \text{ als } s_2 = p_{A_0}\cdot e^{\frac{-\gamma}{\tan\alpha}}\cdot\frac{\sin\gamma}{\sin\alpha}.$$

Der Ausdruck unter der Wurzel in Gleichung 1) geht also über in

$$\left(\frac{r_0}{\tan\delta} - p_{A_0}\cdot\frac{\sin\gamma}{\sin\alpha}\cdot e^{\frac{-\gamma}{\tan\alpha}}\right)\cdot\left(\frac{r_0}{\tan\delta} - p_{C_0}\cdot\frac{\sin\gamma}{\sin\alpha}\cdot e^{\frac{-\gamma}{\tan\alpha}}\right).$$

Er vereinfacht sich aber erheblich durch folgende Überlegung. Man hat schliefslich γ als unendlich klein zu betrachten, so dafs man $e^{\frac{-\gamma}{\tan\alpha}} = e^0 = 1$ setzen darf. (Dies ist nicht gestattet für $\alpha = o$ und $\alpha = 180^0$, was jedoch nur den Fall bedeutet, wo die Spirale zur Geraden wird. Um diesen handelt es sich hier nicht.) Aufserdem darf man für unendlich kleines γ statt $\sin\gamma$ einfach γ schreiben. Multipliziert man nun aus, so hat man das endliche Glied $\frac{r_0^2}{\tan^2\delta}$, die unendlich kleinen Glieder erster Ordnung

$$-\frac{r_0}{\tan\delta}\cdot p_{A_0}\cdot\frac{\gamma}{\sin\alpha} \text{ und } -\frac{r_0}{\tan\delta}\,p_{C_0}\cdot\frac{\gamma}{\sin\alpha}$$

und das unendlich kleine Glied zweiter Ordnung $p_{A_0}\cdot p_{C_0}\cdot\frac{\gamma^2}{\sin^2\alpha}$. Diese drei letzten Glieder sind für die Grenze gegen das endliche Glied zu vernachlässigen, und so ist statt der Wurzel einfach zu schreiben $\frac{r_0}{\tan\delta}$. Setzt man nun alles Genannte in die Formel 1) um, so entsteht der Ausdruck

$$M = \frac{\pi r_0 \cos\delta}{2\frac{r_0}{\tan\delta}}\left\{\frac{2r_0^{\,2}}{\tan^2\delta} - \left[\frac{2r_0}{\tan\delta} - \frac{\sin\gamma}{\sin\alpha}e^{\frac{-\gamma}{\tan\alpha}}.(p_{A_0} + p_{C_0})\right]\frac{r_0}{\tan\alpha}\right\}.$$

Auch hier ist $e^{\frac{-\gamma}{\tan\alpha}} = 1$ und $\sin\gamma = \gamma$ zu setzen, aber die unendlich kleinen Glieder erster Ordnung, dürfen hier nicht vernachlässigt werden, weil die endlichen Glieder $\pm\frac{2r_0^{\,2}}{\tan^2\delta}$ sich wegheben. Schliefslich erhält man für den unendlich kleinen Mantel die Formel

2) $$M_1 = \frac{\pi r_0}{2}\cos\delta\,\frac{\gamma}{\sin\alpha}(p_{A_0} + p_{C_0}).$$

Jetzt ist die geometrische Reihe aller dieser Mäntel bis zum Centrum M hin zu bilden, was auf die Summe

$$F = \sum M_n = M_1\left[1 + e^{-\frac{2\gamma}{\tan\alpha}} + {}^{-\frac{4\gamma}{\tan\alpha}} + \ldots\ldots\right]$$
$$= \frac{M_1}{1 - e^{-\frac{2\gamma}{\tan\alpha}}}$$

führt. Führt man, wie früher, die Reihenentwickelung der Potenz von e durch, und setzt man dort nach Hebung der ± 1 den Faktor $\frac{2\gamma}{\tan\alpha}$ heraus, so erhält man schliefslich für unendlich kleines γ, da die Reihensumme gleich 1 wird,

$$F = M_1\frac{\tan\alpha}{2\gamma}.$$

Setzt man den Wert von M_1 aus Gleichung 2) ein, so erhält man, da γ im Zähler und Nenner vorkommt, und daher gestrichen werden kann, für die Fläche den endlichen Ausdruck

3) $$F = \frac{\pi r_0}{4}\frac{\cos\delta}{\cos\alpha}(p_A + p_C).$$

Jetzt soll alles auf die gegebenen Gröfsen p_0, r_0, α zurückgeführt werden. Nach obigem ist (vergl. § 221)

$$(p_{A_0} + p_{C_0})\cos\delta = \frac{2}{r_0}(p_0^2 - r_0^2\cos^2\alpha).$$

Demnach wird der Flächeninhalt der Spiralröhrenfläche von $A_0 C_0$ bis zum Centrum M hin

$$F = \frac{\pi}{2} \cdot \frac{p_0^2 - r_0^2 \cos^2 \alpha}{\cos \alpha}, \tag{4}$$

eine Formel, die leicht in Worte zu kleiden und geometrisch zu deuten ist. Schreibt man dafür

$$F = \frac{\pi p_0^2}{2 \cos \alpha} \left[1 - \left(\frac{r_0}{p_0} \cos \alpha \right)^2 \right],$$

und bedenkt man, dafs $\frac{r_0}{p_0}$ für die gesamte Fläche konstant ist, so erkennt man, dafs der Flächeninhalt proportional dem Quadrate des Radiusvectors p_0 ist.

§ 236) **Bemerkungen.** Für den Sonderfall $p_0 = r_0$ gehen sämtliche Berührungskreise durch M, für diesen Fall wird

$$F = \frac{\pi p_0^2 \sin^2 \alpha}{2 \cos \alpha}.$$

Für den Sonderfall $p_0 = r_0 \cos \alpha$ ist die Fläche gleich Null. Es handelt sich dabei um den Fall, bei dem die äufsere und die innere Spirale zusammenfallen und die Evolvente der Mittelpunktsspirale bilden, wobei die Tangente der letzteren zugleich die Normale der Grenzspirale ist. Dabei ist in der That $p_0 = \frac{r_0}{\cos \alpha} = \varrho_a$. Dieser Fall verdient überhaupt besondere Besprechung. Für $\alpha = 45^0$ ist

$$F = \frac{\pi}{2} \frac{2 p_0^2 - r_0^2}{\sqrt{2}}.$$

Für gewisse Betrachtungen ist noch eine andere Formel für F bemerkenswert. Es ist nämlich auch

$$p_{A_0} + p_{C_0} = p_0 \frac{\sin \varepsilon + \sin \varepsilon_1}{\sin \delta} = p_0 \frac{2 \sin \frac{\varepsilon + \varepsilon_1}{2} \cos \frac{\varepsilon - \varepsilon_1}{2}}{\sin \delta}$$

$$= 2 p_0 \frac{\sin (90^0 - \delta) \cos \alpha}{\sin \delta} = 2 p_0 \frac{\cos \delta \cos \alpha}{\sin \delta}.$$

Dadurch wird

$$F = \frac{\pi p_0 r_0}{2} \frac{\cos^2 \delta}{\sin \delta}.$$

Mit dieser Formel läfst sich nämlich leicht die für die Mantelfläche des zum Kreisschnitt $A_0 C_0$ gehörigen Tangentenkegels geltende vergleichen. Diese ist

$$F' = \pi r s = \pi r_0 \cos \delta \frac{r_0}{\tan \delta} = \pi r_0^2 \frac{\cos^2 \delta}{\sin \delta}.$$

Daraus folgt

$$F' : F = 2 r_0 : p_0,$$

oder

$$F = F' \frac{p_0}{2 r_0}.$$

Folglich: **Welches auch der konstante Schnittwinkel der Spiralen sei, stets verhält sich die Mantelfläche des Tangentenkegels zu der Spiralröhrenfläche, wie der Durchmesser der bewegten Kugel zum Radius vector ihres Mittelpunktes.**

Ist z. B. $p_0 = 2 r_0$, so sind beide Flächen von demselben Inhalt. Für $p_0 > 2 r_0$ ist die Spiralfläche die gröfsere, für $p < 2 r_0$ die Kegelfläche die gröfsere.

Es ist auch zweckmäfsig, den Flächeninhalt F mit der Fläche der Kugel M_0 oder deren Kalotte über $A_0 C_0$ in Verhältnisbeziehung zu setzen.

§ 237) **Aufgabe. Den Rauminhalt der Spiralröhrenfläche für das Stück von M bis zu einem Kreisschnitte $A_0 C_0$ zu berechnen.**

Auflösung. Nach Band II § 260 ist der Inhalt des abgeschrägten Drehungskegels

$$J_1 = \frac{\pi}{3} [r^2 h - p_2 p_3 \sqrt{p_1 p_2}]$$

$$= \frac{\pi}{3} \left[r^2 h - \frac{a^2 - (b-c)^2}{4} \sqrt{\frac{(b+c)^2 - a^2}{4}} \right]$$

oder

$$J_1 = \frac{\pi}{24} \left\{ 8 r^2 h - [a^2 - (b-c)^2] \sqrt{(b+c)^2 - a^2} \right\}.$$

Führt man dieselben Bezeichnungen ein, wie bei der Berechnung der Fläche, und setzt man $\frac{h}{s} = \cos\delta$, so wird die Formel

$$J_1 = \frac{\pi}{24}\Big\{8\,r^2\,s\cos\delta$$

$$-\left[(s-s_2)^2+(s-s_3)^2-2\,(s-s_2)(s-s_3)\cos 2\delta-(s_3-s_2)^2\right].\sqrt{}\Big\}.$$

Dabei wird der Ausdruck unter der Wurzel

$$(2\,s-s_2-s_3)^2-(s-s_2)^2-(s-s_3)^2+2\,(s-s_2)(s-s_3)\cos 2\delta.$$

Wiederum wird $\cos 2\,\delta = \cos^2\delta - \sin^2\delta = 1 - \frac{2\,r^2}{s^2}$. Bei der Auswertung der Ausdrücke hebt sich wiederum vieles weg, und zunächst wird

$$J_1 = \frac{\pi}{24}\Big\{8\,r^2\,s\cos\delta$$

$$-4\,(s-s_2)\,(s-s_3)\,\frac{r^2}{s^2}\sqrt{4\,(s-s_2)\,(s-s_3)\left(1-\frac{r^2}{s^2}\right)}\Big\}.$$

Hier kann man für $\left(1-\frac{r^2}{s^2}\right)$ schreiben $\cos^2\delta$ und dadurch wird

$$J_1 = \cos\delta\,.\,\frac{\pi\,r^2}{3\,s^2}\cdot\left[s^3-(s-s_2)\,(s-s_3)\sqrt{(s-s_2)\,(s-s_3)}\right]^{*)}.$$

Jetzt ist einzusetzen $r_0\cos\delta$ für r, $\frac{r_0}{\tan\delta}$ für s, für s_2 unter Vernachlässigung des unendlich kleinen wie oben $p_{A_0}\frac{\gamma}{\sin\alpha}$, für s_3 ebenso $p_{C_0}\frac{\gamma}{\sin\alpha}$. Der unter der Wurzel stehende Ausdruck geht für unendlich kleines γ, wie bei der

---

*) Die Schreibweise $[(s-s_2)\,(s-s_3)]^{\frac{3}{2}}$ wird hier vermieden, weil sie das korrekte Vernachlässigen des Unendlichkleinen gegen das Endliche erschwert.

vorigen Rechnung, über in $\frac{r_0^2}{\tan^2\delta}$, was gleich s^2 ist, und so hat man bis jetzt

$$J_1 = \frac{\pi}{3} \frac{r_0^2 \cos^2\delta \cos\delta}{\frac{r_0^2}{\tan^2\delta}} \cdot \left[\frac{r^3}{\tan^3\delta} - \frac{r_0}{\tan\delta}\left(\frac{r_0}{\tan\gamma} - p_{A_0}\frac{\gamma}{\sin\alpha}\right)\left(\frac{r_0}{\tan\gamma} - p_{C_0}\frac{\gamma}{\sin\alpha}\right)\right].$$

Multipliziert man innerhalb der eckigen Klammer aus, so hebt sich das endliche Glied $\frac{r^3}{\tan^3\delta}$ gegen $-\frac{r^3}{\tan^3\delta}$, so dafs nur das unendlich kleine Glied erster Ordnung

$$p_{A_0}\frac{\gamma}{\sin\alpha} \cdot \frac{r_0^2}{\tan^2\delta} + p_{C_0}\frac{\gamma}{\sin\alpha} \cdot \frac{r_0^2}{\tan^2\delta} = (p_{A_0} + p_{C_0})\frac{\gamma}{\sin\alpha} \cdot \frac{r_0^2}{\tan^2\delta}$$

und das unendlich kleine Glied zweiter Ordnung

$$-p_{A_0} \cdot p_{C_0} \cdot \frac{\gamma^2}{\sin^2\alpha} \cdot \frac{r_0}{\tan\delta}$$

stehen bleibt. Das letztere kann gegen das unendlich kleine erster Ordnung gestrichen werden, das Unendlichkleine erster Ordnung aber bleibt stehen, da das Endliche, gegen welches es vernachlässigt werden könnte, weggefallen ist. Als Rauminhalt des unendlich niedrigen abgeschrägten Kegels bleibt also für unendlich kleines γ stehen

$$1)\qquad J_1 = \frac{\pi}{3} \frac{\cos^3\delta}{\sin\alpha} \gamma\, r_0^2 (p_{A_0} + p_{C_0}).$$

Jetzt ist die geometrische Reihe aller solcher Kegelinhalte von $A_0 C_0$ bis M hin zu summieren. Dadurch erhält man

$$J = \Sigma J_n = J_1 \left[1 + e^{\frac{-3\gamma}{\tan\alpha}} + e^{\frac{-6\gamma}{\tan\alpha}} + \ldots\right] = \frac{J_1}{1 - e^{-\frac{3\gamma}{\tan\alpha}}}.$$

Behandelt man den Nenner wie vorher unter Reihenentwickelung, so erhält man nach Wegheben der ± 1 durch

Heraussetzung von $\frac{3\gamma}{\tan\alpha}$ und Feststellen der bleibenden Reihensumme als 1 den Ausdruck

$$J = J_1 \frac{\tan\alpha}{3\gamma}.$$

Setzt man J_1 nach Gleichung 1) ein, so wird

$$J = \frac{\pi}{3}\frac{\cos^3\delta}{\sin\alpha}\gamma r_0^2 (p_{A_0} + p_{C_0})\frac{\tan\alpha}{3\gamma} = \frac{\pi}{9} r_0^2 (p_{A_0} + p_{C_0})\frac{\cos^3\delta}{\cos\alpha},$$

worin das Unendlichkleine weggefallen ist, da γ gehoben werden konnte. Für $p_{A_0} + p_{C_0}$ ist dasselbe, wie vorher, einzusetzen, ebenso ist $\sin\delta = \frac{r_0}{p_0}\cos\alpha$, $\cos^2\delta = \frac{p_0^2 - r_0^2\cos^2\alpha}{p_0^2}$ zu setzen. Dadurch erhält man die Formel

$$2)\quad J = \frac{2\pi}{9}\frac{r_0}{p_0^2\cos\alpha}(p_0^2 - r_0^2\cos^2\alpha)^2 = \frac{2\pi}{9} p_0 r_0^2 \frac{\cos^4\delta}{\sin\delta}$$

für den Inhalt des untersuchten Raumes innerhalb der logarithmischen Spiralröhrenfläche.

§ 238) Bemerkungen. Schreibt man für die erste dieser Formeln

$$J = \frac{2\pi}{9\cos\alpha} p_0^3 \cdot \left(\frac{r_0}{p_0}\right)\left[1 - \left(\frac{r_0}{p_0}\right)^2 \cos^2\alpha\right]^2,$$

und bedenkt man, daſs $\frac{r_0}{p_0}$ für die ganze Fläche ein konstantes Verhältnis ist, so erkennt man, daſs der Rauminhalt proportional p_0^3 ist.

Der zugehörige Kreiskegel (Tangentenkegel $A_0 C_0 Z_0$) hat den Rauminhalt

$$J' = \frac{\pi h}{3} r^2 = \frac{\pi}{3}\left(\frac{r_0\cos^2\delta}{\sin\delta}\right) r_0 \cos^2\delta = \frac{\pi r_0^3 \cos^4\delta}{3\sin\delta}.$$

Demnach ist

$$J' : J = \frac{\pi r_0^3\cos^4\delta}{3\sin\delta} : \frac{2\pi}{9} p_0 r_0^2 \frac{\cos^4\delta}{\sin\delta}$$

oder

$$J' : J = r_0 : \frac{2}{3} p_0,$$

so daſs

$$J = J' \frac{2}{3} \frac{p_0}{r_0} \tag{3}$$

ist.

Welches also auch der konstante Schnittwinkel α der Spiralen sei, stets ist der Inhalt des Spiralröhrenflächenraumes das $\frac{2}{3}\frac{p_0}{r_0}$-fache vom Inhalte des zugehörigen Kegels.

Die entsprechenden Sonderfälle sind ebenso zu behandeln, wie vorher. Es ist auch zweckmäſsig, die Inhalte J innerhalb der Spiralröhrenfläche zu dem der Kugel M_0 oder dem ihres Segmentes über $A_0 C_0$ in Verhältnisbeziehung zu setzen.

§ 239) **Schlieſsungsprobleme nach Art der Steinerschen** lassen sich an die untersuchten Flächen anschlieſsen. Einige gelten schon auf Grund der Ähnlichkeit, z. B. folgendes: Erfüllt eine ganzzahlige Reihe von Berührungskugeln gerade einen Umgang der Fläche, so ist dies mit jeder solchen Reihe der Fall. Andere gelten auf Grund der Abbildung auf den Parallelstreif, z. B. folgendes: Schlieſst in einem der besprochenen isothermischen Ringstreifen eine Reihe von Quadraten der betreffenden Einteilung nach einem Umgange, so schlieſst sie stets, wo sie auch beginne. Dasselbe gilt von den Quadraten innerhalb eines Streifens zwischen zwei Loxodromen der Fläche, die zu einer quadratischen Einteilung gehören. Entspricht eine Reihe solcher Quadrate genau einem Umgange um die Fläche, so geschieht dies stets, wo auch die Reihe beginne.

[Bei der Drehungscyklide denke man sich zwischen zweien der inneren Berührungskugeln und der Fläche andere Berührungskugeln einbeschrieben, die alle drei Flächen berühren. Die äuſserste und innerste dieser neuen Kugelschar bestimmen, wie leicht zu zeigen ist, eine Dupinsche Cyklide, welche die ursprüngliche in einem Kreisschnitte berührt, und deren Kreisschnittebenen zweiter Art durch die Drehungsachse der Cyklide gehen. Durch Inversion gilt der Satz auch allgemein von der Dupinschen Cyklide, nur dafs an Stelle der Drehungsachse deren Hauptachse (durch J) tritt. Auch in einen der entsprechenden Räume der Spiralröhrenfläche lassen sich solche Berührungskugeln einbeschreiben. Es fragt sich, welchen Modifikationen der genannte Satz hier unterliegt, ob die Kugelschar etwa längs eines Kreisschnittes berührt, ob die Reihe, wie dort, stets schliefst, wenn sie einmal schliefst, u. s. w. Die Frage, welche Gestalt die Umhüllende der Kugeln hat, ist dabei zunächst zu beantworten.]

Weitere Schliefsungsprobleme sollen an einem besonderen Beispiele angedeutet werden.

§ 240) Eine merkwürdige Kugelschar, die einem schon berührten Sonderfalle entspricht, entsteht in folgender Weise. Man denke sich eine logarithmische Spirale durch Radii vectores, die unter konstantem Winkel γ aufeinander folgen, regelrecht eingeteilt, wobei die Teilpunkte mit μ bezeichnet werden mögen. Auf diesen Radii vectores denke man sich im Centrum M Lote errichtet, die bis zu den Durchschnitten P mit den in den entsprechenden Punkten μ an die Spitze gelegten Tangenten reichen, so dafs die Tangenten die Längen der von M aus bis zu den Berührungspunkten reichenden Spiralbogen angeben. Die Schnittpunkte der Lote und der Tangenten liegen dann auf einer gleichwinkligen Spirale desselben Centrums, der Evolvente der ersten Spirale. Um die Punkte μ lege man mit den zugehörigen Tangenten als Radien Kreise. Diese Kreise sind Krümmungskreise der zweiten Spirale und werden von dieser umhüllt, aber gleichzeitig geschnitten. Jedes der Lote verlängere man über M hinaus um sich selbst, dann bilden die Endpunkte B eine dritte Spirale derselben Schar, die derart liegt, dafs jeder um M gelegte Kreis durch sie selbst und durch die zweite Spirale in einem Durchmesser geschnitten, also halbiert wird. Sie ist die isothermisch Halbierende des eine ganze Umdrehung umfassenden Spiralstreifens (hier die doppelt gedachte zweite Spirale). Die Punkte B entsprechen also den Berührungspunkten B der früher behandelten Figuren, nur handelt es sich jetzt um einen der Fälle, wo die einbeschriebenen Kreise einander nicht in dem Sinne berühren können, wie es früher geschah. Die Bedeutung der Punkte B zu untersuchen, wird als Aufgabe gestellt. Sodann soll die durch die gezeichneten Kreise bestimmte Kugelschar untersucht werden, für die sie Hauptkreise sind. Diese Kugelschar wird nicht, wie vorher, von einer Spiralröhrenfläche umhüllt, sondern nur von einer Linie, der zweiten Spirale. Die wesentlichen Eigenschaften dieser Kugelschar sollen im

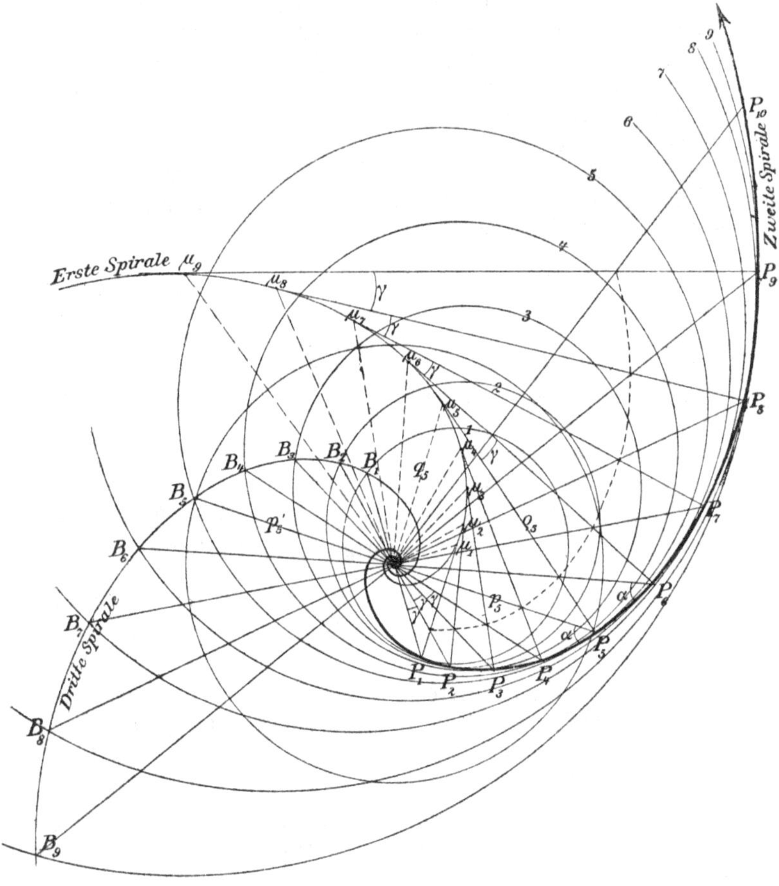

Fig. 121.

Anschlufs an die früheren Betrachtungen ermittelt werden. Sie wird z. B. nicht nur von den Spiralen, sondern auch von den Loxodromen der zu diesen gehörigen senkrechten Cylinder, also von gewissen Kegelloxodromen, unter konstanten Winkeln durchschnitten. Jede dieser Kurven giebt homologe Punkte der Kugeln. Wie die gestrichelte Spirale der Figur zeigt, liegen die Schnittpunkte entsprechender Geraden auf Spiralen der Schar. Im Ringstreif zwischen je zwei der gezeichneten Kreise (die nur für $\gamma = 0$ einander berühren) lassen sich Berührungskreise einzeichnen, die, je nachdem man den Abstand wählt, entweder nach einer endlichen Anzahl von Umgängen schliefsen, oder überhaupt nicht schliefsen, in gewissen Sonderfällen schon nach einem Umgange schliefsen. Geschieht z. B. letzteres bei den Kreisen *1* und *5*, so geschieht es auch bei *2* und *6*, bei *3* und *7* u. s. w., wo auch der erste Berührungskreis liegen möge. In dieser Hinsicht verhält sich also diese spiraloidische Kreisschar wie eine Steinersche. Ein Unterschied liegt aber darin, dafs bei der Steinerschen Kreisschar die Berührungspunkte benachbarter Berührungskreise auf einem Kreise derselben Schar (auf den Streifen isothermisch halbierenden) liegen, hier aber nicht etwa auf einem Kreise der spiraloidischen Schar. Die Figur stellt also zugleich eine Reihe aufeinander folgender Cykliden von besonderer Lage dar, für welche an Stelle der Kreisreihen Kugelreihen treten.

Denkt man sich die gezeichneten Kugeln, z. B. von der zehnten ab bis nach M hin fortgesetzt, so ist der Quotient der geometrischen Reihe ihrer Radien gleich $e^{\frac{-\gamma}{\tan\alpha}}$. Demnach läfst sich die Summe der Kreisperipherien, der Kugeloberflächen, der Kugelinhalte bis dorthin genau berechnen.

Jede Orthogonalkurve der gezeichneten Kreisschar hat auf der Spirale der P einen Wendepunkt, da sie aber unendlich viele Durchschnittspunkte mit ihr hat, besitzt sie unendlich viele Wendepunkte.

Weitere Eigenschaften dieser Kreis- und Kugelschar zu entwickeln, bleibe dem Leser überlassen. Einige ergeben sich z. B. mittels der Inversion gegen irgend eine um M gelegte Kugel, wodurch das Symmetriebild der Spiralenschar in Bezug auf jeden ihrer Radii vectores entsteht und die vorkommenden Geraden und Ebenen in Kreise bezw. Kugeln, die durch M gehen, verwandelt werden. Aber auch die Ähnlichkeitspunkte der Kugelschar, die Potenzlinien und Potenzebenen u. s. w. geben zu Sätzen Veranlassung. Dafs auch die Inversion von beliebigem Raumpunkte aus von Interesse ist, wird sich unten zeigen.

β) Die Inversionsverwandten der logarithmischen Spiralröhrenfläche.

§ 241) Die Inversionsverwandten der Schar logarithmischer Spiralen. Die Spiralenschar entstand aus der Schar konzentrischer Kreise und des Strahlenbüschels, die von jener ersteren Schar unter konstanten Winkeln $(90^0 + \alpha)$ und α durchschnitten werden. Durch Inversion von einem beliebigen Punkte der Ebene aus geht das Strahlenbüschel nebst konzentrischer Kreisschar über in ein Kreisbüschel nebst orthogonaler Kreisschar. Die Schar logarithmischer Spiralen verwandelt sich dabei in eine Kurvenschar, welche das Kreisbüschel unter dem konstanten Winkel α, die Kreisschar unter $(90^0 + \alpha)$ schneidet. Wie man von Bicirkularkoordinaten spricht, kann man auch von Bicirkularspiralen sprechen. Jedoch kann man die neuen Spiralen auch als logarithmische Doppelspiralen bezeichnen.

Die Kreise des Büschels haben über der die Büschelpunkte verbindenden Sehne konstante Peripheriewinkel. Macht man diese Sehne zur X-Achse, die andere Symmetrielinie des Büschels zur Y-Achse, so kann man statt des Peripheriewinkels für jeden Punkt eines Kreises die Differenz der Neigungswinkel der Schenkel gegen die X-Achse nehmen, was eine Gleichung $(\varphi - \varphi_1) = \gamma$ giebt. Für die Kreise der Kreisschar ist bekanntlich das Verhältnis der Radii vectores konstant, so dafs man für jeden Kreis die Gleichung $\frac{p}{p_1} = e$ hat. Läfst man $(\varphi - \varphi_1)$ der Reihe nach die Werte der Glieder einer arithmetischen Reihe annehmen, z. B.

$$1) \qquad (\varphi - \chi) = 0, \pm \frac{2\pi}{n}, \pm \frac{4\pi}{n}, \pm \frac{6\pi}{n}, \pm \cdots\cdots,$$

und macht man ebenso der Reihe nach

$$2)\qquad lg\left(\frac{p}{q}\right) = 0, \pm\frac{2\pi}{n}, \pm\frac{4\pi}{n}, \pm\frac{6\pi}{n}, \pm \ldots\ldots,$$

so erhält man die quadratische Einteilung durch Kreisbüschel und Kreisschar. Man kann geradezu sagen, daſs bei der Transformation die Neigungen

$$\vartheta = 0, \pm\frac{2\pi}{n}, \pm\frac{4\pi}{n}, \pm \ldots$$

sich in die Neigungsdifferenzen unter 1) verwandelt haben, die Radien

$$r = 0, e^{\pm\frac{2\pi}{n}}, e^{\pm\frac{4\pi}{n}}, \ldots\ldots$$

in die Radienverhältnisse

$$\frac{p}{q} = e^0, e^{\pm\frac{2\pi}{n}}, e^{\pm\frac{4\pi}{n}}, \ldots\ldots,$$

woraus eben die Reihe 2) hervorgeht. Ohne näher auf diese Koordinaten einzugehen, bemerke man Folgendes:

In § 205 entsprach der Geraden

$$\frac{Y - Y_1}{X - X_1} = \tan\alpha = k$$

die logarithmische Spirale

$$\frac{\vartheta - \vartheta_1}{lg\, r - lg\, r_1} = \tan\alpha = k.$$

Die Gleichung der letzteren geht durch Inversion über in

$$\frac{(\varphi - \chi) - (\varphi_1 - \chi_1)}{lg\left(\frac{p}{q}\right) - lg\left(\frac{p_1}{q_1}\right)} = \tan\alpha = k.$$

Letzteres ist also die Gleichung der logarithmischen Doppelspiralen oder Bicirkularspiralen. Man kann aber die Gleichung auch einfacher schreiben. In § 205 wurde aus der Geraden

$$X - Y\cot\alpha = X_1$$

die Spirale

$$ {}^{e}lg\, r - \vartheta \,.\, \cot \alpha = {}^{e}lg\, r_1, $$

oder

$$ \frac{r}{r_1} = e^{\vartheta \cot \alpha}, \text{ oder } r = r_1 e^{\vartheta \cot \alpha} $$

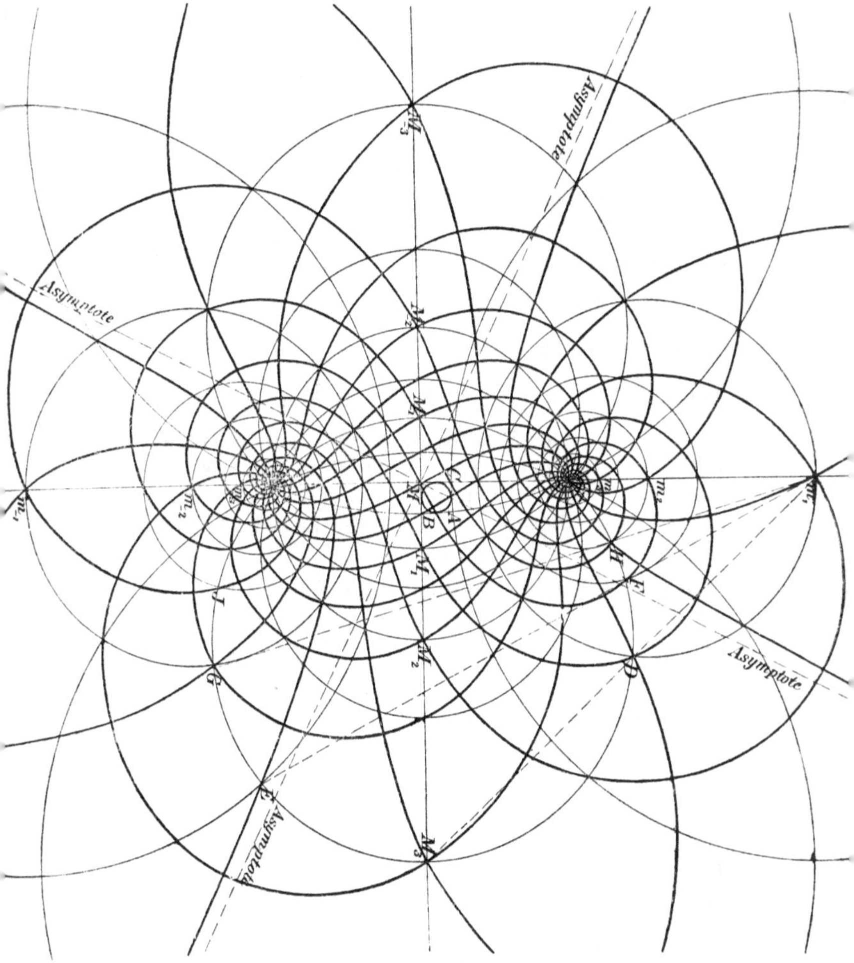

Fig. 122.

Hier wird aus der Spirale die Doppelspirale

$$^{e}lg\left(\frac{p}{q}\right) - (\varphi - \chi)\cot\alpha = {^{e}lg}\left(\frac{p_1}{q_1}\right)$$

bezw.

$$\frac{p}{q}\cdot\frac{q_1}{p_1} = e^{(\varphi-\chi)\cot\alpha}$$

oder

$$\left(\frac{p}{q}\right) = \frac{p_1}{q_1}\cdot e^{(\varphi-\chi)\cot\alpha}$$

Läſst man X_1 die Wertfolge $0, \pm a, \pm 2a, \pm 3a, \ldots$ annehmen, so erhält man eine Parallelenschar von gleichen Abständen, läſst man $^{e}lg\, r_1$ diese Wertfolge annehmen, so erhält man eine Spiralenschar von gleichen Winkelabständen, läſst man den Ausdruck $^{e}lg\,\frac{p_1}{q_1}$ diese Wertfolge annehmen, so erhält man eine isothermische Schar von logarithmischen Doppelspiralen. Die variabelen Ausdrücke $\left(\frac{p}{q}\right)$ und $(\varphi - \chi)$ sind dabei die Bicirkularkoordinaten. Die Gleichung der Orthogonalschar geht ebenso aus der der orthogonalen Geradenschar hervor. Diese Bemerkungen sollen nur zeigen, wie elementar diese Kurven auch analytisch behandelt werden können.

Die logarithmische Spirale hatte folgende Eigenschaft: Nimmt der Neigungswinkel des Radius vector in arithmetischer Reihe zu, so nimmt seine Länge in geometrischer Reihe zu (oder ab).

Daraus entspringt als Haupteigenschaft der Bicircularspirale folgendes:

Nimmt die Differenz $\varphi - \chi$ der Neigungswinkel der beiden Radii vectores in arithmetischer Reihe zu, so nimmt das Verhältnis der Längen der Radii vectores in geometrischer Reihe zu (oder ab).

In Figur 122 sind zwei Scharen solcher Kurven, welche die Ebene in ein System von „Quadraten“ einteilen, dargestellt. Dabei ist der Fall gewählt, daſs die beiden Kreisscharen unter Winkel geschnitten werden, die sich durch $\tan\alpha = \frac{1}{2}$ und $\tan(90^\circ + \alpha) = -\frac{2}{1}$ ergeben.

Die Mittelpunkte der acht Kreise des Büschels sind M, M_1, M_2, M_3, M_{-1}, M_{-2}, M_{-3} und M_∞. Will man weitere Kreise einschalten, so wähle man die übrigen Kreisschnitte derselben Achse als Mittelpunkte. Die Mittelpunkte der Kreisschar ergeben sich, sobald man einen hat. Dieser eine kann durch eine Berechnung mit Hilfe des natürlichen Logarithmus gefunden werden. (Mit Annäherung findet man ihn mit Hilfe des bei M in den Meridianstreif eingetragenen Berührungskreises und zwar um so genauer, je mehr Büschelkreise man gezeichnet hat. Absolut genau ist die Konstruktion nur für unendliche Kleinheit des Kreises.) Man erhält so ein kleines „Quadrat" (z. B. mit Hilfe einer Horizontalen) $ABMC$. Die Tangente in A giebt den Mittelpunkt m_1 und symmetrisch m_{-1}. [Man kann auch die Quadrat-Einteilung mittels Strahlenbüschel und konzentrischer Kreisschar benutzen und die Figur mittels der Inversion in die neue Form umgestalten. Auch kann man diese durch stereographische Projektion aus der quadratischen Einteilung der Kugel durch Meridiane und Parallelkreise erhalten.] Die Gerade $M_3 m_1$ giebt den Punkt D auf dem Kreise M_2. Die Tangente in M_2 giebt den Mittelpunkt m_2 und symmetrisch m_{-2}. Die Gerade Em_1 giebt auf dem Kreise M_2 den Punkt F, die Tangente in F giebt den Mittelpunkt m_3 und symmetrisch m_{-3}. Die Gerade Gm_1 giebt H, die Tangente in H würde m_4 geben, und so kann man mit J u. s. w. fortfahren bis ins Unendliche.

Man kann die beiden Scharen von Diagonalkurven in die Quadrate einzeichnen, was die Bicirkularspiralen zu $\pm 45^\circ$ giebt. Die beiden Scharen sind dann kongruent. Um nicht kongruente Scharen zu erhalten, kann man, wie es in der Figur geschehen ist, die Diagonalen von Doppelquadraten (oder anderen Rechtecken) wählen.*)

*) Eine interessante Eigenschaft ist noch folgende: Legt man an eine Schar von Bicircularspiralen parallele Tangenten, so liegen deren Berührungspunkte auf einer gleichseitigen Hyperbel. Für alle Arten von Tangentenrichtungen erhält man ein Büschel solcher Hyperbeln durch die Büschelpunkte. Die Orthogonalschar von Lemniskaten sendet jedes Individuum durch gleich große Quadrate der Einteilung.

§ 242) Weitere Eigenschaften der Bicirkularspiralen. Sämtliche logarithmischen Spiralen derselben Schar sind kongruent, demnach lassen sich sämtliche Bicircularspiralen einer Schar durch Inversion aus einer einzigen logarithmischen Spirale ableiten. Die Bicirkularspiralen einer Schar sind also unter sich kreisverwandt (oder inversionsverwandt). Zu jeder giebt es im allgemeinen eine symmetrische kongruente innerhalb der Schar. Nur die durch den Mittelpunkt der Büschelsehne gehenden sind nur einmal vorhanden, ebenso die durch den unendlich fernen Punkt gehenden, die also Asymptoten haben. Kurven, die eine Schar dieser Art unter konstantem Winkel durchsetzen, sind wiederum Bicirkularspiralen, im Sonderfalle Kreisbüschel oder Kreisschar. Jede Doppelspirale macht um jeden Büschelpunkt unendlich viele Windungen, jedoch um beide in entgegengesetztem Sinne. Gleichwinklige Kurven dieser Art schneiden einander nicht. Inversion mittels eines Kreises des Büschels oder der Schar verwandelt die Doppelspirale in eine das Kreisbüschel unter entgegengesetztem Winkel schneidende Doppelspirale. Beliebige Inversion verwandelt die Schar von Doppelspiralen wieder in eine solche, jedoch ein anderes Kreisbüschel schneidende. Durch Inversion von einem Büschelpunkte aus entstehen Systeme logarithmischer Spiralen.

Jeder Krümmungskreis einer logarithmischen Doppelspirale berührt und schneidet sie zugleich im Berührungspunkte, trifft sie aber nie wieder, so dafs er den einen Teil der Kurve einschliefst, den andern Teil ausschliefst. Durch jeden Punkt der Ebene geht ein und nur ein Krümmungskreis der Kurve. Zwei solcher Krümmungskreise schneiden einander nie, nur unendlich benachbarte berühren einander auf der Doppelspirale selbst, welche die Schar umhüllt, jeder also umschliefst sämtliche Windungen des von ihm eingeschlossenen Kurventeils, wird aber von allen des andern Teils umschlossen oder ausgeschlossen. Den Grenzfall bildet der zur Geraden ausartende Krümmungskreis, der dem Wendepunkte der Kurven entspricht. Daher kann auch jede Doppelspirale nur einen einzigen Wendepunkt haben. Nach § 212 liegen alle Wendepunkte einer solchen Schar auf einer geraden Linie, der einen Asymptote. Die Evolute einer logarithmischen Doppelspirale ist das

Inversionsbild einer Kurve, die man folgendermaſsen leicht erhält. Man zeichne zu einer gewöhnlichen logarithmischen Spirale diejenigen Orthogonalkreise, die durch einen gegebenen Punkt P gehen. Diese Kreise umhüllen eine Kurve. Macht man nun P zum Inversionscentrum, so wird die Umhüllende der Kreise in die Evolute der entsprechenden Doppelspirale verwandelt.

In den Streifen zwischen zwei Doppelspiralen einer Schar läſst sich eine Reihe von Berührungskreisen einbeschreiben, die einander paarweise berühren. Diese Berührungspunkte liegen auf einer Doppelspirale derselben Schar, welche den Streifen isothermisch halbiert. Die Kurven selbst sind stereographische Projektionen von Kugelloxodromen, geben also die Darstellung der Loxodromen auf den Karten der östlichen und westlichen Halbkugelkarte.

§ 243) Das Inversionsbild der logarithmischen Spiralröhrenfläche für beliebige Punkte ihrer Symmetrieebene. Die beiden Grenzspiralen verwandeln sich in Bicirkularspiralen, die der Fläche einbeschriebenen Kugeln gehen in Kugeln über, welche die dem Streif zwischen diesen beiden Kurven einbeschriebenen Kreise zu Hauptkreisen haben. Berühren einander solche Kugeln, so geschieht es auf einer den Streif isothermisch halbierenden Doppelspirale. Die umhüllende Fläche aller Kugeln ist das gesuchte Inversionsbild der logarithmischen Spiralröhrenfläche. Die Fläche hat eine Symmetriebene. Die Kreisschnitte der ursprünglichen Fläche verwandeln sich wiederum in Kreisschnitte, die senkrecht zur Symmetrieebene stehen. Sie sind Krümmungslinien der Fläche. Die zu ihnen orthogonale Kurvenschar der Fläche giebt deren Krümmungslinien zweiter Art. Jede Krümmungscyklide der ursprünglichen Fläche geht über in eine Krümmungscyklide der neuen Fläche. Das Gauſssche Krümmungsmaſs der Fläche in jedem Punkte entspricht dem Krümmungsmaſse der betreffenden Cyklide in demselben Punkte.

(Die Mittelpunkte der einbeschriebenen Kugeln der ersten Fläche gehen nicht in die Mittelpunkte der der zweiten Fläche einbeschriebenen Kugeln über, der neue Mittelpunktsweg ist also keine Bicirkularspirale.)

Auf der logarithmischen Spiralröhrenfläche befanden sich Kurven „Bewegungskurven“, welche Loxodromen senkrechter Kreiskegel oder auch senkrechter Cylinder mit logarithmischer Spirale als Grundlinie waren. Diese Kreiskegel gehen in eine Art von Dupinschen Cykliden mit zwei Knotenpunkten und zwei Wulsten über, die Loxodromen aber bleiben Loxodromen. Die Entstehung der neuen Röhrenfläche läfst sich daher dahin definieren, dafs eine Kugel von veränderlichem Radius sich so bewegt, dafs sie beide Wulste berührt und die Berührungspunkte auf den Wulsten Loxodromen zurücklegen. Man kann sie bezeichnen als die Röhrenfläche der Bicirkularspiralen oder der logarithmischen Doppelspiralen.

Auch die Cylinder mit spiralischer Basis gehen in eigentümlich gestaltete Flächen über. Diese werden gebildet von Kreisen, die auf der Symmetrieebene senkrecht stehen, durch das Inversionscentrum gehen und aufserdem durch die Punkte der aus jeder spiralischen Basis entstehenden Doppelspirale. Die Loxodrome der Cylinder werden Kurven, welche die Kreise der neuen Flächen unter konstantem Winkel schneiden.

§ 244) Liegt das gewählte Inversionscentrum und der spiegelnde Kreis ganz aufserhalb der Spiralröhrenfläche, so wird deren Inversionsbild eine Röhrenfläche, die ganz innerhalb der Kugel liegt und nur innerliche Berührungskugeln von nur endlicher Gröfse besitzt.

Liegt die Inversionskugel ganz innerhalb der Röhrenfläche, so wird das neue Gebilde ebenfalls ganz von der Kugel umschlossen und dabei treten eigentümliche Änderungen ein. Um diese zu übersehen, wähle man eine der Berührungskugeln, z. B. M_0 zur abbildenden Kugel. Der Berührungskreis bleibt dann ungeändert, so dafs längs desselben die neue Röhrenfläche von der nun äufseren Kugel berührt wird. Die beiden durch M_0 gehenden Berührungskugeln verwandeln sich in Ebenen, welche die neue Fläche längs zweier Kreise berühren. Diese Lage des Inversionscentrums ist aber nur ein besonderer Fall. Hier sollen allgemeinere Fälle gewählt werden.

Demnach giebt es zwischen zwei gleichwinkligen Bicirkularspiralen zwei Haupttypen von Röhrenflächen dieser Art, die sich am besten an zwei zusammengehörigen Skizzen erläutern.

§ 245) Figur 123 stellt den ersten Typus dar, bei dem alle Berührungskugeln im Endlichen verlaufen. Die Berührungskreise der beiden ebenen Bicirkularspiralen befinden sich in der endlichen Innenfläche zwischen beiden Kurven. Jede der Berührungssehnen ist Projektion eines Kreises, den man auf einem Holzmodell der Symmetrieebene durch halbkreisförmige Drahtbügel darstellen kann, die senkrecht auf der Ebene stehen.

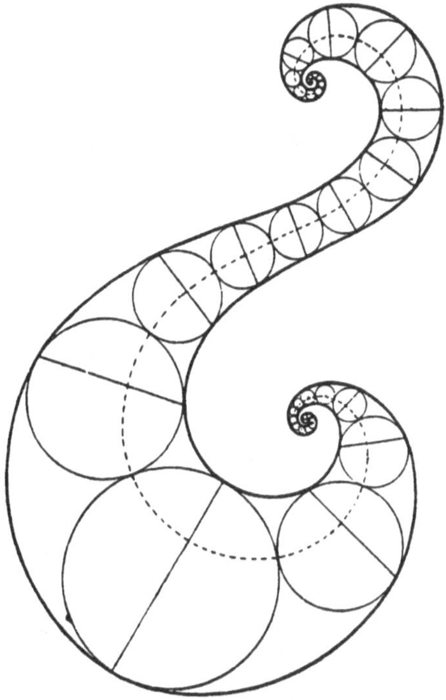

Fig. 123.

§ 246) Figur 124 stellt den zweiten Typus dar, bei dem zwei der Berührungskugeln unendlich grofs sind, so dafs die bis ins Unendliche reichende Aufsenfläche des vorigen Innenstreifens von den Berührungskreisen erfüllt wird. Während jedoch die Kugeln bis zu unendlicher Gröfse zunehmen, verläuft trotzdem die Fläche im Endlichen, sie ist eben nur in den ebenen Grenzspiralen mit der vorigen identisch. Die Grenzspiralen sind aber bei beiden mit ganz verschiedenen Kreisen versehen, die, senkrecht auf der Symmetrieebene stehend, von Kurve nach

Kurve gehen, das eine Mal als Projektionen Querlinien der Innenfläche, das andere Mal solche der Aufsenfläche gebend. Auch hier kann man die durch gerade Linien dargestellten Kreise durch halbkreisförmige Drahtbügel veranschaulichen.

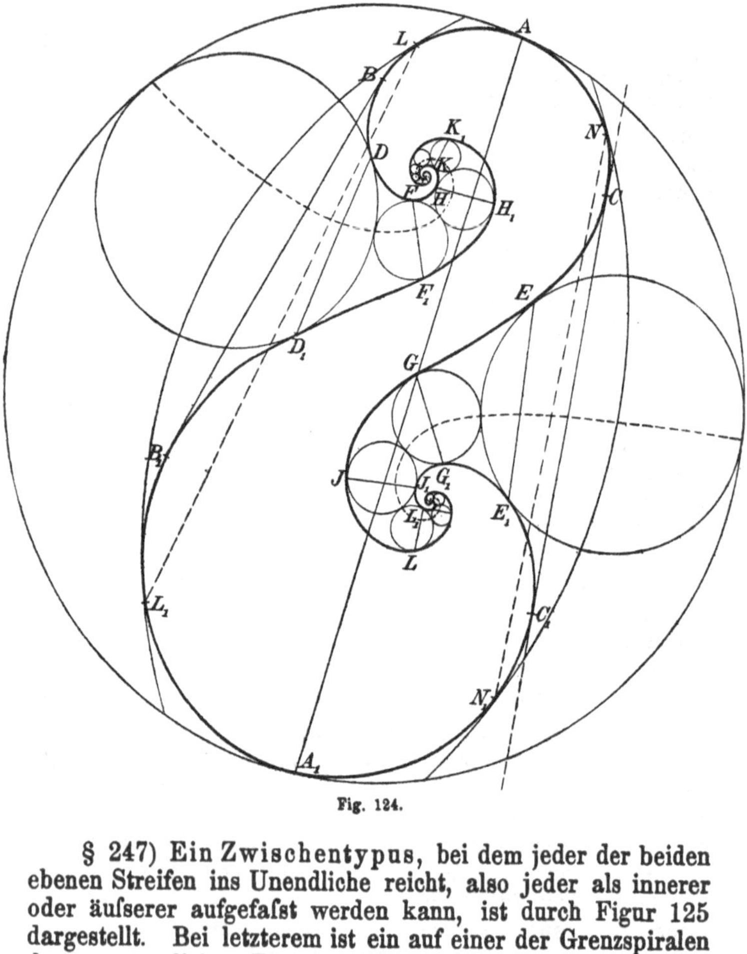

Fig. 124.

§ 247) Ein **Zwischentypus**, bei dem jeder der beiden ebenen Streifen ins Unendliche reicht, also jeder als innerer oder äufserer aufgefafst werden kann, ist durch Figur 125 dargestellt. Bei letzterem ist ein auf einer der Grenzspiralen der ursprünglichen Fläche gelegener Punkt zum Inversions-

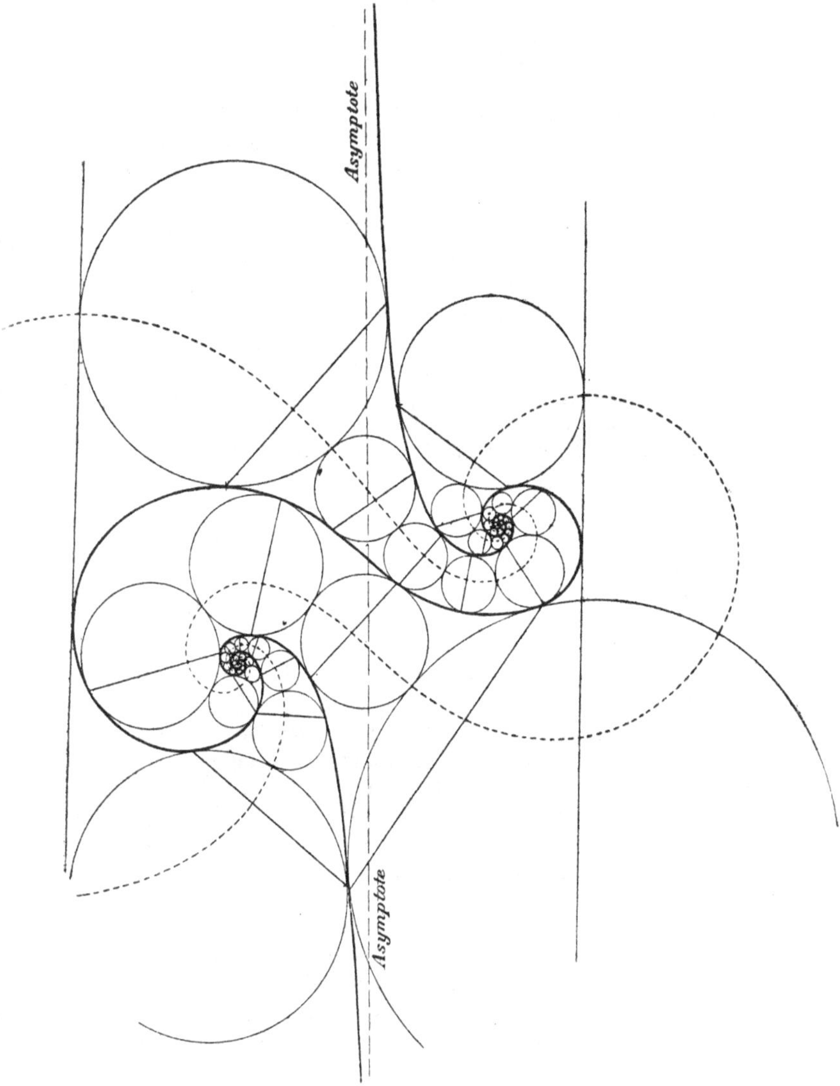

Fig. 125.

punkt gemacht worden. Eine der Krümmungscykliden gehört bei diesem Typus der ins Unendliche reichenden Art an, die schon in Band I bei Figur 245 und 246 behandelt worden ist. Beide Streifen sind hier offen und mit Berührungskreisen angefüllt. Dadurch sind zwei Röhrenflächen dargestellt. Wo die (geradlinigen) unendlich grofsen Kreise berühren, sind statt der Drahtbügel einfache Lothe zu errichten.

§ 248) Bemerkungen. Naturgemäfs läfs sich auch beim gewöhnlichen Spiralstreif nicht nur die Innenfläche, sondern auch die Aufsenfläche mit Berührungskreisen versehen, so dafs auch dort zwei Spiralröhrenflächen möglich sind, welche dieselben Grenzspiralen haben. Werden beide zugleich von einem beliebigen Punkte der Symmetrieebene aus der Inversion unterworfen, so wird die eine der Flächen in den ersten, die andere in den zweiten Typus verwandelt. Nur wenn der Inversionspunkt auf einer Grenzspirale liegt, nimmt jede der beiden Flächen die Form eines Zwischentypus an.

Zu Figur 124 sei noch folgendes bemerkt: Eine der Berührungssehnen, $A A_1$, ist die gröfste von allen. Ihr Kreis entspricht bei der Inversion mittels des Kreises M_0 dem Kreisschnitte $A_0 C_0$. Die gemeinschaftlichen Tangenten $B B_1$ und $C C_1$ stellen die Berührungskreise der ins Unendliche reichenden Kugeln (Ebenen) dar. Sie entsprechen bei der obigen Inversion den beiden durch M_0 gehenden Kugeln. Die Berührungskreise $D D_1$ und $E E_1$ der Grenzkurven und der gezeichneten äufseren Berührungskugel entsprechen den beiden Nachbarkugeln von M_0. Aufserhalb $D D_1$ und $E E_1$ schwellen die Kugeln bis ins Unendliche an und ragen über die gezeichnete Kugel hinaus, innerhalb $D D_1$ und $E E_1$ verlaufen die Kugeln innerhalb der gezeichneten äufseren Kugel.

Die durch die obige Bewegung der Kugel charakterisierte Entstehung dieser Flächen giebt auch die Entstehung der Bewegungskurven an. Auch hier bilden diese mit ihren Orthogonalkurven isothermische Kurvensysteme, welche auch die Konstruktion der Loxodromen und die konforme Abbildung auf den Parallelstreif ermöglichen.

§ 249) Aufgabe. Gegeben seien zwei Bicirkularspiralen aus derselben Schar. Die beiden zu ihnen gehörigen Röhrenflächen sollen in Grund- und Aufrifs gezeichnet werden, und zwar soll die Fläche durch die Kreisschnitte in inversionsverwandte Streifen eingeteilt werden. Die Bewegungskurven dagegen sollen sich der isothermischen Einteilung einer Krümmungscyklide anschliefsen.

Wo es der transscendente Charakter der Aufgaben erfordert, sind die Konstruktionen nach den oben angewandten Annäherungsmethoden zu geben.

§ 250) Aufgabe. Aus jeder rein geometrischen Eigenschaft der logarithmischen Spiralröhrenfläche soll eine solche ihres Inversionsbildes (mit Symmetrieebene) abgeleitet werden.

Man versuche dabei, mit Hilfe der Bicirkularkoordinaten auch einiges von metrischen Beziehungen abzuleiten. Bei dieser Gelegenheit lassen sich auch Sätze der allgemeinen Lehre von den Raumkurven spezialisieren.

§ 251) Inversion der logarithmischen Spiralröhrenfläche von einem Punkte des Lotes aus, welches sich im Centrum M auf der Symmetrieebene errichten läfst.

Da der Inversionspunkt aufserhalb der beiden zwischen den Grenzspiralen möglichen Flächen dieser Art liegt, ist nur ein Typus zu erwarten. Die Symmetrieebene verwandelt sich in eine Kugel. An Stelle der Symmetrie tritt Inversionsverwandtschaft zwischen dem äufseren und inneren Teile der zu konstruierenden Fläche. Die Grenzspiralen verwandeln sich in gewöhnliche Loxodromen der Kugel. Ihre Polpunkte liegen auf einem Durchmesser der Kugel. Die Berührungskreise des Spiralstreifens gehen über in Kreise auf der Kugel, welche in einem der beiden loxodromischen Streifen liegen. Durch diese Kreise sind Kugeln zu legen, welche die Kugelfläche orthogonal schneiden. Auf jeder dieser Kugeln befindet sich ein Berührungskreis (Kreisschnitt) der gesuchten Fläche. Im Modell kann man diese Kreislinien für den äufseren Teil der gesuchten Fläche durch Drahtbügel darstellen, die kreisförmig gebogen sind und die Kugelfläche dort orthogonal durchstofsen, wo die einbeschriebenen Kreise die Grenzloxodromen berühren. Die gröfsten dieser Bügel befinden sich in der Nähe des „Äquators". (Im besonderen Falle können die Berührungspunkte, in denen sie die Kugel durchstofsen, um *180°* von einander entfernt sein, dann wird der Bügel unendlich grofs, d. h. ein bis ins Unendliche reichender Durchmesser der Kugel.) Das Innere der Bügel ist die Fortsetzung der Kreise durch das Innere der Kugel. (In jenem besonderen Falle reicht also die Fläche bis in den Mittelpunkt der Kugel.)

Die Mittelpunkte der Berührungskugeln selbst können folgendermafsen bestimmt werden. Zu jedem umbeschriebenen Kreise des Loxodromenstreifens gehört ein Tangentenkegel, dessen Spitze den Mittelpunkt der Berührungskugel giebt. Die verbindende Kurve aller dieser Spitzen ist der Mittelpunktsweg der veränderlichen Berührungskugel. Dieser ist jedoch keine Kugelloxodrome.

Die Umhüllende der so vollständig bestimmten Kugelreihe kann als die **Röhrenfläche** der (gewöhnlichen) **Kugelloxodromen** bezeichnet werden.

Sie besitzt die oben besprochenen Bügel als Kreisschnitte, die als Krümmungslinien erster Art zu betrachten sind, während deren auf der Fläche liegende Orthogonalkurven die Krümmungslinien zweiter Art sind. Jede Krümmungscyklide ist wieder in eine solche übergegangen, und daher sind die Krümmungsradien der Krümmungslinien zweiter Art und das Gaufssche Krümmungsmafs der Fläche für jeden Punkt bekannt. Die Bewegungskurven der ursprünglichen Fläche sind in die entsprechenden der neuen Fläche übergegangen. Jede schneidet die Kreisschnitte unter konstantem Winkel. Sie sind zugleich Loxodromen derjenigen Cykliden, in welche die Kegel, deren Loxodromen sie ursprünglich waren, übergegangen sind; zugleich sind sie Loxodromen der Flächen, in welche die Cylinder der logarithmischen Spiralen verwandelt worden sind, deren Loxodromen sie ursprünglich waren. Die logarithmischen Spiralen dieser Cylinder, die auf der Symmetrieebene liegen, sind in Loxodromen der obigen Schar übergegangen, die Cylindergeraden in Kreise, welche in den Punkten der letzteren normal durch die Kugelfläche gehen, aufserdem normal durch das auf der Kugel liegende Inversionscentrum. Dadurch sind die Bewegungskurven der loxodromischen Röhrenfläche geometrisch bestimmt. Sie sind eine Isothermenschar, die mit ihrer Orthogonalschar eine Einteilung in kleine Quadrate, die Konstruktion der Flächenloxodromen und die konforme Abbildung auf jedem unendlichen Parallelstreif der Ebene ermöglicht.

§ 252) Aufgabe. Zu jeder geometrischen Eigenschaft der logarithmischen Spiralröhrenfläche soll die entsprechende der loxodromischen Röhrenfläche ausgesprochen werden. Die letztere Fläche soll im Grund- und Aufriſs korrekt (zum Teil mit beliebiger Annäherung) gezeichnet werden. Die wichtigsten der besprochenen Kurvenscharen sind dabei zu berücksichtigen.

§ 253) Inversion der logarithmischen Spiralröhrenfläche von einem beliebigen Raumpunkte aus.

Die Grenzspiralen verwandeln sich in zwei verallgemeinerte Loxodromen der Kugel, deren Pole nun nicht mehr einem Durchmesser angehören, sondern beliebige Lage auf der aus der Symmetrieebene entstandenen Kugel erhalten. Die Symmetrie geht wieder in Inversionsverwandtschaft zwischen dem äuſseren und inneren Teile über. Hier sind wieder zwei Hauptfälle und ein vermittelnder Zwischenfall zu unterscheiden.

a) Liegt das Inversionscentrum auſserhalb der gegebenen Röhrenfläche, so bleiben alle Berührungskugeln endlich und bleiben innere Berührungskugeln der neuen Fläche, die ebenfalls ganz im Endlichen verläuft und im wesentlichen dieselben Eigenschaften hat, wie die vorige.

b) Liegt das Inversionscentrum innerhalb der gegebenen Röhrenfläche, so werden alle Berührungskugeln zu äuſseren. Die Unterschiede dieses Falles gegen den Fall a) entsprechen etwa denen der Figuren 123 und 124. Die Fläche verläuft ganz im Endlichen. Die beiden durch das Inversionscentrum gehenden Berührungskugeln verwandeln sich in Ebenen, welche die Fläche längs zweier Kreise berühren.

c) Liegt das Inversionscentrum auf der gegebenen Röhrenfläche, so tritt ein Zwischenfall ein.

Die in diesem Centrum liegende Berührungskugel verwandelt sich in eine Ebene, der entsprechende Berührungskreis in eine Gerade. Beide reichen, wie die neue Fläche, bis ins Unendliche, und zwar berührt die Ebene die Fläche längs dieser ganzen Geraden. Eine zweite sie in dieser Weise berührende Ebene ist nicht vorhanden.

Für die Anschauung ist es am bequemsten, den Oberflächenpunkt H_0 der Figur 120 als Inversionscentrum, den Abstand von H_0 bis zur Symmetrieebene als Inversionsradius zu nehmen. Die Symmetrieebene wird dann zu einer Kugel durch H_0 und den Fufspunkt des Abstandslotes. Die Berührungskugel durch H_0 und der Berührungskreis verwandeln sich in Ebene und Gerade. Weil des letzteren Durchmesser das Doppelte vom Abstandslote ist, gehen diese Gerade und die Ebene durch den Mittelpunkt der erstgenannten Kugel. Von der einen zur anderen Loxodrome gehen die orthogonalen kreisförmigen Bügel, von denen einer zur Geraden wird, so dafs die Punkte A_0 und C_0 zu Diametralpunkten werden.

Damit sind alle drei Flächen erledigt. Die so entstandenen Flächen können als die Röhrenflächen der verallgemeinerten Kugelloxodromen bezeichnet werden.

Wesentlich Neues ist über diese Flächen, die ebenfalls Kreisschnitte und deren Orthogonalkurven zu Krümmungslinien haben und Krümmungscykliden besitzen, nicht zu sagen. Die Mittelpunkte der Berührungskugeln liegen wieder in den Spitzen von Tangentenkegeln der Berührungskreise. (Von diesen Tangentenkegeln wird aber bei c) einer zum Cylinder, so dafs die Spitze im Unendlichen liegt.) Die aufeinander folgenden Kugeln der Berührungsreihe berühren einander paarweise in den Punkten der isothermisch halbierenden Loxodrome. Jede der „Bewegungskurven" schneidet sämtliche Kreisschnitte unter einem bestimmten konstanten Winkel. Ihre Schar ist eine Isothermenschar, ebenso die orthogonale Kurvenschar. Konstruktion der Loxodromen der neuen Flächen und Abbildbarkeit auf dem unendlichen ebenen Parallelstreif liegen auf der Hand.

Diese neuen Flächen sind die allgemeinsten unter den Inversionsverwandten der logarithmischen Spiralröhrenflächen, die nun eine in sich geschlossene Gruppe bilden. Jede dieser Flächen ist gegen eine bestimmte Kugel*) zu sich selbst reciprok, läfst also eine Transformation in sich selbst zu. Jede um einen der Pole gelegte Kugel, welche die Fläche schneidet, teilt diese in zwei kreisverwandte Teile, die im besonderen Falle symmetrisch gegen einander sind.

§ 254) Aufgabe a) Zu jeder geometrischen Eigenschaft der logarithmischen Spiralröhrenfläche soll die entsprechende der allgemeinsten kugelloxodromischen Röhrenfläche angegeben werden.

Aufgabe b) Eine der allgemeinsten kugelloxodromischen Röhrenflächen soll in Grund- und Aufrifs mit den wichtigsten Kurvenscharen gezeichnet werden.

Aufgabe c) Der Sonderfall der spiraloidischen Kugelschar, die statt von der Spiralröhrenfläche nur von einer logarithmischen Spirale umhüllt wird, soll durch Inversion von einem beliebigen Raumpunkte aus behandelt werden. Die Eigenschaften der neuen Kugelschar sind dabei zu untersuchen.

γ) Bemerkungen über sonstige Röhrenflächen.

§ 255) Die Röhrenflächen der Loxodromen des Drehungskegels. Man lasse eine veränderliche Kugel sich so bewegen, dafs ihr Mittelpunkt auf einer Kegelloxodrome wandert, ihr Radius aber zu dem Abstande von der Kegelspitze oder zu dem von der Achse des Kegels in konstantem Verhältnis bleibt. Die Umhüllende der Kugel in allen Lagen ist die gesuchte Fläche.

Oder: Eine veränderliche Kugel bewege sich so, dafs ihr Mittelpunkt auf dem senkrechten Cylinder einer logarithmischen Spirale wandert, und zwar auf einer Schraubenlinie (Loxodrome) desselben, während der Radius der Kugel zu dem Abstande von der Achse stets in demselben Verhältnis bleibt. Die Umhüllende ist die gesuchte Fläche.

*) Diese entspricht der Symmetrieebene der ursprünglichen Röhrenfläche.

Oder: Eine veränderliche Kugel bewege sich so, dafs sie stets eine logarithmische Spiralröhrenfläche längs einer ihrer „Bewegungskurven“ berührt, wobei ihr Radius zum Abstande des Berührungspunktes vom Centrum der Spiralröhrenfläche (oder von deren Achse) stets dasselbe Verhältnis behält, u. s. w.

Oder: Eine veränderliche Kugel bewege sich so, dafs sie stets zwei zu zwei Paaren logarithmischer Spiralen derselben Schar gehörige Röhrenflächen berührt, und zwar eine davon auf einer ihrer „Bewegungskurven“, u. s. w.

Oder: Eine veränderliche Kugel bewege sich zwischen den Mänteln zweier Kegel, sie stets berührend, so, dafs die Berührungspunkte mit beiden Mänteln längs zweier Kegelloxodromen wandern, u. s. w.

Schon die fünf genannten Entstehungsweisen deuten auf interessante Eigenschaften dieser Flächen, die ebenfalls Krümmungscykliden besitzen, hin. Ihre Kreisschnitte nebst Orthogonalschar sind wieder Krümmungslinien, die Bewegungskurven sind wieder Isothermen, u. s. w. Die Flächen stehen zur logarithmischen Spiralröhrenfläche in einer ähnlichen Beziehung, wie die Schraubenröhrenfläche zur Drehungscyklide. Sie enthalten daher die Spiralröhrenflächen als besonderen Fall. Sie lassen sich ebenso, wie diese, der Inversion von einem beliebigen Raumpunkte aus unterwerfen, der eine ganze Reihe besonderer Lagen einnehmen kann (z. B. aufserhalb, innerhalb, auf der Fläche, aufserhalb, innerhalb, auf dem Kegel, in dessen Spitze, in Punkten seiner Achse, u. s. w.)

Diese neue Gruppe von Flächen enthält die ganze Gruppe der Inversionsverwandten der logarithmischen Spiralflächen als besonderen Fall in sich, besitzt ganz entsprechende Eigenschaften und eine ganze Reihe von besonderen Formen.

Ihre Untersuchung wird als Aufgabe gestellt, die zur Übung des Anschauungsvermögens zweckmäfsig ist. Unter anderem soll untersucht werden, ob jede der aufgeschnitten zu denkenden neuen Flächen sich in eine Fläche verbiegen läfst, deren Bewegungskurven logarithmische Spiralen sind.

Bei der Röhrenfläche der Kegelloxodrome ist zu beachten, dafs der Mittelpunkt der Kugel und ebenso sämtliche Punkte der Kreisschnitte der Fläche sich auf Kegelloxodromen bewegen, was bei den transformierten Flächen nicht mehr der Fall ist.

§ 256) Man kann auch die Röhrenflächen der Loxodromen von beliebigen Umdrehungsflächen untersuchen, die dadurch entstehen, dafs der Mittelpunkt einer unveränderlichen Kugel auf einer solchen Loxodrome wandert, wobei ihr Radius zu dem Abstande von der Achse des Drehungskörpers in konstantem Verhältnis bleiben soll.

Die auf diesem Wege aus der Kugelloxodrome entstehenden Flächen sind nicht mit den oben behandelten zu verwechseln, bei denen der Mittelpunkt der bewegten Kugel auf ganz anderer Kurve wanderte. Ihre Eigenschaften sind nicht so interessant, wie die der letzteren Flächen.

Dafs sich aus sämtlichen Röhrenflächen durch Inversion, Dualität, Affinität und Kollineation neue Flächen ableiten lassen, die zum Teil auch als Röhrenflächen mit ähnlichen Schnitten, z. B. elliptischen Schnitten, zu betrachten sind, ist selbstverständlich, scheint aber nicht von wissenschaftlicher Bedeutung zu sein.*)

*) Es sei ausdrücklich betont, dafs es sich bei solchen Erweiterungsversuchen nur um Übungen und Beispiele handelt. Mit Recht, wenn auch mit Schärfe, sagt Steiner in der „Systematischen Entwickelung“, Werke, Seite 420, bei ähnlicher Gelegenheit: „Wollte man jedoch diese Umwandlungen weiter wiederholen, so würden sie ins Langweilige führen, sie würden nichts wesentlich Neues enthalten, mithin weniger wichtig sein, als die einfachen Elementarsätze, aus welchen sie hergeleitet, und von welchen sie im Grunde nur als Karikaturen erscheinen.“ Auch das Wort „travestieren“ wird von Steiner gebraucht.

Poncelet spricht im Traité, II. S. 422 in ähnlicher Weise gegen die Überschätzung der Dualitäts-Transformationen, die, wie er sagte, aus gewissen Äufserungen von Chasles in dessen „Aperçu historique“, Seite 268, hervorleuchtet.

Das Beispiel der Inversionsverwandten der logarithmischen Spiralröhrenfläche ist aber nach den verschiedensten Richtungen hin ein derartig instruktives und die räumliche Anschauung übende, dafs es von solchen Urteilen in keiner Hinsicht getroffen werden könnte.

Weitere Übungen lassen sich im Anschlufs an obige Betrachtungen in dem Sinne anstellen, dafs man z. B. nicht nur den Mittelpunkt einer einzelnen Kugel sich auf logarithmischer Spirale bewegt, sondern irgend eine Kugelschar derart bewegt, dafs jeder Punkt auf logarithmischer Spirale oder Kegelloxodrome im obigen Sinne wandert. Die Kugelschar kann eine konzentrische sein, so dafs die Kreisschnitte der entstehenden Flächen konzentrische Kreise geben, oder eine Berührungsschar, so dafs z. B. alle Kugeln einander in Centrum der Schar von Spiralen berühren, oder auch derart, dafs die Kreisschnitte Steinersche Kreischaren bezw. Kreisbüschel geben. Einige solche Fälle dürften Übungsbeispiele zur Potentialtheorie geben, die auf transscendentem Gebiete liegen. Durch Drehung der Doppelspiralen der Fig. 122 um die senkrechte oder horizontale Gerade der Figur oder um eine sonstige Mittelpunktsachse entstehen Drehungsflächen von interessanten Eigenschaften. Mit Hilfe von Meridianebenen geben sie orthogonale Einteilungen des Raumes. Ähnliches gilt von den logarithmischen Spiralen. Die Schnittwinkel $\pm 45^0$ geben die schönsten Beispiele.

§ 257) Bemerkungen über ein Beispiel der Maschinentechnik. Man verdankt dem Maschinenbau eine Reihe vom Raumgebilden, deren mathematisch exakte

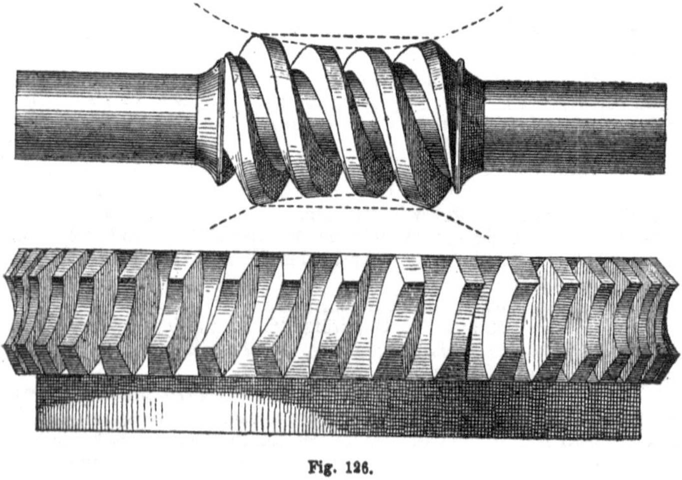

Fig. 126.

Konstruktion zu den schönsten Übungen im stereometrischen Zeichnen führt. Das hier zu Behandelnde gehört in gewissem Sinne hierher. Es handelt sich in Figur 127 um die bloſse Skizze eines Globoidschneckenantriebs. Die strenge Konstruktion sei als Übungsaufgabe gestellt, bei deren Lösung auch auf folgendes zu achten ist. Man hat, um die Leistungsfähigkeit des Getriebes zu verstärken und die Abnutzung zu vermindern und den Totgang zu vermeiden, die Absicht gehabt, stets sämtliche Windungen mit den schräg stehenden Zähnen des Schneckenrades in Berührung zu haben. Zu diesem Zwecke war es nötig, das Gewinde nicht cylindrisch zu begrenzen, sondern durch eine Drehungscyklide (die hier als Globoid bezeichnet worden ist). Der Kreis dieser Cyklide paſst sich an den entsprechenden des Schneckenrades an. Er ist an der Skizze der Schnecke zu erkennen. Dasselbe gilt von dem Kernkörper des Gebildes, der ebenso durch Kreise (Cykliden) von bestimmter Gröſse zu begrenzen ist. Die begrenzenden Schraubenlinien verlaufen also auf Cykliden, nicht auf Cylindern. — Die Zähne des Schraubenrades sind nicht, wie bei dem gewöhnlicher Konstruktion, cylindrisch, sondern ebenfalls cyklidisch begrenzt, damit ein tieferer Eingriff ermöglicht werde. Das Hauptschnittprofil des Schneckengewindes kann ein von geradlinigen Flanken begrenztes sein, wie beim trapezischen Gewinde, dann haben die Zähne des Schneckenrades evolventisches Profil in jeder Normalebene zur Radachse. (Dies entspricht dem aus Zahnstange und Rad bestehenden Getriebe mit Trapez- und Evolventenprofil. Auch andere Fälle sind möglich, z. B. geradlinige Flanke und cyklidische Wölbung bei der Zahnstange, evolventische Wölbung und geradlinige Flanke bei dem Rade.) Dem Leser bleibe es überlassen, die durch die cyklidische Begrenzung entstehenden Abweichungen von dem gewöhnlichen Schneckengetriebe zu untersuchen. Abarten dieser Form sind die „Lorenz-Getriebe“.

Beiläufig sei an dieser Stelle auch der konischen Räder (Winkelräder) mit ihren Verzahnungen gedacht, besonders auch der sogenannten Kammwalzen, die ebenfalls instruktive Beispiele für die darstellende Geometrie abgeben.

δ) Bemerkungen über die Möglichkeit exakter Konstruktionen.

§ 258) Mascheroni hat in der „Geometria del Compasso" (1797) gezeigt, dafs es möglich ist, alle Konstruktionen der Elementargeometrie mit alleiniger Hilfe des Zirkels durchzuführen. Poncelet und Steiner zeigten in entsprechender Weise, dafs sie lösbar sind mit Hilfe des Lineals und eines festen Kreises. Im allgemeinen versteht man unter elementar durchführbaren Konstruktionen solche, die mit Hilfe von Zirkel und Lineal zu erledigen sind. Die exakte Konstruktion ist dabei nur in der inneren Vorstellung möglich, denn praktisch ist sie mit allerlei Ungenauigkeiten behaftet. Sehr grofs ist der Bereich dieser Konstruktionen nicht, noch geringer der mit dem Lineal allein möglichen. Schon die Aufgaben der Kreisteilung treten im allgemeinen aus dem Bereiche der Elementargeometrie heraus.

Die Alten kannten nur die Kreisteilung für die Zahlen 2, 3, 5 und für die durch Multiplikation mit 2^n aus diesen hervorgehenden, aufserdem noch den abgeleiteten Fall $3 . 5 = 15$ und $2^n . 15$. Erst Gaufs fand, dafs, abgesehen vom Faktor 2^n und sonstigen abgeleiteten Formen, die Kreisteilung genau ausführbar ist für Primzahlen von der Form $2^p + 1$. Glücklicherweise braucht man nur Zahlen von der Form $2^{(2^n)}$ darauf hin zu untersuchen, ob sie Primzahlen sind. Bis jetzt kennt man nur folgende Primzahlen von dieser Form:

$$2^1 + 1 = 3,\ 2^2 + 1 = 5,\ 2^4 + 1 = 17,\ 2^8 + 1 = 257,$$
$$2^{16} + 1 = 65537.$$

Die Reihe deutet ein gewisses Gesetz der Exponenten an, aber Euler fand, dafs die regelmäfsige Reihe der letzteren hier zu Ende ist, denn er zeigte, dafs $2^{32} + 1$ keine Primzahl, sondern durch $2^6 . 10 + 1 = 641$ teilbar ist Auch $2^{(2^6)}$ und $2^{(2^7)}$ geben zu 1 addiert keine Primzahlen. Über $2^{(2^8)} + 1$ ist noch nicht entschieden. Einige aufserhalb der Reihenfolge stehenden Potenzen sind aber behandelt worden Pervouchine fand, dafs $2^{(2^{12})} + 1$ teilbar ist durch $2^{18} . 14 + 1$, dafs $2^{(2^{23})} + 1$ durch $2^{24} . 10 + 1$ teilbar ist. Weiteres kennt die Wissenschaft bisher noch nicht. Sie weiſs nicht, ob die betreffenden Primzahlen mit $2^{16}+1$ überhaupt zu Ende sind, sie weiſs nicht, ob eine gröſsere endliche Anzahl vorhanden ist, oder ob die Anzahl unendlich groſs ist.

Bis jetzt weiſs man nur, daſs, abgesehen vom Faktor 2^n folgende Teilungen des Kreises mit Zirkel und Lineal durchführbar sind:

3	*5*	*17*	*257*	*65537*
	3 . 5	*3 . 17*	*3 . 257*	*3 . 65537*
		5 . 17	*5 . 257*	*5 . 65537*
		3 . 5 . 17	*17 . 257*	*17 . 65537*
			3 . 5 . 257	*257 . 65537*
			3 . 17 . 257	*3 . 5 . 65537*
			5 . 17 . 257	*3 . 17 . 65537*
			3 . 5 . 17 . 257	*3 . 257 . 65537*
				5 . 17 . 65537
				5 . 257 . 65537
				17 . 257 . 65537
				3 . 5 . 17 . 65537
				3 . 5 . 257 . 65537
				3 . 17 . 257 . 65537
				5 . 17 . 257 . 65537
				3 . 5 . 17 . 257 . 65537

An Stelle der drei Hauptfälle *3*, *5*, *15* des Altertums sind also *31* getreten, was eine erhebliche Erweiterung bedeutet.

Gauſs selbst hat die geometrische Konstruktion des 17-Ecks durchgeführt, v. Staudt und Schröter haben sie nach Ponçelet-Steiner mit einem festen Kreise und dem Lineal ausgeführt. Nach Mascheronis Methode liegt noch keine Konstruktion vor, obwohl sie möglich ist. Richelot hat das 257-Eck behandelt, Hermes das 65537-Eck untersucht.

Damit ist alles die Kreisteilung betreffende, was die Wissenschaft kennt, erledigt. Für die Maschinentechniker sind aber noch anderweitige Teilungen nötig, also ist er schon hier gezwungen, zu Annäherungskonstruktionen überzugehen. Auch die nicht selten eintretende Dritteilung des Winkels, die mit Zirkel und Lineal unmöglich ist, zwingt ihn zu solchen.

§ 259) Die Unmöglichkeit, die Zahl π aus der Längeneinheit geometrisch zu konstruieren, macht die Aufgabe, eine Schraubenlinie des Kreiscylinders vom gegebenen Steigungswinkel exakt zu konstruieren, oder für eine in beliebig vielen Punkten exakte konstruierte Schraubenlinie diese Winkel geometrisch darzustellen, zu einer nur mit Annäherung zu lösenden Aufgabe, denn die Abwickelung des Kreiscylinders ist nur angenähert lösbar. Ähnliches gilt von der Zahl e und der wichtigen logarithmischen Linie.

Der Techniker ist also schon bei verhältnismäſsig einfachen Aufgaben gezwungen, zu Annäherungskonstruktionen überzugehen, oder neben Zirkel und Lineal gewisse Kurvenlineale zu benutzen oder Apparate, mit deren Hilfe man auf kinematischem Wege gewisse Kurven mit entsprechender Genauigkeit konstruieren kann. Als solche Kurvenlineale sind z. B. vorzuschlagen die Parabel, die gleichseitige Hyperbel, die logarithmische Linie, die logarithmische Spirale (deren Schablone sich bei den obigen Untersuchungen und Konstruktionen als wichtig erwies), die Sinuslinie, Cykloide und einige andere schon aus dem Altertum bekannte Kurven, mit deren Hilfe man die Dreiteilung des Winkels, die Verdoppelung des Würfels und ähnliche Probleme lösen kann. Das letzte Hilfsmittel bleibt die Berechnung bis auf beliebig viele Dezimalstellen, die dann benutzt wird, mit Hilfe des Maſsstabs die betreffende Gröſse mit möglichster Genauigkeit einzutragen.

Schon die Aufgabe, den elliptischen Cylinder in die Ebene abzuwickeln oder ihn durch Gerade in Streifen von demselben Inhalte einzuteilen, erfordert einen erheblichen Aufwand an Rechnung, da es sich um die Auswertung des betreffenden elliptischen Integrals handelt. Und dies gilt auch von der Konstruktion der Loxodromen (Schraubenlinien) dieses einfachen Cylinders.

Die exakte Konstruktion also beschränkt sich besonders in der Stereometrie auf verhältnismäſsig wenig Fälle. Als geometrische Konstruktionen im weiteren Sinne hat man solche zu betrachten, bei denen man durch eine endliche Anzahl von Konstruktionsakten eine beliebig grosse Genauigkeit (wenn auch nur in der Vorstellung, nicht in der praktischen Ausführung) erreichen kann. So nimmt man z. B. Kurven, von denen beliebig viele Punkte exakt konstruiert werden können, als konstruierbar im weiteren Sinne an. Hat man z. B. eine der besprochenen quadratischen Einteilungen, die mit beliebiger Genauigkeit beliebig weit fortgesetzt werden kann, gezeichnet, so kann man die isogonalen Trajektorien als konstruiert betrachten.

§ 250) Das Ganze kommt hinaus auf den Begriff der **Differentialgeometrie,** d. h. der auch mit unendlich kleinen Gröfsen arbeitenden Geometrie, die jedoch dahin streben mufs, von der Sprache der Differential- und Integralrechnung möglichst befreit zu werden, so dafs sie ein Recht erhält, als selbständige Wissenschaft dazustehen. Vorläufig ist dies noch nicht der Fall, wie z. B. die Differentialgeometrie von Bianchi zeigt, die von den Mitteln der höheren Analysis unausgesetzten Gebrauch macht. Wie weit man ohne jene höheren Hilfsmittel gelangen kann, läfst sich nicht ohne weiteres übersehen. Dafs aber ein Eindringen in viele Gebiete der Raumgeometrie ohne die Differential- und Integralrechnung ermöglicht werden kann, zeigen vielleicht auch die vorstehenden Untersuchungen und Konstruktionen.

Es handelt sich dabei nicht um ein Überflüssigmachen der höheren Analysis, sondern um das Zukunftsideal eines selbständigen Ausbaues für das System der Raumgeometrie. Hier ist nur mit elementaren Hilfsmitteln gearbeitet worden, und zwar zu dem Zwecke, den Bereich der **Elemente der Stereometrie** nach Möglichkeit zu erweitern. Gerade die darstellende Geometrie scheint berufen zu sein, an dieser Erweiterung mitzuarbeiten. Dies soll aber weniger von der praktischen Ausführung der Zeichnungen gesagt sein, sondern von der geistigen Arbeit mit den idealen Werkzeugen der darstellenden Geometrie auf dem Gebiete der inneren Vorstellung.

ε) Geschichtliches über die in den Kapiteln I bis IV behandelten Raumkurven und Flächen.

§ 261) Die Kettenlinie (catenaria, chaînette) und das mit ihr zusammenhängende Katenoid (dieser Name rührt von Plateau, dem Urheber der bekannten Versuche her) haben eine förmliche Geschichte hinter sich. Galilei beschäftigte sich damit in den „Gesprächen über Mechanik“ (Discorsi e demostrazioni matematiche intorno a due nuove scienze, 1638), und zwar im zweiten derselben. Dabei wird die Kurve von ihm irrtümlich für eine Parabel gehalten. Dies ist nach Cantor II, 698, der einzige wesentliche Irrtum, den man ihm überhaupt vorwerfen könnte. Allerdings kann auch die Parabel Kettenlinie sein, dann müfste aber das Gewicht der einzelnen Teile so geregelt sein, dafs zu gleichen Horizontabständen gleiche Gewichte gehören. Aufgedeckt wurde der Irrthum im Jahre 1646 durch Chr. Huygens (1629 bis 1695), der damals erst 17 Jahr alt war (Oeuvres complètes de Chr. Huygens, I, Seite 28). Das Problem selbst wurde damit nicht gelöst, sondern erst 1690 von Jac. Bernoulli mathematisch formuliert. Dies geschah im Maiheft der Acta Erudit. (1690) am Schlusse eines Aufsatzes über die Isochronen mit den Worten: „Invenire, quam curvam referat funis laxus et inter duo puncta fixa libere suspensus“. Leibniz, Huygens, Joh. Bernoulli lösten die Aufgabe sofort, Leibniz am vollkommensten, da er die Gleichung direkt in Cartesichen Koordinaten gab. Joh. Bernoullis Lösung wurde in den Act. Erud. Juniheft 1691 veröffentlicht. Huygens, der sich noch immer ablehnend gegen die Differentialrechnung verhielt, gab seine elementar gehaltene Lösung an Leibniz am 9. Oktober 1690 und veröffentlichte sie im Junihefte 1691 der Act. Erud. Man vergleiche darüber Korteweg: „La solution de Chr. Huygens du problème de la chaînette“ in der Bibl. Math. von Eneström, I, 1900, S. 90 bis 108, wo es heifst: „Ainsi le problème de la chaînette lui offrit une occasion précieuse pour mesurer la puissance de ses méthodes contre celles de Leibniz et Bernoulli“. Später brachte de l'Hospital das Problem in Beziehung zu dem der Brachistochrone. Auch Dav. Gregory behandelte die Aufgabe (1699). Seine Resultate waren richtig, die Methode aber fand Widerspruch und führte zu unerquicklichen Streitigkeiten. Jac. Bernoulli erweiterte 1701 in den Act. Erud. das Problem für beliebige Belastungen. Taylor beschäftigte sich damit in der Method. Increm. (1714), Euler 1744 in der „Method. inveniendi lineas curvas maximi minimive proprietate gaudentes". Von Interesse ist die elementare Behandlung, die Möbius in seiner Statik, Werke III, Seite 417 der Kettenlinie zu teil werden läfst. In neuerer Zeit wurde die Kurve vielfach elementar untersucht, z. B. von Gretschel in Grunerts Archiv, Band 43, von Jung in Mehmkes Zeitschr., Band 45. Die hier gegebene Behandlungsweise ist eine selbständige.

§ 262) Über das Katenoid und das zugehörige Minimalproblem giebt es fast nur Analytisches. Dies liegt wohl an der Schwierigkeit, für die Gültigkeit gewisser allgemeiner Gesetze bestimmte Grenzen festzustellen, was der elementaren Betrachtung nur selten gelingt. Lagrange bahnte solche Untersuchungen an und legte damit den Grund zur Variationsrechnung (Miscell. Taur. II $17^{60}/_{61}$). Dabei fehlte es an Beispielen, und erst Meusnier bemerkte, dafs das Katenoid und die zugehörige Schraubenregelfläche Minimalflächen und aufeinander abwickelbar seien. Im Anschlufs an ihn wies Bour in einem „Mémoire sur les développées" nach (Journ. de l'Ec. Pol. XXII, 1777), dafs jede Schraubenfläche auf eine Drehungsfläche abgewickelt werden könne, und Catalan zeigte, dafs die einzige Regelfläche, die als Minimalfläche auftritt, die Minimalschraubenregelfläche sei. Die konforme Abbildbarkeit aller Schraubenflächen ist durch den Zusammenhang mit den Drehungsflächen grundsätzlich erledigt.

§ 263) Gaufs vervollkommnete die Theorie der Minimalflächen durch die „Principia generalia theoriae figurae fluidorum in statu aequilibri" (1829). Auf seinen Vorschlag stellte 1831 die Göttinger Fakultät eine Preisaufgabe über Drehungsflächen kleinsten Flächeninhalts, wobei eine Arbeit von Goldschmidt den Preis erhielt. In ihr wird das Katenoid näher untersucht und die Frage behandelt, ob und wann man durch die beiden Grenzkreise zwei, eins oder kein Katenoid legen kann. Von jetzt ab beschäftigten sich die Physiker mit dem Gegenstande und seit 1860 spricht man allgemein von Plateauschen Problemen. Plateau stellte die gegebenen Grenzen durch Drähte dar, tauchte diese in Glycerin-Seifenwasser ein und liefs beim Herausnehmen Seifenblasenflächen entstehen, die infolge des in der Flüssigkeit liegenden Kontraktionsbestrebens sehr genau den mathematischen Minimalflächen entsprechen müssen. In den Jahren

1860 bis 1868 veröffentlichte er in den Mémoires der belgischen Akademie eine ganze Reihe von Untersuchungen unter dem Titel „Recherches expérimentales et théoriques sur les figures d'équilibre d'une masse liquide sans pésanteur". Das Katenoid z. B. wird behandelt in Serie V, § 2, 3, 11, 15; in Serie VII, § 21, 22; in Serie X, § 29.

Die Goldschmidtschen Grenzfälle kommen dabei zur experimentellen Untersuchung, und diese gaben den Anstoſs zu wichtigen allgemeineren Forschungen. Eine Grenze der Stabilität zeigt sich z. B. in dem Augenblicke, wo die Kreisringe so weit auseinandergehen, daſs die Katenoidfläche gleich der Summe der beiden Kreisflächen ist. Für diesen Fall also giebt es zwei Möglichkeiten. Die eine ist das gewöhnliche Katenoid, die andere ein ausgeartetes Katenoid, welches aus zwei Kreisflächen und der Verbindungslinie ihrer Mittelpunkte besteht. Bei gröſserer Entfernung der Kreise zerreiſst die Seifenblase und dann ist für die Physik kein eigentliches Katenoid mehr möglich.

Entsprechende Versuche lassen sich mit der Minimalschraubenfläche anstellen. In einem Glascylinder befinde sich ein die Achse darstellender Messingdraht, an diesem ein fester Radius (ebenfalls Draht) und dazu ein beweglicher, bis zur Gefäſswand reichender Radius, der mittels einer engen Schlinge um die Achse gelegt ist und so auf und nieder bewegt und gedreht werden kann. Geschieht letzteres, nachdem man zwischen den Radien eine Seifenwasserblase angebracht hatte, so entsteht die Minimal-Schraubenregelfläche zwischen den Radien der Achse und der feucht zu haltenden Cylinderwand. Für jeden senkrechten Abstand der beiden Radien giebt es einen Grenzwinkel, bei dem die Blase zerreiſst. Man vergleiche darüber: H. A. Schwarz: Untersuchung der zweiten Variation des Flächeninhalts von Minimalflächenstücken, Monatsberichte der Berliner Akademie, 1872, Seite 718 bis 735, oder Gesammelte Abhandlungen I, Seite 166 und 167, wo auch weitere Litteratur mitgeteilt wird. Schon die 1861 erschienenen Leçons de Calcul des Variations von Lindelöf und Moigno behandelten von Seite 204 ab die Katenoidprobleme ausführlicher.

§ 264) Was Monge, Scherk, Bonnet, Weierstraſs, Riemann, Steiner, Sturm, Lie u. s. w. auf dem Gebiete der Minimalflächen geleistet haben, lese man nach bei H. A. Schwarz, oder in den „Leçons sur la théorie des surfaces“ von Darboux (1887), oder bei Beltrami: „Sulle proprietà generali delle superficie ad area minima“ (Memorie dell'Acad. di Bologna, VII, 1868, oder in den Vorlesungen über Differentialgeometrie von Luigi Bianchi (deutsch von Lucat bei Teubner, Leipzig). Steiner und Lie arbeiteten dabei geometrisch, die übrigen rein analytisch. Weingarten bewies, daſs die Evolutenfläche einer pseudo-sphärischen Fläche sich auf das Katenoid, also auch auf die Minimalschraubenfläche abwickeln läſst; Dini verbog die pseudo-sphärischen Drehungsflächen, z. B. die der Traktrix, so, daſs die Kreise der aufgeschnittenen ursprünglichen Fläche in Schraubenlinien derselben Ganghöhe übergingen. Da nach Band I das Krümmungsmaſs beim Verbiegen unverändert bleibt, schuf er damit die pseudo-sphärischen Schraubenflächen. (Bei Bianchi, Seite 468, ist eine solche im Anschluſs an Brills Katalog skizziert.) Die Möglichkeit solcher Flächen geht ohne weiteres aus dem Bourschen Theorem hervor.

Diese Andeutungen mögen zeigen, zu welchen Wissensgebieten man von dem hier elementar behandelten Gegenstande (Kettenlinie, Katenoid, Minimalschraubenregelfläche) aus übergehen kann.

§ 265) Die gegen den Schluſs des letzten Abschnitts benützte logarithmische Spirale wurde schon von Descartes (Epistola 73, 74, 91) untersucht, nach Montuclas Mitteilungen auch von einem Jesuiten Nicolas, dessen Abhandlung „de novis spiralibus exercitatio geometrica“ zu Tolosa im Jahre 1693 gedruckt wurde. Ihr folgte noch eine andere „de lineis spiralibus logarithmicis“ desselben Verfassers mit demselben Druckorte. Auch bei Wallis (Opera I, 560) und bei Barrow: „Lect. geom.“ Seite 124 findet man einiges über diese Kurven. Die erste wissenschaftliche Behandlung ist aber Jac. Bernoulli zuzuschreiben, der sich im Junihefte 1891 der Acta Erud. zum erstenmale, im Maihefte 1892 zum zweitenmale mit der Kurve beschäftigte und sie als „spira mirabilis“ bezeichnete, weil sie bei zahlreichen Umgestaltungen stets wiederkehrt und als Evolute (auch Selbstevolute), als Evolvente (auch Selbstevolvente), als Diakaustik, Katakaustik u. s. w. stets wieder eine logarithmische Spirale derselben Art giebt. (Vergl. das „Eadem mutata resurgo“ auf seinem Grabsteine.) Über die Abhandlung von 1691 vergl. Cantor III, Seite 481), da dort das erste elliptische Integral auftritt. Über den Zusammenhang mit den Kegelloxodromen und den Kugelloxodromen wurde schon in Band I berichtet. Alle Eigenschaften lassen sich, wie z. B. Verfasser in Schlömilchs Zeitschrift im Jahre 1871 zeigte, sehr leicht mit Hilfe der logarithmischen Abbildung aus denen der Geraden ableiten. Dort wurden auch die aus der Kurve durch Inversion hervorgehenden logarithmischen Doppelspiralen oder Bicirkularspiralen behandelt. An diese Arbeit schlofs sich im folgenden Jahre in derselben Zeitschrift eine kinematische von Burmester an. Die Arbeit des Verfassers wird zwar in Burmesters Abhandlung, aber nicht mehr in dessen Kinematik citiert.

§ 266) Über die schon im Altertume bekannten Schraubenlinien schrieb unter Benutzung von Raumkoordinaten zum erstenmale Parent (1702) in seinen „Essais et Recherches de math. et de phys. II, 684. Nach Proklus geht die Kenntnis des Satzes, dafs gleiche Abschnitte der gewöhnlichen Schraubenlinie kongruent seien, bis auf Geminus zurück. Im vierten Buche der Coll. des Pappus (Ausgabe Hultsch, 258—264) wird die jetzt als Minimalschraubenregelfläche bekannte Fläche des sogenannten „flachen Schraubengewindes“ beschrieben. Was Pappus sonst von Raumkurven kannte, darüber vergleiche man Cantor I, 421. Auch Klügels Wörterbuch berichtet darüber im Artikel Spirale, Band IV, Seite 449. Später als Parent hat sich Robervals mit der Schraubenlinie beschäftigt und sie durch Projektion mit der verallgemeinerten Sinuslinie (Sinoide) in Verbindung gebracht, ebenso den Zusammenhang der Sinuslinie mit der Cykloide klargelegt. Darüber hat auch Pitot geschrieben (vgl. Cantor III, S. 445).

§ 267) Über die Röhrenflächen*) hat nach Baltzer unter dem Titel „Über krumme Cylinder“ Euler einiges

*) Während der Korrektur erschien im „Archiv der Matth. u. Physik“ III, 1. Heft eine analytische Abhandlung über Röhrenflächen von V. Kommerell, die auf Bonnet (Journ. de l'Ec. Pol. 52), Bour (Journ. Heft 39) hinweist, ebenso auf Stahl u. Kommerell: Grundformeln der allgemeinen Flächentheorie.

geschrieben. Später ist über Monge zu berichten. Über die mit den logarithmischen Spiralen und Doppelspiralen zusammenhängenden Kreis-Röhrenflächen und ihre Inversionsverwandten war dem Verfasser nur die eigene Abhandlung im Crelleschen Journale bekannt, deren einer Satz hier modifiziert werden mufste. Über die Cykliden hat Dupin in den „Applications de géometrie et de méc." gehandelt. Die betreffende Litteratur wurde schon in Band I mitgeteilt.

Eine soeben als Programmbeilage erschienene Schrift von Strobel „Über Flächen, die durch veränderliche Kegelschnitte" erzeugt werden" (Heilbronn 1901), nennt die nachstehende Litteratur zu diesem Gegenstande. Flächen, die durch kreisförmig Erzeugende mit konstant bleibendem oder veränderlichem Halbmesser erzeugt werden, also Röhrenflächen oder verallgemeinerte Cykliden (z. B. anallagmatische Flächen) haben behandelt Cayley, memoirs on quartic surfaces, Procedings of the London math. soc. III, 1871; Casey, on cyclides and sphero-quartics, Phil. Trans., Band 161; Maxwell: Über Cykliden im engeren Sinne, quaterly journal IX; Montard, sur les surfaces anallagmatiques du quatrième ordre, Nouvelles Annales III, 2. série; sur les lignes de courbure d'une classe de surface du quatrième ordre, Compt. rend. 59, II; Ribaucour, sur une propriété des surfaces enveloppes de sphères, Compt. rend. 67; sur les systèmes cycliques, C. r. 76; sur les faisceaux de cercles, 76; Darboux, théorie générale des surfaces, I und IV, Seite 495 u. s. w., Darboux, Leçons sur les systèmes orthogonaux, 1898; M. G. Demartres: 1. Sur les surfaces à génératrice circulaire, Annales de l'école normale supérieure, II, 3. série, 1885; 2. Mémoire sur les surfaces qui sont divisées en carrées par une suite de cercles et leurs trajectoires orthogonales, Annales IV, 1887. Dies sollen die eingehendsten Arbeiten sein.

Der zweite Teil der Strobelschen Arbeit sucht die Theorie der durch Kurven zweiten Grades erzeugten Röhrenflächen anzubahnen, jedoch ist das Gegebene nur geringfügig. Die Globoidschnecken endlich geben ein Beispiel von Röhrenflächen, die durch veränderliche „Trapeze" und andere veränderliche Profile entstehen und auf verallgemeinerte Schraubenlinien führen. Das „Trapez" ist dabei Schraubenprofil, nicht etwa „Normalschnitt" der Fläche.

§ 268) Zur Untersuchung der Ausdehnungsfähigkeit der Guldinschen Regeln wurden oben einige allgemeine Sätze über Raumkurven und Flächen eingeschaltet. Geschichtliches findet man z. B. bei Gino Loria (deutsch von Schütte, erschienen bei B. G. Teubner), in einem Mémoire von Saint Venant (Journal de l'Ecole Pol. XXX), in einem solchen von Frenet (Liouvilles Journal, XVII, 437), in dem genannten Werke von Darboux, in Schell: Allgemeine Theorie der Kurven doppelter Krümmung; auch in der Raumlehre von Salmon-Fiedler, neuerdings in dem ausführlichen Berichte von Kötter „Über die Entwickelung der synthetischen Geometrie", der durch die deutsche Mathematiker-Vereinigung veröffentlicht ist und bis zum Jahre 1847 reicht. Er hat eine Kluft ausgefüllt, zu deren Beseitigung der kurze Abrifs von Loria nicht ausreichen konnte.

Danach verdanken wir dem schon genannten Pitot (vergl. Cantor, III, 427 bis 428), eine Reihe der noch jetzt gebräuchlichen Bezeichnungen der Raumlehre. Andere wurden von Clairaut eingeführt, dessen „Recherches sur les courbes à double courbure" im Jahre 1731 erschienen und bahnbrechend wirkten. (Vergl. Cantor, III, von Seite 763 ab). Monge war der erste, der nach Eulers Vorgang die Röhrenflächen ausführlicher behandelte. Sein „Mémoire sur les developpées" wurde der Akademie im Jahre 1771 vorgelegt, jedoch erst 1785 in den Savants Etrangers, X abgedruckt. Auch er schuf dauernd angewandte Benennungen, besonders in seinen „Applications de l'Analyse à la Géométrie". Ihm verdankt man z. B. die Einführung der oskulierenden Kugel, der Punkte einfacher und doppelter Inflexion. Liouvilles Ausgabe des Werkes von Monge enthält im Anhange eine Übersetzung der bahnbrechenden Arbeit von Gaufs, der Disquisitiones circa superficies curvas, in der unter anderem der Begriff des (Gaufsschen) Krümmungsmafses für Flächen und dessen Charakter als Invariante bei Biegungen und der Begriff der sphärischen Abbildung eingeführt werden. Diese Abhandlung ist in Ostwalds Klassikern, deutsch übersetzt von Wangerin, erschienen. Bei Tinseau, Solution de quelques problèmes (vorgelegt 1784, abgedruckt 1781 in den Sav. Etrangers, IX findet man zuerst die Oskulationsebenen und die abwickelbaren Tangentenflächen,

Lancret giebt in einem Mémoire sur les courbes à double Courbure" (vorgelgt 1802, abgedruckt in den Sav. Etrang.) einige nach ihm benannte Sätze.

Geodätische Untersuchungen verdanken wir Gaufs, Joachimsthal (Crell. Journal, Band 16), Bonnet (Journal de l'Ec. Polyt.). Auch letzterer untersucht die Deformation der Flächen durch Biegung. In den Compt. Rend., Band 57, beschäftigt er sich mit der Frage, inwiefern Kugelflächen bei der Verbiegung ihre geradlinigen Erzeugenden behalten können. Minding (Crell. Journal, Band 18) zeigt, dafs jede Regelfläche so gebogen werden kann, dafs ihr Leitkegel eine beliebige vorgeschriebene Form annehmen mufs. Hinsichtlich der geodätischen Linien gelang es erst Jacobi, mit Hilfe der elliptischen Koordinaten die des dreiachsigen Ellipsoids genauer zu untersuchen, worauf es auch für die allgemeinen Flächen zweiten Grades gelang. Die Bestimmung der Krümmungslinien war schon Dupin gelungen, nach dessen berühmtem Theorem sich drei einander orthogonal schneidende Flächenscharen in solchen schneiden.

Neben Gaufs war Jacobi der letzte Mathematiker, der zu den universellen gerechnet werden kann, der die Geometrie und die Analysis in gleicher Weise beherrschte. Schon vorher war eine Spaltung in lauter Spezialisten eingetreten. Poncelet, Chasles, v. Staudt, Steiner, Möbius und andere arbeiteten geometrisch, andere rein analytisch auf dem besprochenen Gebiete. Die Leistungen Poncelets wurden schon früher besprochen. Chasles wies z. B. nach, dafs jeder starre Körper aus jeder beliebigen Lage in eine andere durch eine einzige Schraubung gelangen kann. Ihm also verdanken wir folgenden Satz: Die Bewegung eines unveränderlichen Systems ist äquivalent einer kontinuierlichen Folge verschwindend kleiner Schraubenbewegungen um eine bewegliche Achse, welche dabei die Erzeugungslinie einer bestimmten Regelfläche des absoluten Raumes ist. Auf diesem Satze beruht die ganze neuere Kinematik. Man vergleiche dazu folgende Arbeiten von Chasles: 1) Note sur les propriétés générales du système de deux corps semblables entr'eux et placés d'une manière quelconque dans l'espace; et sur le déplacement fini, ou infiniment petit, d'un corps solid libre; communiquée à la

Soc. Philom. 5. Févr. 1831. (Bulletin des sciences math. p. Férussac, Nov. 1830.) 2) Propriétés géométriques relatives au mouvement infiniment petit d'un corps solide libre dans l'espace. Compt. Rend. de l'Ac. t. XVI p. 1420—1432 (1843). 3) Propr. relatives au déplacement fini quelconque dans l'espace, d'une figure de forme invariable, Compt. rend. 51, 5. Déc. 1860, 10. Déc. 1860, 52, 2. Jan. 1861, 4. Févr. 1861, 18. März 1861). Bei Schell, Theorie der Bewegung und der Kräfte findet man näheres darüber. Letzteres Buch trägt das Motto: „Geometrica geometrice!" Da von Schraubenbewegungen gesprochen wurde, war hier der Anlafs, auf diesen Teil der Litteratur hinzuweisen.

Über Steiner, v. Staudt und Möbius wurde schon früher berichtet.

§ 269) Die Theorie der Transformationsgruppen, auf die schon am Schlufs des vorigen Kapitels hingedeutet wurde, ist besonders von Lie und Felix Klein gefördert worden. Unter den zahlreichen Werken des ersteren sei das Werk mit entsprechendem Titel und die Geometrie der Berührungstransformationen hervorgehoben, unter denen des letzteren die „Vorlesungen über die Theorie der automorphen Funktionen". Elementar sind diese Betrachtungen nicht gehalten, sie bedeuten vielmehr eine Brücke zwischen der höheren bezw. höchsten Analysis, besonders der reinen Funktionentheorie einerseits und gewissen geometrischen Anschauungsmethoden andererseits. Aber vieles aus den leichteren Kapiteln ist der elementaren Betrachtung zugänglich und dürfte dazu anregen, die Elemente der Raumlehre in der betreffenden Richtung ganz aufserordentlich zu fördern.

Die vermittelnde Stellung dieser beiden Forscher ist von grundsätzlicher Bedeutung und hat aufserordentlich anregend gewirkt, sie hat sogar einen grofsen Arbeitsplan ermöglicht, nach dem die Vertreter der rein arithmetischen und der mehr geometrischen Richtung einheitlich vorgehen können.

In neuerer Zeit nämlich beanspruchten die reinen Arithmetiker vielfach für sich die vornehmere Stellung. Die „nur geometrischen" Beweise wurden abgelehnt, da sie angeblich nur Verwirrung stifteten, und die geometrischen Hilfsvorstellungen, mit denen doch besonders durch Riemann der Analysis (An. situs) ganz neue Gebiete erschlossen wurden, waren in Gefahr, in Mifskredit zu gerathen. Schon Steiner wehrte sich in der Vorrede zur „Systematischen Entwickelung" gegen die Minderschätzung der Geometrie. Sophus Lie, der als einer der ideenreichsten Mathematiker zu bezeichnen ist, sprach sich im Vorwort zur „Geometrie der Berührungstransformationen" sehr scharf und unter Namensnennung gegen jenen einseitigen Standpunkt aus, und auch Felix Klein warnte vor der übertriebenen Arithmetisierung der Mathematik. Gaufs würde trotz seines *ϑεὸς ἀριϑμητίζει* vielleicht ähnlich geurteilt haben, wenn man nach dem, was er über Möbius „Barycentrischen Kalkül" (den er nur mit Mifstrauen in die Hand genommen hatte) an Schumacher geschrieben hat, urteilen darf. Noch wahrscheinlicher wird die Vermutung durch seine Besprechung von Monges „Géométrie descriptive", 3. Auflage, in den Göttingischen gelehrten Anzeigen vom 31. Juli 1813, in der er nach lobender Anerkennung der Klarheit und der geschickten Anordnung des Werkes sagt, er müsse „das Studium desselben als eine kräftige Geistesnahrung empfehlen, wodurch unstreitig zur Belebung und Erhaltung des echten, in der Mathematik der Neueren sonst manchmal vermifsten geometrischen Geistes viel mit beigetragen werden kann." (Werke, IV, Seite 259.) Gaufs selbst also ist es, der bei manchen seiner Zeitgenossen den geometrischen Geist vermifst.

Ein Buch über die Elemente der Stereometrie ist selbstverständlich nicht der Ort, über die Berechtigung einer grundsätzlichen Spaltung der Mathematiker in Freunde und Gegner der Arithmetisierung zu entscheiden. Wohl aber darf, da die höhere Analysis der Geometrie gewaltig vorausgeeilt ist, der Wunsch ausgesprochen werden, auf rein geometrischem Wege möchte eine selbständige, d. h. von der Analysis unabhängige Differentialgeometrie zum Ausbau gebracht werden. Zu gegenseitiger Bekämpfung liegt kein Anlafs vor.

§ 270) Auch über die Frage, ob die Differentialgeometrie ganz aufserhalb der Elemente liegt, oder ob ein Teil von ihr den Elementen einverleibt werden kann, soll hier nicht endgültig entschieden werden. Aber schon

Archimedes war genötigt, zur Ermittelung des Kreisumfanges Differentialgeometrie anzuwenden, denn schliefslich arbeitet er doch mit Operationen im Gebiete des Unendlichkleinen. Hinsichtlich der Zahl π ist also die Frage seit zwei Jahrtausenden entschieden. Dafs aufserdem die Logarithmen und die Basis e der natürlichen Logarithmen in die Elemente aufzunehmen sind, erscheint ebenfalls unabweisbar. Schon aus letzterem folgt, dafs die Elemente weit über Euklid hinausgehen müssen. Baltzer hat in die Elemente mehr aufgenommen, als es bis dahin Regel war. Aber nach dem, was Poncelet, Steiner, v. Staudt, Möbius, Chasles und Monge geschaffen haben, und nach dem, was selbst die elementarste Technik an Vorkenntnissen beanspruchen mufs,*) reicht auch das, was Baltzers Elemente berücksichtigen, nicht mehr aus. Das Gebiet der Elemente mufs von Jahrhundert zu Jahrhundert erweitert werden. Die Methodik mufs darauf hinarbeiten, möglichst elementare Wege ausfindig zu machen, auf denen man zu den wichtigeren Errungenschaften der Wissenschaft gelangen kann. Auch ist es nur dadurch möglich, zu einem wirklichen System der Elemente zu gelangen, welches jetzt aus dem einfachen Grunde unmöglich ist, dafs sich überall Lücken und mangelnder Zusammenhang zeigen, wie an einigen Stellen bereits nachgewiesen wurde.

Also auch in dieser Richtung ist ein grofser Arbeitsplan möglich. Statt der verschiedenen Einzeluntersuchungen sollte eine der zahlreichen mathematischen Zeitschriften für den betreffenden Lehrerstand als Ziel der Arbeit hinstellen, das Gebiet der Elementarmathematik nach Möglichkeit zu erweitern.

Der Verfasser hat dies versucht in seiner „Ingenieurmathematik in elementarer Behandlung", von der bisher zwei Bände erschienen sind. Der erste behandelt die Schwerpunkte und statischen Momente, die Trägheitsmomente und Centrifugalmomente, und zwar sowohl die

---

*) Man denke nur an die Trägheits- und Centrifugalmomente für ebene Flächen und für Körper. Ohne die ersteren ist keine Festigkeitslehre, ohne die letzteren keine Mechanik möglich. Der folgende Band soll auch auf diese Gegenstände eingehen.

„Planmomente“, „Achsialmomente“ und „Polarmomente“ und was mit ihnen zusammenhängt. Dabei löst er wichtige Aufgaben der Maschinen- und Bautechnik auf einem Wege, den z. B. die höheren Maschinenbauschulen benutzen können. Der zweite Band bringt eine elementar gehaltene Potentialtheorie, die bis zu den neuesten Forschungen vorzudringen und Lehren von Maxwell, Helmholtz, Kirchhoff und anderen, die auf den verschiedensten Gebieten der Physik liegen, den betreffenden Fachschulen zugänglich zu machen versucht. — Ein dritter Band, die elementare Lehre von den ebenen und räumlichen Kurven, soweit sie für den Ingenieur von Wichtigkeit sind, ist geplant. In 23 jährigem Fachschuldirektorat hat der Verfasser seine Methode im Unterrichte erprobt. In den vorliegenden Elementen der Stereometrie findet der Leser die Fortsetzung der betreffenden Bestrebungen.

Aber es ist zu wünschen, dafs sich die gesamte Lehrerschaft der Mathematik zu dem oben genannten Arbeitsplane zusammenschliefse. Für das neue Jahrhundert liegt mehr als genug des Abeitsstoffes vor, und die Aufgabe würde eine unserer mathematischen Vereinigungen würdige sein.

Der vierte Band der Elemente der Stereometrie soll weiteres Material zu diesen Bestrebungen bringen.

Pensums seine Bedenken haben, von denen sich auch der Berichterstatter nicht ganz frei weifs; indessen weifs auch jeder Kenner der Holzmüllerschen Methodik, dafs ihr Wesen eben recht eigentlich darin besteht, Dinge, die sonst einen ziemlich verwickelten Charakter an sich tragen, mit den allereinfachsten Hilfsmitteln zu behandeln und Rechnungen, die man für unvermeidlich halten möchte, durch räumliche Betrachtungen von unmittelbarer Anschaulichkeit zu ersetzen. Diesen Vorzügen wird man auch hier wiederum begegnen. Während in den allermeisten Lehrbüchern der Stereometrie das konstruktive Element nur eine ganz unbedeutende Rolle zu spielen pflegt, weil man die Schüler möglichst rasch zu den Lehrsätzen über die Oberflächen- und Körperberechnung führen will, ist in diesem Bande den Komplanationen und Kubaturen nur wenig Raum gegönnt. Der Lernende soll im Raum heimisch werden, er soll begreifen, dafs man im Gebiete der drei Dimensionen ganz ebenso wie in der Ebene Konstruktion ausführen kann. Diesen Zweck dürfte der Verf. ausgiebigst erreicht haben, und zumal für den Selbstunterricht wird sich derjenige, der über das gewohnte Niveau hinauskommen möchte, dieses Führers mit gröfstem Nutzen bedienen. (Prof. Dr. S. Günther.)

Monatshefte für Mathematik und Physik: Der vorliegende zweite Band der Holzmüllerschen Stereometrie schliefst sich würdig seinem Vorgänger an . . . Die in grofsem Umfange gegebenen geschichtlichen Mitteilungen erhöhen den Wert des Werkes, das nach dem Erscheinen des dritten Bandes wohl einzig in seiner Art dastehen wird, da die elementare Stereometrie in so umfassender und gründlicher Weise noch nie behandelt wurde.

Pädagogischer Jahresbericht: . . . Ein solches Buch mufs man eben selbst lesen, und ich kann dies jedem Mathematiker, insbesondere jedem Mathematiklehrer einer höheren Schule, nur aufs wärmste anraten.

Zeitschrift des österr. Ingenieur- und Architekten-Vereins: . . . Wir haben schon gelegentlich des Erscheinens des ersten Bandes dieses ausgezeichneten Werkes die Aufmerksamkeit unserer Leser auf dasselbe gelenkt . . . Der hohe Wert des vorliegenden Buches liegt in der Fülle der Anregungen, die es dem Studierenden überall bietet; auch bei der Behandlung des einfachsten Stoffes weifs der Verf. Ausblicke auf die Anwendungen, dessen das eben Gelehrte fähig ist, zu eröffnen, die zusammen mit der klaren und originellen Behandlungsweise stets das regste Interesse wachhalten. Wir erwarten mit Spannung den Schlufsband.

Herrosé & Ziemsen, Wittenberg.

MIX
Papier | Fördert gute Waldnutzung
FSC® C083411

Zeitfracht Medien GmbH
Ferdinand-Jühlke-Straße 7
99095 Erfurt, Deutschland
produktsicherheit@kolibri360.de